U0925707

杭州市哲学社会科学重大课题　杭州学人文库

HANGZHOU XUEREN WENKU

比兴美学

张节末 / 著

ZHEJIANG UNIVERSITY PRESS
浙江大学出版社

图书在版编目(CIP)数据

比兴美学 / 张节末著. — 杭州：浙江大学出版社，2020.8(2024.2 重印)

ISBN 978-7-308-17356-8

Ⅰ. ①比… Ⅱ. ①张… Ⅲ. ①美学史—研究—中国 Ⅳ. ①B83-092

中国版本图书馆 CIP 数据核字(2017)第 216701 号

比兴美学

张节末 著

策划编辑	吴伟伟
责任编辑	杨利军　陈　翩
责任校对	赵　珏
封面设计	春天书装
出版发行	浙江大学出版社 (杭州市天目山路 148 号　邮政编码 310007) (网址：http://www.zjupress.com)
排　　版	杭州朝曦图文设计有限公司
印　　刷	广东虎彩云印刷有限公司绍兴分公司
开　　本	787mm×1092mm　1/16
印　　张	21.25
字　　数	410 千
版 印 次	2020 年 8 月第 1 版　2024 年 2 月第 2 次印刷
书　　号	ISBN 978-7-308-17356-8
定　　价	79.00 元

浙江大学出版社市场运营中心联系方式：0571—88925591；http://zjdxcbs.tmall.com

出版说明

杭州市哲学社会科学重大课题杭州学人文库、杭州研究文库、创意城市文库收录最新杭州市哲学社会科学标志性学术成果。其中,杭州学人文库为杭州籍学者的研究成果,杭州研究文库为杭州研究专题成果,创意城市文库为创意城市研究专题成果。

文库论题选择体现历史性、现实性和预期性。注重各类历史问题研究,提炼文化精髓,提升人文精神。重视实际研究,更强调实践问题的学理性阐释。坚持面向世界、面向未来,融通各种学术资源,体现前瞻性和可承续性,以人文关怀和生态和谐为基本价值目标。

文库体现原创性、时代性和系统性。关注集成创新,更重视原始创新。不限学科,不限方向,不限方法,突出问题意识。强调独立性、独特性和个性化,强调有效价值和新颖程度,强调观点、话语和理念更新,强调察今观古、见微知著,鼓励引入前沿学科、新兴学科和交叉学科,鼓励学术质疑和学术批判,在突破传统领域和既有思维方面有所作为。3 个系列各成系统,展示杭州学术成就的多面向。

文库项目每年向社会公开征集,通过专家评审机制严格遴选。选入项目为文库专属,独列于其他系统之外。

目　录

导论　比兴美学的初始规则与史段界定

比兴，是比喻和起兴的连称，顾名思义，就是将不同性质的两个或多个事物组成比喻结构以便发生想象上的联系，或是以某物兴起另一不同之物，也是依托于想象。同样是借助于联想，在前者，比喻的两物并举共现，在后者，另一物仅是通过联想被忆念或两物一先一后出现。乍看起来，比兴似乎是古人在艺术创作中诸事物间偶然发生的勾连，它为艺术思维及其千变万化提供了无穷的可能性。其实不然，所有的比兴仅是看似随意，它在古代是循着一整套规则而运作的。我从先秦文献中举出以下五个例子略作说明。

(一)《尚书·盘庚》记，盘庚警告臣属们不要轻举妄动，煽动民心来反对迁都，如果获罪，那是咎由自取。他先称“予若观火”，以观火比喻自己的政治敏感力，颇显自信，又进一步就火做了个极为生动警醒的比喻：“若火之燎于原，不可向迩，其犹可扑灭?”因为总是在观火，所以会在火势不可控制以前扑灭它。同篇盘庚还说：“若网在纲，有条而不紊；若农服田，力穑乃亦有秋。”以渔网之纲讲秩序之有条不紊，以亲力农作论投入才有收获，形象得很。看来，他演讲中运用比喻形象地阐释统治术已然非常纯熟，他知道怎么去打动人心，具有很强的说服力。后世著名成语“洞若观火”“星火燎原”和“有条不紊”均出于此次演讲。值得指出的是，盘庚的演讲是发生在殷代即公元前13世纪的事，可见中国古人很早就习惯于在各种场合广泛地运用比喻。

(二)《周易·中孚·九二》：“鸣鹤在阴，其子和之。我有好爵，吾与尔靡之。”[1]所描述的情形极为生动：有鹤在树荫下鸣叫，其雏子应和之；我有美酒，就与你们同享。举行庆典宴会时，树荫下鹤之和鸣，正好比人们之举杯酬酢，王者嘉惠下人，其乐融融。不过，鹤与其子共鸣的情景和王与群臣共饮的情景之间只有

〔1〕 高亨：《周易古经今注》，中华书局1984年版，第339页。高氏认为“吾”字疑衍，则此为四言诗体。

先后的关系，并没有一个语言结构来勾联之，好像那是两回事，只是因为有个先后，才触发了联想。在此语境中，固然可以领悟到鹤好比是王，其雏子好比是群臣，不过没有必要把它说破，两境先后陈述，意在使后一境获得前一境的自然的亲和本质及其生动性，说明人事之吉凶与自然是相通的，至于其意义，确实没有说破。对《周易》运用比喻的这个特点，高亨这样说："它的比喻和一般比喻不同，一般比喻有特定的被比喻的主体事物，而且多数是与取做比喻的客体事物同时出现于文中；而《周易》的比喻多数没有特定的被比喻的主体事物，当然不出现于文中，仅仅描述取做比喻的客体事物而已，因此，可以应用在许多人事方面。这实有类于象征。"[1]而且，在《周易》这样的筮书中运用了四言诗体，那应该是最早的起兴之一了。[2]

（三）孔子说"为政以德，譬如北辰，居其所而众星共之"（《论语·为政》），"为政以德"与"众星围拱北斗"，前者论当权者的执政品格，属道德范畴，很抽象，后者描述星象，属自然范畴，为具象，明显是两个不同质的类，彼此本无关系，之所以联系了起来，正是借助于类比：以德治国可以使百姓归附，恰似众星围拱着北斗般自然。在此，道德与自然似乎循着同一个规律，它不仅一般地从自然界获得了坚强的支持，而且还特别地因众星围拱之象而变得极其生动、朴素。

上述（一）（三）两例中，言语的取象并非偶然的思考行为，而是盘庚、孔子这些古代最杰出人物常用的思维方法。它正是基于中国古代人类与自然存在着大关联这一最基本的类比。

（四）《离骚》中说："兰芷变而不芳兮，荃蕙化而为茅。何昔日之芳草兮，今直为此萧艾也。岂其有他故兮，莫好修之害也。余以兰为可恃兮，羌无实而容长。委厥美以从俗兮，苟得列乎众芳。"屈原并非真的好花草，而是好他给这些花草所附丽的品格，所谓"芳草"与"萧艾"的对举，显然就是指向人格的隐喻，它的主要运思特征就在于自然物的人格化。诗中主人公还把芳草佩带在身上，这种有些怪异的行为建立于想象中自然物对人的亲和感之上。除此之外，他还把君臣关系类比为男女恋情，也是意在将政治关系向自然情感倾斜，运思模式是一样的。由于屈原将比喻连续、系统地加以运用，几乎将自然物甚至包括男女恋情作为一方与人的道德、政治品格的另一方之联系固定化，形成了一个美恶两极的比类体系。这种在自然和人格之间所做的联系，不免还是运作于天人之际的。甚至，屈原自身

---

〔1〕 高亨：《周易卦爻辞的文学价值》，见高亨：《文史述林》，中华书局1980年版，第337页。

〔2〕 高亨将此爻辞作为"取象之辞"的例证之一，云："取象之辞，乃采取一种事物以为人事之象征而指示休咎也。其内容较简单者，近于诗歌中之比兴。"参见高亨：《周易古经今注》，中华书局1984年版，第49页。

也因此带上了浓郁的阴性自然物的品格。他的这种比喻式的审美风格对于中国人的人格理想具有极大的指导意义，影响甚巨。

（五）《诗经·小雅·采薇》："昔我往矣，杨柳依依。今我来思，雨雪霏霏。行道迟迟，载渴载饥。我心伤悲，莫知我哀。"朱熹说它是赋，不过，设若诗中主人公或作者，由"来"之时的霏霏雨雪而忆念起"往"之时的依依杨柳，而哀伤不正是由此当前之景回忆到过去之景而勾起，其间难道没有起兴作用吗？再看："桃之夭夭，灼灼其华。之子于归，宜其室家。桃之夭夭，有蕡其实。之子于归，宜其家室。桃之夭夭，其叶蓁蓁。之子于归，宜其家人。"（《诗经·周南·桃夭》）少壮的桃树，它的花之盛、实之盛、叶之盛，与婚姻有什么关系呢？朱熹说那是兴。不妨将起兴视为一种极为宽松的比喻，其前提是桃树与结婚是两个不同的类，这样，桃树的花、叶和果实都可能让人与婚姻的本质以及婚礼的喜庆情景发生联想。这两首诗中所用的兴法不同于前举《周易》《尚书》《论语》和《离骚》所用的兴法和比法，类与类之间的联系似乎更为飘忽，不那么切实、固定。《论语》和《离骚》中都是自然物与道德规范构成两类，所以比较固定，用比正合适，而霏霏雨雪与依依杨柳对举所引致的哀伤、桃树旺发映衬之下正当时的好婚姻，却是不那么明确、直接的两类，活泛多了，确乎更有意味，这正是兴的好处之所在。

这五个比类思维的例子，其一和其三，前者是统治者纯熟地运用比喻来宣布政见，后者是儒家的开创者同样纯熟地运用着比喻以凸显德性。其二来自中国最古老的经典之一《周易》，它说明在古代最重要的祭祀场合，比类思维已经被运用。其四为著名的抒情长诗，它的基本运思冲动就是政治的拟香草美人化，或者是反过来自然物的人格化。其五则是更为灵活的比兴运用。

可能有人会说，这是否意味着中国古人的思维就是诗性思维，这个看法似是而非，因为它是西学化的观点，无非是把中国古代作为西方例证。我的看法正好相反，如果证出了诗性思维就大功告成，那么，我们对此的理解还不免是南辕北辙的，因为诗性思维并不足以揭示此中最深处的东西。我相信，真正中国的东西不在这里。我以为，在这五个例子中，或是比或是兴，从大类上看，都是基于人类与自然的比照，即类比关系。因此，我们若要了解比兴的规则，当先须了解一下"类"。这是问题要害之所在。

第一节　作为世界观的"类"与比类

"类"其实是先秦古人思维的基本方法论，它首先表现出逻辑形式，即归类和推类。最基本的是归类，归类即分类，不进行归类就无法形成不同的类，进而区分不同的事物;推类即以不同的类为标准进行推理。首先进行分类,然后展开推理,分类是推理的条件和前提。

中国哲学史上,墨子第一个提出“类”“故”“理”三个逻辑范畴。[1] 他说,一个人能够“知类”即进行正确的类推、“辩故”,即立论有根据,就有了“取舍、是非之理”。这里,“类”是最基本的,是逻辑思维的基础。后期墨家认为,“类”是对同和异、个别和一般、部分和整体、质和量进行考虑的范畴。“推类之难,说在名之大小”(《墨子·经下》),“名”是概念,它是用来指代“实”即实在事物的,因此这个“类”的“名”是有其范围的大小的。可见,“类”是事物的归属概念,它指明某事物属于哪一类,以便区分于其他的类。如:“牛狂与马惟异,以牛有齿,马有尾,说牛之非马也,不可。是俱有,不偏有,偏无有。曰之与马不类,用牛有角,马无角,是类不同也。若举牛有角,马无角,以是为类之不同也,是狂举也。犹牛有齿,马有尾。”(《墨子·经下》)如果以牛有齿而马有尾来判断牛之非马,那是不对的,因为两者都有齿和尾(“俱有”)。牛与马之所以为不同的类,在于有无角。《墨经》还提出“异类不比,说在量”(《墨子·经下》),如果不是同类,那是不能进行比较的,例如,木头和夜两者不能比较长短,因为前者是空间的长度,后者是时间的长度。因此,必须遵守“以类取,以类予”(《墨子·小取》)的原则,就是说,各种推理如类推、归纳或演绎,都要按事物间的种属包含关系进行。

这个“以类取,以类予”很重要。我们总是感觉中国古人的思维似乎并不那么严谨,中国人想问题,往往是将个别的事物进行类比,即思维是从个别到个别的,其实,此“个别”的背后有一个“类”的概念在作为中介,要遵循“以类取,以类予”的规则,只不过它作为原则并不直接出现罢了。这样,中国古人的思维往往比较直观,某一物象之被指或被描述,并非孤立的现象,其实它是被当作一个“类”来思考的。以《墨子·公孟》记墨子与公孟子的一场论辩为例,公孟子提出“国乱则治之,国治则为礼乐”,墨子认为等到国家乱了再治就晚了,因此公孟子之说“譬犹噎(“噎”当作“渴”)而穿井也,死而求医也”。这两个类比的例子当然公孟子也不会反对,于是就确立了论辩双方都同意的“类”,这叫“以类取”,而公孟子并不把“国乱则治之”与“噎而穿井,死而求医”视为同类的“为时已晚,无法补救”,故而这种类比为他所不取。墨子则把“国乱则治之”与“噎而穿井,死而求医”(这论辩双方都同意)视为同类,以驳斥对方,这就叫“以类予”。“噎而穿井,死而求医”,是个别,“国乱则治之”,也是个别,墨子所进行的“以类取,以类予”的类比推理是从个别到个别,不过它们是有共同的“类”的,即“为时已晚,无法补救”的道理。[2] 中国

---

〔1〕 参看冯契:《中国古代哲学的逻辑发展》(上),上海人民出版社1983年版,第109—113页。

〔2〕 同上书,第247页。

古人极其擅长这样从个别到个别的类比思维，并非唯独墨子如此。

《礼记·月令》上说“凡举大事，毋逆大数。必顺其时，慎因其类”，这个“类”是行事的标准。譬如说，准备刍豢牺牲时须“瞻肥瘠，察物色。必比类，量小大，视长短”，此处“比类”就是区分彼此。《礼记·学记》说得更清楚：“古之学者，比物丑类。鼓无当于五声，五声弗得不和。水无当于五色，五色弗得不章。学无当于五官，五官弗得不治。师无当于五服，五服弗得不亲。”郑玄注：“丑，犹比也。”所谓“比物丑类”，就是对不同的物作出比较，从而进行分类。古代的学者，就是做这个事情的。而这里“五声（色、官、服）弗得”的四个连续的句式，表示分类的同时也就决定了事物间的联系。

“类”字与其他用于区分的词放在一起，作为思维之“象”：“义也、名也、时也、似也、类也、比也、状也，谓之象。”（《管子·七法》）此思维之象主要是用于区分事物，即归类。如荀子提出“鸟兽也者，大别名也。推而别之，别则有别，至于无别然后止”（《荀子·正名》），鸟兽是一类“大别名”，即一个大类，如果区分起来，那么在天上飞的是鸟，在地上跑的是兽，依此类推，可以分得很细，这就是所谓的“以类行杂，以一行万”（《荀子·王制》）。“以类行杂”即归类，把类分清楚以后，事物的概念就清楚了，也就可以用概念来进行推理。他要求：“辨异而不过，推类而不悖”（《荀子·正名》），“类不悖，虽久同理”（《荀子·非相》）。韩非子要求：“审名以定位，明分以辩类。”（《韩非子·扬权》）和墨子及其学派一样，荀子和韩非子也是先秦诸子中比较重视逻辑思维的，他们都强调“推类”。

其次，“类”也成为一种言说方式，并可以进而依此考较其人格。后期墨家非常重视说话论辩是否合乎“类”：“夫辞以类行者也，立辞而不明于其类，则必困矣。”（《墨子·大取》）墨子与别人辩论中常说这句话：“子未察吾言之类，未明其故者也。”（《墨子·非攻》）韩非子则认为说话很难，一旦“多言繁称，连类比物”（《韩非子·难言》），则可能给人以虚夸的印象。这是从负面说的。

再次，与言说方式相联系，“类”成为行为准则。请读孟子著名的人格宣言：“故凡同类者，举相似也，何独至于人而疑之？圣人，与我同类者。”（《孟子·告子上》）荀子把“类”视作圣人的一个标志：“圣人者，以己度者也。故以人度人，以情度情，以类度类，以说度功，以道观尽，古今一也。”（《荀子·非相》）理想人格是一个类，人的行为须以此为准。“多言而类，圣人也”（《荀子·非十二子》），这也是把说话是否“类”与理想人格联系起来。《礼记·学记》的观点也类似，说进学校读书：“一年视离经辨志，三年视敬业乐群，五年视博习亲师，七年视论学取友，谓之小成。九年知类通达。”修到“知类通达”的境界需长长九年，言其所需时间长也。《韩诗外传》卷四称君子“其于交游也，缘类而有义”，“知则明达而类”。上述论“类”，已经上升到通过教育培养来形成良好的行为准则的层面，而此行为准则的巩固，就是通向理想人格之途。

最后，“类”为象形，即通常所说的形象思维。

《国语·周语下》说：“其后伯禹念前之非度，厘改制量，象物天地，比类百则。”意思是，大禹看到共工和伯鲧治水的方法不对，就改变方案，拟象天地的形貌，类比着万物的规则，意即改而利用自然地理引导洪水的走向。韦昭注曰：“类，亦象也。”

“类”字也是最早用于讲绘画之难的：

> 客有为齐王画者，齐王问曰：“画孰最难者?”曰：“犬马最难。”“孰最易者?”曰：“鬼魅最易。夫犬马，人所知也，旦暮罄于前，不可类之，故难。鬼魅，无形者，不罄于前，故易之也。”(《韩非子·外储说左上》)

人所最熟知的东西往往难以画得像，因为人们已经有了关于此类的形象、概念，稍有偏差即容易被发现。这个“类”的用法就是象形的意思。

上面“言说方式”“行为准则”和“象形”三种“类”，其用法一个比一个虚，离作为最基本的逻辑形式的归类和推类之“类”愈来愈远，抽象度逐渐降低，人的行为与品格的含义逐渐彰显，因此，其所思的范围也愈来愈广。本来，它似乎是一种单纯归类的思维逻辑，其实并非如此简单，本质上，它是古人看世界和看自己的一种基本方法，或者干脆说是古人的世界观的逻辑表述。

第二节　作为断代史的比兴美学

自《毛诗》与郑玄之后，比兴就成为中国古代诗学的核心概念之一。魏晋以降，封建时代虽未有比兴研究专著问世，但在诗学著作与论述中，存有为数众多的以比兴评诗之言。现代学术体制建立起来以后，学界对比兴的问题越来越重视，出现了大量以比兴为研究对象的理论专著，成果不可谓不丰，其中，洞见与新见也不可谓不多。虽然在具体的观点或研究进路上存有差异，但在总的方法论上却有着惊人的一致性和趋同性，那就是对比兴的解释大体都在连续史观的视野下进行。尤其是现代学术体制下的比兴研究，对前后相承的线性历史建构表现出非同一般的关注。相关研究多遵循朱自清的学术路向，赋予比兴由景到情、情景交融的象征结构，使其成为“言外之意”“意境”等美学观念的理论起源。其真正意图，是以象征主义思维为内核，来串联出一个顺滑的、前后具有“合理”逻辑关联的中国美学史或诗学史。

实际上，对中国美学作一体贴的理解，会发现，它并非是以某个或某几个一以贯之的概念串通起来的平滑、连贯、单一、线性的发展，而是呈现出长时段和阶段史辩证统一的特点。所谓“长时段”，是指从宏观上看，中国美学的发展分期，主要的审美意识和美学命题之间，有着重要的呼应。所谓“阶段史”，是指在相对微观的视野中，中国美学的发展并不是线性的逐渐累积，不能抽绎出一个或几个核心命题或范畴贯穿始终，而是存在审美意识的质变和突破，各个阶段之间具有差异性。看似渐进发展的美学历史，其真实的情况是在平缓的堆积中埋藏着奇峻的断层以及凌厉的突进。这才是历史的真相。

比兴，尽管至关重要，但并不能作为贯通中国美学史或诗学史的红线，其存在依托特定的历史时空，发展呈现出阶段性。比兴是先秦古人比类看思维方式的体现，诞生于春秋战国时期，成形于汉儒之手，但却遭到汉末魏晋缘情诗学的冲击，被汉末新生的物感审美经验改造并取代，在玄学影响诗学之后，更无处立足，比兴美学完成了其历史使命。因此，我们可以作出这样的判断：比兴，并不存在一个直线式不断向前的历史，而只是中国美学或诗学发展过程中重要的一段，它的历史，是一个具有特定时空的阶段史，或者更明白地讲，是一个断代史。为了说明这一问题，我们简要梳理一下比兴的发生、发展以及消亡的轨迹，亦可作为对本书内容的简要说明。

（一）《周易》古经的比兴与比兴经验的源头。《周易》古经的卦爻辞和上古歌谣中存在大量的比兴用例，用“比”如《周易·小畜·九三》“舆说辐，夫妻反目”，用“兴”如李镜池和罗根泽所举的《周易·中孚·九二》：“鸣鹤在阴，其子和之。我有好爵，吾与尔靡之。”歌谣《涂山歌》：“绥绥白狐，九尾庞庞。成于家室，我都攸昌。”这是中国古人原始的比兴经验，是上古中国人非理性的比类世界观和认识论的产物，很难用后世的比兴理论解释。其要旨在于自然和人事的并置，商周自然观的转变为自然和人事的并置提供了可能，在并置结构的基础上，比兴逐步诞生。本书第一章、第二章着重阐述这一部分，主要描述上古歌谣与《易经》中的原始比兴，力图呈现比兴的源头与最初状态，以及并置结构作为比兴起源的重要意义。

（二）比类思维与先秦比兴经验。先秦古人观看世界的方式，无论是儒家还是道家，均欲借助比类方法使人向自然归类，即以时间上无限绵延、空间上无穷广袤之自然为人类之基并向之回归，从而在时空交叠的意识层次上达到天人合一之境，在后来的诗歌语境中，比类被称为比兴。比兴的本质在于：借助于把不同的事物作比类的方法，将世界理解为一个有规律、具德性，感知中可亲的统一体。先秦比类思维构成比兴审美经验的基础。《诗经》承接古歌谣，以天人之际的比兴美感经验为支撑，以比兴技法为基本结撰技术，是比兴美学笼罩下的经典；与此同时，道德论开始与比类思维相结合，《楚辞》运用比兴技术的结撰有了明显的道德指向。以比兴创作法为核心的诗歌结撰技术形成。这一时期的诗学观念如“诗言志”(《尚书·尧典》)、“兴观群怨”(《论语·阳货》)与“以色喻于礼”(《孔子诗论》)以及“断章取义”的“春秋用诗法”等,其思维实质乃是基于道德论的比兴经验。比兴诗学由此诞生。本书第三章、第四章着重描述春秋战国的先哲与诗人之比兴经验发展的真实历史,揭示《诗经》《楚辞》抒情言志的真相,阐释比兴美学所依托的世界观背景。

(三)汉代扣合着美刺的《诗经》解释学。时至汉代,比类的认识论被道德论控制。汉儒以“兴”来解释《诗经》,在操作中,以先定的、必须“发注而后见”(刘勰《文心雕龙·比兴》)的“美刺”之义加诸类比结构中的自然物;依当时的政治道德取向调整了《诗经》的语义结构,扭转了人与自然平衡共存、自然而然的比喻语境,从而形成了扣合着美刺的“比兴”概念。这一扭转虽然突破了前人的比兴美感经验,但汉儒对《诗经》的解释必须重返“比”之语境,才能获得理解。因此虽名为“兴”,其实还是“比”。比类的思维并没有改变。以“比兴”为手段,以“美刺”为目的,《诗经》解释学从僵死但地位崇高的文献中构建了强大的比兴诗学,《楚辞》也被纳入比兴诗学的解释范围。“比兴”作为汉代诗学的核心概念,与其说它源自先秦传统还不如说它是一个解释学的新创。本书第五章专门探讨汉儒的比兴概念、以比释兴的循环解释策略,并强化前两章并置结构作为比兴起源的论述。

(四)缘情、物感经验的兴起与比兴经验的消解。由汉末至魏晋,比类思维与比类看的世界观受到了挑战。首先,在汉儒比兴解释学风头正劲的时刻,创作领域的诗歌实践却并不遵从以政治、道德为鹄的的比兴路子,转而抒写个人化的真情实感,诞生了缘情的诗歌,并催生了诗文论上的缘情说。其次,缘情和物感有着天然的联系,从汉末到西晋的缘情诗歌,在情景组织上采取感物缘情的诗学策略,以情与物之间的直感关系,改造并取代《诗经》《离骚》比兴的联想性。《古诗十九首》形成了新的美学组织原则——“物感”。这一美学经验以自《楚辞》以来所形成的“时序感”为核心,与传统比兴美学经验的物我相喻不同,自然变迁足以感召人心,淡化了比兴的联想本质,人和自然之间形成了被置入同一语境的直观与直感关系。比兴作为诗歌结撰技术在《古诗十九首》中虽然尚存,但已失去了核心地位,其中的比喻多作修饰、烘托之用,单挑的“比”和“兴”难以达到《古诗十九首》“指事造形,穷情写物”(钟嵘《诗品序》)、“婉转附物,怊怅切情”(刘勰《文心雕龙·明诗》)的写作目标,更不足以形成《古诗十九首》的浑雅诗境。《古诗十九首》鲜明的现实品格和强烈的抒情性也使得汉儒道德论的比兴解释学失效。自此以降,物感经验日益凸显,活的比兴的美感经验与结撰技术逐渐消退。本书第六章、第七章描述缘情诗学蓬勃发展中比兴的命运和走向,并揭示六朝诗论家论比兴的真实目的。

（五）玄学影响下的诗体革命与比兴经验的退却。从汉末到西晋的缘情诗歌创作，严重冲击了比兴审美经验，玄学的兴起，则对比兴造成了致命的打击。玄学渗透到诗学领域，产生了以反缘情、抑比兴为目标的玄言诗，比兴结撰技术在诗歌创作中风光不再，而对情感的抑制也抽却了比兴的根基，甚至于改造了感物缘情的审美经验，使物感脱离缘情，由对物的直感变为对物的直观。在玄言诗对抒情言志传统的强势扭转之下，中国诗学发生了翻天覆地的变化，山水、田园诗诞生，文人诗创作出现了"性情渐隐，声色大开"（沈德潜《说诗晬语》）的趋势。比兴在新的诗歌审美经验和诗歌结撰技术中再无立足之地，退出了历史舞台。也正如此，对比兴概念的推敲才能开始。后世对比兴的研究，往往表现为某种解释学创新，对中国文学创作的影响已然趋弱。本书第八章将描述玄学兴起对比兴经验走向的影响，揭示比兴退却的过程与原因。

第一章　商周自然观转折与并置结构

中国人的审美经验在起源和发展上与中国人的自然观有着极为密切的关系，基于这样的事实，对于中国古代哲学美学的研究重心都必须落在对自然观的辨析和梳理之上。这里所说的自然观，应该理解为“观自然”。所说的自然，并非无关于认知主体(人)的单纯作为认知客体的自然，它是在人的感官和智慧谛听谛视之下的自然。[1] 不同的自然观，宣告着相异的审美经验。因此，当关联着不同审美经验的自然物进入并呈现于文本时，也需要不同的语言结构来承载。我们对比兴的研究，从商周自然观的转折开始。

第一节　商代神性自然观

商人观自然的方法、角度与后世大不相同，由此引发的审美经验与语言结构也和后世迥然相异。

商人笃信鬼神，崇拜“帝”或“上帝”。“帝”，甲骨文中写作[illegible]或[illegible]，具有绝对的权威，这是学界所公认的。董作宾认为上帝的权能有五种：

> 殷人以为天神具有最高权威的主宰者是“帝”，天上的帝，也像人世的王。帝也称上帝，他的权能有五种，都可以影响到人间。第一是命令下雨……第二是降以饥馑……第三是授以福佑……第四是降以吉祥……第五是降以灾祸。[2]

---

〔1〕 张节末：《禅宗美学》，北京大学出版社 2006 年版，第 117 页。

〔2〕 董作宾：《中国古代文化的认识》，见刘梦溪主编：《中国现代学术经典·董作宾卷》，河北教育出版社 1996 年版，第 626 页。

胡厚宣的《殷代之天神崇拜》较为详细地论述了卜辞中帝的权威，将其权能总结为八项，分别是：令雨、授年、降旱、保王、授佑、降诺、降祸、降戠。[1]

对“上帝”论述得最为详备的当数陈梦家的《殷虚卜辞综述》，他将卜辞中体现的上帝的能力进一步细化为十六种，分别是：令雨、令风、令隮、降旱、降祸、降䴕[2]、降食、降若、帝若[3]、受又、受年壱年、咎、帝与王、帝与邑、官、其他。[4]

郭沫若总结殷人卜辞中的上帝权威说：

> 由卜辞看来可知殷人的至上神是有意志的一种人格神，上帝能够命令，上帝有好恶，一切天时上的风雨晦暝，人事上的吉凶福祸，如年岁的丰啬，战争的胜败，城邑的建筑，官吏的黜陟，都是由天所主宰。[5]

张光直有着相类似的论述，他说：

> 卜辞中的上帝是天地间与人间祸福的主宰——是农产收获、战争胜负、城市建造的成败，与殷王福祸的最上的权威，而且有降饥、降馑、降疾、降洪水的本事。[6]

可见，以上学者对帝或上帝的论述虽略有差异，但都认为卜辞中的帝乃是自然力量和人间祸福的掌控者。和此权威相应的，是帝廷中掌管具体事物的神灵有天神、地神和人神三类。其中天神和地神都是自然神，而人神则是先王、先妣死后成神，我们重点关注自然神的地位和力量。

胡厚宣《殷代之天神崇拜》列举了日神、月神、星神、云神、虹、风六种天神，以及东、西、南、北、西南等四方之神。陈梦家对这些自然神的论述更为详细，他列举了日、东母和西母[7]、云、风、雨、雪等天神六类，以及东西南北四方、四戈、四巫、

---

〔1〕 胡厚宣：《甲骨文商史论丛初集·殷代之天神崇拜》，见《民国丛书》编辑委员会：《民国丛书》第一编（第82册），上海书店1989年版，第283—290页。

〔2〕 陈梦家说：“或是䴕，假作潦，《说文》：潦，雨水大貌。”陈梦家：《殷虚卜辞综述》，中华书局1988年版，第566页。

〔3〕 “若”通“诺”，即允诺之权。与胡厚宣所谓“降诺”相同。

〔4〕 陈梦家：《殷虚卜辞综述》，中华书局1988年版，第562—571页。

〔5〕 郭沫若：《先秦天道观之进展》，见郭沫若：《中国古代社会研究：外二种》，河北教育出版社2000年版，311页。

〔6〕 （美）张光直：《青铜挥麈》，上海文艺出版社2000年版，149页。

〔7〕 陈梦家解释东母和西母说：“此东母、西母大约指日月之神。”陈梦家：《殷虚卜辞综述》，中华书局1988年版，第574页。

山、川等地神。[1] 日本学者岛邦男的《殷墟卜辞研究》追随胡、陈二氏的观念，但认为他们所举日、云、风、雨、雪、东母和西母等并不具备神格，他说："殷代的自然神除上帝、土神、河神、岳神外，没有其他的神。"[2]岛邦男并未逐条辨析胡、陈二氏所举卜辞，他判断自然物是否为神灵的依据为神格存在与否，而神格的存在则以直接祭祀为标志。由此日、月、星、风、雪等并不是神灵。但是神格与神性并非相同的概念。卜辞中没有直接祭祀这些自然物的记载，不代表这些自然物不具有神性。在此，张光直的话应当受到重视："诸神之中，有帝或上帝；此外有日神、月神、云神、风神、雨神、雪神、社祇、四方之神、山神与河神——此地所称之神，不必是具人格的；更适当的说法，也许是说日月风雨都有灵(spirit)。"[3]

值得注意的是，日、月、星、云、雨、河流、山岳等都是外在于人事的自然物。若以上学者所言不差，这些自然物在殷人眼中为神灵或具备神性，高居于人间之上，掌控着人事。那么由此可知，商人的自然观乃是神性的自然观，他们并不会以自然物为人的对等物。高于人事的、神性的自然物进入文本时，不会处于独立的语法结构中，也就不会和人事并置起来。细查含有以上自然物的卜辞，无不如此：

帝令雨足年——帝令雨弗其足年。(《前》1.50.1)[4]
帝隹癸其雨。(《前》3.21.3)
辛未又于出日。(《粹》597)
出入日，岁三牛。(《粹》17)
丁巳卜又出日——丁巳卜又如日。(《佚》407)
尞于帝云。(《续》2.4.11)
乎雀尞于云，犬。(《乙》5317)
又尞于六云五豕，卯五羊。(《上》22.3)
辛未有酘新星。(《前》7.141)
其㝵风三羊三犬三豕。(《续》2.15.3)
其㝵大风。(《粹》827)
其尞于雪，又大雨。(《金》189)

---

〔1〕 陈梦家：《殷虚卜辞综述》，中华书局1988年版，第573—576页。

〔2〕 (日)岛邦男：《殷墟卜辞研究》，濮茅左、顾伟良译，上海古籍出版社2006年版，第435页。

〔3〕 (美)张光直：《中国青铜时代》，生活·读书·新知三联书店1983年版，第263页。不过张光直以《诗经》和《周礼》中有自然诸神的记载，而判断"商代的自然观大体上为周人所承继"，此说并不完整，承继也并非全盘接受而无发展。我们将在后文进行详细的个案分析以廓清之。

〔4〕 《前》全称为《殷虚书契前编》，为求简便，本书依通例简称为《前》，下引甲骨文献亦同。

以上诸例中，自然物如日、星、云、雨、风、雪等皆是受祭者，并非单纯的自然现象或物品。处于神性自然包围中的殷商人，其自然观乃是神性的自然观。

第二节 由神到人的自然观转折

武王克商之后，周朝替代了商朝的统治。商周文化之间的衔接、继承或改造、发展是中国文化发展研究的重要课题。其中"最要紧的一点，是在商周二代之内，自然观念与和自然有关的宗教信仰与仪式行为上都发生了显著的变化"〔1〕。这一变化的核心正是神的力量逐步消退，人的力量逐渐抬升。此一肇始自商末的重大文化变迁并非一蹴而就〔2〕，而是周人在继承并改造殷人上帝信仰的同时，坚定不移地推进着的。周人以"天"取代了"帝"成为至高神。周原甲骨中有求天福佑的记载：

乍天立。（H：24）
天乍其牛九枽。（H：59）
天乍其。（H11：118）

"'乍'即祚字。《正韵》谓祚为'福也，禄也'。"〔3〕这是祈请"天"保佑文王的卜辞。《大丰簋》铭文载："王祀于天室降，天亡又王。衣(殷)祀于王不显考文王，事喜上帝。文王监在上。"〔4〕大丰簋是武王时期的青铜器，"天亡"为人名，"又"通"佑"。先说"天室降"，后又自承"事喜上帝"，这是天与上帝具备相似神通的明例。

周初青铜器铭文中与此类似的还有《大盂鼎》，曰："不显文王，受天有(佑)大命。在武王嗣文作邦，辟厥匿，匍(抚)有四方，畯正厥民。……故天翼临子，法保先王(指周成王)，□有四方。"〔5〕这是康王时期的记载。"天佑"实与卜辞中的"帝佑"相同。《周易》卦爻辞中"天佑"与天降祸的记载各有一例：

---

〔1〕(美)张光直：《青铜挥麈》，上海文艺出版社2000年版，第148页。

〔2〕《史记·殷本纪》中载有武乙射天的故事："帝武乙无道，为偶人，谓之天神，与之博，令人为行，天神不胜，以僇辱之。为革囊，盛血，仰而射之，命曰'射天'。"这是商朝统治者对上帝信仰的直接破坏，商周的宗教观、自然观转折实以此为开端。

〔3〕徐锡台：《周原甲骨文综述》，三秦出版社1987年版，第31页。

〔4〕郭沫若：《两周金文辞大系图录考释》，见郭沫若：《郭沫若全集·考古编》，科学出版社2002年版，第1页。

〔5〕同上书，第18页。

《大有》：上九：自天佑之，吉，无不利。

《大畜》：上九：何天之衢，亨。

《姤》：九五：以杞包瓜，含章，有陨自天。

《大畜》上九中"何天之衢"高亨解为"受天之庇荫也"[1]，《大有》上九爻辞中的"自天佑之"亦是此意，这与《大盂鼎》铭文中的"受天有大命"虽指代之事不同，意义应该是相当的。《姤》九五中的"有陨自天"历来被视为"天意"或"天罚"，即天降灾祸之意。《尚书》中皇天与上帝并存，如：

惟天降命，肇我民，惟元祀。(《尚书·酒诰》)

皇天上帝，改厥元子兹大国殷之命。(《尚书·召诰》)

皇天既付中国民越，(与)厥疆土于先王。(《尚书·梓材》)

旻天大降丧于殷。我有周佑命，将天明威，致王罚，敕殷命终于帝。肆尔多士，非我小国敢弋殷命。惟天不畀允罔固乱，弼我，我其敢求位？惟帝不畀，惟我下民秉为，惟天明畏。(《尚书·多士》)

可见，皇天与上帝相等，已经具备了降天命的神力。然而，在《尚书》中，周人已经更进一步质疑天与上帝的权威了：

迪知上帝命，越天棐忱，尔时罔敢易法。(《尚书·大诰》)

天畏棐忱，民情大可见，小人难保。……惟命不于常。(《尚书·康诰》)

天不可信。(《尚书·君奭》)

这似乎与《酒诰》《召诰》《梓材》《多士》中对皇天、上帝的尊崇相矛盾，对此，郭沫若有着极为深刻的分析。他说：

周人一面在怀疑天，一面又在仿效这殷人极端地尊崇天，这在表面上很像是一个矛盾，但在事实上一点也不矛盾的。请把周初的几篇文章拿来细细地读，凡是极端尊崇天的说话是对待着殷人或殷的旧时的属国说的，而有怀疑天的说话是周人对着自己说的。这是很重要的一个关键。这就表明这周人之继承殷人的天的思想只是政策上的继承，他们是

[1] 高亨：《周易古经今注》，中华书局1984年版，第236页。

把宗教思想视为了愚民政策。……周人根本在怀疑天，只是把天来利用着当成了一种工具。[1]

郭沫若提出周朝统治者对“天”或“帝”的尊敬并非出于信仰，不过是利用其来巩固统治而已。郭氏此说洵为具眼。《礼记·表记》已将周人对鬼神的此种态度说破，曰：“殷人尊神，率民以事神，先鬼而后礼……周人尊礼尚施，事鬼敬神而远之。”“事”，说明周人依然祭祀鬼神，但“敬”和“远之”已经透露出周人的真正态度，他们并不以鬼神为绝对权威，反而努力消除鬼神在人间的影响。孔子的言语最能说明这一变化：

樊迟问知。子曰：“务民之义，敬鬼神而远之，可谓知矣。”（《论语·雍也》）

子不语怪、力、乱、神。（《论语·述而》）

子疾病，子路请祷。子曰：“有诸？”子路对曰：“有之。《诔》曰：‘祷尔于上下神祇。’”子曰：“丘之祷久矣。”（《论语·述而》）

季路问事鬼神。子曰：“未能事人，焉能事鬼？”（《论语·先进》）

孔子不谈论鬼神，认为相对于现实的人间来说，鬼神是次要的，因此明确教育弟子们对鬼神应该敬而远之。从“子疾病”时孔子和子路的对话来看，孔子并不认可鬼神具有干涉人间的力量，明显否定了鬼神的权能。

至此，天或鬼神在周代的主流意识形态中逐步丧失了掌控自然与人间的神性，是毫无可疑的。《周易》卦爻辞中虽有三则“天”降佑与降灾的例子，却在另一些爻辞中剥去了天的神性，将其用作单纯的自然物。

《乾》：九五：飞龙在天，利见大人。

《明夷》：上六：不明晦，初登于天，后入于地。

《中孚》：上九：翰音登于天，贞凶。

这三则爻辞虽然处在占筮语境中以指示未来，但在爻辞内部的语法结构里，

---

[1] 郭沫若：《中国古代社会研究：外二种》，河北教育出版社2000年版，第332页。

“天”都是谓词的宾语,其意义当与神无关,乃是作为单纯的自然物而存在。[1] 美国学者牟复礼对此论述道:

> 在周代中期的《易经》里,我们能清楚地看到一种新的发展:天,或自然,在此时已经变成宇宙功能的一种抽象的表达。……(周朝)朝仪国典,《易经》占卜,以及中央、地方所信奉、资助的宗教都是“世俗的”。他们吁求的力量就是这个人们所生息的自然之世界的力量……宇宙中自然的力量与人的关系也要由国家来监管。[2]

作为最高神的“天”之神性已然逐步丧失,其力量被纳入国家政治体系的监管之中,甚至成为统治的工具,那么自然物的神灵地位或神性也不会长存。对此,《周易》卦爻辞中有着大量的反映,略举数例以证明之:

> 《小过》:六五:密云不雨,自我西郊。公弋取彼在穴。

云和雨在甲骨卜辞中都具有神性,前文已述。而在此一爻辞中,“密云不雨”并不是祭祀的对象,更不是上帝的使者,人们也不祈请雨的降临,仅仅是将云、雨和“公”的事件并置在一起,产生了某种比类关系。其爻辞的重心也不再是云、雨,而在于并置结构中的人事。再如:

> 《丰》:六二:丰其蔀,日中见斗,往得疑疾,有孚发若,吉。
> 九三:丰其沛,日中见沬,折其右肱,无咎。
> 九四:丰其蔀,日中见斗,遇其夷主,吉。

太阳在卜辞中已具备神性,而此爻辞中的日只作单纯的自然物,成为人们肉眼所“见”的对象,而非崇拜之神灵。太阳的各种变化和人事并置起来,发生了比

---

〔1〕《诗经》《左传》等周代文献中尚多有祈请上帝或神的记载。但与自然物的神性消退这一自然观转折并不违背。一方面,自然观的转折并非一蹴而就,其沾溉至今未绝。另一方面,周代文献中的上帝或神的意义已不同于殷,不能等同视之。上帝观念的转折并非本书之重点,相关研究可参见陈梦家:《古文字中之商周祭祀》,《燕京学报》1936年第19期;陈梦家:《商代的神话与巫术》,《燕京学报》1936年第20期;(美)张光直:《商周神话之分类》,见(美)张光直:《中国青铜时代》,生活·新书·新知三联书店1983年版;郭沫若:《先秦天道观之进展》,见郭沫若:《中国古代社会研究:外二种》,河北教育出版社2000年版。

〔2〕(美)牟复礼:《中国思想之渊源》,王立刚译,北京大学出版社2009年版,第25—29页。牟复礼认为《周易》的产生在周中期,具体年代学界略有争议,当前多倾向于周代早期说。牟氏所说自然成为宇宙功能的抽象表达乃是受了《周易·系辞》的影响,可存一说。

类关系，从而预测人事的吉凶。《诗经》中自然物失去神性的例子更多：

> 关关雎鸠，在河之洲。窈窕淑女，君子好逑。
> 参差荇菜，左右流之。窈窕淑女，寤寐求之。（《周南·关雎》）
> 南有乔木，不可休思。汉有游女，不可求思。
> 汉之广矣，不可泳思。江之永矣，不可方思。（《周南·汉广》）
> 蒹葭苍苍，白露为霜。所谓伊人，在水一方。
> 溯洄从之，道阻且长。溯游从之，宛在水中央。（《秦风·蒹葭》）

卜辞中的河流是具有神格的，祭祀河流的卜辞不胜枚举。然而《诗经》中的这些诗句，河流都不再是祭祀的对象，神性罔不可见，而成了男女情爱的发生地。河流和人事直接并置在了一起，并成为人事的附属物。[1] 张光直论述了青铜器纹样和神话中所体现出的由商至周动物神性之消退，亦可为旁证。他说：

> 在中周式底下，许多动物形的纹样趋向呆板和固定化，其形状所表现的神话式的力量显然递减，而古典式中占领导地位的饕餮纹几乎完全消失。在许多铜器的装饰花纹中，动物形的纹样依旧保存，但他们的神话性与超自然的魔力则远不似古典式时代之显然。……即在商周的早期，神奇的动物具有很大的支配性神力，而对动物而言，人的地位是被动与隶属性的。到了周代的后期，人从动物的神话力量之下解脱出来，常常以挑战者的姿态出现，有时甚至成为胜利的一方面。[2]

美术中体现出的人挑战动物甚或战胜动物的内容，都是人的地位上升、动物神性下降的结果。

由神到人的自然观转折当肇始自《周易》古经的卦爻辞，至周代中后期宣告完成。顺承这一自然观转折，原始的比兴终于得以诞生。此一原始比兴的语言基

---

〔1〕《毛诗》将自然物和人事的比类关系挂靠于美刺两端，进而形成了美刺式的比兴结构。

〔2〕（美）张光直：《中国青铜时代》，生活·读书·新知三联书店1983年版，第292—296页。

座，我们可以称为并置。[1]

第三节 并置：比兴之初声

《周易》古经的创制年代早于《诗经》，其中的比兴滥觞于何处？蕴含着怎样的审美经验？其结撰技术与《诗经》中的比兴是否相同？这些问题的解答，需将《周易》古经置入甲骨文、金文与《诗经》的参照系中，进行精微的文本分析。

我们的研究从诸位学者皆定为比兴的卦爻辞开始。请看：

> 《明夷》：初九：明夷于飞，垂其翼。君子于行，三日不食，有攸往，主人有言。
>
> 《渐》：初六：鸿渐于干，小子厉有言，无咎。
>
> 六二：鸿渐于盘，饮食衎衎，吉。
>
> 九三：鸿渐于陆，夫征不复，妇孕不育，凶。利御寇。
>
> 六四：鸿渐于木，或得其桷，无咎。
>
> 九五：鸿渐于陵，妇三岁不孕，终莫之胜，吉。
>
> 上九：鸿渐于陆，其羽可用为仪，吉。
>
> 《中孚》：九二：鹤鸣在阴，其子和之。我有好爵，吾与尔靡之。

高亨释《中孚》九二为："老鹤在树荫下鸣，鹤子亦鸣以应和之。我有美酒在杯

---

〔1〕 叶维廉曾多次运用"并置"一词，他说："中国古典诗在并置的物象、事件和（语言有时不得不圈出来的）意义单元之间留出一个空隙，一种空，一个意义浮动的空间，或者也可以说是颠覆性的空间……不说明，视觉事件就能因为罗列的句法保持物物间戏剧性的并置互玩、对位、张力的自然涌现，如'星临万户动'两个强烈镜头的同时出现，两个形象（镜头）并置在一个舞台上，中间无需通过说明和解释，便呈现了其间所潜孕着的多种张力与冲突，让读者仿佛身临其间，脑海中有数不尽事象同时涌现，包括了尽在不言中的时间与人事变迁与变幻。中国诗的传意活动，着重视觉意象和事件的演出，让它们从自然并置并发的涌现作说明，让它们之间的空间对位与张力反映种种情景与状态，尽量去避免通过'我'，通过说明性的策略去分解、串联、剖析原是物物关系未定、浑然不分的自然现象，也就是道家的'任物自然'。"[（美）叶维廉：《中国诗学》，人民文学出版社2006年版，第114—117页]但叶氏并未将"并置"施之于诗歌的结撰技术。将"并置"一词施之于这种自然物与人事相对举的结撰技术乃是余宝琳的发明。她在《讽喻与〈诗经〉》一文中三次提到并置（juxtapose），用以描述自然意象与人事的这种对举。她说："在自然意象的运用上，它（《关雎》）也是典型的，即时时重复这些意象以引起每个段落的歌咏，不加任何说明即与人的处境相并置。"（见莫砺锋：《神女之探寻——英美学者论中国古典诗歌》，上海古籍出版社1994年版，第3页）余氏将"并置"作为《诗经》中一种简单的现象，并未进行深入考察，其原著中所使用的juxtapose，只作为普通的及物动词处理，并不具备美学与审美经验的含义，与本书所使用的"并置"，名虽相同，但有着本质性的差别。

中，与尔共饮之。此喻贵族父子世袭其爵位。”[1]他以比喻义为此爻之旨归。老鹤与鹤子共鸣和父子共饮的情景之间，只是前后相联的并置之关系，其间并无任何语言来勾联之。高亨将此爻辞作为“取象之辞”的例证，云其近于比兴：“取象之辞者，乃采取一种事物以为人事之象征而指示休咎也。其内容较简单者，近于诗歌中之比兴。”[2]李镜池也认定，此筮辞如果放在《诗经》里，朱熹一定会说“兴而比也”。同样典型的一例是《明夷》初九，李镜池将此爻与《诗经》中众多以鸟起兴的诗句进行比较，发现它们具备相似的内容与结撰特征，因此《明夷》初九爻辞，“是一首起兴式的诗歌”[3]。罗根泽则判断这两则筮辞是比体，而《渐》卦是“兴”，他说：“除最后的‘鸿渐于陆，其羽可用为仪’或是比体以外，其余都是兴体。”[4]诸位学者的判断并未深入剖析卦爻辞的结撰技术，多以卦爻辞的意义为基准，发掘自然物（鸟）与人事之间的关系，进而认定这些爻辞运用了比或兴。

将这些爻辞的结撰还原为最基本的语法信息，发现这八则爻辞中鸟的描写在前，人事在后，二者之间并无附庸或从属关系，也没有关于二者关系的说明性词语。与《诗经》的诗歌不同，这些爻辞中没有复沓和对唱，亦无配乐与舞蹈，只是简简单单将鸟的动作与人事平列在一起，这种平列我们可以称为“并置”。《明夷》初九是鸟飞的动作并置于“君子于行”；《渐》卦是鸿的各种行动与不同人事之间的并置；《中孚》九二则是老鹤与小鹤的和鸣与人的共饮美酒并置。在这种并置现象中，作为自然物的鸟自为主语，并非人之宾词，在语法结构上是独立存在的。如果上引诸位学者所言不差，以上爻辞运用了比兴的话，那么如果没有并置这种形式，自然与人事之间将不会产生意义上的比类关系。可以说，自然物与人事之间这种最简单的并置，将是比兴结构尤其是兴的形式与意义产生之基座。

爻辞中鸟与人事的并置结构，是否如表面看来这么简单而不需思议呢？考察从甲骨卜辞到《周易》古经中对“鸟”这一自然物的处理，我们发现并置结构乃是《周易》古经的首创，在甲骨卜辞中并未出现。

鸟在甲骨文中作或[5]，其本初之意义大致有两种：神性的图腾以及灾祸

---

〔1〕 高亨认为“吾字似是衍文”，则此爻辞与四言诗体相近。高亨：《周易大传今注》，齐鲁书社1998年版，第362页。

〔2〕 高亨：《周易古经今注》，中华书局1984年版，第49页。

〔3〕 李镜池：《周易探源》，中华书局1978年版，第44页。

〔4〕 罗根泽：《中国文学起源的新探索》，见罗根泽：《罗根泽古典文学论文集》，上海古籍出版社2009年版，第14—15页。

〔5〕 甲骨文中鸟字与隹字形似，于省吾认为二字在甲骨文中区别严谨。作为鸟类统称的隹字往往和其他部首合成新的字，如雉等，指示具体的鸟类。鸟、隹二字皆可用作本义。其说详见《甲骨文字诂林》（第二册），中华书局1996年版，第1670页。

的象征。“商族最早是以鸟为图腾的。”[1]他们视自己是玄鸟的后裔。《商颂·玄鸟》:“天命玄鸟,降而生商。”玄鸟传达天命,从而诞生了商族人的祖先契。《史记·殷本纪》丰富了这一传说:“简狄行浴,见玄鸟堕其卵。简狄取吞之,因孕生契。”这一鸟图腾崇拜在卜辞中也多有体现,如:

> 其高于高且(祖)王[illegible],三牛——其五牛?(《掇》455)
>
> 辛巳,贞:王[illegible]上甲即于河。(《佚》888)

王亥是商人重要的祖先,卜辞中即称其为“高且(祖)”,又称其为“王”。祭祀王亥的卜辞极多,祭仪与祭天等同。王国维《殷卜辞中所见先公先王考》一文说:“观其祭日用辛亥,其牲用五牛,三十牛、四十牛乃至三百牛,乃祭礼之最隆者。”[2]甲骨中[illegible]为王亥专用字,其形从亥从鸟,胡厚宣说“这便是早期商族以鸟为图腾的遗迹”[3]。

卜辞中还有记载祭祀鸟的:

> 庚申卜,扶,令少臣取,□羊鸟?(《甲》2904)

“扶”是贞人的名字,□读为方,是祭名。羊读为祥。卜辞说庚申日占卜,贞人“扶”占问,命令名字叫做“取”的小臣报祭祥鸟,好不好?这是把鸟当做神灵所以才祭祀之。再如凤这种鸟,商人认为凤是帝的使者而经常祭祀之:

> 于帝史凤二犬。(《通》398)
>
> 尞帝史凤一牛。(《续补》918)

这两条卜辞称凤为“帝史”,用两只狗或是一头牛来祭祀它。再如对雉鸟的祭祀:

---

[1] 胡厚宣:《甲骨文商族鸟图腾的遗迹》,见中国科学院历史研究所编:《历史论丛》(第一辑),中华书局1964年版,第151页。胡厚宣在此使用了“图腾”这一术语,闻一多在《诗经通义甲·周南》中也有类似用法。图腾是西方文化人类学的重要概念,对其进行研究的经典著作亦是卷帙浩繁。然而对商代神性的自然观来说,图腾始终是一个外来概念,我们无法将殷人自然观中受制于“帝”的众多自然神或繁杂的具备神性的自然物——等同于图腾,而且,以图腾概念来涵盖鸟在商代的复杂意义,也是难以胜任的。

[2] 王国维:《殷卜辞中所见先公先王考》,见王国维:《观堂集林》,河北教育出版社2003年版,第212页。

[3] 胡厚宣:《甲骨文商族鸟图腾的遗迹》,见中国科学院历史研究所编:《历史论丛》(第一辑),中华书局1964年版,第159页。

丁巳卜，贞帝[illegible]。

贞帝[illegible]三羊三豕三犬。(《通》772)

这是武丁时期刻于一片牛胛骨上的卜辞。王襄释[illegible]为雉，其说可信。[1] 帝读为禘，为祭祀名。[2] 这两条卜辞皆是祭祀雉鸟的记录，第一条是占问禘祭雉鸟好不好，第二条紧接着占问禘祭的祭品用羊、猪、狗各三只好不好。商人之所以如此隆重地祭祀雉鸟，必是将其当做神鸟。

总之，鸟在商人的心目中是神性的、被祭祀的，高居人事之上。在祭祀鸟的卜辞中，鸟作为被祭祀的对象在句子中作宾语，并未处于独立的语法结构中。陈梦家称："卜辞有着谨严的结构规律。"[3]这些祭祀鸟的卜辞的语法结构，当为卜辞所通用。以鸟为图腾的观念和结撰技术甚至影响到了《诗经》，《商颂·玄鸟》：

天命玄鸟，降而生商。宅殷土芒芒。[4]

在这句诗中，玄鸟是天命的传达者，在语法结构中是天的宾语，又是生商的执行者。这样的语法结构与并置无关。可见作为图腾，受祭祀的鸟不会出现在与人事并置的结构中。

然而同样是神性的鸟，"鸣鸟"却是灾祸的象征。不同于吉祥的鸟，含有"鸣鸟"的卜辞的语法结构有向卦爻辞过渡的迹象，且看：

---

〔1〕 于省吾：《甲骨文字诂林》(第二册)，中华书局1996年版，第1726页。胡厚宣亦持此说，见中国科学院历史研究所编：《历史论丛》(第一辑)，中华书局1964年版，第154页。

〔2〕《说文》："禘，祭也。"[清]段玉裁：《说文解字注》，上海古籍出版社1981年版，第5页。

〔3〕 陈梦家：《殷虚卜辞综述》，中华书局1988年版，第133页。

〔4〕《商颂》的创作时代历来有两说。一说以之为春秋时宋国人正考父所作，《史记·宋世家》："襄公之时，修行仁义，欲为盟主。其大夫正考父美之，故追道契、汤、高宗，殷所以兴，作《商颂》。"当代学者借助新出土的甲骨资料，对此说提出了强力质疑，认为《商颂》本作于商代，正考父只是整理者。参见陈炜湛：《商代甲骨文金文词汇与〈诗·商颂〉的比较》，《中山大学学报》(社会科学版)2002年第1期；江林昌：《甲骨文与〈商颂〉》，《福州大学学报》(哲学社会科学版)2010年第1期。然而两说的观点，都支持我们的结论，即若以鸟为图腾，那么与之相应的语法结构必定不会是并置。《毛传》："《玄鸟》，祀高宗也。"郑玄："玄鸟，鳦也。春分，玄鸟降。汤之先祖有娀氏女简狄配高辛氏帝，帝率与之祈于郊禖而生契，故本其为天所命，以玄鸟至而生焉。"([唐]孔颖达：《毛诗正义》，北京大学出版社2000年版，第1700页)《毛传》只说明此诗是祭祀高宗时的乐歌，郑玄则认为玄鸟飞降与生商的人事，只是同时发生在春分的祭祀时，并认为所谓天命就是这一时间上的偶然。就此，郑玄赋予玄鸟以礼制色彩，其实质是将原诗中的玄鸟用于环境描写，抹去了玄鸟的图腾意义。

庚申卜，㱿，贞王勿……（《海外》1，1 正）

之日夕，有鸣鸟……（《海外》1，1 反）

这是武丁时期的记载，两条卜辞记录在一片牛胛骨的正反面，正面记载贞人㱿在庚申日占卜，由于骨面残缺，所命之事已不可知。反面之辞与正面相接，乃是此次占卜的验辞，大意为：就在庚申这天的晚上，有鸟鸣叫。另外两条正反相接的卜辞也有相似而较详细的记载：

癸卯卜，永，贞旬亡祸。（《掇》36 正）

卯有……𡆥……庚申已有酘，有鸣鸟……疛圉羌戎。（《掇》36 反）

这两条卜辞也都属于武丁时期。正面记载，占问下一个十天是否有灾祸，反面为验辞，大意为卯日出现了异象，庚申日也出现了灾祸，有鸟鸣叫，疛地的监狱发生了羌奴暴动。这两条卜辞的记载明确将“有鸣鸟”与灾祸联系在一起。胡厚宣说：“殷人迷信，以鸟鸣为不祥。”[1]饶宗颐也说：“则鸟鸣为兵起之兆，此古之鸟占也。”[2]

陈梦家总结卜辞句子结构说：“（卜辞）句子结构的主要形式是主词、动词、宾词的顺序；宾词可以移置于动词前，可以是短句，一个动词句中可以有一个以上的宾词。”[3]而在以上两组卜辞的语法结构中，“鸣鸟”并非附庸于某个主语作宾语，也不是作主语实施某个行动。“有鸣鸟”这一短句并非如卜辞惯常的语法一般，移置于动词前，而是处于一个独立的语法结构中，其在语言形式上已经和人事并排在一起了。可以说，“有鸣鸟”具备了相对的独立性，其在语法结构中的独立，已经朝着并置迈出了重要一步。然而这与《周易》卦爻辞中的并置相等同吗？事实并非如此。

对比卜辞与上引含有鸟的卦爻辞，在卜辞中，“有鸣鸟”的前后文句皆是对人事的记载，这意味着其在文字上有着向前和向后关联两个维度，“有鸣鸟”既是对前面事件的说明，又引起后面的事件。而在上引卦爻辞中，鸟的描写在句子开头，这是《周易》自然物与人事并置的通例，这样，在意义和语法结构上鸟的描写只有向后关联人事这一个维度。

---

〔1〕 胡厚宣：《重论“余一人”问题》，见四川大学历史系古文字研究室编：《古文字研究》（第六辑），中华书局 1981 年版，第 16 页。

〔2〕 饶宗颐：《殷代贞卜人物通考》，香港大学出版社 1959 年版，第 32 页。

〔3〕 陈梦家：《殷虚卜辞综述》，中华书局 1988 年版，第 132 页。

两组卜辞里“有鸣鸟”都出现在验辞中，也即是说鸟鸣是对占问结果的回应。验辞中所记载的灾祸在占问时，已经显示在了卜兆上，是神或帝已经指明了的，“有鸣鸟”是对此的确证，其精神指向乃是高高在上的神意而非现实发生的人事。“有鸣鸟”出现在验辞中还说明，鸟鸣的作用并非由上而下地宣告神意，而是由下而上对神意的确证。可以推测“有鸣鸟”并非神亲自指示于卜兆。其之所以出现在验辞中，乃是灾祸发生后，占验者的主观意志附会于神意的结果。〔1〕人之意志的介入，使得“有鸣鸟”与神意隔了一层。可以说，“有鸣鸟”获得独立的语法地位，正是鸟与神意之间有所区隔的表现。

反观卦爻辞中的鸟，并非对以前某次占筮结果的回应，而是向后紧密联系着爻辞中的人事。作为占筮的依据，爻辞中的鸟指向着无穷无尽的未来的人事，此一占筮功能或许还遗留了些微图腾的痕迹，但却完全找不到神意指引的权威或确证神意的意图，其精神指向乃是向下的现实中的人事。可以说，卦爻辞中的鸟褪去了其神性。这正是自然物在卦爻辞与卜辞中最本质的区别。

卜辞中的“有鸣鸟”受控于神的权威，是神之意志的体现。相对于无穷无尽的神意，“有鸣鸟”是一次性的“消耗品”，只在某一次占卜中发挥作用，并未固定下来指导以后的占卜。而爻辞中鸟则是固定的，作为占筮的依据可以反复地与未来发生比类关系，进而发挥预测功能。由此，在时间指向上，卜辞中的“有鸣鸟”指向过去而卦爻辞中的鸟则指向未来。

由以上比较可以推知，卜辞中“有鸣鸟”建基于对神意的体现，并不具备独立的意义，只是对占卜结果的同义反复。它所具备的相对独立的语法结构，只是与神意或神性有了区隔的结果。而卦爻辞中的鸟的动作，正因为彻底摆脱了神性的羁縻，才获得了语法上真正的独立，其意义也在此一独立中得到了重置。此一意义的重置，是以鸟与人事之间的比类关系替代了原本的神人关系，以人事指向替代神意指向。不妨说，《周易》卦爻辞中并置结果产生的过程，就是创制者抹去鸟的神性，在独立的语法结构中以比类思维为底色重置其意义的过程。让我们对比《诗经》中以鸟起兴的诗句，看看此论是否成立。

关关雎鸠，在河之洲。窈窕淑女，君子好逑。（《周南·关雎》）
雄雉于飞，泄泄其羽。我之怀矣，自诒伊阻。（《邶风·雄雉》）
交交黄鸟，止于棘。谁从穆公，子车奄息。（《秦风·黄鸟》）
鸤鸠在桑，其子七兮。淑人君子，其仪一兮。（《曹风·鸤鸠》）
鸿雁于飞，肃肃其羽。之子于征，劬劳于野。（《小雅·鸿雁》）

〔1〕当然，我们可以推测在灾祸发生之时，恰有鸟在鸣叫。

> 鹤鸣于九皋，声闻于野。鱼潜在渊，或在于渚。乐彼之园，爰有树檀，其下维萚。(《小雅·鹤鸣》)
>
> 鸳鸯于飞，毕之罗之。君子万年，福禄宜之。(《小雅·鸳鸯》)
>
> 振鹭于飞，于彼西雍。我客戾止，亦有斯容。(《周颂·振鹭》)

以上皆是《毛传》标明“兴也”的诗句，它们与上引《明夷·初九》等卦爻辞中有着相似的特征：鸟的动作皆独立于人事，置于人事描写之前，描写鸟的短句具备了独立的语法结构。与卜辞相比，这些诗句中的鸟并不回应一个高高在上的神，而是与其后面的人事发生着或隐秘或显明的联系。意即，《诗经》中处于“兴”之结构的鸟，在精神指向和语言意义上与神意的联系已消融无存，仅仅是在并置中比类着人事，甚至处于人事的附庸地位。

综观以上鸟的形象的转变，在卜辞中作图腾被祭祀的鸟并未处在并置结构中，其结撰技术无关乎比兴；与神意区隔了一层的“有鸣鸟”获得了相对独立的语法结构，但意义并不比类于人事，依然未平等地与人事并置在一起；《周易》卦爻辞中的鸟，已经褪去了神性，和人事直接并置，获得了独立的并置结构，并在此结构中比类于人事，其意义被重新解释。这种鸟与人事的并置进一步发展，就成为《诗经》中的以鸟起兴。[1] 这一过程中，鸟的神性之褪去乃是关键，神性消解预示着自然观的重大转折。与此相配合的语言结撰技术的发展，就是出现了鸟与人事并置的语言结构。[2]

在比较了甲骨卜辞、《周易》卦爻辞和《诗经》之后，我们可以判断，在商周文化大变迁的背景下，周人的自然观发生了重大转折，自然的神性逐步褪去，新的自然观要求新的结撰技术和语法结构，《周易》古经中的并置结构应运而生。上文所分析的卦爻辞中鸟与人事的并置，并非偶然出现，而是此一自然观转折的必然结果。

通过并置结构，《周易》卦爻辞消泯了自然物的神性，使得自然物获得了语法和意义的双重独立，可以说，并置是对世界重新分类的技术。通过并置的过滤，自然物和人事成为相对独立的“类”，人从自然物的掌控下脱离出来，自然物和人事并非彼此的附庸，而是相互比照，形成比类关系。[3]《周易·系辞上》云：

> 天尊地卑，乾坤定矣。卑高以陈，贵贱位矣。动静有常，刚柔断矣。

---

〔1〕《周易》卦爻辞中鸟与人事的并置不同于《诗经》中的以鸟起兴，原因在于《周易》本作占筮之用，其并置结构还受到筮法和卦爻象的影响，而《诗经》中的并置则无此占筮的因素。我们将在后文集中论述之。

〔2〕本书把“并置”理解为一种语言结构，是针对商末周初整体自然观基础性转折的语言表征而言，行文中有时也称它为语法结构，那是就单独的个案分析而言。

〔3〕《诗经》中自然物和人事的比类关系更进一步，照应于人事成为自然之目的，人成为自然的主人。

方以类聚，物以群分，吉凶生矣。

天地万物及其运动、规则皆处在各自的“类”中，分类之后的世界才能被理性地把握，所谓“引而伸之，触类而长之，天下之能事毕矣”，吉凶在分类时已经潜伏下了种子。《系辞下》的话更能说明自然物神性褪去之后，结撰《周易》的智者们对世界的分类：

> 古者包牺氏之王天下也，仰则观象于天，俯则观法于地。观鸟兽之文，与地之宜。近取诸身，远取诸物。于是始作八卦，以通神明之德，以类万物之情。

先王创制《周易》时，仰观俯察天地间的自然物，“近取诸身，远取诸物”，将之和人事比类起来，于是制作八卦，能通神明之德，比类于万物之情。[1] 这一分类所形成的文字，具有“其称名也小，其取类也大。其旨远，其辞文。其言曲而中，其事肆而隐”的特点。可见，并置中对世界的重新分类正是比兴尤其是“兴”的前提与最基本组件。

周初的智者们借助并置这一技术手段，展现了“比类看”的世界观与自然观。《周易》古经卦爻辞中的比兴，正是依托这种并置结构。

第四节　《周易》古经中的并置结构

带着以上分析的成果，我们全面探寻《周易》卦爻辞中的这种并置。首要的工作是将卦爻辞进行分类。郭沫若、闻一多、高亨等都曾做过此类工作。郭、闻二氏是在训诂基础上引入了民俗学方法，将卦爻辞作为社会实录。高亨在《周易筮辞分类表》一文中将卦爻辞分为记事之辞、取象之辞、说事之辞和断占之辞。“记事之辞，乃记载古代故事以指示休咎也。”“取象之辞者，乃采取一种事物以为人事之象征而指示休咎也。”“说事之辞，乃直说人之行事以指示休咎也。”“断占之辞者，

---

〔1〕 此处的神明亦不同于殷代和周初的上帝，而是指先王先妣的祖先神。殷末周初，祖先逐渐成为神灵的一员。此类研究可参见陈梦家：《古文字中之商周祭祀》，《燕京学报》1936 年第 19 期；陈梦家：《商代的神话与巫术》，《燕京学报》1936 年第 20 期；郭沫若：《先秦天道观之进展》，见郭沫若：《中国古代社会研究：外二种》，河北教育出版社 2004 年版；（日）伊藤道治：《中国古代王朝的形成——以出土资料为主的殷周史研究》，江蓝生译，中华书局 2002 年版。

乃论断休咎之语句也。”[1]高亨的分类受到郭、闻二氏的影响，同时兼顾了《周易》作占筮之用的本义。但三位学者并不以美学研究为目的，因此止步于卦爻辞内容和意义的区分，未从中解析出卦爻辞的结撰技术与审美经验。

我们的分类将以是否包含自然物和器皿工具等器物为基点，这是出于如下两点考虑：其一，在甲骨卜辞、金文、《周易》卦爻辞和《诗经》这四类文本体系中，自然物与鼎、缶、簋等器物皆有出现，且意义、功用和语法中的地位存在差异，其差异性使得将这四类文本体系的结撰技术进行有效的比较成为可能。其二，比兴作为结撰技术与解诗模型，逡巡于自然物、器物和人事之间方得以成立。历来论述比兴者亦着重于自然物和人事的关系，未曾出此藩篱。可以说，自然物或器物的存在是比兴结构的标志之一。上文对爻辞中鸟的个案的分析已经揭示了并置是比兴之基本形式，则并置结构中也必定含有自然物和器物。因此以自然物和器物为基点的分类，能够直瞄比兴和并置之鹄的，并能借此探入中国人的自然观和审美经验。

卦爻辞中的自然物有天象或天气、地理、兽类、植物、鸟类、鱼虫等六类，器物（人造物）有衣饰、食物、建筑、器具、车和床等五类。经过仔细考察之后发现，并置结构在这些卦爻辞中大量存在着。依其构成内容可总结为两类：自然物与人事的并置、器物（人造物）与人事的并置。让我们对之进行总体的呈现。

一、自然物与人事的并置

（一）天象或天气类

《乾》：初九：潜龙勿用。[2]

九二：见龙在田，利见大人。

九四：或跃在渊，无咎。

九五：飞龙在天，利见大人。

上九：亢龙有悔。

用九：见群龙无首，吉。

---

〔1〕 高亨：《周易古经今注》，中华书局1984年，第46、49、53、56页。

〔2〕 《乾》卦的龙有两种解释：星象或大蛇。关于前者的论述可参见闻一多：《周易义证类纂》，见闻一多：《闻一多全集》（第十卷），湖北人民出版社1993年版，第231—234页；李镜池：《周易通义》，中华书局1981年版，第1—4页；（美）夏含夷：《〈周易〉乾卦六龙新解》，见（美）夏含夷：《古史异观》，上海古籍出版社2005年版，第270—277页；等等。

《坤》：初六：履霜，坚冰至。

《小畜》：亨。密云不雨，自我西郊。

上九：既雨既处，尚德载。妇贞厉。月几望，君子征凶。

《豫》：六三：盱豫，悔，迟有悔。

上六：冥豫，成有渝，无咎。[1]

《离》：六二：黄离，元吉。[2]

九三：日昃之离，不鼓缶而歌，则大耋之嗟，凶。

《明夷》：明夷，利艰贞。[3]

初九：明夷于飞，垂其翼。君子于行。三日不食。有攸往，主人有言。

六二：明夷夷于左股，用拯马壮，吉。

九三：明夷于南狩，得其大首，不可疾贞。

上六：不明晦，初登于天，后入于地。

《鼎》：九三：鼎耳革，其行塞，雉膏不食。方雨，亏悔，终吉。

《震》：亨。震来虩虩，笑言哑哑，震惊百里，不丧匕鬯。[4]

初九：震来虩虩，后笑言哑哑，吉。

六二：震来厉，亿丧贝，跻于九陵，勿逐，七日得。

六三：震苏苏，震行无眚。

九四：震遂泥。

六五：震往来，厉，意无丧有事。

上六：震索索，视矍矍，征凶。震不于其躬，于其邻，无咎。婚媾有言。

《归妹》：六五：帝乙归妹，其君之袂不如其娣之袂良。月几望，吉。

《丰》：六二：丰其蔀，日中见斗，往得疑疾，有孚发若，吉。

九三：丰其沛，日中见沬，折其右肱，无咎。

九四：丰其蔀，日中见斗，遇其夷主，吉。

《涣》：六四：月几望，马匹亡，无咎。

---

〔1〕 高亨认为《豫》卦这两则爻辞中，“盱借为旴，旴与旭同，日初出也”。他又说：“冥，日暮也。”故本书将这两则爻辞归入天象类。高亨：《周易大传今注》，齐鲁书社1998年版，第144—145页。

〔2〕 高亨释黄离曰：“今按離、离皆借为螭，龙也，谓云气似龙形者，虹之类也。音转而谓之霓。黄螭即黄霓。”高亨：《周易大传今注》，齐鲁书社1998年版，第214页。

〔3〕 《明夷》卦中的“明夷”，高亨、李镜池等当代学者释为鸣鹈或鸣雉。《明夷·象》则说：“明入地中，明夷。”出土帛书《周易》中此二字亦直作“明夷”。《左传·昭公五年》亦曰：“明夷，日也。”本书不敢断言，故存此二说。

〔4〕 《震·象》曰：“洊雷，震。”孔颖达说：“洊者，重也。”故震即为雷。

《小过》：六五：密云不雨，自我西郊，公弋取彼在穴。

含有天象或天气内容的卦爻辞共三十六则，其中卦辞三则，爻辞三十三则，涉及天象有星宿、月亮、云霓、太阳，天气有雨或密云不雨、雷、冰霜。这些自然物在爻辞中的地位有两种情况。一是独立于爻辞内部其他的组成部分，如《乾》卦的六条爻辞，《明夷》初九、六二、九三、上六，《震》卦的卦辞与六条爻辞，《鼎》九三，《小过》六五。这一独立的结构即是并置。此类卦爻辞共有三十二则，占了绝大多数。二是爻辞中含有自然物，但自然物作为爻辞内部短语的组成部分，未获得独立的语法地位，并不处于并置结构中。这些卦爻辞有《观》六四[1]，《明夷》九三、六五，《小畜》上九以及《丰》的卦辞。然而这些自然物亦不具备神性，其意义也经过了重置，只是作为单纯的自然物充当宾语。

(二)地理类

《屯》：初九：盘桓，利居贞，利建侯。[2]

《泰》：九三：无平不陂，无往不复，艰贞，无咎。勿恤其孚，于食有福。

《豫》：六二：介于石，不终日，贞吉。

《坎》：习坎。有孚维心，亨，行有尚。[3]

初六：习坎，入于坎，窞，凶。

九二：坎有险，求小得。

六三：来之坎坎，险且枕，入于坎窞，勿用。

九五：坎不盈，祇既平，无咎。

《涣》：九二：涣奔其机，悔亡。[4]

六四：涣其群，元吉。涣有丘，匪夷所思。[5]

---

〔1〕 此爻的爻辞为："观国之光，利用宾于王。"其中的光字，高亨释为"国家政绩风俗等光辉"。此解当为后出。《左传·庄公二十二年》载以此爻占筮之例说："而照之以天光，于是乎居土上。故曰：'观国之光，利用宾于王。'"释光为天光，即日光，当为本义。

〔2〕 高亨说："桓疑借为垣，墙也。"盘桓即是以大石为院墙。高亨：《周易大传今注》，齐鲁书社 1998 年版，第 72 页。

〔3〕 高亨释坎为土坑(高亨：《周易大传今注》，齐鲁书社 1998 年版，第 208 页)；闻一多释坎为窖牢，谓"古者拘罪人与拘牲畜同处，故系牲之圈曰牢，系人之狱亦曰牢"[闻一多：《闻一多全集》(第十卷)，湖北人民出版社 1993 年版，第 219 页]。

〔4〕 涣，高亨释为"水流也"；机，帛书《周易》写作台阶之"阶"。所举《涣》卦各爻乃是水流与人事的并置结构。

〔5〕 "涣其群"，高亨释为"以水冲洗群众之污垢"(高亨：《周易大传今注》，齐鲁书社 1998 年版，第 355 页)。句中涣作状语，但此爻中"涣有丘"则不涉及人事，当是处于并置结构中。

上九：涣其血，去逖出，无咎。

含有地理类自然物的卦爻辞共有十九则，所涉及的自然物有大石、土坡、土坑、水流、高陵、郊野、幽谷和田地。有十一则卦爻辞处于并置结构中，其中的自然物包括大石、土坡、土坑、水流等，并不具备神性。其余八则卦爻辞分别为：《履》九二，《同人》卦辞、九三、上九，《无妄》六二，《震》六二，《困》初六、六三。这八则卦爻辞中的"九陵""野""高陵""郊"等，在甲骨卜辞中曾作祭祀之对象或地点，具备神性。但在卦爻辞中，其神性已荡然无存。

(三)兽类

《乾》：初九：潜龙勿用。

九二：见龙在田，利见大人。

九四：或跃在渊，无咎。

九五：飞龙在天，利见大人。

上九：亢龙有悔。

用九：见群龙无首，吉。

《坤》：上六：龙战于野，其血玄黄。

《履》：履虎尾，不咥人，亨。

六三：眇能视，跛能履，履虎尾，咥人凶。武人为于大君。

九四：履虎尾，愬愬终吉。

《贲》：六四：贲如皤如，白马翰如，匪寇婚媾。

《大畜》：九三：良马逐，利艰贞，日闲舆卫，利有攸往。[1]

六四：童牛之牿，元吉。

六五：豮豕之牙，吉。[2]

《颐》：六四：颠颐吉。虎视眈眈，其欲逐逐，无咎。

《遯》：初六：遯尾，厉，勿用有攸往。[3]

九三：系遯，有疾厉，畜臣妾，吉。

九四：好遯，君子吉，小人否。

---

〔1〕 高亨说："曰当作四，形近而误。四借为驷，四马称驷。"高亨：《周易大传今注》，齐鲁书社 1998 年版，第 193 页。

〔2〕 "豮，割去豕之生殖器。"同上书，第 194 页。

〔3〕 "遯借为豚，小猪曰豚。"同上书，第 229 页。

九五：嘉遯，贞吉。

上九：肥遯，无不利。

《大壮》：九三：小人用壮，君子用罔，贞厉。羝羊触藩，羸其角。[1]

九四：贞吉，悔亡。藩决不羸，壮于大舆之輹。

上六：羝羊触藩，不能退，不能遂，无攸利，艰则吉。

《夬》：九四：臀无肤，其行次且。牵羊悔亡，闻言不信。

九五：苋陆夬夬，中行，无咎。

上六：无号，终有凶。[2]

《姤》：初六：系于金柅，贞吉。有攸往，见凶。羸豕孚蹢躅。

上九：姤其角，吝，无咎。

《旅》：上九：鸟焚其巢，旅人先笑后号咷，丧牛于易，凶。

《涣》：初六：用拯马壮吉。

《中孚》：豚鱼，吉，利涉大川，利贞。

六四：月几望，马匹亡，无咎。

《未济》：未济，亨。小狐汔济，濡其尾，无攸利。

卦爻辞中涉及兽类的共有六十则，其中三十三则含有并置结构。出现于这些卦爻辞中的兽类有：龙（大蛇）、虎、马、牛、猪、羊、狐、鹿、鼠、豹、龟。二十三则不含有明显的并置结构的爻辞中，除了"龟"，其他兽类的神性明显消退了。然而龟虽保留占卜之意，其神性也有消退的迹象，龟在爻辞中出现了三次，且都带有限定词，或"灵"或"十朋"。

《颐》：初九：舍尔灵龟，观我朵颐，凶。

《损》：六五：或益之，十朋之龟弗克违，元吉。

《益》：六二：或益之，十朋之龟弗克违，永贞吉。王用享于帝，吉。

闻一多说："龟值十朋，大龟也，以此卜事必灵，若是者卜不吉而违之，只以取祸，故弗克违也。"[3]对龟大小的限定，并非偶然，当是出于爻辞作者对此物神性的怀疑。

《晋》九四的爻辞"晋如鼫鼠，贞厉"，虽没有表现出明显的并置结构，但出现了

---

〔1〕 高亨疑"羝羊触藩，羸其角"当为九四爻辞，战国人误窜入九三中。

〔2〕 "无当做犬，形似而误。"高亨：《周易大传今注》，齐鲁书社1998年版，第281页。

〔3〕 闻一多：《闻一多全集》（第十卷），湖北人民出版社1993年版，第236页。

明喻，以鼠喻人，当是并置结构内化的结果。这一点将在后文详细论述。

(四)植物

《泰》：九二：包荒，用冯河。不遐遗，朋亡，得尚于中行。

《否》：初六：拔茅茹，以其汇，贞吉，亨。

九五：休否，大人吉。其亡其亡，系于苞桑。

《同人》：九三：伏戎于莽，升其高陵，三岁不兴。

《剥》：上九：硕果不食，君子得舆，小人剥庐。

《大过》：九二：枯杨生稊，老夫得其女妻，无不利。

九五：枯杨生华，老妇得其士夫，无咎无誉。

《姤》：九五：以杞包瓜，含章，有陨自天。

《困》：六三：困于石，据于蒺藜，入于其宫，不见其妻，凶。

含有植物的卦爻辞共十八则，以上九则包含有明显的并置结构。卦爻辞涉及的植物有茅草、葫芦、桑树、杨树、杞树、蒺藜、葛藟、臲卼〔1〕。其中"苞桑"在商人眼中乃是图腾，而在此爻辞中却全无神性，只是在并置结构中成了"大人吉"的类比物。

(五)鸟类

《泰》：六四：翩翩，不富以其邻，不戒以孚。

《恒》：九四：田无禽。

《师》：六五：田有禽，利执言，无咎。长子帅师，弟子舆尸，贞凶。

《明夷》：利艰贞。〔2〕

初九：明夷于飞，垂其翼。君子于行，三日不食。有攸往，主人有言。

六二：明夷夷于左股，用拯马壮，吉。

九三：明夷于南狩，得其大首，不可疾贞。

上六：不明晦，初登于天，后入于地。

《渐》：初六：鸿渐于干，小子厉有言，无咎。

六二：鸿渐于磐，饮食衎衎，吉。

---

〔1〕 高亨释为小木橛。"或曰：'下于字衍，臲卼，不安也。'"高亨：《周易大传今注》，齐鲁书社 1998 年版，第 302 页。

〔2〕 明夷有两说，一为鸟，一为太阳。相异的解释并不妨碍《明夷》卦爻辞中的并置结构。

九三：鸿渐于陆，夫征不复，妇孕不育，凶。利御寇。

六四：鸿渐于木，或得其桷，无咎。

九五：鸿渐于陵，妇三岁不孕，终莫之胜，吉。

上九：鸿渐于陆，其羽可用为仪，吉。

《旅》：六五：射雉，一矢亡，终以誉命。

上九：鸟焚其巢，旅人先笑后号咷，丧牛于易，凶。

《中孚》：九二：鹤鸣在阴，其子和之。我有好爵，吾与尔靡之。

上九：翰音登于天，贞凶。〔1〕

《小过》：亨，利贞。可小事，不可大事。飞鸟遗之音，不宜上，宜下。大吉。

初六：飞鸟，以〔2〕凶。

上六：弗遇过之，飞鸟离之，凶，是谓灾眚。

以上二十一则含有鸟类的卦爻辞中，鸟类皆与人事并置在一起，其中有总称之鸟、禽，亦涉及具体的鸟类如鸿、雉、鹤、鸡等。尚有四则含有鸟的卦爻辞，其中的鸟是捕猎的对象，未含有并置结构，如《解》上六："公用射隼于高墉之上，获之。无不利。"鸟固有之神性的延续和并置结构重释其意义的努力相博弈，使得卦爻辞中鸟的意义呈现出明显的矛盾性，以鸟起兴是《诗经》中常见的起兴方式，其根源或许在此。

(六)鱼虫

《中孚》：豚鱼吉，利涉大川，利贞。

《姤》：九二：包有鱼，无咎，不利宾。

九四：包无鱼，起凶。

和以上诸类不同，含有鱼虫的十则卦爻辞中，只有三则含有明显的并置结构。然而值得注意的是，《蛊》卦的全卦都运用了比喻手法，但未出现明显的并置结构，这是并置结构内化的结果，而非对并置结构的超越。后文我们将详细论述之。

综上，《周易》中含有自然物的卦爻辞共一百六十四则，其中一百零九则含有

---

〔1〕"翰音，鸡之别名。"高亨：《周易大传今注》，齐鲁书社1998年版，第364页。

〔2〕高亨说："以下疑当有矢字，转写脱去。"高亨：《周易大传今注》，齐鲁书社1998年版，第366页。然帛书《周易》中并无矢字。

并置结构，比例约为百分之六十六。这说明，并置是卦爻辞处理自然物时所采取的基本结撰技术。其余五十五则不使用并置的卦爻辞中，虽然间或有自然物处于祭祀语境，但和卜辞中不同，它们都委身于人之力量的操纵，成了人的动作、行动的施力对象，如《解》上六："公用射隼于高墉之上，获之。无不利。"高飞在天的隼被射杀。这些自然物虽不处于并置结构，但也不再直接掌控人事，其神性已退隐。

二、器物与人事并置

(一)衣饰

《坤》：六五：黄裳，元吉。

《履》：九五：夬履，贞厉。[1]

《贲》：六二：贲其须。[2]

九三：贲如濡如，永贞吉。[3]

六四：贲如皤如，白马翰如，匪寇，婚媾。

六五：贲于丘园，束帛戋戋。吝，终吉。

上九：白贲，无咎。

《离》：初九：履错然，敬之，无咎。

《既济》：初九：曳其轮，濡其尾，无咎。[4]

六四：繻有衣袽，终日戒。[5]

《未济》：初六：濡其尾，吝。

九二：曳其轮，贞吉。

含有衣饰的卦爻辞共二十一则，以上十二则明显含有并置结构。所涉及的衣饰有下衣、鞋子、帛、腰带之穗、衣后之假尾、布絮等。

---

〔1〕 高亨释曰："夬与决通，裂也，破也。"高亨：《周易大传今注》，齐鲁书社1998年版，第110页。

〔2〕 高亨以此为取象之辞，"言老人之须已经花白"。同上书，第173页。

〔3〕 "贲，有文章也。濡借为嬬，柔和也。"则此爻乃是形容衣饰之华彩柔顺。出处同上。

〔4〕 "轮疑借为纶（《未济》九二：'曳其轮。'汉帛书《周易》轮作纶，可证轮、纶通用），腰带之穗。濡，沾湿。尾，衣后之假尾。"同上书，第371页。

〔5〕 "繻，《说文系传》引作濡，按当作濡，转写而误。濡，沾湿也。有犹于也。袽即絮字。"同上书，第272页。

(二)食物

《否》:六二:包承,小人吉,大人否,亨。[1]

六三:包羞。[2]

《坎》:六四:樽酒簋贰用缶。纳约自牖,终无咎。[3]

卦爻辞中含有食物者共十四条,其中明确处于并置结构的有三条,其余十一条则无,涉及烝肉、熟肉、腊肉、干肉、酒等。食物尤其是肉类,在周初是祭祀祖先之物,并非日常食用。因此,食物与祖先紧密联系,虽然没有直接掌控人间的力量,但具备些许神性。这与前文的判断一致,具备神性之物难以处于并置结构中。

(三)建筑

《大过》:栋挠,利有攸往,亨。[4]

九三:栋桡,凶。[5]

九四:栋隆,吉,有它,吝。[6]

《井》:改邑不改井,无丧无得。往来井井,汔至亦未繘井,羸其瓶,凶。

初六:井泥不食,旧井无禽。

九二:井谷射鲋,瓮敝漏。

九三:井渫不食,为我心恻,可用汲。王明,并受其福。

六四:井甃,无咎。

九五:井洌寒泉,食。

上六:井收,勿幕,有孚,元吉。

---

〔1〕 高亨说:"包,裹也。承借为脀,烝肉也。"高亨:《周易大传今注》,齐鲁书社1998年版,第121页。

〔2〕 "羞,熟肉也。"出处同上。

〔3〕 高亨释曰:"樽,盛酒之器,犹今之酒壶。簋,盛饭之器,犹今之饭盆。贰当作资,形似而误。资借为粢,米饭也。缶,瓦器也。"同上书,第209页。

〔4〕 "栋,屋正中最高之横梁。……卦辞言:栋高者室巨而家大,以此条件有所往,则利。"同上书,第202页。

〔5〕 "屋栋桡曲,则屋坏,故凶也。"同上书,第205页。

〔6〕 "隆,高也。"出处同上。

《丰》:六二:丰其蔀,日中见斗,往得疑疾,有孚发若,吉。[1]

九三:丰其沛,日中见沬,折其右肱,无咎。[2]

九四:丰其蔀,日中见斗,遇其夷主,吉。

上六:丰其屋,蔀其家,窥其户,阒其无人,三岁不觌,凶。

《涣》:九二:涣奔其机,悔亡。

九五:涣其汗大号,涣王居,无咎。

《节》:初九:不出户庭,无咎。

九二:不出门庭,凶。

以上涉及宫廷、建筑的卦爻辞中含有明显的并置结构,共十八则。《周易》古经中尚有十三则含有宫廷、建筑的卦爻辞并无明显的并置结构。共出现了横梁、井、宗庙、宫殿、旅舍、大棚、布幔、台阶、户庭、门庭等。其中宗庙乃是祭祀场所,宫殿是君主行使最高权力之处,二者在周初亦具备神性。因此含有宗庙和宫殿的卦爻辞中不含有并置结构。

(四)器具

《坤》:六四:括囊,无咎无誉。[3]

《噬嗑》:初九:屦校灭趾,无咎。[4]

上九:何校灭耳,凶。

《大畜》:六四:童牛之牿,元吉。

六五:豮豕之牙,吉。[5]

《坎》:六四:樽酒簋贰,用缶。纳约自牖,终无咎。

上六:系用徽纆,寘于丛棘,三岁不得,凶。[6]

《解》:九四:解而拇,朋至斯孚。[7]

《损》:有孚,元吉。无咎可贞,利有攸往。曷之用,二簋可用享。

---

〔1〕“丰,大也。蔀,棚也,院中所搭之席棚,以蔽夏日。”高亨:《周易大传今注》,齐鲁书社 1998 年版,第 338 页。

〔2〕“则沛当读为旆,指布幔之类,以蔽门窗。”同上书,第 339 页。

〔3〕“括,束结也。”同上书,第 62 页。

〔4〕“屦汉帛书《周易》作句。屦句古通用,均当读为娄,曳也。校,木制囚人之刑具,加于颈者谓之枷,加于手者谓之梏,加于足者谓之桎,通谓之校。此校字则是桎。”同上书,第 167—168 页。

〔5〕“牿,牛角上所加之横木。”“牙借为枑,栏也,即今语所谓猪圈。”同上书,第 194 页。

〔6〕“徽纆,黑索,系囚人用之。”同上书,第 210 页。

〔7〕“解,脱也。而,汉帛书《周易》作其,当从之。拇借为罨,捕兽网也。”同上书,第 265 页。

《鼎》：初六：鼎颠趾，利出否，得妾以其子，无咎。

九二：鼎有实，我仇有疾，不我能即，吉。

九三：鼎耳革，其行塞，雉膏不食。方雨，亏悔，终吉。

九四：鼎折足，覆公悚，其形渥，凶。

六五：鼎黄耳金铉，利贞。

上九：鼎玉铉，大吉，无不利。

含有器皿、用具的卦爻辞共二十则，涉及束囊、桎梏、黑索、捕兽网、簋、缶、鼎、鼓、弓箭等。以上十五则卦爻辞明确运用了并置结构，其中的器皿与用具或本不具备神性，或神性已经褪去。尤其是《鼎》卦，众所周知，鼎在周初亦是国之重器，而在《鼎》卦中却与人事并置在一起，其象征国家权威的意义经过了并置结构的过滤，和人事直接并置在一起。我们将在后文详细分析之。

（五）车、床

《小畜》：九三：舆说辐，夫妻反目。

《大有》：九二：大车以载，有攸往，无咎。

《剥》：初六：剥床以足，蔑贞，凶。

六二：剥床以辨，蔑贞，凶。

六四：剥床以肤，凶。[1]

《大畜》：九二：舆说輹。

《大壮》：九四：贞吉，悔亡。藩决不羸，壮于大舆之輹。

《巽》：九二：巽在床下，用史巫纷若，吉，无咎。

上九：巽在床下，丧其资斧，贞凶。

含有车或床的十条爻辞中，唯有《困》九四"来徐徐，困于金车，吝，有终"不以并置进行结撰。

总结上文，《周易》卦爻辞中含有器物者共九十六条，明确运用并置的有五十七条，约占百分之五十九，总体比例虽稍弱于自然物和人事的并置，但依然是卦爻辞处理器物时主要的结撰技术。这些并置可以大致分为两种情况。

一是含有"熟肉""宫室""鼎"等事物的爻辞。它们与祭祀或国家权威紧密相关，在周初之政治生活中亦保留有崇高地位。但在爻辞中这些事物与人事处在并

---

〔1〕"辨读为牑，床板也。""肤，席也。"高亨：《周易大传今注》，齐鲁书社1998年版，第178页。

置结构中。其原因和自然物与人事之并置相同，都体现着神性的消退，在并置结构中与人事发生了比类关系。

二是本不具备神性的人造器皿、用具如床、车等，也与人事并置在一起。这些事物由人类所制造，本是人之附庸物，其地位远远低于人类，不存在强力影响人事的宗教观念基础。某种程度上，器物处于并置结构中，是对其地位的些许抬升，使它们从人的附庸物转变为对人的创造力与社会地位的确证，此确证的结果往往是器皿等产生了比喻义。

让我们对含有自然物、器物和人事的并置结构的卦爻辞做一总体描述。《周易》古经含卦辞六十四条，爻辞三百八十六条，合计为四百五十条。这其中包含自然物、器物等外在于人的事物的卦爻辞共二百六十条，比例约为百分之五十八；明显含有并置结构的卦爻辞一百六十八则，占卦爻辞总数的约百分之三十七。此一比例虽然只有三分之一强，但却是对卜辞之结撰技术的突破，体现着全新的自然观与审美经验。另外一些不具备明显并置结构的卦爻辞，并非不处于比类思维的掌控之下，只是由于自然物或器物原本的神性较弱或不具备神性，它们与人事的并置结构直接内化，产生了比喻结构。

在商周文化变迁这一总体背景下，上帝的权威渐渐消解，自然物的神性逐步褪去，周人以比类式的自然观替代了商人神性的自然观。由此周人对世界重新分类，自然物被重新解释，由祭祀对象成为人们能够平等观照的对象。这一变化形成了新的意识形态，要求新的结撰技术和语法结构来承载之，于是并置应运而生。并置包含着三方面的意蕴。

作为结撰技术的并置，就是将自然物和人事对举、平列在一起。这种平列的根源在于自然物神性消解后，自然物在精神指向上不再是高高在上的神，人们能够以平等甚至自高一等的眼光来观照之，进而以并置这一技术重释自然。并置作为结撰技术的直接源头并非歌谣式的叙事结构，而是由于《周易》筮法牵引着卦爻象，进而使得爻辞内的每一部分都对应于爻象，呈现出破裂的叙事特征。

自然物和人事并置之后形成了并置结构，这一结构以人事为指向，自然物的意义经过重释之后，和人事的关系并未固定下来，或与人事发生显而易见的比类关系，比的结构由是出现；或游移于人事，比的结构往往在此游移中被虚化。理解那些意义并不确定的自然物，往往需要将之遣返至意义已经固定下来的爻辞中，此种循环与汉儒解诗之“比兴循环”具有相似的思维模式。[1] 并置结构中自然物的不确定性虚化了比的结构，形成了《周易》卦爻辞中的“兴”。

---

〔1〕 关于汉儒解诗的“比兴循环”模式，可参看拙文《比兴神话》，见徐中玉、郭豫适主编：《中国文论的方与圆——古代文学理论研究》(第三十一辑)，华东师范大学出版社 2010 年版。

并置结构，正是比兴的前导，开启了中国人对自然的准理性观照，中国人比类式的审美经验由此诞生。自此，《诗经》《楚辞》等先秦经典文学，儒家的“君子比德说”，直至汉代的大一统诗学理论，无不延续并置所开启的审美经验，形成了蔚为壮观的比兴美学。

第二章 《周易》古经的原始比兴

前文描述了并置这一首现于《周易》古经卦爻辞中的突破性的结撰技术，确定并置及其背倚之比类思维，乃是比兴赖以产生的基础。此章将集中论述并置结构如何形成比兴结构。

第一节 并置结构中的比

将卦爻辞放在比喻结构中加以解释，这在易学史中多有体现，尤其为易学义理派所惯用。然而他们往往是将后世封建道德式的比喻结构强加于卦爻辞，穿凿之处颇多。当代诸位易学名家中，高亨尤其注重发掘卦爻辞内部的比喻，并在《〈周易〉卦爻辞的文学价值》一文中提出："《周易》中的比喻手法，不在少数。"[1]他的论述多基于文字学的训诂和对卦爻辞本义的推求，往往发前人之未发，我们的研究受其沾溉颇多。不过前辈学者并未考虑商周自然观变迁的背景，未曾描述卦爻辞中"比之结构"的源流，而这，正是此章的重心所在。

上一章中我们将并置结构分为自然物与人事的并置、器物与人事的并置两大类，包含天象、器具等共十一类。此章对比之结构的探索，也依托先前的分类进行。并置结构褪去自然物的神性，重释自然物的意义。我们发现，在此过程中获得了稳固意义的自然物，往往成为人事之喻体，进而自然而然地与人事形成比之结构。因此梳理并置结构中自然物意义的变迁，是发掘比之结构的基本路径。

这种平衡对待的结构中自然物和人事天然地联系，正是我们得以判定何为比的核心。意即，并置结构中人与物是否具有稳固而自洽的比类关系，乃是比之结

---

〔1〕 高亨：《文史述林》，中华书局1980年版，第338页。

构是否成立的界限所在。[1]

一、自然物与人事并置结构中的比

《周易》卦爻辞中的自然物有天象或天气、地理、兽类、植物、鸟类、鱼虫等六类，下面逐类论述之。

(一)天象或天气

天象或天气类卦爻辞中有三十二则包含并置结构，其中多数生成了比之结构，最典型者当数《乾》卦的六则爻辞，且看：

> 《乾》：初九：潜龙勿用。
> 九二：见龙在田，利见大人。
> 九四：或跃在渊，无咎。
> 九五：飞龙在天，利见大人。
> 上九：亢龙有悔。
> 用九：见群龙无首，吉。[2]

《乾》卦是《周易》的首卦，除九三“君子终日乾乾，夕惕若厉，无咎”外，皆是以龙的动作、状态和人事并置在一起，构成明显的并置结构。龙在甲骨卜辞中写作[illegible]、[illegible]或[illegible]，有方国名、人名、地名、水名、土龙和星象名等六种意义，并不与人事并置，略举数例如下：

> 王惟龙方伐？勿惟龙方伐？(《合集》6583)
> 贞，勿乎帚妌伐龙方？(《合集》6585)

以上二则卜辞中龙为方国名。以龙为地名的如：

---

〔1〕 若并置结构对自然物意义的重释并不彻底，自然物在卜辞中的意义残留在并置结构中，使得自然物与人事之间的比之结构难以稳固，兴之结构往往于此诞生。我们将在下一节中详细论述此一兴之结构的诞生过程。

〔2〕 《乾》卦的龙有两种解释：星象或大蛇。关于前者的论述可参见闻一多：《周易义证类纂》，见闻一多：《闻一多全集》(第十卷)，湖北人民出版社 1993 年版，第 231—234 页；李镜池：《周易通义》，中华书局 1981 年版，第 1—4 页；(美)夏含夷：《〈周易〉乾卦六龙新解》，见(美)夏含夷：《古史异观》，上海古籍出版社 2005 年版，第 270—277 页；等等。

乙未卜，贞，黍在龙囿，啬受有年？二月。(《合集》9552)

以龙为国名、地名是其原初的意义。后龙字又用为人名，是受祭之对象：

庚子，子卜，叀小牢钔龙母？(《合集》21805)
辛丑，子卜，用小牢龙母？(《合集》21805)

龙作河流名如：

戊戌贞，今众涉龙西北，无田？(《怀》1654)

龙作为方国名或地名，是特指某一具体的地点，并不处于并置结构中。作人名接受祭祀时，龙就被抹上了些许神性。而龙河则是卜辞中祈请的对象，作为河神之一已然具备神格。龙在卜辞中还作求雨之祭的对象，如：

乙未卜，龙，亡其雨。(《合集》13002)
惟庸龙，亡有大雨。(《合集》28422)
其乍龙于凡田，有雨。(《安明》1828)
□□龙□□田，有雨。(《合集》27021)

裘锡圭论证这些卜辞中的龙乃是土龙，其论述甚为精到：

从甲骨卜辞看，商代已经有做土龙求雨之事。《安明》一八二八："叀(唯)庚焚尪？又(有)雨？其乍(作)龙于凡田，又雨。""作龙"卜辞与焚人求雨卜辞同见于一版，卜辞中并明言作龙的目的在为凡田求雨，可知所谓"龙"就是求雨的土龙。《佚》二一九："十人又五□，□龙□田，又(有)雨。"上引第二卜辞可能是占卜"作龙于某田"之辞的残文。[1]

此仪式中以人牲为祭品，制作土龙以求雨，土龙是龙的投影与模象。龙乃是膜拜之对象，作为神灵具备神格，无疑。当代学者中认为《乾》卦爻辞中的龙为星象名者，始自闻一多：

〔1〕 裘锡圭：《说卜辞的焚巫尪与作土龙》，见胡厚宣编：《甲骨文与殷商史》，上海古籍出版社 1983 年版，第 33 页。

> 案古书言龙，多谓东宫苍龙之星。《乾卦》六言龙（内九四‘或跃在渊’，虽未明言龙，而实亦指龙），亦皆谓龙星。……九二“见龙在田”，田即天田也。……九五“飞龙在天”，春分之龙也；初九“潜龙”，九四“或跃在渊”，秋分之龙也。……上九“亢龙”，亢有直义，亢龙即直龙。用九“见群龙无首”，群读为卷……群龙即卷龙。……卷龙如环无端，莫辨首尾，故曰“无首”，言不见首耳。龙欲卷曲，不欲亢直，故“亢龙”则“有悔”，“见卷龙无首”则“吉”也。[1]

闻先生此说在甲骨卜辞中得到了证明，以龙为星象而祭祀之的卜辞常见，如：

> 龙不即作。（《拾掇》2・48・7）
> ……桒龙……（《粹编》483）
> 其兄（祝）龙，兹用。（《后编》下6・14）

饶宗颐认为这是祭祀岁星的卜辞，他说：“殷人祀龙星，龙即苍龙。《淮南子・天文训》：‘天神之贵者，莫贵于青龙。’《广雅》以青龙即太岁，是龙亦指岁星也。”[2]以星为神而祭祀之，胡厚宣、陈梦家等学者已有论述，此不赘引。

总之，龙无论是河流、动物还是星象，都是高于人间的神性的自然物，并不处在并置关系中，因此这些卜辞的结撰技术与比兴无关。[3] 由商至周，龙作星象之名虽有延续，但在更多场合，龙成为动物的名称，由星象到动物的过程正是龙之神性被消解的过程。且看：

> 郑大水。龙斗于时门之外洧渊。国人请为禜焉。子产弗许，曰：“我斗，龙不我觌也。龙斗，我独何觌焉。禳之则彼其室也，吾无求于龙，龙亦无求于我。”乃止也。（《左传・昭公十九年》）

郑国发生水灾，有人看到龙在时门外的洧渊中争斗，国人请求举行禳祭来安抚龙。这是将龙作为高于人间的神物而祭祀之。而子产则认为人与龙有各自的

---

〔1〕 闻一多：《周易义证类纂》，见《闻一多全集》（第十卷），湖北人民出版社1993年版，第231—234页。

〔2〕 饶宗颐：《殷代贞卜人物通考》，香港大学出版社1959年版，第934页。

〔3〕 “龙□□田，有雨”，此条卜辞与《乾》九二“龙见于田，利见大人”相似。然而在卜辞中，作为神物的龙乃是降雨的主体，是雨的操控者，并不处于并置结构，更不与人事发生比类关系，而爻辞中“龙见于田”并置以“利见大人”的人事，龙之神性被消泯，龙和大人之间发生了比类关系，比之结构进而产生。卜辞和爻辞表面类似，其结撰技术却大相径庭。

争斗，人无求于龙，龙也无求于人。子产之语暗含着人龙之间并无关联，龙作为自然物，与人事乃是平等的。《左传·昭公十五年》载有蔡墨与魏献子的对话，蔡墨追述了人驯养龙的历史，将人的地位置于龙之上：

秋，龙见于绛郊。魏献子问于蔡墨曰："吾闻之，虫莫知于龙，以其不生得也，谓之知，信乎？"对曰："人实不知，非龙实知。古者畜龙，故国有豢龙氏，有御龙氏。"献子曰："是二氏者，吾亦闻之，而不知其故，是何谓也？"对曰："昔有飂叔安，有裔子曰董父，实甚好龙，能求其耆欲以饮食之，龙多归之，乃扰畜龙，以服事帝舜。帝赐之姓曰董，氏曰豢龙，封诸鬷川，鬷夷氏其后也，故帝舜氏世有畜龙。及有夏孔甲，扰于有帝，帝赐之乘龙，河、汉各二，各有雌雄。孔甲不能食，而未获豢龙氏。有陶唐氏既衰，其后有刘累，学扰龙于豢龙氏，以事孔甲，能饮食之，夏后嘉之，赐氏曰御龙，以更豕韦之后。龙一雌死，潜醢以食夏后。夏后飨之，既而使求之，惧而迁于鲁县。范氏其后也。……龙，水物也，水官弃矣，故龙不生得。不然，《周易》有之，在《乾》之《姤》，曰：'潜龙勿用。'其《同人》曰'见龙在田'；其《大有》曰'飞龙在天'；其《夬》曰'亢龙有悔'；其《坤》曰'见群龙无首，吉'；《坤》之《剥》曰'龙战于野'。若不朝夕见，谁能物之？"（《左传·昭公二十九年》）

秋天时，有龙在绛郊出现，这依然是将龙作为神异之物，方记载之。魏献子听说龙是虫类中最为聪明的了，原因是人不能活捉龙。魏献子此言已经不将龙视为神物，而将之作为人的猎物归入了虫类。这已将人的地位置于龙之上，然而魏献子认为龙在智力上高于人，尚为龙保留了一丝神性。蔡墨则把这些许神性也削去了。他称人无法活捉龙，是因为圣人所设之官制中的水官被废弃了，并非龙比人聪明。且龙原本就是由豢龙氏和御龙氏这两个家族所驯服和饲养的，驯服和饲养龙，使得周初人对龙习以为常，因此才会有《乾》卦各爻辞对龙的种种状态的描述。

可见，龙再也不是神的宠儿，而成为人所操纵、掌控的对象。龙为君主驾车，甚至成为君主口中之食物，其神性之消泯已昭然若揭。如果说在蔡墨的话中还能找到龙与天帝之间的联系，那么至春秋末期，龙的神性已经被彻底剥去。孔子说：

丘闻之：木石之怪曰夔、蝄蜽，水之怪曰龙、罔象，土之怪曰坟羊。（《国语·鲁语下》）

这是孔子回答季桓子的话，孔子径直称龙为水中之怪物，则在孔子看来，龙已经成为人间的对立面，对人有害无益，其神性荡然无存。[1]

从甲骨卜辞到《周易·乾》再到《左传》《国语》中关于龙的记载，龙作为星象或神性动物的地位逐渐降低，最终其神性完全消失。《乾》卦各爻正是这一过程的关键点，爻辞中龙的状态、动作与人事并置在一起，龙的意义在并置结构中被重置，由此与人事发生了比类关系，进而诞生了比之结构。《乾·象》曰："天行健，君子以自强不息。"高亨顺从此意，以龙为君子的喻体，他这样训解《乾》的爻辞：

> 初九：潜龙比喻人隐居不出，静处不动，故筮遇此爻，不可有所作为。
>
> 九二：龙出现于田中，比喻大人活动于民间，人见之则有利，故筮遇此爻，利见大人。
>
> 九四：比喻人或活动于安利环境，自无咎灾，故筮遇此爻无咎。
>
> 九五：飞龙在天，比喻大人居高贵之位，有所作为，人见之则有利，故筮遇此爻，利见大人。
>
> 上九：池中之龙实处困境，比喻人处困境，乃较小之不幸，故筮遇此爻有悔。
>
> 用九：群龙出现于天空，其头被云遮住。此比喻众人俱得志而飞腾，自为吉。[2]

龙之各种行动和境遇并置于人的处境，进而发生比类关系，形成比喻结构。爻辞中并无明显的比喻词，因此乃是暗喻。此一比喻之所以能够形成，正是并置结构重释龙之意义的结果。

《乾》卦各爻的占断之辞为"利"或"无咎"，没有与之相抵触的凶或厉，意即龙与人事的并置结构所指向之吉凶，是较为统一的，并无自相矛盾之处。这意味着，龙脱离神性之后，在并置结构中的意义是较为稳固的。在此稳固的意义之上，比的结构并未被虚化，因此《乾》卦各爻乃是典型之比。[3]

太阳的意义也经历了和龙的意义相似的过程，《豫》卦的六三和上六：

> 《豫》：六三：盱豫，悔，迟有悔。

---

〔1〕 韦昭注："龙，神兽也，非常见，故曰怪。"恐非孔子本意。参见徐元诰：《国语集解》，王树民、沈长云点校，中华书局2002年版，第191页。

〔2〕 高亨：《周易大传今注》，齐鲁书社1998年版，第44—47页。

〔3〕 自然物的意义在并置中被重置之后，如果意义并不稳定，那必然发生比之结构的虚化，进而产生兴。

上六：冥豫，成有渝，无咎。

太阳在卜辞中接受祭祀，具备神格，学界所公认。[1] 然而这两则爻辞中，太阳已经不再是神灵，而成为简简单单的自然物，并置于人事。高亨这样训解这两爻：

六三：盱借为盱，盱与旭同，日初出也。此盱喻人处于方在上升之时。

上六：冥，日暮也。此冥喻人处于末日晦暗之时。[2]

可见，并置结构褪去了太阳的神性，产生了比类，进而太阳才能和人之地位构成比喻关系。《左传·昭公五年》："日之数十，故有十时，亦当十位。"可见，以太阳比喻人之地位乃为春秋人所习用，爻辞中的比之结构乃是稳固而自洽的。

总之，《周易》中含天象的卦爻辞，其并置结构中比之诞生经历了如下过程：在殷人的自然观中具备神性而接受祭祀的天象，在卦爻辞的并置结构中其神性消褪，意义被重释，从而和人事发生比类关系，成为人事的喻体，构成比之结构。

（二）地理

甲骨卜辞中的地理类自然物往往是具备神性的，如接受祭祀的四方神，岛邦男所论的具备神格的"岳神"等。在卦爻辞中，地理类自然物也褪去神性，向人间界靠拢，从而在并置结构中产生了比喻义，其中又以《坎》卦的爻辞中含有并置结构最多，我们以其为例分析之。

甲骨文中，坎字的初文为"凵"。于省吾说："凵字典籍通作坎，凵为本字，坎为借字。"[3]杨树达说："按凵象坎陷之形，乃坎之初文。"[4]意即最初坎字是坑的象形，在甲骨文中其词性为名词。坎字形成了一系列合文：将牛放入坑中是[illegible]或者[illegible]，将狗放入坑中是[illegible]，将鹿放入坑中是[illegible]，将麋放入坑中是[illegible]。坎字一般以合文的形式出现在记载祭祀或田猎的卜辞中，如：

---

〔1〕 相关研究可参看于省吾：《甲骨文字诂林》（第二册），中华书局 1996 年版，第 1089—1095 页。

〔2〕 高亨：《周易大传今注》，齐鲁书社 1998 年版，第 144—145 页。

〔3〕 于省吾：《甲骨文字释林》，中华书局 2009 年版，第 270 页。

〔4〕 杨树达：《积微居小学述林》，上海古籍出版社 1983 年版，第 41 页。

于河一宰。(《粹》38)
贞,帝于东,灾犬,尞三宰,卯黄牛(《续编》2·18·8)
于河二宰(《后》上·23·10)
戊子卜,贞,三犬,尞五犬、五豕,卯四牛,一月。(《前》7·3·3)

第一条卜辞记载的是将狗放入坑中以祭祀河神,第二条记载的是将狗、黄牛等放入坑中,以之祭祀。第三条记载在河边用两只狗祭祀,第四条则详细记叙了祭祀过程,祭品是狗、猪、牛。

值得注意的是,坎字的合文中有表示以人为祭品的字形如、或等,卜辞如:

今日。(《合集》8716)

这一条则记载的是将人放入坑中作为祭品。以活人为祭品是商代最高等级的祭祀,安阳殷墟侯家庄商王陵区,曾出土有数以千计用活人祭祖的祭祀坑。这一祭祀形式直到东周才逐渐衰落。[1]

坎字的合文也大量出现在记载田猎的卜辞中。如:

戊午卜,争贞:叀王自往,十二月。(《合集》5408)
贞,令。(《前》6414)
王自东伐,。(《乙》2948)
戊寅卜,王。(《摭继》125)

在这四条田猎的卜辞记载中,坎字的初文都和猎物名形成合文,表示猎物被放入坑中。

从以上甲骨卜辞中的坎所处之语境来看,坎是祭品与猎物被杀死的地方。合文字形中的小点,形象地摹画了人、狗和牛作为祭品被推入坑中时荡起的尘土。[2] 因此凵并非普通的、自然形成的坑,而应是祭坑或猎坑,其词性是名词,并因为与祭祀相关而具备了神性。[3] 可推测坎字在甲骨文中暗含着祭品或猎物死

---

〔1〕 祭祀遗址考古发掘成果,其研究综述可参看谢肃:《商代祭祀遗存发现与研究的回顾》,《殷都学刊》2005年第3期。现有的祭祀遗址已经证明商代与西周大量使用人牲祭祀。

〔2〕 于省吾:《甲骨文字释林》,中华书局2009年版,第270—272页。

〔3〕 坎字为名词,而坎所形成的合文在卜辞中是动词。于省吾认为甲骨文中象将麋放入或赶入坑中的在卜辞中是动词,那么与造字法相同的、等也应是动词。于省吾:《甲骨文字释林》,中华书局2009年版,第273页。

亡之意，是个“凶险”的字。细察含有坎字的卜辞，皆不存在并置结构，因此也不以坎为喻体和人事形成比喻结构。

与甲骨卜辞中不同，《坎》卦中的坎处于并置结构中，其在语法和意义上是独立的：

> 《坎》：初六：习坎，入于坎，窞，凶。
> 九二：坎有险，求小得。
> 六三：来之坎，坎险且枕，入于坎，窞，勿用。
> 九五：坎不盈，祇既平，无咎。

《坎》卦是通行本《周易》第二十九卦。高亨从《说文》“坎，陷也”将坎解释为“坑也”。[1] 从句式上看，《坎》卦六三“来之坎”以“来”字开头，这是卜辞记载祭祀时的常用语。且《周易》的创制年代在西周早期，故爻辞中坎字之意当与甲骨卜辞一致，为“祭坑”。[2] 爻辞的意义当为：

> 初六：重坑，入于坑，将人抛入祭坑，凶。
> 九二：坑有险，有所求仅能小得。
> 六三：来到坑，坑险又深，入于坑，将人抛入祭坑，勿动。
> 九五：坑不满，灾祸已经平息，无咎。[3]

爻辞有两个窞字，《说文》释窞：“坎中更有坎也。”段玉裁注：“《释名》引《说文》：‘坎中更有坎也。’《字林》：‘坎中小坎也。’”[4]意即窞是坑中的小坑，窞和坎是同义词。且窞与陷或臽通假，而“甲骨文陷人以祭的㘝，乃臽之初文”[5]。则窞是指以人祭祀时的祭坑，这与坎字的初文凵相同，都暗示着祭祀和祭品的死亡。

由此可以更进一步断定，爻辞其实是在描写祭祀活动，而且其描写的重点在于祭坑：初六是说祭坑挖得很深，而且一层套一层，先将动物抛入祭坑，再将人抛

---

〔1〕 高亨：《周易大传今注》，齐鲁书社 1998 年版，第 208 页。

〔2〕 坎字作为祭坑，在汉代记载祭祀的文献中经常出现。如：《仪礼》的《士丧礼》和《既夕礼》中记叙葬礼的程序时屡次出现“掘坎”；《礼记·檀弓下》中云“往而观其葬焉，其坎深不至于泉……”；《礼记·祭法》云“相近于坎、坛……祭寒暑也，四坎、坛，祭四方也”；《礼记·祭义》云“祭月于坎”。这些记载都与祭祀有关，其中坎皆为祭祀之地点，可以断定其意义乃祭坑。

〔3〕 高亨释祇为小丘，此处的解释从于省吾。本书释坎、窞为祭坑，因此释爻辞之义与高亨的释义略有不同。

〔4〕 [清]段玉裁：《说文解字注》，上海古籍出版社 1981 年版，第 345 页。

〔5〕 于省吾：《甲骨文字释林》，中华书局 2009 年版，第 275 页。

入祭坑，凶险。九二则说祭坑中有危险，有所祈求仅能有小收获。六三是说来到祭坑旁，祭坑又险又深，先把动物抛入祭坑，再把人抛入祭坑，不要有所行动。九五则站在主祭者的立场，祭品还没有填满祭坑[1]，但灾祸已经平息了，没有祸事。爻辞中的断辞为“凶”“勿动”“有小得”，可以说，此时作名词处于并置结构中的坎字，预示着不吉利的未来。

对比甲骨卜辞与《坎》卦的爻辞，坎字都表祭坑。然而在卜辞中，坎字写作合文，与祭品融为一体，并非人“观”的对象；在爻辞中，坎则处于并置结构中，独立于人事，成为观照的对象。这一结撰技术上的变化，使得坎作为祭坑之义所暗示的祭品死亡，与人事之间形成了比类关系，进而产生了比喻义，坎成为凶险的喻体。

将祭品放入祭坑的仪式延续到了春秋，进一步发展为诸侯国结盟的仪式。《左传·僖公二十五年》“坎血加书，伪与子仪、子边盟者”，杜预注为：“掘地为坎，以埋盟之余血，加盟书其上。”[2]坎血就是挖地为坑，用来埋盟誓宰牲后剩下的血。杨伯峻也说：“掘地为坎，杀牲于其上，取血以告神，歃血，加盟书其上。”[3]坎的字意延伸为挖地为坑的行动。《左传·昭公六年》：“柳闻之，乃坎，用牲，埋书。”《左传·昭公十三年》：“观从使子干食，坎用牲。”这些关于祭祀的记载中，坎字都是掘地为坑的意思，是动词。坎字本身由名词发展为动词，是其意义的自然延伸，也延续了其本义中祭品死亡之意。坎、险之间的比喻结构进一步稳固了。再看《国语·晋语》的例子：

> 筮史占之，皆曰：“不吉。闭而不通，爻无为也。”

韦昭注：“震为动，动遇坎，坎为险阻，闭塞不通，无所为也。”[4]《坎》卦辞的《彖》传也说：“习坎，重险也。”[5]段玉裁说：“《易》曰：坎，陷也；习坎，重险也。”“皆曰”则表明这是众人一致的认识。可见，《周易·坎》中以坎比险的比喻结构乃为春秋人所常用，其比之结构乃是稳固而自洽的。

---

〔1〕 这里的“坎不盈”或许与受祭者的年龄有关。《礼记·杂记下》记云“四十者待盈坎”，孔颖达疏：“谓窆竟以土盈满其坎，四十强壮，不得即反，故待土满坎而反也。”可参照。

〔2〕 杨伯峻：《春秋左传注》，中华书局1998年版，第435页。

〔3〕 同上。

〔4〕 徐元诰：《国语集解》，王树民、沈长云点校，中华书局2002年版，第340页。

〔5〕 [清]段玉裁：《说文解字注》，上海古籍出版社1981年版，第689页。

(三)兽类

《周易》中涉及兽类的爻辞很多,在自然物神性消退的自然观大转折中,原本具有神性或对人事有着强大影响的兽类,在爻辞中经过并置结构的过滤,和人事平等地并置在一起,其神性消退进而成为人事之喻体,比的结构于是乎诞生。受比类思维的掌控,某些原本不具备神性的兽类进入卦爻辞时,语境被转换,也和人事产生了比类关系。但这种建基于并置的比类关系是内化的,并不凸显出外在的比喻结构。我们各举几例加以分析。

1. 猪

猪为三牲之一,在卜辞中作祭品,不同种类的猪各有专名,阉割过的公猪写作[illegible],乃豕之初文:

今日尞三羊、三豕、三犬。(《合集》738)
今日酉夕,尞豕方帝。(《佚》54·508)
辰卜,献羊尞十豕洋卯。(《藏》863)

豕中较为贵重的称作豚,卜辞中写作[illegible]、[illegible]或[illegible]:

豕有豚。(《续》4·18·8)
羊有豚。(《乙》4733)
三羊三犬三豚。(《乙》7445)

在卜辞中,豕和豚都处于宾语的位置作祭祀之用,不与人事平等地对举,没有以并置为结撰技术。在卦爻辞中,猪则和人事处于明显的并置结构中,且看:

《遯》:初六:遯尾,厉,勿用有攸往。
九三:系遯,有疾厉,畜臣妾,吉。
九五:嘉遯,贞吉。
上九:肥遯,无不利。

《遯》卦的这四则爻辞中,"遯借为豚,小猪曰豚"[1]。卜辞中豚作为祭品媚神

〔1〕 高亨:《周易大传今注》,齐鲁书社1998年版,第229页。

的功能消失，豚的神性消泯无存。在并置中豚成为人事的比类物，进而和人事构成比之结构。高亨这样解释：

> 初六：豚尾有被断之危险，以喻人作他人之尾巴，有被断之危险。
>
> 九三：系豚乃有绳缠其身而不得脱，象人有病缠其身而不能除。[1]
>
> 九五：嘉豚犹今语所谓小喜猪……嘉豚乃吉祥之象。
>
> 上九：肥豚……以喻美好之财物，可资人利用。[2]

高亨直以比喻结构解释初六、九三和上九，其说可从。九五中嘉豚为吉祥之"象"，亦是将豚和吉祥之间建立比类关系，其实质依然是比。《遯》卦爻辞中比的结构之成立，恰恰在于并置结构中猪不再直接用于祭祀，而是指向了人事。其作神性自然物的古义成为爻辞中比之结构的背景。

2. 兽角

《周易》卦爻辞中含有角字的是下面三则：

> 《大壮》：九三：小人用壮，君子用罔，贞厉。羝羊触藩，羸其角。
>
> 《晋》：上九：晋其角，维用伐邑，厉，吉无咎，贞吝。
>
> 《姤》：上九：姤其角，吝，无咎。

《大壮》《晋》《姤》皆为卦名，分别是通行本《周易》的第三十四卦、三十五卦和四十四卦。上述三条爻辞中，角字所在的短语皆与人事或断辞并置在一起：《大壮》九三中"羝羊触藩，羸其角"与"小人用壮，君子用罔"并置[3]；《晋》上九中"晋其角"与"伐邑"并置；《姤》上九中"姤其角"与"吝，无咎"的断辞直接并置。高亨这样解释这三条爻辞：

---

〔1〕 这里的"象"当为"像是"之意。《系辞下》："象也者，像此者也。"高亨：《周易大传今注》，齐鲁书社1998年版，第231页。

〔2〕 同上书，第229—232页。

〔3〕 高亨认为："九三之'羝羊触藩，羸其角'二句疑当在此九四两字之下。盖《易经》自为一书，各爻爻题两字皆战国时人所加，此爻九四两字宜加于羝字上，而误加于贞字上也。"（同上书，第236页）意即"羝羊触藩，羸其角"当为九四爻辞一部分。然而就九三与九四爻辞的结构而言，都是断辞在前，记录兽类活动的爻辞在后。且如《大壮》九三、九四这种断辞位于爻辞中间或开头的情况，为《周易》所习见。从爻辞结撰的角度推测，断辞所占断的吉凶是确定的，断辞的位置只是一种"随机的并置"，并不影响占筮结果。而且《大壮》九三、九四爻辞的意义并无难解之处，不需要将其重新组合。高亨此说只是根据后世文法的猜测，可备一说。

《大壮》：九三：庶民用抢劫、杀伤、暴动等手段以逞其志，统治者用法网以制裁之，乃危险之道，故占问此等事则有危险。……牡羊以角触篱，人宜以绳系其角。[1]

《晋》：上九：王侯用尖锐之兵，征伐属邑，如兽以坚锐之角，进触他物，虽危亦吉而无咎，但必遇抵抗，不无困难，故贞吝。[2]

《姤》：上九：遇兽之角，为其所触，乃逢艰难，故吝；然仅是遇之，未被触伤（爻辞未言触伤），故无咎。此乃比喻遭恶人之攻击，未受伤害。[3]

高亨称在这三条中，《晋》卦上九和《姤》卦上九中的角字具备比喻义，其本体是羊角，喻体则是军队或恶人之攻击；而《大壮》九三中的角字只是“羸”的宾语，意为羊角，“羝羊触藩，羸其角”虽与人事并置，但高亨并不以比喻训读之。在三条爻辞中角字有两种意义，其比喻义是如何产生的？这需要考察角字从卜辞到《周易》的意义、语境之演变。

在甲骨文中，角字为、、，于省吾说“卜辞角字均为人名或地名”[4]，与兽角之形无关。如：

角不获其驹。（《林》2·126）

角往来亡（无）咎。（《屯南》2688）

友角告曰：邛方出，侵我示来田七十人五。（《菁》2）

……其氐（致）角女。（《乙》3507）

……角女……（《乙》3005）

……氐（致）角女……（《丙》366）

前三条卜辞中的角字皆为人名，后三条卜辞中的“角”字皆为地名。值得注意的是，在第一条卜辞中，角这个人是狩猎者，在第二条卜辞中，角是战争的知情者、转告者，但卜辞没有直接记录军事活动，此二人虽和军事相关，角字却并非处于军事语境中。后面三条卜辞因为阙文，意义无法索解，但也可推测“角女”并非处于军事语境中。

金文中的角字作（角戊父鼎）、（鄂侯鼎）、（角伯父盉）等，其意义有对

〔1〕 高亨：《周易大传今注》，齐鲁书社1998年版，第236页。

〔2〕 同上书，第241页。

〔3〕 同上书，第286—287页。

〔4〕 于省吾：《甲骨文字诂林》（第三册），中华书局1996年版，1872页。

甲骨文中角字意义的继承。含有角字的铭文有“角戊父用”(角戊父[illegible]鼎),“角白(伯)父做宝盉”(角伯父盉),“叔角父乍(作)朕皇考宅公尊”(吊角父簋)。这些铭文中的角字是人名。“伐角[illegible]”(鄂侯鼎),“王征南淮、尸(夷)伐角、津”(寥生盨),其中的角则是地名。

角字作人名或地名,一直延续到了春秋时期。如《左传·成公六年》:“晋栾书救郑,与楚师遇于绕角。”杜预注:“绕角,郑地。”〔1〕角为地名。《左传·成公十七年》:“高、鲍将不纳君,而立公子角。”杜预注:“角,顷公子。”〔2〕角为人名。其余如“靡角之谷”“卫羊角”为地名,“大子角”“其子角”为人名,皆无异议。意为人名或地名的角字作为专有名词,显然无法产生比喻义。

在《墙盘》〔3〕的铭文中,有“其角炽光”一句。陈初生训为“额角”〔4〕。林义光曰:“《说文》云:角,兽角也,象形。按古作[illegible](驭方鼎),作[illegible](叔角父敦),制字之始本当做[illegible],方象角形。后变为[illegible]耳。”高鸿缙曰:“案此殆画牛角之形,遂以为凡兽角之称。”〔5〕三人都认为角字的意义并非人名或地名,而是开始指称额角或兽角。这与《说文》中对角字的解释相合:“兽角也。象形,角与刀、鱼相似。”〔6〕可以说,正是在金文中,角字的意义不再局限于人名或地名,而是扩展为兽角。

角字意义扩展为兽角,《大壮》九三、《晋》上九和《姤》上九三条爻辞中的角字才有可能产生比喻义。比较这三条爻辞,《大壮》九三“羸其角”是说系住羊的角,此爻并非处于军事语境,角字用其原义。《晋》卦上九和《姤》卦上九中角字的意义则溢出了本义:

> 《晋》:上九:用(坚锐的)军队进攻,征伐属邑。
>
> 《姤》:上九:遇到军队(的进攻)。吝,无咎。

晋,高亨训为“进也,谓进攻敌人”〔7〕。《晋》卦有四条爻辞直接记叙进攻。李镜池说:“(《晋》卦)是军事专卦。爻辞分三部分:前部主要讲战术;中部讲士卒素质;后部讲战略。”〔8〕《晋》卦全卦皆与军事行动相关,学术界无疑义,《晋》卦上九中角字的使用乃是处于军事语境。《姤》卦九五为“以杞包瓜,含章,有陨自天”。高

---

〔1〕 [唐]孔颖达:《春秋左传正义》,北京大学出版社2000年版,第833页。
〔2〕 同上书,第912页。
〔3〕 此器确定为恭王时铸,为西周早期器,与《周易》编纂时期相近。
〔4〕 陈初生编纂,曾宪通审校:《金文常用字典》,陕西人民出版社1987年版,第469页。
〔5〕 李孝定、周法高、张日昇:《金文诂林》(第五册),香港中文大学出版社1975年版,第2716页。
〔6〕 [清]段玉裁:《说文解字注》,上海古籍出版社1981年版,第184页。
〔7〕 高亨:《周易大传今注》,齐鲁书社1998年版,第239页。
〔8〕 李镜池:《周易通义》,中华书局1981年版,第71页。

亨认为此爻的"含章"应读为"戗商"，九五爻意为讨伐商王。上九承接九五，则《姤》上九亦为军事爻。在此军事语境中，"姤其角"的意义为"遇到商军进攻"更合适：突然遇到商朝军队，则吝，但战胜商军，自然无咎。这样断辞和武王克商的结局吻合。《姤》卦上九的角字高亨认为是比喻恶人的进攻，未免略有失当。在这两条爻辞中，角字比喻军队，都发生于军事语境。是否处于军事语境，乃是《大壮》九三和《晋》上九、《姤》上九的区别，也是和人事产生内在的并置结构的动力。

综上可知，在甲骨文中角作为人名或地名无法产生比喻义，金文中角字拓展为兽角之意后，其为原义还是比喻义的关键，就在于是否处于军事语境。兽角在甲骨和金文中本不具备神性，其和人事之比的结构之所以产生，可以说是随着语境的变化，并置结构内化而生成了兽角的比喻义。与角字相仿的，还有虎。

3. 虎

《周易》古经中虎字出现五次，分别在通行本第十《履》卦卦辞、六三、九四和第二十七《颐》卦六四，以及第四十九《革》卦九五：

> 《履》：履虎尾，不咥人，亨。
> 六三：眇能视，跛能履，履虎尾，咥人，凶。武人为于大君。
> 九四：履虎尾，愬愬，终吉。
> 《颐》：六四：颠颐吉，虎视眈眈，其欲逐逐，无咎。
> 《革》：九五：大人虎变，未占有孚。

高亨这样训解《履》卦和《颐》卦的四条卦爻辞：

> 《履》：人践在虎尾上，而虎不噬人，乃比喻触犯强暴之人，而强暴之人不伤害之。……筮遇此卦，触犯强暴而不凶，可举行享祭。
>
> 《履》：六三：目盲而视物，足跛而走路，以视不明而踏虎尾，以行不便而被虎噬，是凶矣。此比喻人无其才能而任其职事，致遭祸败。如武人无治国之才能，而做大国之君，是其类。
>
> 《履》：九四："履虎尾"比喻人触犯强暴之敌人，踏上危险之境地。然能恐惧警惕，严加防备，终归于吉。[1]
>
> 《颐》：六四：有食物填入腮中，可饱其腹，自是吉象。虎之视耽耽而凶，其欲亦悠悠而远，志在捕取它兽，以填其颐，以喻人有强力以逞其雄

---

〔1〕 高亨：《周易大传今注》，齐鲁书社1998年版，第108—110页。

心，自无咎。[1]

高亨直以比喻结构解释这些爻辞，《履》卦中的虎皆比喻“强暴”之人，《颐》卦中的虎比喻“有强力”的人。陈鼓应训解《履》卦爻辞中的“履虎尾”则是“踩在老虎尾巴上”，完全不涉及比喻。[2] 他解释“虎视眈眈，其欲逐逐”时则说：

> 想要填饱肚皮，占问吉利，像老虎目不转睛地盯着猎物，获取猎物的念头迫切强烈，没有灾咎。[3]

虽然认为爻辞具备比喻义，但与高亨解读中虎比喻“有强力”之人迥然相异。对于《革》九五，高亨这样解释：

> 大人服花彩之衣，如虎之斑文，威猛残暴，动辄用刑，故人筮遇此爻，在未占之时，大人已有罚加于其身矣。[4]

这条爻辞比喻义的解读，学术界也有多种意见。《革》中的虎是否形成比喻结构，取决于“变”字的意义。甲骨文无“变”字，《周易》古经中只出现于《革》卦。对“变”字的解释，有三个方向，爻辞的本义也因此有三种可能。

一是训诂方向。闻一多根据金文训变为“鞹”，“是‘虎变’‘豹变’即虎鞹豹鞹也”[5]，又训鞹为辩，即斑纹，得出“变”就是动物皮毛之斑纹的结论。高亨继承了闻一多这一结论。因此，这条爻辞的意义可以作这样的转换：大人虎斑纹。大人与虎斑纹并非对等，前者是主语，后者是前者的说明。因此，若训变为辩，则爻辞中必定省略了某些语法成分，否则爻辞的意义无法索解。

闻一多的策略是改变爻辞的语法结构，将虎变转换成“变虎”，并以《礼记·玉藻》“君羔幦虎犆，大夫齐车鹿幦豹犆，朝车；士齐车鹿幦豹犆”为证，认为“变”指的是大人所乘之车的皮饰，“‘大人虎变’即《玉藻》之君车以虎皮为饰”。[6]《礼记》是西汉学者编纂的战国时期儒家学者解释《仪礼》的文集，以战国时的礼制来反推《周易》古经编订时代的礼制，未免有求之过度的嫌疑。闻一多对自己的观点也有

---

〔1〕 高亨：《周易大传今注》，齐鲁书社 1998 年版，第 199 页。

〔2〕 陈鼓应、赵建伟：《周易今注今译》，商务印书馆 2005 年版，第 112 页。

〔3〕 同上书，第 253 页。

〔4〕 高亨：《周易大传今注》，齐鲁书社 1998 年版，第 310 页。

〔5〕 闻一多：《闻一多全集》（第十卷），湖北人民出版社 1993 年版，第 196 页。

〔6〕 同上。

怀疑。[1]

高亨的解决策略是增加句子成分，先在大人之后加上“服花彩之衣”，随后在虎斑纹之前加上“如”字，从而爻辞的意义引申为“大人服花彩之衣，如虎之斑纹”。“服花彩之衣”并非爻辞原有，乃是过度推求之辞。高亨通过加上“如”字，使爻辞成为比喻结构，从而填平了大人和虎斑纹之间语法与意义的沟壑。

二是义理方向。朱熹认为“革，是更革之谓，到这里须尽翻转更变一番”。[2]陈鼓应和黄寿祺继承朱熹的观点，二人在意义转换这一步有所不同。陈鼓应断定，变指身份变迁，从而将爻辞转换为“大人虎—身份变迁”。黄寿祺则称变指变革，而且是激烈的变革，从而将爻辞转换为“大人虎变革”。从义理上看，爻辞的结构中也必然省略了某些成分，否则爻义无法索解。

陈黄二氏不约而同地采取了同样的策略：转换爻辞的结构。陈鼓应转换为“大人身份变迁如虎”，且认为虎喻显贵，进一步释爻意为“大人升迁而变得显贵”和“君子得到升迁而变得显贵”。[3] 黄寿祺转换为“大人变革如虎”，从而释爻意为“‘大人’全面推行变革，势若猛虎奋威”。[4] 二人从义理方向出发的训解，也使得这条爻辞呈现出比喻结构。

三是古史观方向。李镜池说“本卦内容主要讲战争”[5]，大人是军事指挥官，“变”即变脸，从而将爻辞转换为“大人虎变脸”。显然，爻辞若获得解释，其爻意中必然隐藏了比喻结构，即“大人变脸如虎”。

以上三种释读，都将《革》卦九五的语法结构发掘为以大人为本体、以虎为喻体的比喻结构。

当代学者对《周易》中的虎是否具备比喻义及其比喻义为何的分歧，逼迫我们重新追索虎的原义及其使用语境的变化。

甲骨文中虎字写作[illegible]、[illegible]、[illegible]或[illegible]，其书写线条虽逐渐简化，但仍呈现出明显的图画性。甲骨文中虎与豹经常作为人名出现，如：

> 勿惟侯虎比，惟侯虎比。（《佚》375）
>
> 王曰：侯虎母（毋）归，御。（《菁》7）

---

〔1〕 闻一多在《周易新论》中对自己训变为车饰有过怀疑。他说：“《玉藻》所言盖秦汉之制与。”但最终没有推翻自己的结论。

〔2〕 [宋]朱熹：《朱子语类》（第五册），中华书局 1986 年版，第 1847 页。

〔3〕 陈鼓应、赵建伟：《周易今注今译》，商务印书馆 2005 年版，第 437—438 页。

〔4〕 黄寿祺、张善文：《周易译注》，上海古籍出版社 2001 年版，第 410—411 页。

〔5〕 《象》曰：“汤武革命，顺乎天而应乎人。《革》之时，大矣哉。”《革》卦是讲汤武克商。李镜池认为此卦为军事卦当根由于此。李镜池：《周易通义》，中华书局 1981 年版，第 99 页。

侯虎允来，曶有吏(事)，鼓。(《前》4・45・1)

令(命)多子族从虎侯璞周，协王事，五月。(《续》5・2・2)

侯，乃是地方长官名，以上三条卜辞中的长官以虎为名，是武丁时期著名的将领，受封于"丬(音强)"地。同期甲骨中卜辞中，侯虎也多次出现，但脱去了职位名而直称人名：

虎莫有咎。(《陈》127)

虎入百……(《甲》3017)

虎字作人名还特指高辛氏八子之一的伯虎。如下列卜辞：

其侑岁于虎。(《通》384)

王勿禘虎。(《乙》400)

金文中虎字也有作人名的记载，如："井白(伯)内(入)右师虎即立中廷。"(师虎簋)

虎字在甲骨文中还作地名，即"虎方"。其记载如：

翌辛丑，王在虎。(《燕》416)

虎方其涉河东㳄，其……(《前》6・63・6)

令(命)望乘及舆途虎方。(《佚》498)

"虎方"之名金文中也有记载："惟王令(命)南宫伐反虎方之年。"(中方鼎)虎方即夷虎，在今安徽寿县东南。很明显，虎字作人名或地名的时候，是不会产生比喻义的。作兽名是虎字在甲骨文中最常见的用法：

只(虎)以，豸十又六。(《乙》2409)

甲申，王其擒虎。(《拾》6・13)

壬子卜贞，田牢，往来亡(无)巛，王占曰吉，丝钔，只(获)兕一，虎一，犷七。(《珠》121)

壬寅卜贞，田牢，往来亡(无)巛，王占曰吉，丝钔，只(获)虎一，犷六。(《存》2374)

翌癸卯，其焚擒？癸卯，允焚，获……兕，十一豸，十五虎，罡廾。

（《合》194）

王其焚允乃麓，王立于东，虎出，擒。（《摭续》121）

以上五条卜辞中的虎字皆为兽名，这些卜辞或占卜狩猎能不能成功[1]，或记载捕获猎物的多寡。人与虎的关系是猎人与猎物，是捕捉与被捕捉。可以说，甲骨文里虎作兽名时基本上是处于狩猎语境中，虎在进入人们视野之处并无神性。[2] 虎作兽名在金文中依然延续，但是在金文潜在的祭祀语境中，作为猎物的虎不再单独出现，而是作定语出现。如虎幂：

矩取省车较、贲鞃、虎幂（卫鼎乙）
虎幂熏裹（毛公鼎）
虎幂熏裹（师兑簋）
虎幂朱裹（彔伯簋）

虎幂即用虎皮制成的车帜。再如虎帷、虎裘：

虎帷幂位里（裹）幽（軐侯鼎）
王乎（呼）宰曶易（赐）大师虘虎裘（大师虘簋）

虎帷是虎皮车帷，虎裘是虎皮衣。从上面甲骨文和金文的记载可知，虎字作兽名处于狩猎和祭祀语境时，也没有产生比喻义。在金文中虎作兽名还有一类用法，就是直接和"臣"字并称为"虎臣"。举二例如下：

命女（汝）摄嗣公族与参（三）有司、小子、师氏、虎臣雩朕执事（毛公鼎）
嗣乃且（祖）啻官邑人虎臣西门尸（夷）（师酉簋）

虎臣二字连称乃专指周王的侍卫官，以虎名之，是希望侍卫官有虎之勇力，其

〔1〕 也有梦占中涉及虎的，如"……丑卜……，贞王梦有死大虎，叀……"（《拾》十・七），但从虎作兽名在甲骨文中的惯常用法来推测，这里的死虎虽然出现在梦中，其地位依然是猎物。

〔2〕 或有学者认为虎曾是图腾，王小盾《原始信仰和中国古神》（上海古籍出版社 1989 年版）曾论述少数民族的虎图腾。但在甲骨文中我们暂未发现祭祀虎的记载，王说可存而不论。

语义结构则为“如虎之臣”，即以虎比喻军官。[1] 虎臣在金文中出现时，其语境往往与征战相关。虎臣也出现在《诗经》中，其用法可为旁证：

王奋厥武，如震如怒。进厥虎臣，阚如虓虎。铺敦淮渍，仍执丑虏。截彼淮浦，王师之所。（《大雅·常武》）

既作泮宫，淮夷攸服。矫矫虎臣，在泮献馘。（《鲁颂·泮水》）

孔颖达《正义》释“进厥虎臣，阚如虓虎”曰：“前其虎臣之将阚然如虎之怒。”[2]释“矫矫虎臣”则曰：“矫矫然有威武如虎之臣。”[3]这是虎臣与虎之比喻结构最直接的说明，其比喻结构至西周中期已经固定。

综合以上分析，可以确定虎字作兽名时，在甲骨文的狩猎语境和金文中，皆为本义。反观《周易》古经，当虎作为动物进入《周易》卦爻辞时其意义并未被重释。《履》卦中的“履虎尾”是记叙曾经发生的事件，并非处于军事语境中。而《颐》卦“虎视眈眈，其欲逐逐”则是描绘虎捕食的样子。这四处虎字所处语境并无变化，因此用其本义，比喻并未产生，高亨以虎比喻强暴之人或有强力之人，未免求之过甚。然而一旦转入军事语境，虎的本义和人事的意义便产生了对立，于是发生了内在的并置，进而产生类比关系，比喻于是乎出现。虎本无神性，因此这一类比是内在的，无须表现于外在的语法结构中。《革》卦爻辞中多言“征吉”“征凶”，李镜池认为此卦为军事卦。此爻处于军事语境，虎与大人并置，以虎比喻大人，正是西周虎字用法的通例，其比喻结构乃是自洽而稳固的。

4. 鼠

《晋》：九四：晋如鼫鼠，贞厉。

这条爻辞是否运用了比兴，关键在于对“如”字的解释。《周易》古经的卦爻辞，除《晋》卦九四之外，共出现“如”字二十九次。其中有二十七次或释为副词或释为语气词[4]，不影响爻辞的字面意义，典型的有《离》卦九四：

---

〔1〕 以近卫军官皆着虎皮衣或身描虎纹之故，或训虎臣为虎贲。然人着虎皮或描虎纹，亦可表示希望人勇猛如虎。在语言结构上或许并非比喻，但其思维结构同样是人与虎之间的比类。

〔2〕 [唐]孔颖达：《毛诗正义》，北京大学出版社2000年版，第1474页。

〔3〕 同上书，第1648页。

〔4〕 李镜池《周易通义》中释为副词，黄寿祺《周易译注》中释为语气词，陈鼓应《周易今注今译》中释为语辞。三者说法虽异，但不影响爻辞的意义。

《离》：九四：突如，其来如，焚如，死如，弃如。

各位注译者对这条爻辞的解释大相径庭，高亨认为是对不孝之子的惩罚方法，李镜池认为是描写战争场面，黄寿祺认为是对日出时霞光的描绘，但“如”字都作语气词是确凿无疑的。一连五个“如”，是语气的递进与反复渲染，使人身临其境。《归妹》六五和《既济》九五两条爻辞中的“如”字是实词，表示比较：

《归妹》：六五：帝乙归妹，其君之袂，不如其娣之袂良，月几望，吉。

《既济》：九五：东邻杀牛，不如西邻之禴祭。

各家注译这两条爻辞中的“如”字，皆直译为现代汉语的“如”，即前后比较之义。《归妹》六五中以“其君之袂”和“其娣之袂”相比较，《既济》九五中以“杀牛”和“禴祭”比较，“如”字前后是平等的同一类事或同一类物，因此只有语义上的比较，在修辞上不构成比喻结构。高亨训《晋》九四爻辞中的如为“似也”，可为确诂。只要此“如”字前后的“晋”和“鼫鼠”并非同一类事物，那么其意义就并非比较而是表示比喻。

闻一多以《周礼》和郑注《尚书大传》中训“晋”为“肃”的先例为基础，称：“晋训肃，而肃为拜，是晋亦拜也。”[1]《周礼》和郑注《尚书大传》诞生的时代较晚，以此反推，未免略有不妥。陈鼓应、黄寿祺从《彖》训“晋”为“进”，陈氏引申为上进，黄氏从爻位出发，引申为“进长”。《彖》对“晋”的解释颇有过度阐释之嫌疑，陈黄二氏以之为本推求原义，并不合适。李镜池认为《晋》卦为军事卦，故训“晋”为进攻，高亨亦训为进攻，较合原义。鼫鼠二字，闻一多说：“《释文》引《子夏传》，《集结》引《九家》，翟、虞并作硕鼠。”[2]高亨认为鼫鼠“一名田鼠，俗名豆鼠”。[3] 李镜池将鼫鼠引申为胆小如鼠，陈鼓应引申为首鼠两端，黄寿祺引申为身无长技。李、陈、黄三位的解释，把鼫鼠作了拟人化处理。也就是说，他们为了获得爻辞意义的明晰，将鼫鼠这一名词，处理为语法上独立的拟人结构。以上五位学者的注译，可综合为以下两种可能的语法结构(表 2-1)。

---

〔1〕 闻一多：《闻一多全集》(第十卷)，湖北人民出版社 1993 年版，第 239 页。

〔2〕 同上。

〔3〕 高亨：《周易大传今注》，齐鲁书社 1998 年，第 240 页。

表 2-1 两种可能的语法结构

一、明喻				
晋	如	鼫鼠	爻意	译注者
(人)拜	如	硕鼠	盖谓拜时如鼫鼠拱立而手不至地	闻一多
(人)进攻	似	田鼠、豆鼠	进攻如鼫鼠窃食庄稼	高亨
二、明喻—拟人				
晋	如	鼫鼠	爻意	译注者
进攻		(人)胆小如鼠	进攻而胆小如鼠,当然要失败	李镜池
上进		(人)首鼠两端	本应上进却又首鼠两端	陈鼓应
进长(之时的人)	像	身无长技的鼫鼠	进长之时象身无长技的鼫鼠	黄寿祺

从表 2-1 可以很明显地看出,在两种可能的结构中,都是"如"字前是人事,"如"字后是鼠相。"如"字前后并非同一类事物,其联系的两部分并非同一类事物的比较,从而形成了比喻结构,而且是比喻中的明喻结构。

以上可知,含有兽类的爻辞,其比的结构有两种情况:一是卜辞中神性的兽类褪去神性,和人事处于明显的并置结构中,进而产生比;二是原本无神性的兽类,其所处的语境发生变化,以此语境变化为动力,这些兽类的本义和人事发生了内在的比类,由此产生了比。

(四)植物

我们统计含有植物的爻辞共十八则,其中十一则出现了并置结构。具有代表性的是以下三则爻辞:

> 《大过》:九二:枯杨生稊,老夫得其女妻,无不利。
> 九五:枯杨生华,老妇得其士夫,无咎无誉。
> 《姤》:九五:以杞包瓜,含章,有陨自天。

《大过》的两则爻辞已经越出了比之结构,具备了起兴的意味,我们将在后文详细分析。此处则以《姤》卦九五为论述的核心。此卦释义的关键,在于对"包瓜"与"含章"的解释,当代学者对此有着几乎迥异的意见。大致归纳为两种。

一种是释“包瓜”为“匏瓜”,为名词,释“含章”为“内含文采”[1],或“内心含藏章美”[2]。其说可追溯至王弼。王弼说:“杞之为物,生于肥地者也。包瓜为物,系而不食者也。……得地而不食,含章而未发。”[3]杞是生长在肥沃土地上的,就是“得地”,包瓜则挂起来而不食用,即“不食”。杞和包瓜的品质是“得地而不食”,比类到人事上就是“含章而未发”。孔颖达《周易正义》进一步解释说:“无物发起其美,故曰‘含章’。”[4]含就是“无物发起”,即内含、包含等义,章就是“美”。当然,这里的包含、美皆无具体所指,而是抽象的“包含”或“美”。当代学者陈鼓应、黄寿祺继承包瓜为匏瓜的解释,进一步释“含章”为“内含文采”,或“内心含藏章美”。这种解释把孔颖达抽象的“含”与“美”变成了流于表面的“内心”“文采”,未免失之不察。从爻辞的语义结构上看,训“包瓜”为名词,则“以杞包瓜”中两个名词相连,缺少谓语,不合汉语语法。[5] 更重要的是,匏瓜连称最早见于《论语·阳货》:“吾岂匏瓜也哉?”在甲骨文和金文中并无此二字连称。因此训“包瓜”为“匏瓜”值得怀疑。释“含章”为“内含文采”建基于此,自然也需重新考察。

同样是将含章释为“很有文采”,但李镜池认为此爻事涉婚姻,他说:“匏瓜与婚姻亦有关。古人结婚行合卺之礼,把一匏瓜分作两半作瓢,夫妻各执一瓢盛酒漱口。爻辞说梦见缠着杞树往上长的匏瓜,很好看。忽然从头顶上很高的地方掉下一个瓜来。梦占而无贞事,不见好坏。”[6]李镜池的解释,在杞和匏瓜之间添加了谓语,增加了二者的关系为匏瓜缠绕杞树,并断此爻是梦占,这都为爻辞所无,误增处颇多。

当代比较准确的解释,应是高亨提出的“含章”借为“戗商”,他这样释《姤》卦九五:

> 杞借为芑。芑,白苗嘉谷也,又名白粱粟。包,裹也。含借为戗,胜也。章借为商。戗商,谓周武王克商(说见《坤》卦)。有犹其也。陨,坠也,灭也。爻辞言:殷纣宠妲己,囚戮忠臣,以博妲己之欢,残虐万民,以满妲己之欲,正如割下可以养人之芑谷,用包不能充饥之甘瓜,宜其招天

[1] 陈鼓应、赵建伟:《周易今注今译》,商务印书馆2005年版,第394页。

[2] 黄寿祺、张善文:《周易译注》,上海古籍出版社2001年版,第367页。

[3] [唐]孔颖达:《周易正义》,北京大学出版社1999年版,第186页。

[4] 同上。

[5] 帛书《周易》中“以杞”写作“以忌”,陈鼓应认为“忌”读为“己”,意为自己,并引《仪礼·乡礼》郑注“今文以为与”,“以”同“与”,意为赠予,从而使得“杞”成为“包瓜”的主语,且有了共同的动词“以”作谓语。然而郑注中“今文”一词表明,“以”作赠予之意是在东汉末年才有的。用东汉末年才有的意义反推《周易》,未免疏漏。故陈说不取。

[6] 李镜池:《周易通义》,中华书局1981年版,第88页。

帝之罚。所以武王克商，商之陨灭乃出于天意。[1]

与陈、黄、李三位相比，高亨经由训诂直指爻辞本义，定“包”为动词，使得杞与瓜的关系得以合理解释。由“含章”借为“戗商”进而断此爻是军事爻，记载了武王克商。“含章”借为“戗商”，学术界并无疑义，但甲骨文、金文中无“芑”而有杞字，芑字后出，故杞借为芑可存疑。高亨的解释逼近了爻辞本义，揭示出爻辞之语义结构就是这样一种并置：杞与瓜两种自然物之间的关系，和武王克商这一事件并置在一起。对此并置结构的揭示是高亨优于前人之处，然而高亨处理此一并置的策略，是增加爻辞中所没有的纣王暴政和割下芑谷两项内容，进而使爻辞成为比喻结构，喻体是“以杞包瓜”，本体则是殷纣王宠幸妲己而施加于臣民的暴政。并置结构如何发展为比喻结构，高亨并未作出令人信服的解释。

以上四位学者对这条爻辞的释读各有长短，综合他们释读中合理的部分——杞为杞木，瓜为瓜果，含章为戗商，爻辞为军事爻，以杞包瓜和戗商的人事并置，当无疑义。爻辞意义为：杞木包裹瓜，武王克商，乃是天意。

以杞包瓜描摹的是自然物，武王克商则是人事，二者的并置为何能发展为比喻结构，这需要考察杞与瓜的语境演变。

在甲骨文中，杞字作[古文字]或[古文字]，孙海波、张秉权、于省吾皆云，杞是方国名或用为地名。[2] 如下列卜辞：

庚寅卜，在敔贞：王步于杞，王[古文字]（无灾）？（《前》2·8·6）
壬辰卜，才（在）杞，贞：今日王步于齐，无灾？（《前》2·8·7）
王其田，亡（无）灾，才（在）杞。（《后》上 13·1）

杞为方国名，卜辞中对杞国的国王也有记载，如：

丁酉卜，争，贞：杞侯[古文字]弗其囗凡有疾？（《后》下 37·5）

以上四条卜辞，杞字皆作方国名无疑。金文中杞字作[古文字]、[古文字]、[古文字]字形与卜辞中杞字相合。含有杞字的铭文有：

---

〔1〕 高亨：《周易大传今注》，齐鲁书社 1998 年版，第 286 页。

〔2〕 罗振玉、王襄、张秉权释[古文字]为杞，为杞的异体字，卜辞中有“帚杞”，为人名。商承祚、陈邦怀根据唐写本《说文解字》释杞为梩、耜，于省吾从之。参见于省吾：《甲骨文字诂林》（第二册），中华书局 1996 年版，第 1374 页。

> 公疾锡(赐)亳杞土鼎(亳鼎)
> 杞白(伯)每亡乍鼄嫀宝壶(杞伯壶)
> 杞白(伯)每亡乍鼄嫀宝簋(杞伯簋)
> 杞白(伯)每亡乍鼄嫀宝鼎(杞伯鼎)

容庚释杞为国名,他说:"杞,国名,姒姓,侯爵,武王克商求禹之后封东楼公于杞,以奉夏祀,春秋后称伯,战国时为楚所灭。"[1]容庚的解释为学术界所公认:

> 迄今释读出的甲骨文中无瓜字,金文中瓜字写作[illegible]或[illegible],独见于命瓜君壶的铭文:"命瓜君孠嗣子乍鼄铸尊壶。"[2]

命瓜君,容庚释曰:"瓜,孳乳为狐","命瓜即令狐"。[3]

与杞字相同,瓜字在金文的语境中并非植物。在西周时期,杞字表杞树的意义已经固定。爻辞"以杞包瓜"中杞字当为杞树。《诗经》中杞字的用法可为旁证:

> 将仲子兮,无逾我里,无折我树杞。(《郑风·将仲子》)

《毛传》:"杞,木名也。"孔颖达《正义》:"此直云木名。"[4]

> 陟彼北山,言采其杞。(《小雅·杕杜》)
> 陟彼北山,言采其杞。(《小雅·北山》)

《郑笺》:"杞非常菜也。"孔颖达《正义》:"杞木本非食菜。"

> 湛湛露斯,在彼杞棘。(《小雅·湛露》)

孔颖达《正义》曰:"此露在此杞棘之木。"[5]《说文》木部:"杞,枸杞也。"

> 南山有枸,北山有李。(《小雅·南山有台》)

---

〔1〕 容庚:《金文编》,中华书局 1985 年版,第 391 页。
〔2〕 同上书,第 509 页。
〔3〕 同上。
〔4〕 [唐]孔颖达:《毛诗正义》,北京大学出版社 2000 年版,第 329 页。
〔5〕 同上书,第 729 页。

孔颖达《正义》曰："枸，《释木》无文。宋玉赋曰'枳枸来巢'，则枸木多枝而曲，所以来巢也。陆玑《疏》云：'枸树高大似白杨，有子着枝端，大如指，长数寸，啖之甘美如饴。八月熟。今官园种之，谓之木蜜。'"[1]从宋玉和陆玑的描述中可知杞树高大而多曲枝，结有枸杞子。从《周易》爻辞到《诗经》的语境，杞为树木之意已经固定了。

瓜字在西周表植物果实之意也已明确。"以杞包瓜"中的瓜字为瓜果历来无疑义。《诗经》可为旁证：

> 投我以木瓜，报之以琼琚。匪报也，永以为好也。（《卫风·木瓜》）
>
> 七月食瓜，八月断壶，九月叔苴，采荼薪樗，食我农夫。（《豳风·七月》）
>
> 有敦瓜苦，烝在栗薪。自我不见，于今三年。（《豳风·东山》）
>
> 中田有庐，疆埸有瓜。是剥是菹，献之皇祖。（《小雅·信南山》）

以上诗句中的瓜字，郑玄、孔颖达皆直释为瓜果之瓜。

> 绵绵瓜瓞，民之初生。（《大雅·绵》）
>
> 麻麦幪幪，瓜瓞唪唪。（《大雅·生民》）

《郑笺》释瓜云："瓜之本实继先岁之瓜必小，状似瓟，故谓之瓞。"[2]孔颖达《正义》："瓜之本实，谓瓜蔓近本之实。"[3]也即瓜是指靠近瓜蔓根部的果实。《说文》瓜部："瓜，蓏也，象形。"蓏，《说文》艸部曰："在木为果，在地曰蓏。瓜者縢生布于地者也。"段玉裁注引徐锴说："外象其蔓，中象其实。"[4]瓜其实就是匍匐于地面的藤蔓所结的果实。《周易》至《诗经》中的瓜字皆为瓜果之瓜。

在商代，杞木与瓜果无记载，究其缘由或许是现存甲骨文皆为记载占卜重要事件的卜辞[5]，杞、瓜果与战争、祭祀等"国之大事"无关。对商代人来说，重要的植物只有粮食作物，郑玄、孔颖达皆认为杞木、瓜果并非粮食作物，也并非日常食物，故在占卜的语境中表树木之意的杞和瓜字是不可能出现的。杞为树木、瓜为

---

〔1〕［唐］孔颖达：《毛诗正义》，北京大学出版社 2000 年版，第 719 页。

〔2〕同上书，第 1148 页。

〔3〕同上书，第 1156 页

〔4〕［清］段玉裁：《说文解字注》，上海古籍出版社 1981 年版，第 338 页。

〔5〕甲骨文与金文中记载的植物皆是粮食作物。甲骨文中有禾字，金文中有糯、稻、粱等。这些粮食作物几乎全部在祭祀的语境中出现。

瓜果也未出现在与《周易》创制时代相近的金文中，盖因青铜器在当时皆为礼器，作祭祀之用，器上铭文处于祭祀的先在语境。杞木、瓜果与祭祀无关，并不具备神性，其作植物的地位也低于人的地位，因此，综观含有杞、瓜的甲骨文和金文，杞、瓜和人事并没有发生关系。

在甲骨文的占卜语境、金文的祭祀语境以及《诗经》的语境中，杞与瓜皆无关联，先秦文献中二者唯一一次发生关系，就是在《姤》卦九五中。之所以能与翦商这一军事事件并置，是因为杞木"多枝而曲"且"高大似白杨"，以比喻武王的军队。瓜匍匐于地面，比喻商朝，包为包裹，用杞树对瓜的包裹比喻武王克商。杞在地上，瓜在地表，所以说"有陨自天"。以杞包瓜，摆脱了求之于神的占卜、求之于死去祖先的祭祀这两种语境，进入了武王克商这一军事语境，其比喻义自然地产生了。[1] 这和上文所考察兽角与虎的比喻义之产生过程类似，都是其本义在《周易》古经中处于新的语境，语境演变的力量使得它们内在地和人事发生了比类关系，从而拓展其原义，产生了比喻义。此一过程的直接牵引力是语境的转变，其思维内核却是自然物与人事的并置式的比类思维。

(五)鸟类

含有鸟类的二十五则卦爻辞中，有二十一则包含着鸟与人事的并置结构。相较于兽类、植物、鱼虫等，商人以鸟为神的传统源远流长。受由商至周自然观变迁之大潮的冲击，鸟的神性在保留、延续和消泯之间进行着角力，这使得鸟的神性消退过程较为漫长，春秋中叶宋国人依旧视鸟为图腾。《诗经·商颂·玄鸟》：

> 天命玄鸟，降而生商。宅殷土芒芒。[2]

玄鸟传达天命，成为商族人的祖先。在《周易》爻辞的并置结构中，鸟或因神性消泯而产生了比；或保留着其神性的痕迹，使得鸟与人事之间的比类关系并不稳定，进而产生了兴之结构。鸟和人事并置结构产生了比之结构的，只有《中孚》上九：

> 《中孚》：上九：翰音登于天，贞凶。

---

[1] 《诗经》中含有杞和瓜的诗句，《毛传》皆标明为兴。盖因为比喻军事乃是杞与瓜"古义之比"，此古义之比转入《诗经》的语境中，比义发生了扭转，由比而兴，兴因而产生。

[2] 《商颂》为商代文献还是春秋时宋国人所作，目前学界尚有争论。然春秋时宋国人依旧视鸟为图腾，则是可以断定的。

“翰音，鸡之别名。”[1]甲骨卜辞中鸡写作，罗振玉说：“卜辞中诸鸡字皆象鸡形，高冠修尾，一见可别于他禽。”[2]然而“卜辞鸡字皆用作地名。均从奚声，无一例外。其形符或为鸟，或为隹”[3]。由此可以推断，鸡在商人的眼中无神性可言。这一不具备神性的家禽被置入并置结构，径直与人事发生了比类关系。高亨言：

> 鸡无高飞之羽翼，而高飞上升于天，必将跌落而死。比喻庸人无具高官之才能，而得高官上升于朝廷，必将败事而亡。[4]

高亨所言之比喻结构，鸡的动作为喻体，庸人的命运为本体，此一比喻结构的本体虽未必固定为庸人的命运，但以鸡喻人毫无疑问是成立的。

(六)鱼虫

含有鱼虫的十则卦爻辞中，《蛊》卦各爻均运用了比喻手法，以蛊比小人，这与兽角、虎等相同，皆是并置结构内化的产物。

甲骨文蛊字为和，或为。于省吾认为这三个字形中间的部分，象曳尾而行的蛇。张秉权说甲骨文中的蛊字是“象虫在皿中”。[5] 蛊字在卜辞中出现的次数颇多：

> 甲子卜，贞：疾疫不祉？
> 贞，疾疫其祉？
> 有疾齿，隹蛊虐。
> 不隹蛊？(《合集》13658)
> 贞，王(祸)，隹蛊。
> 贞，王(祸)，不隹蛊。(《合集》286)
> 贞，有灾，不隹蛊。(《合集》(17185)
> 乙卯卜，永贞：隹母丙害。
> 贞，不隹母丙害。
> 贞，母丙允有蛊。
> 贞，母丙亡蛊。

---

[1] 高亨：《周易大传今注》，齐鲁书社 1998 年版，第 364 页。
[2] 罗振玉：《殷虚书契考释》，中华书局 2006 年版，第 32 页。
[3] 于省吾：《甲骨文字诂林》(第四册)，中华书局 1996 年版，第 3191 页。
[4] 高亨：《周易大传今注》，齐鲁书社 1998 年版，第 364 页。
[5] 张秉权：《殷虚文字丙编考释》，“中研院”历史语言研究所 1957 年版，第 206 页。

王占曰:毋丙有蛊于……(《合集》2530)

这四组卜辞都作于武丁时代,第一组卜问疾病能不能好转,以及牙病的病因是不是"蛊";二、三组简单地叙述"王"遭受了灾祸,卜原因。前三组的卜问都以"不隹(唯)蛊"作结。第四组卜问毋丙的病因。商承祚说:"贞不隹蛊,其亦不隹它之意与。"张秉权解释"不隹蛊"云:"与不隹(唯)祸、不隹(唯)它同意。"[1]于省吾认为"虫"与"它"在甲骨文中本是一字,"它"在甲骨文中是曳尾而行的蛇的象形。也就是说蛊字在这几条卜辞中的意义是蛇灾。王的疾病、牙病,王的灾祸都是由蛇引起的。屈万里则解释说:"王周隹蛊,王周不隹蛊,蛊字均用其本义。谓蛊毒之疾,疾蛊当即患蛔虫之疾。"[2]蛊字的本义是虫,疾蛊就是生蛔虫。屈万里的话也解释了第四组卜辞中的"有蛊""亡蛊"。以上四人都释蛊字为名词。

《说文解字》也认同蛊字的原义是虫。《说文》虫部:"蛊,腹中虫也。"段玉裁《说文解字注》解释说:"腹中虫者,谓腹内中虫食之毒也。自外而入故曰中,自内而食故曰虫。"[3]意思是将虫吃进腹中从而中了虫毒。《说文》解释虫说:"有足谓之虫。"段注为"虫者,蠠动之总名"。虫即虫子行动、发作。所谓"腹中虫也",其实就是人腹中的寄生虫。可见蛊字本义为虫或蛇,是名词。

甲骨卜辞里蛊字的意义也不尽为虫蛇,下面第五组中蛊字的意义已有引申,指向了人事:

庚申卜,争贞:旨其伐,有蛊?旨弗其伐,有蛊?(《合集》6016)

癸巳卜,争贞:旨伐有蛊?(《合集·屯乙》4615)

这两条卜辞与战争相关。商承祚解释说:"曰伐曰戋𢦏,而后有蛊,则蛊为淫厉之鬼可信也。"[4]《说文》释蛊也说:"枭磔死之鬼亦为蛊。"枭为砍头,磔为车裂,砍头和车裂的人死后的鬼魂也叫蛊。段玉裁注:"强死之鬼,其鬼魂能冯依于人以为淫厉,是亦以人为皿而害之也。此亦引申之义。"段玉裁明确地说蛊字淫厉之鬼的意义是引申而来的。在第五组卜辞里,蛊字作淫厉之鬼,是由寄生虫和蛇害人而来的引申义。[5] 由蛇虫而到鬼,蛊字的意义超出其蛇虫这一自然物的本义,指

---

〔1〕 转引自于省吾:《甲骨文字诂林》(第三册),中华书局1996年版,第2645页。

〔2〕 屈万里:《殷墟文字甲编考释》,联经出版事业公司1984年版,第305页。

〔3〕 [清]段玉裁:《说文解字注》,上海古籍出版社1981年版,第676页。

〔4〕 转引自于省吾:《甲骨文字诂林》(第三册),中华书局1996年版,第2646页。

〔5〕 蛊字和巫术发生关系迟至汉代方有记载。蛊字作鬼的意义是由毒虫/蛇害人而类比而来,还是由原始巫术的观念生发而来,仍待深入研究。

向了人事范畴，为此后产生比喻义的基础。金文中未见蛊字，《蛊》卦全部六爻皆含有蛊字：

> 《蛊》：初六：干父之蛊，有子，考无咎，厉终吉。
> 九二：干母之蛊，不可贞。
> 九三：干父之蛊，小有悔，无大咎。
> 六四：裕父之蛊，往见吝。
> 六五：干父之蛊，用誉。

《蛊》卦的五条爻辞句式结构基本相同：一是爻辞前半句的记事之辞"干父/母之蛊"，二是后半句的占断之辞。现代易学中高亨的训解直指本义："蛊，毒虫。"[1]如果蛊字在爻辞初创时的意义是虫，蛊卦初六到六五这五条爻辞第一部分的意义则可初步确定为：

> 初六：除去（纠正）父亲的毒虫。
> 九二：除去（纠正）母亲的毒虫。
> 九三：除去（纠正）父亲的毒虫。
> 六四：宽容（听任）父亲的毒虫。
> 六五：除去（纠正）父亲的毒虫。

这五句爻辞的主语是隐去的"儿子"，蛊字依然是名词，作谓词"除去（纠正）"的宾语。毒虫和人并非同一类，将毒虫和人直接联系起来，使得蛊字在《蛊》之爻辞溢出了最初毒虫之意。高亨就进一步认为爻辞的蛊字用作比喻义，"以喻小人"。[2]

如果说《周易》中蛊字具备比喻义只是孤例，且并不确定，那么在《左传》中蛊字的比喻义几乎取代了本义。请看《左传·昭公元年》的记载：

> 晋侯求医于秦。秦伯使医和视之，曰："疾不可为也，是谓近女室，疾如蛊。非鬼非食，惑以丧志。"……赵孟曰："何谓蛊？"对曰："淫溺惑乱之所生也。于文，皿虫为蛊，谷之飞亦为蛊。在《周易》，女惑男，风落山，谓之蛊，皆同物也。"

---

〔1〕 高亨：《周易大传今注》，齐鲁书社1998年版，第155页。
〔2〕 同上书，第155页。

医和称晋侯迷惑于女色，以至于丧失心志，所以生了像蛊一样的病。“蛊病”的直接病因是“近女室”。屈万里解释“疾如蛊”说：“腹有虫疾者皆面黄肌瘦，近女者亦如之，故谓生疾如蛊。”[1]赵孟问什么是蛊，医和首先总括蛊的意义是“淫溺惑乱”，即沉迷于某一事物或被迷惑而乱了心志。进而说蛊有三重意思：一是从文字上看，蛊是器皿中的虫（即甲骨中的蛇）；二是在现实生活中，谷物中的飞虫也是蛊；三是在《周易》里，女性迷惑男性、风吹落山木的卦象就是蛊。重要的是，医和接下来总结说这三种事和物“皆同物也”。“物”，杜预注：“物尤类也。”意即器皿里的虫、谷物中的飞虫和《周易》蛊卦的卦象是同一类事物。医和为什么将这三种事物归为同一类？必是因为这三种事物具备同样的特征，即“淫溺惑乱之所生也”。而“疾如蛊”这一明喻结构，说明人事和蛊虫在医和眼里是可类比的，蛊的比喻义有了明确的喻解。

段玉裁解释“蛊”字时引用了医和的话，他说：“和言如蛊者，蛊以鬼物饮食害人，女色非有鬼物饮食也。而能惑害人，故曰如蛊。人受女毒，一如中蛊毒然。”[2]人受到女色的迷惑生病和中了蛊虫的毒而生病是一样的。段玉裁的话明确了这样一个比喻结构——“受女毒如中蛊毒”，即女毒如蛊毒。《左传》中还有类似的记载，如《庄公二十八年》“楚令尹子元欲蛊文夫人”，杜预释蛊为“惑以淫事”；再如《宣公八年》“晋胥克有蛊疾”，杜预注为“惑以丧志”；又如《哀公二十六年》“大尹惑蛊其君而专其利”，这里的蛊也是“如蛊一样迷惑”的意思。这些蛊字的词性，已经由名词变为动词。商周人关于器皿中虫/蛇的经验和沉湎于女色或被奸臣迷惑等“淫溺惑乱”的人事经验被归为一类，蛊字“淫溺惑乱”之比喻义已经固定。

从商代到春秋，从最初本义的蛇虫，到引申为淫厉之鬼，蛊和人事之比类关系内化，直至固定为淫溺惑乱之人事的喻体。

以上选取含有各类自然物的卦爻辞为个案，分析并置结构中比的产生。原本具备神性的自然物如龙、日、猪、鸟等，多处于明显的并置结构中，它们和人事形成比之结构的过程，意义得到了重置，可以用图 2 1 来表示。

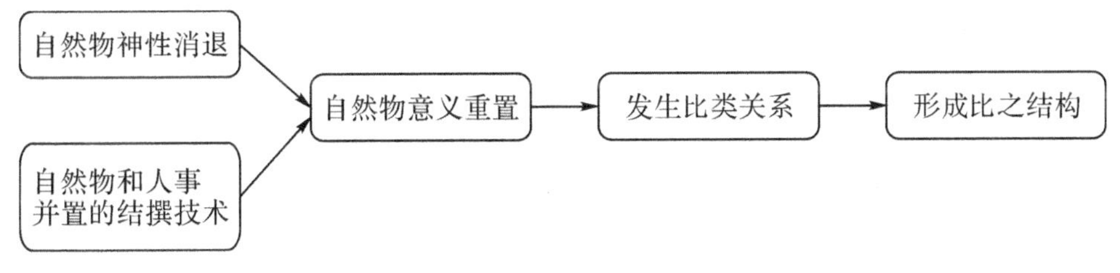

图 2-1 比之结构的形成

〔1〕 屈万里：《殷墟文字甲编考释》，联经出版事业公司 1984 年版，第 305 页。

〔2〕 [清]段玉裁：《说文解字注》，上海古籍出版社 1981 年版，第 677 页。

图 2-1 所示过程并非在时间顺序上展开，而是统一于卦爻辞的并置结构中。并置的结撰技术和自然物神性消退的过程一体两面，密不可分：自然物之神性经过并置的过滤而消退，而神性消退的结果就是出现了人与自然物的并置结构。由此，在爻辞中自然物的意义得到重置，形成了新的意义。重置的结果则是比类关系得以发生，如果这些自然物的新意义是比较稳固的，未发生游移，那么它们与人事之间的比类关系也是稳固的，此一稳固的比类关系进而生成了比的结构。

在卜辞中不具备神性的自然物，如虎、杞和瓜果、鸡、蛊虫等也处于并置结构，成为人事的喻体。虎或蛊虫虽不具备神性，但具有噬人或害人的强力，是人所无法掌控的自然物。在并置结构中它们的强力被削弱，成为人的比类物。这与张光直所论由殷至战国的青铜器铭纹演变，所展现的人逐渐挑战动物，甚而战胜之的过程，在本质上是相同的。[1] 其他和人的生活紧密相关的自然物如鸡、杞和瓜果等，对人事不具备强大的影响力，因此它们进入并置结构形成比喻的过程，跳过了神性消退和意义重置两步，直接形成了固定的比喻结构。

二、器物与人事并置结构中的比

含有器物的卦爻辞共有九十六条，可分为衣饰、食物、宫室和建筑、器皿和用具、车和床五类，其中明确运用并置作为结撰技术爻辞的有五十七条。下面分别论述这些爻辞之并置结构中的比。

(一)衣饰

商周人的观念里，衣饰并不具备神性，因此当它们处于并置结构时，并非是对神性之自然观的反拨，而是对衣饰地位的稍许抬升，使它们从人的附庸物转变为对人之创造力与社会地位的确证，进而和人事发生比类关系，产生了比之结构。衣饰和人事的比喻关系较为明显，且看：

《坤》：六五：黄裳，元吉。
《履》：九五：夬履，贞厉。
《贲》：九三：贲如濡如，永贞吉。
《既济》：六四：繻有衣袽，终日戒。

---

〔1〕 张光直的相关论述可参看：《中国青铜时代》，生活·读书·新知三联书店 1983 年版，第 292—296 页。

高亨这样训解这些爻辞：

《坤》六五：周人认为黄裳是尊贵吉祥之服，代表吉祥之征……黄裳黄裙内服之美，比喻人内德之美，故大吉。[1]

《履》九五：夬与决通，裂也，破也。……人着破鞋以行路，则有伤足、跌倒之危险。比喻人用破劣之工具（包括无能之人），则有败事之危险。[2]

《贲》九三：贲，有文章也。濡借为嬬，柔和也。如犹然也。……爻辞言：其人贲然而有文章，濡然而柔和，此处世永利之条件，故占问长期之吉凶，有此条件则吉。[3]

以上三则爻辞高亨径直以比喻解说，当从之。他对《既济》六四的解释虽未使用比喻结构，但也含有比喻义：

《既济》六四：繻，《说文系传》引作濡，按当作濡，转写而误。濡，沾湿也。有犹于也。袽即絮字。……人冬时渡水，湿其衣絮，衣则一时不可服，人则可能因受寒而生病，故宜终日小心戒惕。[4]

此爻高亨有求之过甚之嫌，爻辞中并无冬时渡水等暗示，其义当是以人之衣絮被沾湿类比人事，《象》释此爻曰："'终日戒'，有所疑也。"故此爻或是以人疑虑的心境为主体，以湿衣为其喻体。[5]

（二）建筑

含有食物的卦爻辞较少，且食物基本不与人事发生并置，历来的易学也不以比喻训解这些卦爻辞。因此跳过含有食物的卦爻辞，分析含有建筑和人事之并置结构的爻辞，其中以《大过》的卦爻辞最为典型：

---

[1] 高亨：《周易大传今注》，齐鲁书社1998年版，第63页。

[2] 同上书，第110页。

[3] 高亨虽未直接以比喻解说此爻，但贲之本义为饰以花纹，则此处是以花纹喻人之品德。高亨：《周易大传今注》，齐鲁书社1998年版，第173页。

[4] 高亨：《周易大传今注》，齐鲁书社1998年版，第372页。

[5] 周初人已经开始关注人之情绪、心境，《周易》中已有此类描写。《井》九三："井渫不食，为我心恻，可用汲。王明并受其福。"《旅》九四："旅于处，得其资斧，我心不快。"两则爻辞直言"我心"，其心境为"恻"和"不快"。这是《既济》六四暗含人心之疑虑情绪的内证。

《大过》:栋挠,利有攸往,亨。

九三:栋桡,凶。

九四:栋隆,吉。有它,吝。

甲骨卜辞中没有栋字,也未见有关横梁的记载。高亨对这三则卦爻辞的训解如下:

《大过》:栋,屋正中最高之横梁。……卦辞言:栋高者室巨而家大,以此条件有所往,则利。[1]

九三:屋栋桡曲,则屋坏,故凶。[2]

九四:栋高者室巨,室巨者家大,此自是吉象。虽有意外之患,仅增加困难而已。[3]

高亨的训解虽未直言比喻,但他在《周易筮辞分类表》中将"栋挠""栋桡""栋隆"归入"取象之辞"。"取象之辞者,乃采取一种事物以为人事之象征而指示休咎也。其内容较简单者,近于诗歌中之比兴。"[4]对横梁状态的描写并不复杂,其和人事之间的关系无须繁复训解,明白了然。以横梁来象征人事,其实质是原本不具备神性的横梁,在和人事的并置中发生比类,正是典型的比之结构。

(三)器具

器具本为人的创造物,日常所用的器皿不具备神性,是人事的附庸。在并置结构中,这些器皿的地位略有升高,成为人事的比类物。如:

《坤》:六四:括囊,无咎无誉。

高亨释此爻说:"括,束结也。束结囊口,则内无所出,外无所入,此喻人遇事缄口不言,塞耳不闻。如此则无咎亦无誉。"[5]束紧的囊口和人处事的态度并置起来,进而产生了比之结构。

与括囊等器具不同,鼎在商代用于祭祀和占卜的仪式,在周初则是国家重要

---

〔1〕 高亨:《周易大传今注》,齐鲁书社1998年版,第202页。

〔2〕 同上。

〔3〕 同上书,第205页。

〔4〕 高亨:《周易古经今注》,中华书局1984年版,第49页。

〔5〕 高亨:《周易大传今注》,齐鲁书社1998年版,第62页。

的礼器，体现着天命与国家统治者的权威。鼎作为器物经历了剧烈的神性剥离过程。此一过程中鼎的传统意义并非甘心消逝，其神性经历了多次反复之后蜕化为《鼎》卦各爻辞中的并置关系。神性的消亡与残留反映在《鼎》卦爻辞的结撰技术上，就使自然而然的比之结构并不稳固，兴之结构于是乎产生，我们将在后文详细论述。

(四)车、床

含有车、床与人事并置的卦爻辞并不多，车或床在卜辞和卦爻辞中都不具备神性，因此它们无法和人事平等地处于并置结构的两端，而是径直成为人事的喻体。

> 《小畜》：九三：舆说辐，夫妻反目。
> 《大畜》：九二：舆说輹。
> 《大有》：九二：大车以载，有攸往，无咎。

高亨这样解释这三则爻辞：

> 《小畜》九三：舆，车也。说读为脱。辐借为輹。……车脱輹，比喻协作之人失其相结合之纽带，彼此乖离，则不能成事。“夫妻反目”，夫妻相憎，面目相背而不相视。[1]
>
> 《大畜》九二：车脱輹，则不能行，以喻协作之人失其相结合之纽带，则其事不能成。[2]
>
> 《大有》九二：用大车以载人与物，有所往则无咎。此比喻人作事有良好之工具，则不失败。[3]

以上三则爻辞中，车和人事的并置构成比喻结构，成为人事的喻体。《剥》卦的三则爻辞中，床与人事并置，亦产生了比之结构：

> 《剥》：初六：剥床以足，蔑贞凶。
> 六二：剥床以辨，蔑贞凶。

---

〔1〕 高亨：《周易大传今注》，齐鲁书社1998年版，第104页。
〔2〕 同上书，第193页。
〔3〕 同上书，第132页。

六四：剥床以肤，凶。

高亨以取象释之，其实质依然是并置结构中床和人事发生了比类关系，床成为人事的喻体。他训蔑为梦，爻辞中的蔑贞是占梦，由此训解这三则爻辞为：

初六：取掉床之足，则床不成床，行事如此荒谬，虽是占梦亦凶。（又一解：剥，击也。以，用也。人卧床上，击床用足，是抱病痛苦之象。）……以比喻政治。统治者之宝座犹床也，庶民犹床之足也。统治者以残酷之手段，剥削压迫庶民，失去庶民之支持，犹取掉床之足也。

六二：辨读为牖，床板也。……取掉床之板，则床不可卧人，行事如此荒谬，虽是占梦亦凶。（又一解：剥，击也。以，用也。辨读为蹁，膝头也。人卧床上，击床用膝头，亦是抱病痛苦之象。）……以比喻政治，统治者之宝座犹床也，辅佐之良臣犹床之板也。

六四：肤，席也。……取掉床之席，则人卧其上，寒气侵身，必致疾病，故凶。（又一解：剥，击也。以，用也。肤，读为膊，胳膊也，臂也。人卧床上，击床用臂，亦是抱病痛苦之象。）……以比喻政治，统治者之宝座犹床也。小臣侍妾等人犹床之席也。[1]

人击打床的动作是抱病痛苦之表现，这一动作与凶的人事并置在一起，形成了比类关系。进一步来说，床这一器物单独作为喻体，成为统治者宝座的喻体，床的各种状态就和统治者的各种行为形成了比喻结构。

以上分析了含有器物和人事并置结构的代表性爻辞。器物与人事并置进而产生比之结构的过程，与杞、鸡等不具备神性的自然物成为喻体的过程相似，皆是跳过了神性消退和意义重置的程序，将其原义和人事并置在一起，直接成为人事的喻体，形成比之结构。

经过对以上个案之分析，我们就有了关于并置结构转化为比之结构的两种模型。第一种是原本具备神性的自然物如龙、鸟、坎、豚等在并置结构中褪去神性，其意义得到重释，和人事发生比类关系进而生成比之结构，典型的卦爻辞有《乾》卦各爻、《豫》卦六三和上六、《遯》卦各爻、《坎》卦各爻等，已用图 2-1 直观地展现。第二种则是上一种模型的简化。本不具备神性的自然物和器物，未经过神性消退和意义重置的环节，在并置结构中径直和人事发生了比类关系，成为人事的喻体，可以用图 2-2 来表示。

---

〔1〕 高亨：《周易大传今注》，齐鲁书社 1998 年版，第 175—178 页。

图 2-2 并置结构中比的生成

从以上比之结构的生成模型可以看出，并置结构中自然物或器物的意义是否稳固，乃是比之结构能否成形的关键。自然物、器物和人事之间发生显而易见的、自洽的比类关系，比之结构方得以形成。

第二节 兴：并置结构中比之虚化

《周易》古经的卦爻辞运用了比兴，这已是学界共识。上一节描述了《周易》古经卦爻辞的并置结构如何催生了比之结构，延续以上思路，我们将以甲骨卜辞、金文为参照系，以含有鸟等自然物或器物的卦爻辞为个案，分析卦爻辞的结撰技术，进而探讨《周易》卦爻辞中的兴如何于并置结构中生成，描述卦爻辞中原始的"比兴循环"。

李镜池、高亨、罗根泽、刘大杰等学者认定《大过》九二、《大过》九五、《明夷》初九、《中孚》九二等爻辞运用了兴。他们以说诗法解《易》：将卦爻辞与《诗经》之诗句作比较，发现二者在形式上多有相同，于是将后世歌谣式的叙事推衍于爻辞，进而断定卦爻辞的结撰技术是同于歌谣的"兴"。然而若是单单以说诗法反推卦爻辞的形式特征，对卦爻辞所依托的自然观转折等基本问题视而不见，有将二者混同的危险。这就丧失了进一步解析卦爻辞独特之结撰技术的动力，更将后世研究导向了以卦爻辞为诗歌甚至是抒情诗的误区。将后起的诗歌形式施之于卦爻辞，也脱去了卦爻辞所处的基本历史语境与审美经验语境，无法探析卦爻辞中所蕴含的中国人早期的审美经验。因此，取道于后起之文艺现象的思路难以厘清卦爻辞所蕴含之比兴的真正来源。

现代学者对兴的研究最为深刻之处，是遵循民俗学路向，将兴的源起追溯至图腾崇拜和祭祀仪式。闻一多论述《诗经》以鸟起兴的源起说道：

> 《三百篇》中以鸟起兴者，不可胜计，其基本观点，疑亦导源于图腾。歌谣中称鸟者，在歌者之心理，最初本只自视为鸟，非假鸟以为喻也。假鸟为喻，但为一种修词术；自视为鸟，则图腾意识之残余。历时愈久，图腾意识愈淡，而修词意味愈浓，乃以各种鸟类不同的属性分别代表人类

的各种属性。[1]

闻先生此言有三重意义：一是《诗经》以鸟起兴导源于鸟作图腾之初义[2]；二是在歌谣的初创时，后世视之为兴的结撰技术并非比喻，而是歌者自以为鸟，祈求人鸟不分的图腾意识的残留；三是最初之人鸟不分的语言形式经过时间摧洗，褪去了图腾的意义，后人将这种语言形式解释为兴。

闻先生此论一扫封建时代叠床架屋的比兴解释，将兴的源头推进至殷商的宗教观。然而受到民俗学思路的局限，闻先生虽然认定兴已经褪去了图腾的意义，却无法描述出兴的产生动力及其具体诞生过程，只得将其笼统地归功于“历时愈久”，即时代演变使然。日本学者白川静在《中国古代民俗》中也秉承民俗学思路，他将“兴”的结撰看做一种“发想法”，并将兴置于自然观和宗教观的层面上考虑：

> 按照从来的《诗经》修辞学上被称为兴的发想法，我用民俗学的解释进行了探讨。就是那具有预祝、预占等意义的事实和行为，由于发想而歌唱，形成那样的机能，称其修辞法为兴。那不仅仅是修辞上的问题，更是深深地反映了古代人类很早以前的自然观、原初的宗教观念。一切民俗，可以说象发想形式一样，是都有其源流的。[3]

白川静此论有两个层次。在结撰技术层面，“发想”和刘勰、朱熹“兴者，起也”的定义一脉相承，在“兴”如何产生这一问题上，并未有所突破。在发想或兴起的内容上，白川静将刘勰的“起情”和朱熹的“引物以起吾意”，改造为预祝和预占，从而将“兴”溯源至原始宗教的非理性仪式。[4] 白川静又将“兴”训为“衅”，说：

> 不管兴也好，衅也好，那都是召唤神灵，是赋予新生命的礼仪。另外，古代的歌谣，大致也是作为振魂、镇魂的，是将咒歌的内容作为其本质。其发想法被称为兴，是召唤神灵，作为古代咒歌，有的还进入了交涉

---

〔1〕 闻一多：《诗经通义甲》，见闻一多：《闻一多全集》（第三卷），湖北人民出版社 1993 年版，第 293 页。闻一多此说，赵霈林、刘怀荣、饶龙隼等当代学者多有承袭。

〔2〕 此处闻先生使用了“图腾”一词，我们认为，鸟在殷商人观念中的意义非常复杂，以图腾这一外来概念难以涵盖之。

〔3〕 （日）白川静：《中国古代民俗》，王巍译，春风文艺出版社 1991 年版，第 42 页。

〔4〕 陈世骧、周策纵等对白川静的观点多有延续。参见陈世骧：《原兴：兼论中国文学特质》，见陈世骧：《陈世骧文存》，辽宁教育出版社 1998 年版；周策纵：《古巫医与“六诗”考——中国浪漫文学探源》，上海古籍出版社 2009 年版。

关系，的确应该说是很合适的。[1]

这是将祭祀之"咒歌"混同于诗歌，将作为结撰技术的兴等同为祭祀仪式中对神灵的召唤，抹去了兴作为诗歌结撰技术的特质。

闻、白的观点相同之处有二。一是都将兴看做"修辞（词）法"，这就把兴简化为一种表达手段，遮掩了兴所背依之自然观变迁与比类式审美经验，无法将比兴的研究推进至美学层面。二是他们都认为兴诞生于图腾崇拜或对神灵的祈请。然而以甲骨卜辞为参照系考察卦爻辞，我们发现对图腾和神灵崇拜之反抗才是兴得以产生的动力。先看以鸟起兴的个案。

一、以鸟起兴

《诗经》中以鸟起兴的诗句极多，李镜池、高亨等学者分析《周易》古经的比兴，亦是以含有鸟和人事并置结构的卦爻辞，如《中孚》九二、《明夷》初九、《渐》卦各爻等为典型，本书的研究也以这些卦爻辞为突破口。

考察这些卦爻辞中鸟的意义，发现与甲骨卜辞中鸟之古义相比，并置结构中鸟的意义并不固定：一方面，鸟的神性虽然被抹去，但与降福或鸣灾之间的"发想式联系"并未彻底消退[2]，而是顽固地残留着，淡化为卦爻辞中对人事吉凶的预测；另一方面，在某些卦爻辞的并置结构中，鸟的古义被彻底反拨，卜辞中鸟的吉凶含义完全颠倒。以上两点使得鸟并置于吉凶截然相反的人事，这意味着，并置结构对鸟的重释并不彻底，鸟和人事之间的比类关系并不稳固。

（一）卦爻辞中鸟之古义的遗留

商人以鸟为图腾，上文已证，卜辞中神性的鸟单独出现时，或为祭祀的对象，

---

〔1〕（日）白川静：《中国古代民俗》，王巍译，春风文艺出版社 1991 年版，第 45 页。

〔2〕在这里，我们延续白川静所提出的"发想"一词，是经过慎重考虑的。白氏说："兴的发想法也可称为咒的发想法。"在他的论述中，发想乃是宗教仪式所特有之思维模式，这符合商代自然物被当做神灵的宗教语境。我们在此取其感发想象之义。就自然观来说，殷商人观念中人与自然发想式的联系是非理性的，而卦爻辞中所体现出的比类式自然观则大大超越于此。在西方的理论资源中，尚有隐喻和象征这两个涵盖哲学、人类学、语言学等多层面含义的庞大术语可供借鉴。然而，西方语境中的隐喻多建基于类比关系，当代西方学者的著作如（法）保罗·利科《活的隐喻》（汪堂家译，上海译文出版社 2004 年版）、（美）斯坦哈特《隐喻的逻辑——可能世界中的类比》（黄华新、徐慈华译，浙江大学出版社 2009 年版）等，无不把比类关系作为隐喻的基础，这与中国殷商时期神性之自然观相抵触。"象征"亦是如此，黑格尔《美学》第二卷第一部分详细描述了西方艺术体系中的象征，认为象征在本质上是双关的或模棱两可的。这与卜辞中自然物所具备的神意指向亦不相容。

或是降福于人的施事者，是高于人间的存在，都代表着吉祥。而“鸣鸟”则是灾祸的象征。相对于卦爻辞来说，吉祥与鸣凶乃是神性之鸟的古义。

1. 鸟为吉祥之古义的遗留

商人以鸟为上帝的使者而祭祀之，如：

于帝史凤，二犬。(《通》398)

郭沫若详论此则卜辞：

此言“于帝史凤”者，盖视凤为天帝之使，而祀之以二犬。《荀子·解惑篇》引《诗》曰“有凤有凰，乐帝之心”，段玉裁云：“当作‘有皇有凤’，与心为韵。”盖言凤凰在帝之左右。今得此片，足知凤鸟传说自殷代以来矣。〔1〕

《荀子》所引逸诗亦是以凤为帝臣而常伴上帝左右。将凤当做上帝使者而祭祀之的卜辞还有：

尞帝史凤一牛。(《续补》918)

这是武丁时期的卜辞。尞，于省吾释曰：“卜辞尞为祭名，亦为用牲法。”〔2〕《说文》：“尞，柴祭天也。”〔3〕柴借为燔，则尞就是烧柴以祭天。这是以凤为上帝的使者，用一头牛为祭品，以尞这一祭天之礼祭祀之。可见，凤在商人观念中具有极高的地位。再如对雉鸟的祭祀：

丁巳卜，贞帝[illegible]。
贞帝[illegible]三羊三豕三犬。(《通》772)

这是武丁时期刻于一片牛胛骨上的卜辞。王襄释[illegible]为雉，其说可信。〔4〕帝读

---

〔1〕 郭沫若：《卜辞通纂》，科学出版社1983年版，第377—378页。《解惑篇》当为《解蔽篇》，段玉裁当为王念孙。风在卜辞中为鸟名的例子并非常见，多数情况下凤借为风。可参看于省吾：《甲骨文字诂林》(第二册)，中华书局1996年版，第1706—1714页。

〔2〕 于省吾：《甲骨文字诂林》(第二册)，中华书局1996年版，第1469页。

〔3〕 [清]段玉裁：《说文解字注》，上海古籍出版社1981年版，第480页。

〔4〕 于省吾：《甲骨文字诂林》(第二册)，中华书局1996年版，第1725页。胡厚宣《甲骨文商族鸟图腾的遗迹》亦持此说，见中国科学院历史研究所编：《历史论丛》第一辑，中华书局1964年版，第154页。

为禘，为祭祀名，《说文》："禘，谛祭也。从示，帝声。《周礼》曰：'五岁一禘。'"[1]《尔雅·释天》："禘，大祭也。"[2]可见禘祭是极为隆重的祭仪。这两条卜辞，第一条是占问以禘祭的祭仪来祭祀雉鸟好不好，第二条紧接着占问祭品用羊、猪、狗各三只好不好。商人必是将雉鸟当做吉祥的神鸟，方用祭天之礼隆重地祭祀之。

商人以鸟为图腾，卜辞中此类痕迹遗留很多，最为明显的是，商人高祖王亥的名字上往往加一个鸟字，形成合文，写作[illegible]。陈梦家、胡厚宣等学者皆认为这是殷人以鸟为图腾的遗迹。陈梦家列举祭祀王亥的卜辞后说："此可证王亥之'亥'是一种鸟名，而非以辰为名。《大荒东经》'有人曰王亥，两手操鸟方食其头。王亥托于有易，河伯仆牛，有易杀王亥，取仆牛'。此条说明了王亥与鸟的关系。"[3]胡厚宣说："因为王亥是商朝这样重要的一个先公，所以才在王亥的亥字上边，加上一个鸟，以表示早期商族是以鸟为图腾的。"[4]祭祀王亥的卜辞极多，略举数例如：

> 贞于王亥告秋。(《续存上》197)
> 贞于王亥土桒年。(《通》319)

告秋，即是秋天禾谷成熟之后告祭于先祖，以报答先祖保佑丰收之德。桒意为求，桒年即祈求丰年，可见，和鸟同为一体的王亥具有保佑丰收的神力。商人还认为王亥有保佑战争胜利的威能：

> 于王亥匄舌□。(《前》7·20·3)

舌为方国名。匄，音同丐，段玉裁《说文解字注》提出匄有祈求和祈与两义。[5]《左传·昭公十六年》："世有盟誓，以相信也。曰：'尔无我叛，我无强贾，毋或匄夺。尔有利市宝贿，我勿与知。'"孔颖达注："此言'毋或匄夺'，亦谓不得强匄乞夺取也。"[6]杨伯峻注曰："不乞求，不掠夺。"[7]此则卜辞中的匄亦应为祈求之义，卜辞言舌国入侵，希望能得到王亥的保佑战胜之。

---

〔1〕[清]段玉裁：《说文解字注》，上海古籍出版社1981年版，第5页。

〔2〕[晋]郭璞注，[宋]邢昺疏：《尔雅注疏》，北京大学出版社1999年版，第180页。

〔3〕陈梦家：《殷虚卜辞综述》，中华书局1988年版，第339页。

〔4〕胡厚宣：《甲骨文商族鸟图腾的遗迹》，见中国科学院历史研究所编：《历史论丛》(第一辑)，中华书局1964年版，第151页。

〔5〕[清]段玉裁：《说文解字注》，上海古籍出版社1981年版，第634—635页。

〔6〕[唐]孔颖达：《春秋左传正义》，北京大学出版社2000年版，第1558—1559页。

〔7〕杨伯峻：《春秋左传注》，中华书局1981年版，第1380页。

贞来辛酉酒王亥。(《粹》76)

辛巳,贞:王亥上甲即于河。(《佚》888)

其告于高且王亥三牛——其五牛。(《掇一》455)

其他占问如何祭祀王亥的卜辞亦常见,如:

贞尞于王亥。(《前》1,49,7)

勿尞于王亥,七月。(《珠》1036)

王亥名字上加鸟,当是殷商人以鸟为祖先的符号。《诗经·商颂·玄鸟》开篇即曰:"天命玄鸟,降而生商。"可见时至春秋时期依然留有鸟图腾的痕迹。

以上所引卜辞,人或祈求鸟降丰年于人间,或希望借助鸟的神力赢得战争,鸟乃是超越于人的存在,是人崇拜的对象。鸟作为总名出现于卜辞,总是与吉祥之人事联系在一起,两者之间形成了固定的联系,正如下条卜辞所示:

庚申卜,扶,令少臣取㔾羊鸟?(《甲》2904)

"扶"是贞人名,㔾读为报,乃是祭名,即《国语·鲁语》"凡禘、郊、祖、宗、报,此五者国之典祀"中的"报祭"。韦昭注:"报,报德,谓祭也。"[1]羊读为祥,祥鸟,胡厚宣说:"祥鸟犹《史记·殷本纪》'祖己嘉武丁之以祥雉为德'之祥雉。"[2]卜辞大意为:庚申日这天,贞人"扶"占问命令名叫"取"的小臣来报祭有德性的祥鸟,这样做好不好?直接以"祥"字形容鸟,并以报德的祭仪祭祀之,鸟和吉祥之间的关联已经固定了。

但是必须指出,这种固定关联并非比类,而是发想式的。鸟和人依然处于不同的世界中,鸟是上帝的代言者与赐福者,人则是被动的接受者。人与鸟是掌控与被掌控的关系,二者无法平等比较。鸟只是发想起吉祥的一个符号,并不关联于具体的人事,因此在卜辞中并无将神性之鸟比类于人事的可能,比和兴的结构都无法产生。

卦爻辞的语境中,鸟的神性消退,其和吉祥之间发想式的固定关联被改造为

---

〔1〕 徐元诰:《国语集解》,王树民、沈长云点校,中华书局2002年版,第160页。报祭在卜辞中常见,《史记·殷本纪》亦有报乙报丙报丁的记载。

〔2〕 胡厚宣:《甲骨文商族鸟图腾的遗迹》,见中国科学院历史研究所编:《历史论丛》(第一辑),中华书局1964年版,第155页。

并置结构中与具体之人事的并举。这一并置结构作为一个整体,对应于吉凶的断辞,且看:

> 《渐》初六:鸿渐于干,小子厉,有言,无咎。
> 六二:鸿渐于磐,饮食衎衎,吉。
> 六四:鸿渐于木,或得其桷,无咎。
> 九五:鸿渐于陵,妇三岁不孕,终莫之胜,吉。
> 上九:鸿渐于陆,其羽可用为仪,吉。

《渐》是通行本《周易》的第五十三卦[1],除九三断辞为凶外,其余各爻皆为吉或无咎。鸿,《周易集解纂疏》引虞翻注说:"鸿,大雁也。"[2]《帛书周易》与《竹书周易》中鸿字皆作鳿,二字本通。《说文》:"鸿,鹄也,从鸟,江声。"段玉裁注:"鸿之言琟也。言其大也。故又单呼鸿雁之大者曰鸿,字当作鳿而假借也。"[3]《说文·隹部》段玉裁注:"按鸿,大也,非鸟名。"[4]《诗经·大雅·鸿雁》,《毛传》云:"大曰鸿,小曰雁。"孔颖达曰:"鸿、雁俱是水鸟,故连言之。其形鸿大而雁小,嫌其同鸟雄雌之异,故《传》辨之云'大曰鸿,小曰雁'也。"[5]意即鸿就是体形较大之大雁。可见其作为鸟的意义是公认的。甲骨文中鸿字写作鳿,用为地名。其字形是左工右鸟,从鸟部。罗振玉推测说:"《说文解字》:'琟鸟肥大,琟琟也。'或从鸟做鳿,与此同。疑此字与鸿雁之鸿古为一字,惜卜辞之鸿为地名,未由徵吾说矣。"[6]鳿与鳿字形同一,甲骨卜辞虽未直接证明二字相同,但其为大雁是可以确定的。

对比卜辞和《渐》卦,甲骨卜辞的祥鸟是接受祭祀的对象,而《渐》卦爻辞中并未出现祭祀用语,鸿并非传达上帝命令的使者,亦非接受祭祀的图腾,因此并无神性可言。卜辞"祥鸟"这一组合,祥和鸟直接相连,祥乃是鸟的神圣属性,人事的顺利进行要通过鸟的神圣属性来达成,鸟的神性优先于人事。而《渐》卦每条爻辞皆以鸿的动作开始,与吉、无咎的断辞并不直接相联;爻辞中鸿的动作承接以人事,

---

〔1〕 帛书《周易》中此卦为第六十卦,其卦爻辞为:"渐:女归吉,利贞。初六:鸿渐于渊,小子厉,有言,无咎。六二:鸿渐于坂,酒食衎衎,吉。九三:鸿渐于陆,(夫征不)复,妇绳(孕)不□,凶,利所寇。六四:鸿渐于木,或直其寇,𣪠无咎。九五:鸿渐于陵,妇三岁不绳(孕),终莫之胜,吉。尚(九):鸿渐于陆,其羽可用为宜(仪),吉。"帛书与通行本《周易》的六四爻存在文辞的不同,但并不妨碍并置结构的成立。

〔2〕 [清]李道平:《周易集解纂疏》,中华书局1994年版,第466页。

〔3〕 [清]段玉裁:《说文解字注》,上海古籍出版社1981年版,第152页。

〔4〕 [清]段玉裁:《说文解字注》,上海古籍出版社1981年版,第143页。

〔5〕 [唐]孔颖达:《毛诗正义》,北京大学出版社2000年版,第773页。

〔6〕 罗振玉:《殷虚书契考释》,中华书局2006年版,第449页。

将吉或无咎的断辞与鸟间隔开，这使得鸟的属性或力量与吉、无咎之间不再直接联系，鸟和人事的并置结构作为整体生成了断辞。爻辞通过并置，泯灭了鸟直接降福、降佑的神力，破坏了鸟与吉祥的发想式联系，从而成功褪去了鸟的神性。鸟在卜辞中的神意指向被反转为人事指向，人事不再确证高高在上之神意。由此，人事主题优先于神性主题，成为卦爻辞的重心所在。

2. 鸟为凶之古义的遗留

鸟的神性中还含有另一面，即鸣凶。在商人观念中鸟鸣和灾祸存在着发想式的固定关联，且看：

> □□卜，贞□鸣，不□一人祸。
> □□一人□，六月。（《安明》140）

这是武丁时代刻于同版的两则卜辞，是就一件事多次卜问，卜辞略有残缺，其大意为：某日卜，有鸟鸣，这对武丁来说，是不是有什么祸事？再如：

> 庚申卜，殻贞：王勿……（《合集》17366 正）
> 之日夕，有鸣鸟……（《合集》17366 反）

这两条卜辞记录在一片牛胛骨的正反面，正面记载贞人殻在庚申日占卜，由于骨面残缺，所命之事已不可知。反面之辞与正面相接，乃是此次占卜的验辞，大意为：就在庚申这天的晚上，有鸟鸣叫。另外两条正反相接的卜辞也有相似而较为详尽的记载：

> 癸卯卜，永贞：旬亡祸？（《掇》36 正）
> 卯有……虎……，庚申已有酘，有鸣鸟……疛圉羌戎。（《掇》36 反）

这两条卜辞也都属于武丁时期。正面记载占问下一个十天是否有灾祸，反面为验辞，大意为卯日出现了异象，庚申日也出现了灾祸，有鸟鸣叫，疛地的监狱发生了羌奴暴动。这两条卜辞的记载明确将“有鸣鸟”与灾祸联系在一起。胡厚宣总结说：“殷人迷信，以鸟鸣为不祥。”[1]饶宗颐也说：“则鸟鸣为兵起之兆，此古之

---

〔1〕 胡厚宣：《重论“余一人”问题》，见四川大学历史系古文字研究室编：《古文字研究》（第六辑），中华书局 1981 年版，第 16 页。

鸟占也。"[1]

鸣鸟与不祥的关联多次出现，进而成为稳定的发想式联系。《尚书·高宗肜日》："高宗肜日，越有雊雉。"[2]雊雉即是鸣雉，《书序》云："高宗祭成汤，有飞雉升鼎耳而雊，作《高宗肜日》。"[3]《史记·殷本纪》："帝武丁祭成汤，明日，有飞雉登鼎而呴，武丁惧。"[4]武丁祭祀汤的时候有雉鸟飞到鼎上鸣叫，武丁就恐慌，这正是以鸣鸟为不祥。《左传·襄公三十年》："鸟鸣于亳社，如曰'嘻嘻'，甲午，宋大灾。"[5]宋国是商朝后裔，亳社是宋国祭祀后土的地方，将鸟鸣与大灾联系在一起，正与卜辞相同。唐代《开元占经》引《地镜》："鹊夜飞鸣，兵且起，邑将虚。……鸟鸣君门上作人声，君亡。又曰：众鸟集木上鸣而泣，兵且起，邑将虚。"[6]又引京房："伯劳鸟鸣，为怪，君室凶。……众鸟夜鸣，且必有甲兵。"[7]可见，直到唐代，鸣鸟和凶之间的发想关系依然存在。[8] 在卦爻辞的并置结构中，这种发想式的古义也留有痕迹，请看：

《渐》：九三：鸿渐于陆，夫征不复，妇孕不育，凶，利御寇。

《旅》：上九：鸟焚其巢，旅人先笑后号咷，丧牛于易，凶。

《小过》：上六：弗遇过之，飞鸟离之，凶，是谓灾眚。

这些爻辞的并置结构，鸟并非受祭的对象，其神性已经被剥离。鸟的动作和人事并置在一起，引导出凶的断辞，鸟和凶之间的关系虽然留存，但已不再是对神意的确证，而是在并置结构中成为人事的比类物。

(二)神性遗留致使比之结构虚化

当代学者对上引卦爻辞的解释，以高亨之说最为精当。他探究鸿和人事之间的比类关系，寻求其间的喻解，从而将比类关系固化为比喻，他释这些爻辞之义为：

《渐》初六：鸿飞进于河岸，自是有利。以鸿喻人，成人进于河岸，亦

---

[1] 饶宗颐：《殷代贞卜人物通考》，香港大学出版社 1959 年版，第 32 页。

[2] 今传《高宗肜日》一篇为后世所托，因此据其记载分析思想内容则可，而不能以其文句形式、语法结构来断定商代语言的结撰技术。

[3] [唐]孔颖达：《尚书正义》，北京大学出版社 2000 年版，第 302 页。

[4] [汉]司马迁：《史记》，中华书局 1959 年版，第 103 页。

[5] [唐]孔颖达：《春秋左传正义》，北京大学出版社 1999 年版，第 1116—1117 页。

[6] [唐]瞿昙悉达：《开元占经》(下册)，中央编译出版社 2006 年版，第 1158—1160 页。

[7] 同上。

[8] 时至今日，汉族的民俗中亦以乌鸦鸣叫为不吉。

无不可；若小子进于河岸，则有落水之危险。但有大人加以谴责，使之离去，乃无咎。

六二：鸿飞渐于水涯堆上，有水可饮，有鱼可食，衎衎喜乐，自是吉利。比喻人进于有利之环境也。

九三：鸿本水鸟，而进于陆，夫征而不返家，妇孕而不产子，皆为凶象。然鸿进于陆，其处高，其视远，射猎之人不能袭取之，犹人处于居高临下之有利形势，外寇不能战胜之，故利于御寇。〔1〕

六四：鸿之足为蹼，与鸭鹅同，不能栖于木枝，今进于木，难得可止之处，然亦或得人所伐之椽木，亦堪栖息，则无咎。此喻人进于无可栖身之环境，偶得栖身之处。

九五：鸿本水鸟，而进于岭，将不得饮食。妇三岁不孕，有被夫家逐出之可能。此皆不利之象。然鸿进于岭，其处益高，其视益远，涉猎之人终不能胜之，故吉。此喻人处于居高临下之有利地位，外寇不能胜之。

上九：鸿进于池塘，易于射获，可用其羽为舞具，自人言之，则吉。（自鸿言之，则不吉。）〔2〕

《旅》上九：鸟焚其巢，喻旅客之居宅被焚……此记殷之先祖王亥之故事。〔3〕

《小过》上六：我不遏止人之过失，反而使之过失，此如飞鸟在天空，而我张罗网以捕之，其结果是凶，是谓灾祸。〔4〕

高亨对爻辞的训解建基于训诂，扣合了鸟的动物属性，为之寻找爻辞内部或外部合理的人事对应物，进而发掘比类关系，由此构成以鸟的各种活动为喻体，以人事为本体的比喻结构。〔5〕

然而详析高亨所释卦爻辞的比喻结构，却能发现众多纰漏。如释《渐》卦各爻

〔1〕 高亨：《周易大传今注》，齐鲁书社 1998 年版，第 329—330 页。

〔2〕 同上书，第 330—331 页。

〔3〕 同上书，第 344 页。高亨此说当承袭自顾颉刚《〈周易卦爻辞〉中的故事》一文。顾文见于《古史辨》（第三册），上海古籍出版社 1982 年版。闻、高等认为《旅》卦皆是记载王亥的故事，并演绎出完整的故事。

〔4〕 高亨：《周易大传今注》，齐鲁书社 1998 版，第 368 页。

〔5〕 可以看出，高亨训解《周易》，虽然建立在对卦爻辞训诂的基础之上，但其所说卦爻辞之比喻依然遵从着传统易学的道路。《周易正义》：“鸿，水鸟也。适进之义，始于下而升者也，故以鸿为喻之。”高亨之解与此相同。再如其对《渐》六四的解释，几乎同于《程氏易传》：“故四之处非安地，如鸿之进于木也。木渐高矣，而有不安之象。鸿趾连，不能握枝，故不木栖。桷，横平之柯。唯平柯之上，乃能安处。谓四之处本危，或能自得安宁之道，则无咎也。如鸿之于木，本不安，或得平柯而处之，则安也。”[宋]程颢、程颐：《二程集》，中华书局 1981 年版，第 976 页。程氏亦以比喻训解此爻，只不过未言明比喻结构中的本体是人而已。

时，作为鸿之本体的“成人进于河岸，亦无不可”“人进于有利之环境”“其处高，其视远，射猎之人不能袭取之，犹人处于居高临下之有利形势，外寇不能战胜之”“人进于无可栖身之环境”等，以及释《旅》上九以鸟巢比喻旅客的居所，释《小过》上六所说的“我不遏止人之过失，反而使之过失”，乃为爻辞所本无，而是取自于爻辞之外。

换言之，此一比喻结构乃是主题先行、外加于爻辞的。可以预见的是，若爻辞之训解需要依赖这种主题先行的、不固定的比喻结构，最终将导致爻义纷繁无比以至于无法索解。高亨曾在《周易卦爻辞的文学价值》一文中说道：

> 《周易》常用比喻的手法来指示人事的吉凶，它的比喻和一般比喻有所不同，一般比喻有特定的被比喻的主体事物，而且多数是与取做比喻的客体事物同时出现于文中；而《周易》的比喻多数没有特定的被比喻的主体事物，当然不出现于文中，仅仅描述取做比喻的客体事物而已，因此，可以应用在许多人事方面。[1]

高亨也承认其所言之比喻结构是不固定的。由此申发，并置结构重释鸟的意义后，鸟的各种动作和人事之吉凶之间并未产生直接的因果关系，过滤掉鸟之神性的同时，鸟和吉祥之间的发想式联系并未被彻底消除。这意味着鸟和人事之吉凶之间的关系，处于发想向比类过渡的阶段，使得在《鸿》卦各爻、《旅》上九和《小过》上六所含有的并置结构中，鸟和人事之间确定的比类关系尚未定型，由此产生之比的结构并不稳固。[2]

以卦爻辞为开端，人鸟之间以比类关系替代神人关系的转折，直至春秋中期方得以完成。《左传·昭公十七年》记载少皞以鸟为官名，却并非出于对鸟之崇拜，而是将卦爻辞中鸟和人事之间不确定的比类关系固定下来，以鸟的动物性特征来比类官员的职责：

> 昭子问焉，曰：“少皞氏鸟名官，何故也?”郯子曰：“吾祖也，我知之。

---

〔1〕 高亨：《周易杂论》，齐鲁书社1979年版，第60页。

〔2〕 罗根泽放弃了为爻辞中的鸿寻找喻解的努力，他认为《渐》卦“除最后的‘鸿渐于陆，其羽可用为仪’或是比体以外，其余都是兴体”。其判断标准就是：“‘小子厉有言’和‘鸿渐于干’，我们找不到事义的关系，‘饮食衎衎’和‘鸿渐于磐’，也找不到事义的关系。”承认爻辞内部的自然物与人事之间并无事义联系，近似于我们所说的比类关系的虚化。然而我们并不否认此一比类关系的存在，只是其存在状态是不确定的。罗氏此说秉承着古史辨派的民俗学方法论，以后起的歌谣打量先在的卦爻辞，其方法论和结论颇可商榷。参见罗根泽：《中国文学起源的新探索》，见罗根泽：《罗根泽古典文学论文集》，上海古籍出版社2009年版，第14—15页。

……我高祖少皞挚之立也，凤鸟适至，故纪于鸟，为鸟师而鸟名。凤鸟氏，历正也。玄鸟氏，司分者也。伯赵氏，司至者也。青鸟氏，司启者也。丹鸟氏，司闭者也。祝鸠氏，司徒也。鴡鸠氏，司马也。鸤鸠氏，司空也。爽鸠氏，司寇也。鹘鸠氏，司事也。五鸠，鸠民者也。五雉，为五工正，利器用，正度量，夷民者也。九扈，为九农正，扈民无淫者也。自颛顼以来，不能纪远，乃纪于近。为民师而命以民事，则不能故也。”

郯子来鲁国朝见，鲁昭公向他询问少皞氏为何用鸟名来命名官制。郯子追述少皞即位时恰好有凤鸟飞来，所以少皞以鸟开始纪年。郯子此说与“天命玄鸟”并不相同，鸟不过是“适至”，即恰好来到。这其中并无“天命”的掌控，有鸟飞来只是偶然事件。他接着描述少皞所设立的官制，各个部门的长官都和某种鸟对应。如以玄鸟命名“司分”，孔颖达《正义》解释说：“此鸟以春分来，秋分去，故以名官，使之主二分。”[1]燕子春来秋去，这是其动物属性。少皞将负责观察春分秋分的官员命名为“司分”，并非祈求人能具备燕子的神力，而是希望人能像燕子一样准确地观察到节气变化，从而顺利地进行农业生产。郯子所使用的语法结构乃是暗喻，“玄鸟氏，司分者也”，其暗含的语法结构是：像玄鸟一样的人，就是司分。人与燕子之间已经是自然而然的比类关系，而非卜辞中的神人关系了。

综上，并置结构消解鸟的神性后，对鸟之意义的重释并不彻底，受鸟和吉利、不祥之间自古相承之发想式关联的影响，以上爻辞中的并置结构暂未生成确定性的比类关系，鸟和人事之间比的结构无法自洽，需从并置结构外部寻找喻解。此一比之结构是不稳固的、虚化的。[2] 这种虚化之比，正是“兴”的结构。这种兴建基于比类思维对神性之发想式关联的扬弃，要想理解兴之结构，就需要返回到那些类比结构已经稳固的爻辞。稳固之比的结构，乃是爻辞反转鸟之古义的结果。

（三）卦爻辞对鸟之古义的反转

卦爻辞并非完全继承卜辞中鸟和吉凶之间的发想式联系，也存在着对此关系的反拨。且看：

《旅》六五：射雉，一矢亡，终以誉命。

---

〔1〕［唐］孔颖达：《春秋左传正义》，北京大学出版社2000年版，第1569页。

〔2〕在此或许需要比较一下刘勰对兴的论述。刘勰说：“观夫兴之托喻，婉而成章，称名也小，取类也大。”（范文澜：《文心雕龙注》，人民文学出版社1958年版，第601页）这也是将兴置入比类关系中来考察。但刘勰所说的“取类也大”之兴，是以小喻大式的比，其中物与人的比类关系是确定的，和我们所分析之比类关系的虚化并不相同。

《小过》初六：飞鸟，以凶。[1]

高亨这样解释这两条爻辞：

《旅》六五：旅客射雉，一矢射中而雉死，终得善射之名，受客地国君之命令予以奖赏。[2]

《小过》初六：飞鸟以矢，喻行人带致命重伤，是凶矣。[3]

在卜辞中，雉代表上帝的意志，与吉祥之间存在固定的发想式联系；鸟作为总称，在卜辞中是"特殊的圣鸟"。[4] 以上两则爻辞的并置结构中，雉和鸟的地位急剧下降，不但毫无神性可言，反而成为狩猎的对象，或直接和凶的断辞并置在一起。通过并置结构，爻辞反转了卜辞中鸟和吉祥之间的发想式联系。再看并置结构反转鸟鸣与凶险的例子。先看《中孚》九二：

鹤鸣在阴，其子和之。我有好爵，吾与尔靡之。

高亨将此爻辞作为"取象之辞"的例证之一，他解释此爻道：

老鹤在树荫下鸣，鹤子亦鸣以应和之。我有美酒在杯中，与尔共饮之。此喻贵族父子世袭其爵位。[5]

爻辞中，断辞已然收缩，只有鸟鸣与人事之并置。此并置结构，"老鹤"对应于"我"，"鹤子"对应于"尔"，"鸣以应和之"对应于"靡之"，其比类关系环环相扣。而且"好"字提醒我们，与鹤鸣并置的人事并非凶险或灾难，而是吉利的、向善的。更为明显的是《小过》的卦辞：

《小过》：亨，利贞。可小事，不可大事。飞鸟遗之音，不宜上，宜下。大吉。

---

〔1〕 高亨：《周易大传今注》，齐鲁书社 1998 年版，第 366 页。帛书《周易》此爻中并无矢字，高亨之说乃是为构撰完整的叙事，方才如此。

〔2〕 同上书，第 344 页。

〔3〕 同上书，第 367 页。

〔4〕 (日)白川静：《中国古代民俗》，王巍译，春风文艺出版社 1991 年版，第 18 页。

〔5〕 高亨：《周易大传今注》，齐鲁书社 1998 年版，第 362 页。

《小过》的卦辞将鸟鸣直接和“大吉”的人事并置。“不宜上，宜下”，描述了飞鸟之音消逝的自然过程，由此重释了鸟鸣的意义，以鸟鸣的自然属性与人事之大吉并置，鸟鸣不再是神意的确证，被剥离了神性。进而爻辞以“不宜上，宜下”重释鸟鸣的意义，使之和人事产生了自洽的比类关系，比的结构彻底替代了卜辞的发想式联系。

《象》以“不宜上，宜下”为核心，来架构鸟鸣和人事之间的喻解：“‘飞鸟遗之音，不宜上，宜下’，上逆而下顺也。”〔1〕这是把鸟鸣的自然属性和人事之进退、上下等对应起来。当代诸位学者对此卦辞的解释多有不同，但其核心都是将飞鸟之音“不宜上，宜下”的自然属性作为喻解，进而发掘鸟鸣与大吉之间的比喻结构。高亨解释这则卦辞说：

> 《小过》：筮遇此卦，可举行享祭；乃有利之占问；但可以为小事，不可以为大事；飞鸟予人以好音，不宜向上飞使人不闻，宜向下飞使人闻之，得其宜乃大吉。比喻统治者宣布法令，不宜仅布之官府，而宜布之民间，得其宜乃大吉。〔2〕

高亨以飞鸟喻统治者，以飞鸟之音比喻宣布法令，官府是为“上”，民间乃为“下”。陈鼓应、赵建伟解释道：

> 《小过》：筮得《小过》卦，亨通，占问有利。只宜做小事，不宜做大事。飞鸟给人送来音讯，不宜进取，宜于退守，如此可获大吉。〔3〕

可见，对此卦辞的阐释皆囿于卦辞中已然规定之“不宜上，宜下”。鸟与人事之具体喻解或许有多重，但其比喻结构是自洽而稳固的。并置中固定之比的结构，已经替代了卜辞中的发想式联系了。

以上对卜辞进行反转的卦爻辞中，并置结构消泯了鸟之神性，以比类结构代替了卜辞中的发想式联系，比之结构由此产生。

(四)以鸟起兴与比兴循环

上文我们描述了卦爻辞的并置结构对卜辞之发想式联系的承接和反拨。其

---

〔1〕 高亨：《周易大传今注》，齐鲁书社1998年版，第365页。

〔2〕 同上。

〔3〕 陈鼓应、赵建伟：《周易今注今译》，商务印书馆2005年版，第554页。

反拨者,发想式联系在并置中荡然无存,爻辞内部规定了比之结构的喻解,进而形成了自洽而稳固之比类结构。其承接者,盖因殷商以鸟为神灵的传统极为强大,因此鸟和吉凶之间的发想式联系或多或少地遗留在了卦爻辞之并置结构中,这使得卦爻辞将鸟的动作和人事之吉凶并置后,发想式的关联阻碍了类比关系的产生,鸟和人事之间暂未形成自洽而稳固的类比关系,"兴"由此产生。

然而,这种兴的产生,乃是《周易》创制者努力剥去鸟之神性,在鸟和人事之间搭造比类关系的结果,其根源依然在于比之结构。兴的结构离不开比,乃是虚化之比。这使得要想理解兴,理解鸟和人事之间为何可以并置在一起,就必须返回到那些固定而自洽的比之结构中寻找其存在的理由与意义。[1] 我们用图 2-3 来总结以鸟起兴的诞生过程。

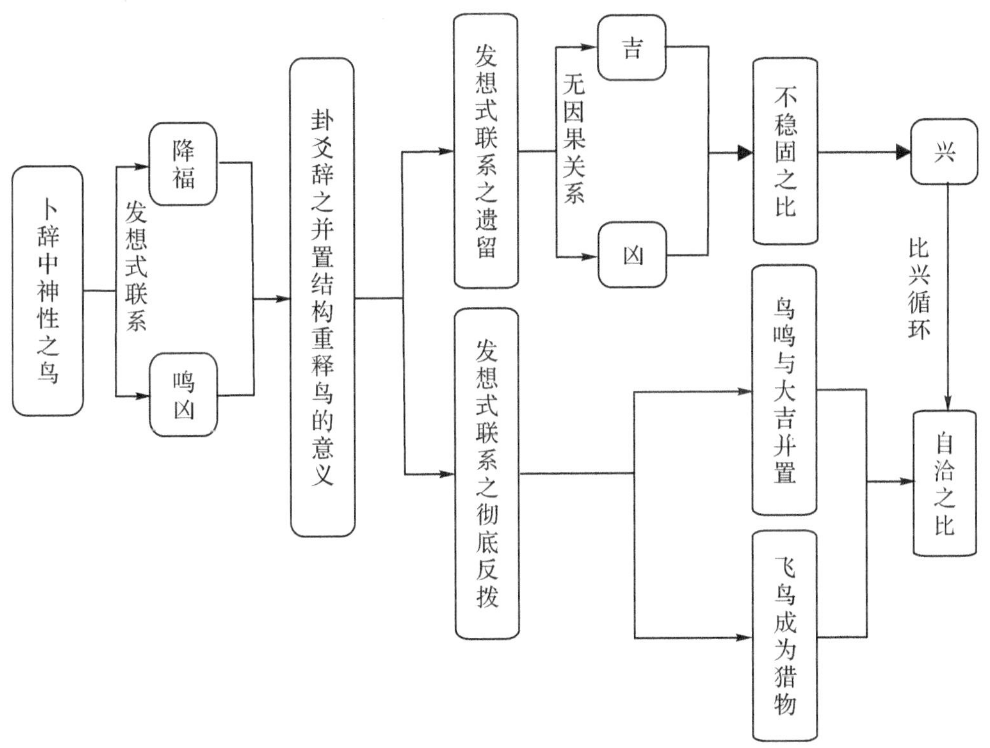

图 2-3　以鸟起兴与比兴循环

《周易》古经卦爻辞以鸟起兴的模型并非孤例,《鼎》卦以鼎起兴和《震》卦以雷起兴的模型,与之具有相同的机理。

---

〔1〕《比兴神话》(徐中玉、郭豫适主编:《中国文论的方与圆——古代文学理论研究》(第三十一辑),华东师范大学出版社 2010 年版)一文论证了汉儒解诗之内在的比兴循环。现在,我们可以推测,汉儒之比兴循环解释,其思想根基就在于卦爻辞中这种由比而兴的循环式创作。

二、以鼎起兴

《鼎》卦中的以鼎起兴之发生过程与以鸟起兴相类似。甲骨卜辞中鼎字作[illegible]或[illegible]，旧释多从《说文》“籀文以鼎为贞字”之说[1]，释鼎为“贞”。如罗振玉说：“《说文》：‘贞，卜问也，从卜、贝以为贽。一曰鼎省声，京房所说。’又鼎注：‘古文以贞为鼎，籀文以鼎为贞。’今卜辞中凡某日卜某事皆曰贞，其字多做[illegible]，与[illegible]字相似而不同。或做鼎，则正与许君以鼎为贞之说合，知确为贞字矣。”[2]王国维也说：“《说文解字》鼎部：‘古文以贞为鼎，籀文以鼎为贞。’案殷墟卜辞贞或作[illegible]（《殷墟书契》卷七第三十九页），作[illegible]（同上），作[illegible]（卷八第七页）。其文皆云卜鼎，即卜贞，此以鼎为贞者也。古金文鼎字多有上从卜如贞字者。……盖贞鼎二字形既相似，声又全同，故自古通用。”[3]

随着甲骨发掘与卜辞考释工作的进展，学者多认为鼎（[illegible]）初为器物，后借为贞。郭沫若说：“‘丙鼎犬，丁豚’（‘丙’字上端多一横划，盖刻损）：‘丙’与‘丁’不是日期，是所祭的对象，但都没有注明辈分和性别，不知道是祖、是父、是兄、是子，也不知道是妣、是母。可能是刻辞时疏忽了。‘鼎犬’当是以鼎盛犬。”[4]以鼎盛犬祭祀，则鼎当是祭器。于省吾也说：“在同一段甲骨文中，一开始贞卜之贞作[illegible]，以后再言鼎则作[illegible]，可见贞与鼎本来是两个字。”[5]他在《甲骨文字诂林》中总结鼎字的意义说：

> “贞”“鼎”当属同源，亦可通用，诸家已充分加以论证。但在卜辞，此二字已分化。凡“贞问”字，诸形皆可通用，而“当”“方”及“鼎彝”本义，均用其较原始之形体，而不用“[illegible]”。凡分化之形体，均不得逆转。[6]

“鼎”字之本义是祭器，这也得到了出土文物的验证。李济先生说：“周人用‘方鼎’称这一型的青铜器，大概是根据‘鼎’的原始功能所引申出来的。”[7]他又引

---

〔1〕［清］段玉裁：《说文解字注》，上海古籍出版社1981年版，第387页。

〔2〕罗振玉：《殷虚书契考释》，中华书局2006年版，第154页。

〔3〕王国维：《史籀篇疏证》，见王国维：《王国维遗书》（第六册），上海古籍书店1983年版（据商务印书馆1940年版影印），第23页。

〔4〕郭沫若：《安阳新出土的牛胛骨及其刻辞》，见郭沫若：《郭沫若全集·考古编》（第一卷），科学出版社1982年版，第451—452页。

〔5〕于省吾：《甲骨文字释林》，中华书局2009年版，第218页。

〔6〕于省吾：《甲骨文字诂林》（第三册），中华书局1996年版，第2729页。

〔7〕李济：《殷墟青铜器研究》，上海人民出版社2008年版，第298页。

刘体智的《善斋吉金录》道：

> 近世出土方鼎，其铭多做“[illegible]”。《长安获古编》著录之钖[illegible]鼎，亦为方鼎。盖“[illegible]”即盪也。圜鼎以盛牲肉，方盪以盛黍稷，判然二物。[1]

可见在祭祀时，鼎为盛肉之用，乃是重要的祭器。日本学者高岛谦一则全面探讨了鼎在祭祀和占卜活动中的作用，他说：

> 我们假定殷人相信用“鼎”会在主要以言语为主的贞卜活动中上加一个“行动”的层面。换言之，是试图用“鼎”去增加贞卜或其他仪式中的庄严性。从字义上看，“鼎”如果解作“以鼎”的话，就是“用鼎去做某事”，那么，表示用鼎是在于伴同(可能是补足)其他的仪式。因为当[illegible] [illegible]二字同见于一条卜辞的时候，总是比较象形化的[illegible]放在[illegible]之后。换言之，当殷人决定贞卜的时候，很可能是用鼎做器具。但是，贞卜并不是用鼎的唯一仪式，我们也见到举行攘御和祼祭时也用鼎，“求年”(《南北》461;《综类》396 • 2)与及向“丰神”献食(《乙编》8697;《综类》396 • 2)也与用鼎有关。……换言之，殷人相信仪式中用鼎可以导出一个“决定、巩固”，甚至可能是“改正”的作用。这些仪式需要得到他们非常重视的神灵的称许满意。而殷人这样去媚神，看来是自然不过的。[2]

鼎普遍应用于祭祀和占卜，殷人以之增加仪式的庄严性，借此“媚神”以获得神灵的称许。也正因为鼎在祭祀中所具备的通神之用，鼎也就和神灵称许、占卜灵验之间存在着稳固的发想式联系。鼎字在卜辞之占问时简写为“贞”，其意义演变为“当”“定”或“正”[3]，正表明此一发想式联系已然固化于殷人思维。在卜辞中，“鼎”皆不处在并置结构中，略举数例如下：

> 其鼎用四……玉犬羊……(《合集》30997)
>
> ……卜，王其觳鼎。(《合集》30998)

---

〔1〕 转引自李济:《殷墟青铜器研究》，上海人民出版社 2008 年版，第 299 页。

〔2〕 (日)高岛谦一:《问“鼎”》，见中华书局编辑部等编:《古文字研究》(第九辑)，中华书局 1984 年版，第 88 页。

〔3〕 学界对鼎字在甲骨卜辞中意义的演变，已有通透之研究。《甲骨文字诂林》辑录众说，可供参考。于省吾:《甲骨文字诂林》(第三册)，中华书局 1996 年版，第 2718—2730 页。

> 癸卯卜,争贞,下乙其侑鼎?王占曰,侑鼎,二隹,大示、王亥亦鬯。(《丙编》562)

这三则卜辞中,鼎皆为器皿而用其本义。第一则卜辞略有不全,大意为占问在仪式时使用四只鼎和犬、羊为祭品好不好。第二则大意为占卜王使用鼎来鼓祭是否吉利。第三则较为完整,大意为:癸卯日占卜,对下乙要献鼎吗?王占断认为应该献鼎两个,对大示和王亥也要献鬯。三则卜辞中鼎皆为宾语,并非和人事并置在一起。且这些卜辞并未对鼎进行描写,作为通神之物的鼎并非人们观察的对象。处于祭祀语境的鼎,还出现于《诗经·周颂·丝衣》:

> 丝衣其紑,载弁俅俅,自堂徂基,自羊徂牛,鼐鼎及鼒。

《毛传》曰:"丝衣,祭服也。紑,洁鲜貌。俅俅,恭顺貌。基,门塾之基。自羊徂牛,言先小后大也。大鼎谓之鼐。小鼎谓之鼒。"[1]此诗乃是祭祀先王之乐歌,鼎亦是祭器。孔颖达《正义》:

> 此述绎祭之事。上五句言祭之初……上言于祭之前,使士之行礼,在身所服,以丝为衣,其色紑然而鲜洁。在首载其爵色之麻弁,其貌俅俅而恭顺。此丝衣载弁之人,从门堂之上,既视壶濯及笾豆,降往于门塾之基,告君以濯具。更视三牲,从羊而往牛,所以告肥充,又发举其鼐鼎及鼒鼎之覆幂,而告此鼎之洁矣。……鼎则先大后小,与牛羊异者,取鼒为韵,故变其文也。[2]

与甲骨卜辞中鼎作祭器不同,《丝衣》所祭祀的对象并非是神,不再直接通向神灵,献鼎的对象乃是先王,作为仪式的一部分,其媚神之功用已经转向了人事之庄重。虽然处于祭祀先王之神圣语境,但鼎的神性逐渐消退,含有鼎的短句,已经获得了独立的语法地位。然而此一独立的短句只是对祭仪的描写,鼎的意义并未获得重释,并未由此产生并置结构,亦无比类关系出现。[3]

《鼎》卦的卦爻辞,鼎和人事并置在一起,形成并置结构。《鼎》卦卦辞、九二、

---

〔1〕[唐]孔颖达:《毛诗正义》,北京大学出版社2000年版,第1606页。

〔2〕同上书,第1607页。

〔3〕这种情况与我们在前文所述卜辞中的"有鸣鸟"相类似,都是独立的语法结构未产生类比。这再一次证明,并置的语言结构乃是比兴产生之基础。

六五和上九改造了鼎与神灵称许之间古已有之的发想式联系，将神灵称许淡化为人事之吉利。请看：

《鼎》：元吉，亨。

九二：鼎有实，我仇有疾，不我能即，吉。

六五：鼎黄耳金铉，利贞。[1]

上九：鼎玉铉，大吉，无不利。

高亨这样训解这些卦爻辞：

《鼎》：筮遇此卦，大吉，可举行享祭。

九二：鼎中有食物，我之仇人有病，不能至我家来扰我，则我可安坐而食，是吉矣。

六五：鼎黄耳金铉，乃华贵之物，有此鼎者必为富贵之家，故筮遇此爻，是有利之占问。

上九：鼎玉铉，更是华贵之物，有此鼎者必为大富贵之家，故筮遇此爻，大吉，无不利。[2]

卦辞直言大吉，并非以鼎比类于吉利之人事，乃是直承鼎之古义，以鼎为吉利之发想;《鼎》卦六五和上九爻辞的并置结构抹去了鼎"媚神"之义，但以鼎之华贵承接吉利的断辞，鼎并非吉利的喻体，二者之间并无喻解;《鼎》卦九二的并置结构，"鼎有实"与人事之间亦无直接关联，越过并置结构中的人事，"鼎有实"直接导引出"吉"之断辞，因此亦无比类关系产生。这四则卦爻辞的并置结构，鼎与吉利之间未产生明显的比类关系[3]，比之结构无法形成，于是兴之结构随之产生。

《鼎》卦初六、九三、九四三则爻辞，鼎作为承载食物的器皿，成为供人观察、描绘的对象。这四则卦爻辞的并置结构，鼎的状态继之以人事，乃是对鼎与神灵称许之间发想式联系的反拨：

初六：鼎颠趾，利出否，得妾以其子，无咎。

---

〔1〕"铉，举鼎之具，形如木棍，穿入鼎之两耳，二人共举之。"高亨：《周易大传今注》，齐鲁书社 1998 年版，第 315 页。

〔2〕同上书，第 313—316 页。

〔3〕《象》曰："《鼎》，象也。"这是以鼎为吉利之象。《系辞下》："象也者，像此者也。"则可推知从卦象角度，鼎和吉利之间存在着比类关系。卦象与并置的关系，将是我们今后研究的方向。

九三：鼎耳革，其行塞，雉膏不食。方雨，亏，悔，终吉。

九四：鼎折足，覆公餗，其形渥，凶。

高亨解释这三条爻辞为：

初六：鼎倒其足，鼎足在上，鼎口向下，乃清除鼎中之秽物。以喻政治，则是贬出朝中之恶人。

九三：盖有人用鼎煮雉肉，由厨房移往餐室，鼎耳忽脱落，其行停止。雉肉尚未食，天正下雨，雨水入鼎中，美味亏毁，可谓悔矣，然雉肉可以改烹，终为吉。[1]

九四：鼎足断，鼎身倒，公之餗倾覆于地，其形汪汪然。比喻人负重责而才力不胜，以致败公侯之事，是凶矣。[2]

可见，爻辞中鼎与人事之并置结构泯去了鼎"媚神"的功用。卜辞中鼎和神意之间发想式联系被彻底破坏，鼎的意义被重释，进而和人事构成了类比关系。两条爻辞的并置结构对发想式联系的反拨，可分为两种情况。一是初六和九四，爻辞并置结构中鼎作为人事之喻体，其比之结构天然可见，稳固而自洽，乃是典型的比之结构。[3] 二是九三，爻辞中的"鼎耳革"与人事的并置结构，导引出相反的两种断辞。"亏，悔"与"鼎耳革"之关系天然而然，无须解释，乃是自洽而稳固的比之结构。"终吉"则是对"亏，悔"的反拨，隐身的爻辞作者以其主观意志，反转了"亏，悔"与"鼎耳革"之间自洽之比。"吉"与"鼎耳革"的关联，必须"发注而后见"，"兴"之结构于是乎出现。此一兴之结构建基于比，乃是对比的反转。[4] 这与《鼎》卦卦辞、九二、六五和上九中兴的诞生过程略有差异：前者是对比之结构的反转，后者则是比之结构无法自洽。然而，这两种兴的诞生，都是比之结构虚化所造成的。

---

〔1〕 这条爻辞，高亨释之以完整叙事，然而完整叙事在占筮语境中是不存在的。"鼎耳革"和人事之间乃是筮法牵制下的、合于卦爻象的并置关系。

〔2〕 高亨：《周易大传今注》，齐鲁书社 1998 年版，第 313—315 页。

〔3〕 以《鼎》卦开始，鼎的神性被剥离，其作人事之比类物的地位稳定下来，成为国家权威之比类物。《左传·桓公二年》云："武王克商，迁九鼎于雒邑。"《史记·周本纪》亦云："（武王）命南宫括、史佚展九鼎保玉。"武王克商之后，展示了商朝的宝器九鼎，然后将之由朝歌迁到洛邑。其又云："成王在丰，使召公复营洛邑，如武王之意。周公复卜申视，卒营筑，居九鼎焉。"鼎成为国家权威的比类物已然固定，其神性被彻底剥去了。

〔4〕 拙文《比兴神话》以《诗经·周南·樛木》为例，解剖了汉儒《诗经》解释学中的比兴循环。张节末：《比兴神话》，见徐中玉、郭豫适主编：《中国文论的方与圆——古代文学理论研究》（第三十一辑），华东师范大学出版社 2010 年版，第 77—81 页。在《鼎》九三中，作为结撰技术的比兴之间亦存在这种比兴循环。

我们用图 2-4 来总结《鼎》卦以鼎起兴及比兴循环的情况。

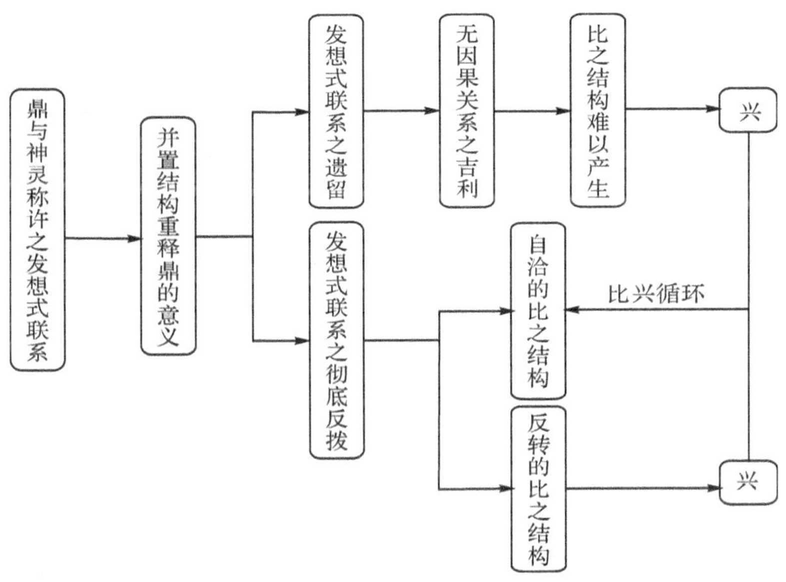

图 2-4 以鼎起兴与比兴循环

可见,与以鸟起兴相类似,《鼎》卦的并置结构对鼎的古义相承之发想式联系之承续,使得自洽之比难以产生,进而生成了兴之结构;而对发想式联系的反拨,则产生了自洽的比之结构。与以鸟起兴之发生不同,《鼎》九三的并置结构,断辞对比之结构的反转而生成了兴。兴之结构必须返回到比之结构中才能得到理解,作为结撰技术的比兴之间,呈现出比兴循环之状态。

三、以雷起兴

包含天象和人事并置结构的卦爻辞中,《乾》卦各爻的断辞为"吉"或"无咎",其并置结构的意义并不相抵触,比之结构自洽而稳固,乃是典型之比。而《震》卦的各爻辞中比的结构并不稳固,进而生成了兴,其以雷起兴的产生过程,略异于以鸟起兴和以鼎起兴。

《震》:亨,震来虩虩,笑言哑哑,震惊百里,不丧匕鬯。

初九:震来虩虩,后笑言哑哑,吉。

六二:震来厉,亿丧贝,跻于九陵,勿逐,七日得。

六三:震苏苏,震行无眚。

九四:震遂泥。

六五：震往来，厉，意无丧有事。

上六：震索索，视矍矍，征凶。震不于其躬于其邻，无咎。婚媾有言。

《震・象》曰："洊雷，震。"孔颖达说："洊者，重也。"[1]故震即为雷。甲骨卜辞中雷写作[illegible]、[illegible]或[illegible]，乃是上帝意志的体现，代表着上帝的威能：

壬申卜，古贞：帝令雷？

贞，及今二月雷？

贞，弗其今二月雷？（《丙》65）

王占曰：吉，其雷。

王占曰：帝隹今二月令雷，其隹丙不吉。（《丙》66）

这两组卜辞刻于一片卜骨的正反面。《丙》65 为正面的命辞，乃是一事三占，"古"为贞人名，大意为：壬申这天，古占问上帝会不会在这个二月降雷。《丙》66 是反面的占辞，记载了王看到卜兆后的占验，大意为：吉利，二月上帝将降雷。第二则占辞大意为：上帝会在这个二月降雷，只是名叫丙的人会遭遇不吉。又如：

帝其弘令雷。（《乙编》6809）

弘，其意当训为大，于省吾释此则爻辞之意为："此言帝其大令雷也。"[2]卜辞还有告祭于雷的记载：

告雷于沔。（《珠》840）

告，饶宗颐释曰："按'告'即'祰'，《说文》：'祰，告祭也。'《周礼》六祈二曰造，杜子春云：'造祭于祖也。'《玉篇》：'祰，祷也。'告即祷告。"[3]则卜辞之意为：在沔水河畔告祭于雷。可见雷为神灵，乃受上帝直接掌控。《史记・殷本纪》载：

帝武乙无道，为偶人，谓之天神。与之博，令人为行。天神不胜，乃僇辱之。为革囊，盛血，卬而射之，命曰"射天"。武乙猎于河、渭之间，暴

---

〔1〕［唐］孔颖达：《周易正义》，北京大学出版社 1999 年版，第 210 页。

〔2〕于省吾：《甲骨文字释林》，中华书局 2009 年版，第 11 页。

〔3〕饶宗颐：《殷代贞卜人物通考》，香港大学出版社 1959 年版，第 157—158 页。

雷，武乙震死。[1]

武乙蔑视、反抗天神的权威，结果狩猎时被“暴雷”震死。雷乃是上帝惩罚下界众生的武器，降雷是上帝向人类显示权威的手段。[2] 人畏惧雷的力量，雷的威慑力不言而喻。因此在卜辞的语境中，雷和天罚产生了固定的发想式联系，这一联系春秋时代犹存，《左传·襄公十四年》：

(师旷对曰)民奉其君，爱之如父母，仰之如日月，敬之如神明，畏之如雷霆。其可出乎？

敬奉神明与畏惧雷霆并列，当是以雷霆为神明实行天罚之手段。卜辞中的雷或是作上帝的宾词，或是受祭的对象，一般作宾语，没有和人事平等地并置在一起。而《震》的卦爻辞并未出现高高在上的“帝”，其中的雷并非上帝掌握之惩罚手段，而成为人所观察、描绘的对象。作为单纯的自然物，雷和人事并置在一起，其意义在并置结构中得到重释，进而与人事产生了比类关系。然而雷和天罚之间的发想式联系在《震》卦的并置结构中仍有遗留，如六二、六五、上六，高亨这样训解这三则爻辞：

六二：厉，危也。亿，发语词，犹惟也。……爻辞似记一古代故事。盖有人外出，遇巨雷来，若将击人，其势危险。其人因惊慌而失其贝，其时方登于九陵之上。筮遇此爻，筮人告知曰：“勿追寻，七日可得。”[3]

六五：厉，危也。意，《集解》本作亿，亦发语词，犹惟也。有犹于也。爻辞言：巨雷往来，若将击人，其势危险，惟不致成灾，无损失于事。此喻外界威力频频相逼，虽危而不为害。[4]

上六：索索，疑借为速速，疾也。震速速即所谓霹雳也。……爻辞言：巨雷速速而来，其人则惊惧四顾，以喻外界威力突然而来，其人则惶恐失措，如此怯懦，征伐必凶。又巨雷不击其人之身，击其邻人，以喻外界威力不犯其人之身，犯其邻人，其人自无咎。又筮遇此爻，姻戚将有

---

〔1〕［汉］司马迁：《史记》，中华书局1959年版，第76页。

〔2〕雷霆为天罚的手段，在各国的神话中均有体现。希腊神话中神王宙斯是雷电的掌控者；《圣经·创世纪》中上帝亦以雷电净世。

〔3〕高亨：《周易大传今注》，齐鲁书社1998年版，第319页。

〔4〕同上书，第320页。

> 谴责。[1]

以上三则爻辞，雷之往来承接以“厉”或“征凶”的断辞，再与人事并置在一起。可见雷之神性虽然消退，但和人事并不处于平等的两端，依然能够给人带来危险。以雷比喻“外界威力”，正是并置结构承接雷与天罚之发想式联系的结果，只是将天罚淡化为“威力”而已。这一比之结构延续到了《诗经》，《大雅·云汉》咏道：“旱既大甚，则不可推。兢兢业业，如霆如雷。”孔颖达注：“宣王言旱热已太甚矣，不可令之移去矣。天下困于饥馑，心动意惧，皆兢兢然而恐怖，业业然而忧危。其危恐也，如有霆之鼓于天，如有雷之发于上。言其恐怖之甚也。”[2]天下饥馑对君主造成的压力，有如天上的雷霆。以雷霆比喻压力，正是继承于《震》卦的爻辞。

再看《震》卦卦辞、初九、六三、九四，这四则卦爻辞的并置结构也消退了雷之神性。然而，其对雷的态度却与《震》卦六二、六五、上六大相径庭。高亨这样训解它们：

> 《震》：在举行享祭之时，巨雷震惊百里之远，而祭者不失其匕鬯之器。是其镇定肃敬以对待祭事。[3]
>
> 初九：巨雷来，人虩虩而恐惧，稍后则哑哑而言笑，是面临外界之巨大威力，既知畏戒，又能镇静，故吉。[4]
>
> 六三：巨雷作而苏苏迟缓，则雷行不致击人，无灾。[5]
>
> 九四：遂借为队，队即古坠字。震坠泥，谓雷下击，落在泥土之上。以喻统治者之刑威已坠于地而无效。[6]

迥异于六二、六五、上六三则爻辞中对雷的畏惧，《震》卦卦辞中震惊百里之巨雷与镇静之人事对举，人并不因巨雷“弘巨”而恐慌；初九中人面对巨雷虽有恐慌，然顷刻间言笑，其断辞亦是“吉”；六三则直言巨雷并不带来灾祸；九四则更进一步，将断辞收缩，卜辞中作为天罚手段的雷落入泥土之中，其神性的消泯自不待言。

---

〔1〕 高亨：《周易大传今注》，齐鲁书社1998年版，第321页。

〔2〕 [唐]孔颖达：《毛诗正义》，北京大学出版社2000年版，第1408页。

〔3〕 高亨：《周易大传今注》，齐鲁书社1998年版，第318页。高亨认为卦辞中“震来虩虩，笑言哑哑”乃是衍文，至确。

〔4〕 同上书，第319页。

〔5〕 同上。

〔6〕 同上书，第320页。

这四则卦爻辞皆是以巨雷与镇静、无灾的人事对举，构成并置结构，古义相承的雷与天罚之间的发想式联系，在这四则卦爻辞中遭到了彻底反拨。雷只是并置于人事，并未和人事的进程发生直接关联，因此雷并非人事的对应物，只作为人所观照的对象。爻辞作者通过添加吉或无灾的断辞，甚至将断辞收缩，反拨了雷与天罚之间古义相承之发想式联系，这使得比之结构不复存在。比之结构被虚化，兴之结构随之产生。此一兴之结构，乃是建基于对比之结构的反拨，无法脱离比而存在。

我们用图 2-5 来总结《震》卦中兴的产生过程。

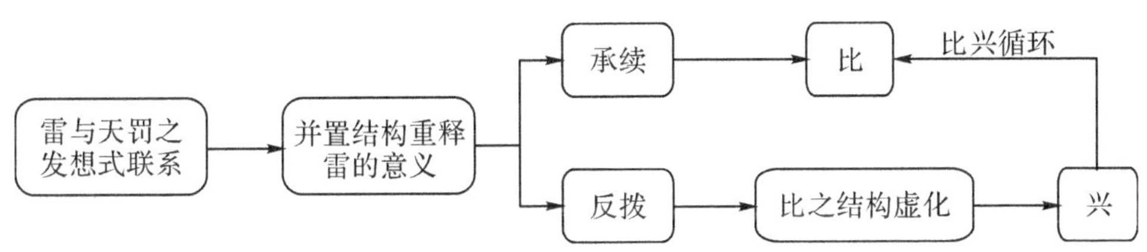

图 2-5 以雷起兴与比兴循环

可以看出《震》卦以雷起兴的过程，与以鸟、鼎起兴略有不同。后者的产生过程中，古义相承之发想式联系的遗留使得自洽之比类结构无法形成，兴于是乎产生，而对发想式联系的反拨则产生了稳固的比；以雷起兴的形成过程中，古义相承之发想式联系褪去神性后，淡化为比之结构，而对发想式联系的反拨，则产生了兴。

这两种起兴的模式看似矛盾，其内部机理却是一致的：对古义相承之发想式联系的反拨或承续，都是并置结构对神性之自然物的重释。此一重释虽然以剥去自然物神性为目标，但针对不同的自然物，其具体过程也有策略性调整，所运用之结撰技术也不尽相同。比和兴相异之具体诞生过程，正是由并置结构对不同自然物的不同重释所造成的，其核心都是并置结构对自然物意义的重释。而且，在以雷起兴和以鸟、鼎起兴这三则个案中，兴之结构必须依托比之结构，否则无法获得理解，比兴之间的循环依然存在。

四、以植物起兴

殷人所崇拜的诸种自然神，并无植物。[1]“木”字在卜辞中多为地名或祭名、

〔1〕 卜辞中的植物虽无神性与神格，但某些树种如桑树在殷人观念里具备特殊意义。闻一多《释桑》一文有详细论述，可参看。闻一多：《闻一多全集》（第十卷），湖北人民出版社 1993 年版，第 553—559 页。

祭法,并不具备掌控人间的神力。木作祭法时,其法是积柴加牲于上以燔之,相关卜辞如:

> 庚戌卜,争贞:木于西,[illegible]一犬一豖,尞三豭三羊豖二,卯十牛豖一。(《库》1987)
>
> 贞,木妇好于父乙。(《存》2・210)
>
> 乙卯卜,不雨,[illegible]宗木。(《南明》442)
>
> 癸酉卜,木于父丁十牛。(《南明》619)
>
> 戊午卜,木于祖己。(《存》1・1458)

王辉分析这些卜辞说:

> 木祭的对象有先祖、天神,使用的物品有牛、羊、豭、豖……这里的木用为动词,当是焚烧的意思,故木祭为火祭的一种。[1]

可知木作为总称,其功用在于祭祀时焚烧祭品。[2] 这一神圣仪式中的植物,不会和人处于平等的地位。因而在卜辞中植物并未和人事并置在一起。在含有植物和人事之并置结构的爻辞中,植物不再处于祭祀语境,进而成为人事的比类物。《大过》的两则爻辞,这种比类关系并未稳固。

> 《大过》:九二:枯杨生稊,老夫得其女妻,无不利。
>
> 九五:枯杨生华,老妇得其士夫,无咎无誉。

高亨解释这两则爻辞道:

> 九二:稊,叶初生称稊。夫,男子。女,指少女。枯杨生叶,反枯为荣。老男娶得少女为妻,转向年轻,故无不利。[3]
>
> 九五:华,古花字。妇,已嫁人或曾嫁人之女子称妇。士,未曾娶妻之男子称士。枯杨生花,反枯为荣。老妇嫁得士夫,转向年轻,可无灾

---

〔1〕 王辉:《殷人火祭说》。转引自于省吾:《甲骨文字诂林》(第二册),中华书局 1996 年版,第 1350 页。

〔2〕 木祭与尞祭都是焚烧祭品以祭祀,但具体区别何在,当前学界尚未厘清。

〔3〕 高亨:《周易大传今注》,齐鲁书社 1998 年版,第 204 页。

咎，但亦无名誉。[1]

可以看出，爻辞中植物和人事一一对应，其运用了比是毫无疑问的：枯杨对应老夫或老妇，稊或花对应少女和士夫，生则对应嫁娶。这其中虽然没有“如”“好像”等喻词，但以枯老之杨树生叶开花来比喻嫁娶，是天然可解的，其比喻结构并不需要“发注而后见”。

然而，这两条爻辞的断辞却完全不同：九二的断辞是“无不利”，其对九二并置结构的评价是正面的；九五的断辞是“无誉无咎”，这是偏向贬斥的评价。断辞的不同，使得自然物和人事的并置结构获得了相抵触的意义。“生稊”或“生华”无本质区别，其作为单纯的自然物本不含有褒贬，因此爻辞相抵触的意义并非天然生成的，而是隐身的爻辞作者主观意志施加的结果。爻辞作者通过添加断辞，使得比之结构获得了新的意义。相似的喻体引导出相抵触的意义，隐身的爻辞作者所赋予的意义在这两则爻辞的比之结构中获得了优先权。

这种主观先行的意义赋予，使得枯杨生稊或生华与嫁娶之间天然的比类关系被破坏，自洽的比之结构无法稳固，兴之结构由此诞生了。然而若要理解此兴之结构，必须以枯杨生稊或生华和嫁娶之间的比类关系为基础，兴之结构依托于比之语境。相较于以鸟起兴的复杂，《大过》的这两则爻辞虽然简短，却更加明晰地体现出典型的比兴结构之循环。我们以图 2-6 来总结之。

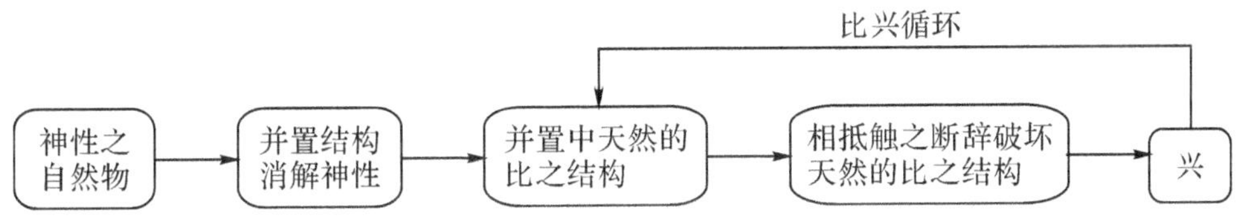

图 2-6 以植物起兴与比兴循环

以上分析了卦爻辞中鸟、鼎、雷、枯杨四个起兴的个案，这些个案起兴的具体模式虽有差异，但其核心机制却是相同的，我们以图 2-7 来直观地显示。

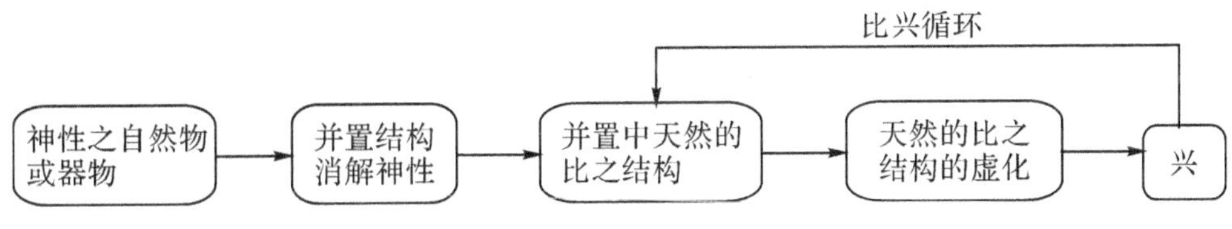

图 2-7 兴的诞生与比兴循环

---

[1] 高亨：《周易大传今注》，齐鲁书社 1998 年版，第 205 页。

可以看出，兴的诞生并非图腾意识的残留，而是导源于并置结构对自然物或器物神性的消解。卦爻辞作者以并置这一基本结撰技术，消退了卜辞中自然物或器物的神性，重释其意义，进而生成比之结构。若在此一重释，比之结构并不稳固，缺乏自洽性，则兴之结构由此产生。兴之结构建基于并置结构中比的虚化，需要依托于比才能得以理解，作为结撰技术的比兴之间，呈现出比兴循环的状态。迥异于汉儒之《诗经》解释学，这种循环无关美刺，乃是原初的结撰技术。

相较于理性的、自洽的比，兴之结构的两端因残留有卜辞之发想式联系，从而为兴之结构带来些许非理性色彩。但是兴并不由此丧失其价值，恰恰相反，这使得兴之结构因人所需被赋予无穷的喻解，产生无垠的意义，"味无穷而炙愈出，镇弥坚而酌不竭"[1]，其味无穷的兴之结构，更能让人产生美感，引发人之阐释欲望。《诗经》收缩了卦爻辞中代表价值判断的吉凶之断辞，将比兴的结撰技术发扬光大，成为中国文学的永恒经典。

第三节　受制于占筮的比兴结构

《周易》古经卦爻辞的并置作为结撰技术和语言结构，虽然是自然观变迁之必需与必然结果，但并不意味着并置是凭空而生的。前引众多含有鸟与人事并置结构的卦爻辞如《明夷》初九等，李镜池、高亨、罗根泽、刘大杰等学者多借助民俗学观念，以说诗法反观，将其定性为歌谣。若是如此，《周易》占筮语境的并置结构则源于周初歌谣，其发生不过如歌谣般即兴而发，随口而成。事实果真如此么？

一、《明夷》初九辨析

《明夷》初九："明夷于飞，垂其翼。君子于行，三日不食。有攸往，主人有言。"此爻称为比兴式歌谣，其释义的关键乃"明夷"为何物。当代学者大多将其解释为鸟。李镜池首开此论。他将《诗经》中含有"于飞"的很多诗句钩稽出来，发现："'于飞'二字之上，均为鸟名；……可见'于飞'二字，是指'鸟'说的，再无疑义。讲鸟之飞，往往说到它的'羽''翼'……'明夷于飞，垂其翼'之言，当亦与此同类。"[2]为使此说成立，李镜池借助六书中的假借法，说："'明夷'的意思，依我想，就是'鸣

[1] [宋]葛立方：《韵语阳秋》，见何文焕：《历代诗话》，中华书局1981年版，第499页。

[2] 李镜池：《周易探源》，中华书局1978年版，第43页。

鹈’二字的假借。”[1]他谓“鸣”与“名”通，“名”又通于“明”，“用几何例证法 $a=b, b=c, \therefore a=c$；可知‘名’‘明’‘鸣’三字，古代是同声通义的”[2]。李镜池所举字例皆出自汉代以后，对“夷”与“鹈”为何可通亦无坚实证据。通观他的论证，是将后起的歌谣式的并置作为范式向前推衍，这样，将“明夷”解释为“鸣鹈”就势在难免了。

此后，多位学者承袭李氏的思路，高亨演绎出更为完整的故事：“明借为鸣。夷借为雉，今名野鸡。……君子遭难出走，如鸟飞去，力倦神疲，如鸟垂其翼，在行程中，竟三日不食，亦曾往投人家，而主人有谴责之言，故忍饥而不食。”[3]高先生此说，不知不觉中剥离了爻辞与爻象、筮法之间的关系，爻辞成了“君子出走之故事”，其叙事主体是“君子”，事件是君子的遭遇，由此形成了一个完整而独立的叙事结构。故事中的自然物“明夷”，失去与卦爻象的对应关系，乃一简单的自然物，它成为人事遭遇的喻体，于是爻辞的结撰技术就成了与《诗经》相似的兴。在这一番看似完美的考证之下，《明夷》初九成功演化为比兴式歌谣。可见，自然物与主体存在内在联系是此类爻辞被判定为歌谣式比兴的主要依据。

然而，证之原初的占筮语境，此爻的演绎却与李、高等诸位先生的想象大相径庭。《左传·昭公五年》有如下记载：

> 初，穆子之生也，庄叔以《周易》筮之，遇《明夷》之《谦》。以示卜楚丘。楚丘曰：“是将行，而归为子祀，以谗人入，其名曰牛，卒以馁死。《明夷》，日也。日之数十，故有十时，亦当十位。自王已下，其二为公，其三为卿。日上其中，食日为二，旦日为三。《明夷》之《谦》，明而未融，其当旦乎！故曰‘为子祀’。日之《谦》当鸟，故曰‘明夷于飞’。明之未融，故曰‘垂其翼’。象日之动，故曰‘君子于行’。当三在旦，故曰‘三日不食’。《离》，火也。《艮》，山也。《离》为火，火焚山，山败。于人为言，败言为谗，故曰‘有攸往。主人有言’。言必谗也。纯《离》为牛，世乱谗胜，胜将适《离》，故曰‘其名曰牛’。谦不足，飞不翔，垂不峻，翼不广，故曰‘其为子后乎’。吾子，亚卿也；抑少不终。”

穆子出生的时候，其父庄叔用《周易》来卜筮，得到《明夷》[离(☲)下坤(☷)上]之《谦》[艮(☶)下坤(☷)上]，这一爻之变的位置正是《明夷》的初九爻。此乃按照筮法操作而得出的结果。筮法包括成卦法和变卦法两步，本例先以成卦法求

---

〔1〕 李镜池：《周易探源》，中华书局1978年版，第45页。

〔2〕 同上。

〔3〕 高亨：《周易大传今注》，齐鲁书社1998年版，第243页。

得本卦《明夷》，再以变卦法求得之卦《谦》。这里有必要了解一些筮法的常识。《系辞》记载成卦法曰：

> 大衍之数五十，其用四十有九。分而为二以象两。挂一以象三。揲之以四，以象四时。归奇于扐以象闰。五岁再闰，故再扐而后挂。

按此过程操作一次叫做第一变。重复三次之后得到一爻。每一爻都有或六或七，或八或九“四营之数”，占筮时卦者须将营数记录于爻画旁，高亨说：“（三变得一爻）阳爻画‘⚊’，如其为老阳，则记一‘九’字于画旁；如其为少阳，则记一‘七’字于画旁。阴爻画‘⚋’，如其为老阴，则记一‘六’字于画旁；如其为少阴，则记一‘八’字于画旁。”[1]将三变得一爻的程序重复六次，得到六爻组成一卦，这就是成卦法。庄叔筮得《明夷》，当是按照此成卦法操作的结果。成卦之后必须按变卦法求得之卦。

《系辞》并未记录变卦法。可以推测这是由于变卦法为历代筮人甚至是周王朝的核心机密，筮者口传身授，不记录于文字，因此失传。历代筮法研究“皆明于成卦而昧于变卦，得之成卦而失之变卦”[2]。高亨对变卦法的研究集前人之大成。他说：

> 余以为欲定变卦，当以卦之营数与爻之序数凑足天地之数，其法于五十五内减去卦之营数，以其余数自初爻上数，数至上爻，再自上爻下数，数至初爻，更自初爻上数，如此折回数之，至余数尽时乃止，所止之爻即宜变之爻也。[3]

高亨看重“四营之数”，即代表阴阳的“七、八、六、九”在变卦法中的关键作用。成卦时每爻都有一个营数，六爻的营数相加就是卦的营数。庄叔此例，当是按成卦法得《明夷》，所得卦的营数为 42。以大衍之数 55 减去 42，得到 13，然后从《明夷》初爻向上数，数到上爻再自上爻向下数，这样直到数尽时停留在初九爻，即《明夷》初九为变爻，占筮结果就是《明夷》之《谦》。这是《明夷》初九由阳爻变为阴爻，《明夷》下卦《离》（☲）变为《艮》（☶）而成为《谦》，《明夷》是本卦，《谦》是之卦，《明

---

〔1〕 高亨：《周易古经今注》，中华书局 1984 年版，第 143 页。

〔2〕 同上书，第 140 页。

〔3〕 同上书，第 146 页。

夷》之《谦》是属于这一爻变的筮例，按筮法“主要以本卦变爻爻辞占之”[1]，故当以《明夷》初九的爻辞为主占验。

卜楚丘的占验是依以上筮法为核心完成的。《明夷》的卦象是《离》(☲)下《坤》(☷)上，下面的离象日，上面的坤象地，日在地下，所以《彖》曰：“明入地中，《明夷》。”卜楚丘据此卦象将《明夷》释为太阳。占验中他以爻象掌控爻辞，将爻辞一一对应于爻象的变化，从而以爻象的变化为核心构建多层“象”的体系。穆子的生命历程被纳入这一体系中，与爻象进行比类。爻象及其变化有四种情形，卜楚丘没有完整描述穆子的生命经历，而是预测了并无因果关系的四件事：①穆子将出奔；②出奔后将回国祭祀庄叔；③穆子将带着名为“牛”的坏人回国；④穆子最终将饿死。这四件事时间上先后发生，但卜楚丘的解释却并未按时间顺序从①至④依次进行。

按春秋惯例，占验时先解释本卦的卦象，因此卜楚丘首先解释②基于本卦的“为子祀”。他释《明夷》为太阳，并以太阳位置的不同比类于国家爵位，太阳从升到降的变化对应国家爵位的十个位次。从王以下，第二级是公，第三级是卿。太阳在地平线上将升未升时是第二级，对应公。刚刚升起尚未脱离地平线的太阳是第三位，对应卿。《明夷》变为《谦》，即对应太阳已经明亮但尚未升高，相当于刚刚升起的时候。这一卦象的变化预示着穆子将来可以继承庄叔的卿位，并为其父祭祀。

接着卜楚丘根据变卦解释①(穆子将出奔)。在本卦《明夷》为日的基础上，他以鸟的运动与太阳的变化互为比类，从而将爻辞中的每一短语都对应于爻象的变化。《明夷》之《谦》是《明夷》初九由阳爻变为阴爻，《明夷》下卦《离》(☲)变为《艮》(☶)而成为《谦》，爻辞中“明夷于飞”对应于此。杜预解释说：“《离》为日，为鸟。《离》变为《谦》，日光不足，故当鸟。鸟飞行，故曰于飞。”[2]《明夷》之《谦》，于卦象上是明而未融，太阳已经明亮然而不高，象鸟低空飞行，爻辞中的“垂其翼”即对应于此。接着，卜楚丘以太阳和鸟的运动比类穆子的命运，对应爻辞中的“君子于行”即出奔。最后，他又将太阳的位次比类于人的行动，太阳刚刚升起的时候相当于第三，爻辞中“三日不食”与此相应。

卜楚丘根据变卦继续解释③(“以谗人入，其名曰牛”)。以《离》(☲)象火，以《艮》(☶)象山。《离》变为《艮》的爻象即是火烧山坏。《艮》又象语言[3]，被毁坏的语言就是诬言，卜楚丘认为爻辞中“有攸往，主人有言”即是对《离》与《艮》两个卦

---

〔1〕 高亨:《周易古经今注》,中华书局1984年版,第147页。

〔2〕 杨伯峻:《春秋左传注》,中华书局1981年版,第1264页。

〔3〕 同上书,第1265页。

象关系的解释。接下来他以穆子的命运对应于《明夷》上下卦之间的关系。“纯《离》”，焦循注曰：“《明夷》上《坤》☷下《离》☲，以《坤》配《离》，故云‘纯《离》’。纯，耦也，谓与《离》相耦者《坤》也，即牛也。《易》以《坤》为牛。”[1]以《离》象穆子，上卦《坤》(☷)与《离》(☲)相配合，则与穆子相配合的就是《坤》所象之人，《坤》象牛，所以卜楚丘断定谗人名叫牛。最后卜楚丘解释④(“卒以馁死”)。《谦》对应于人欲望的不满足，鸟能飞而不能至高。鸟垂其翼因此不能飞行高远。卜楚丘以鸟类比穆子，最终得出穆子不得善终的结论。

卜楚丘的占筮，是将爻辞中每一短语都对应于卦象。穆子的经历系于《明夷》下卦《离》(☲)变为《艮》(☶)而成为《谦》这一爻之变，而爻辞的解说基于此一变化，正所谓“象者，言乎象者也。爻者，言乎变者也”(《周易·系辞上》)。显然，卦象与爻象是卦爻辞意义的源泉，卦象与爻象的变化控制着爻辞，进而对应于穆子人生经历中不相连续的四件事，发挥了其预测未来的功能。在此一原初的占筮语境中，卦爻辞与歌谣具有本质的区别，可以用表 2-2 来直观地展现。

可见在占筮语境，筮法牵引卦爻象的变化，进而控制爻辞的意义生成。若将此爻辞解释为歌谣，那么其叙事结构的各要素必须紧密结合在叙事主体周围，形成独立而自洽的叙事结构，并铺展为一个具有连续性的故事。然而这都是爻辞所本无的。歌谣严密的叙事结构使爻辞失去了与卦爻象的并置关系，只能容纳一种意义，无法与无穷无尽的未来比类，自然就丧失了占筮的功用。对于作占筮之用的卦爻辞来说，完整的叙事是不可容忍的。

在歌谣语境，自然物的存在不能游离于叙事主体(“君子”)，只能被解释成为人事的关联物，或者成为与主体境况息息相关的喻体，这就是李镜池、高亨等学者将“明夷于飞，垂其翼”判定为诗歌之兴的原因。而在占筮语境，自然物与爻辞中的人事之间不存在从属关系，它和人事的并置并无“内心的联系”[2]，自然物独立于人事而存在，只负责于所对应的爻象，进而预测未来人事。

总之，爻辞内部破碎的叙事，自然物与人事的并置关系，使得比兴式歌谣在原初的占筮语境中无法存在。[3]

---

〔1〕 杜预注：“《艮》为言。”杨伯峻：《春秋左传注》，中华书局 1981 年版，第 1265 页。

〔2〕 高亨：《周易杂论》，齐鲁书社 1979 年版，第 65 页。

〔3〕 与《明夷》初九相类似的还有《中孚》九二、《大过》九二、《大过》九五、《渐》卦等，《左传》《国语》等文献中并未记载以这些卦爻辞占验的筮例，然而我们可以推知，在原初的占筮语境中，这些爻辞也如《明夷》初九一样，不存在完整的叙事结构与比兴式的结撰手法，其原初面目应与歌谣迥异。

表 2-2 《明夷》卦爻辞与歌谣的区别

<table>
<tr><td rowspan="4">卦爻辞</td><td colspan="5">意义生成方式</td><td colspan="2">叙事结构</td><td colspan="2">功能</td></tr>
<tr><td colspan="4">占筮</td><td>歌谣</td><td>占筮</td><td>歌谣</td><td>占筮</td><td>歌谣</td></tr>
<tr><td colspan="4">筮法牵引卦爻象的结果</td><td rowspan="2">以“明夷”为鸟，则爻辞自然生成一个故事</td><td rowspan="8">无叙事主体，爻辞对应于卦爻象，其内部每一短语之间无紧密联系</td><td rowspan="2">基于“兴”的完整的故事</td><td rowspan="2">预测人事之本义</td><td rowspan="8">失去歌唱功能之连续故事</td></tr>
<tr><td>卦象父象</td><td>所象之物</td><td>爻位卦变</td><td>爻位与卦变的意义</td></tr>
<tr><td>明夷于飞</td><td rowspan="4">《明夷》之《谦》[《离》(☲)变为《艮》(☶)]</td><td rowspan="4">太阳的运动、位置及其变化</td><td rowspan="3">日之《谦》</td><td>象鸟</td><td>鸣鹈(李镜池)鸣雉(高亨)</td><td rowspan="2">兴起叙事主体(君子)</td><td rowspan="4">①是将行（穆子出奔）</td></tr>
<tr><td>垂其翼</td><td>明之未融</td><td>鸟的动作</td></tr>
<tr><td>君子于行</td><td>象日之动</td><td rowspan="4">君子遭难出走，力倦神疲，在行程中，竟三日不食，亦曾往投人家，而主人有谴责之言。（高亨）</td><td rowspan="2">叙事主体（君子）及其主要事件</td></tr>
<tr><td>三日不食</td><td>当三在旦</td><td>将升未升的太阳</td></tr>
<tr><td rowspan="2">有攸往，主人有言</td><td>《离》(☲)</td><td>火</td><td>离之艮</td><td>火焚山，山败</td><td rowspan="2">叙事主体（君子）的后续事件</td><td rowspan="2">③以谗人入</td></tr>
<tr><td>《艮》(☶)</td><td>山</td><td></td><td>语方败坏即谗言</td></tr>
</table>

二、《睽》上九与《归妹》上六辨析

《睽》上九与《归妹》上六被指为赋体歌谣，在筮法牵引下，其爻辞内部也呈现出并置的特征。《睽》上九的爻辞“睽孤见豕负涂，载鬼一车，先张之弧，后说之弧，匪寇，婚媾。往遇雨则吉”，高亨将其判定为“采用赋的手法的短歌”，理由是《睽》上九“和诗三百里‘直言其事’的‘赋’相同”。[1] 他解释此爻：“有一睽孤夜行，见豕伏于道中，更有一车，众鬼乘之。睽孤先开其弓欲射之，后放下其弓而不射。盖详察之，非鬼也，乃人也；非寇贼也，乃婚姻也。其人即为寻豕而来，偶与睽孤相遇耳。亦似即夏帝少康之故事。”[2]这一故事得以成立的关键，是将“睽孤”解释为“离家在外之孤子”，爻辞就演绎成了完整的叙事结构：睽孤是叙事主体，“见”“张

〔1〕 高亨：《周易杂论》，齐鲁书社 1979 年版，第 64 页。
〔2〕 高亨：《周易大传今注》，齐鲁书社 1998 年版，第 256 页。

弧”“说弧”是其行动，“载鬼一车”“匪寇”“婚媾”乃是叙事主体的见闻。[1] 李镜池称《归妹》上六的爻辞“女承筐无实，士刲羊无血”以记叙为主，形式上“成对偶之文”，是“诗歌式的句子”。[2] 刘大杰更进一步，他说：“这是一首有情有景的牧歌。淳朴而真实。在广大的牧场上，男男女女都在工作，男的剪羊毛，女的用筐子盛着。”[3]可见，二人亦以叙事为依据来判断爻辞是否为歌谣，这与高亨相同。

然而在占筮语境中，《睽》上九与《归妹》上六并不具备这种完整的叙事结构。

> 初，晋献公筮嫁伯姬于秦，遇《归妹》之《睽》。史苏占之，曰：“不吉。其繇曰：‘士刲羊，亦无衁也；女承筐，亦无贶也。西邻责言，不可偿也。《归妹》之《睽》，犹无相也。’《震》之《离》，亦《离》之《震》。为雷为火，为嬴败姬。车说其輹，火焚其旗，不利行师，败于宗丘。《归妹》《睽》孤，寇张之弧。侄其从姑，六年其逋，逃归其国，而弃其家，明年其死于高梁之虚。”（《左传·僖公十五年》）

晋献公占筮将伯姬嫁于秦国是否吉利，得到《归妹》变成《睽》卦。这是《归妹》[兑(☱)下震(☳)上]的上六爻由阴变阳，上卦《震》(☳)变为《离》(☲)而成为《睽》[兑(☱)下离(☲)上]，是一爻变的筮例，本卦是《归妹》，之卦是《睽》。按上文所述筮法，应以《归妹》上六占验。史苏将爻辞“女承筐无实，士刲羊无血”的叙事顺序改变为“士刲羊，亦无衁也；女承筐，亦无贶也”，这是把《归妹》上六的爻辞分裂开来，分别对应于本卦与之卦的爻象的结果。《归妹》为本卦，占验的通例是本卦先于之卦，《震》(☳)为长男，对应于爻辞中的“士”，因此史苏先说“士刲羊”；《睽》是之卦，《离》(☲)为中女，对应于“女”，因此史苏后说“女承筐”。《归妹》上六的爻辞之完整叙事被撕开了。

而且史苏所说的“繇曰”，并非单指《归妹》上六的爻辞，而是包括“西邻责言，不可偿也。《归妹》之《睽》，犹无相也”。杨伯峻说：“此数句偿、相亦与上数句同韵，则同为繇辞。”[4]“西邻责言，不可偿也”是所预测之不吉利的后果；“《归妹》之《睽》，犹无相也”是对卦象的解释。在此一占筮语境中，《归妹》上六的爻辞被打

---

〔1〕 高亨在《周易筮辞分类表》一文中，将《睽》上九归为记事之辞：“记事之辞，乃记载古代故事以指示休咎也。”高亨明确断定为赋体歌谣的还有《中孚》六三“得敌，或鼓或罢，或泣或歌”，他却将之归为“说事之辞”：“说事之辞，乃直说人之行事以指示休咎也。”“记载古代故事”与“直说人之行事”都可以称为歌谣，可见，高亨判定爻辞是否为赋体歌谣，其标准在于是否具备完整的叙事结构。

〔2〕 李镜池：《周易探源》，中华书局 1978 年版，第 40 页。

〔3〕 刘大杰：《中国文学发展史》，复旦大学出版社 2006 年版，第 9 页。

〔4〕 杨伯峻：《春秋左传注》，中华书局 1981 年版，第 364 页。

散，和卦象、所预测之未来并置在一起，形成了新的“繇”。其中并无叙事主体，也没有完整的叙事结构。

史苏的占验还使用了《睽》上九的爻辞。他说“《归妹》《睽》孤，寇张之弧”，但依旧将爻辞与卦爻象并置起来。《归妹》卦是兑(☱)下震(☳)上，《兑》为悦为少女，《震》为动为长男，其卦象悦而动，少女配长男，正是嫁女之卦。《睽》卦是兑(☱)下离(☲)上，《兑》为泽《离》为火，这是火焰动于上而泽水动于下，正是人事相乖离之象。《睽》上九爻处于最上，意即人事乖离到了极点，所以说“孤”。《睽》是卦象，“孤”是对《睽》上九爻爻位的说明，“睽孤”并非人名，高先生所说的叙事主体消失了。《归妹》变为《睽》，象嫁女而相乖离，“寇张之弧”符合这一卦象的推衍。杜预注：“失位孤绝，故遇寇难而有弓矢之警，皆不吉之象。”[1]《睽》上九、《归妹》上六的爻辞意义、叙事结构与卦爻象之间的关系，如表 2-3 所示。

表 2-3 《睽》上九、《归妹》上六的爻辞意义、叙事结构与卦爻象之间的关系

<table>
<tr><th rowspan="4">爻辞</th><th colspan="5">意义生成方式</th><th colspan="2">叙事结构</th><th colspan="2">功能</th></tr>
<tr><th colspan="4">占筮</th><th>歌谣</th><th>占筮</th><th>歌谣</th><th>占筮</th><th>歌谣</th></tr>
<tr><th colspan="4">筮法牵引卦爻象的结果</th><td rowspan="5">完整的叙事结构自然生成</td><td rowspan="5">爻辞对应于卦爻象的变化而重新组合</td><td rowspan="5">有情有景的牧歌</td><td rowspan="8">预测未来之人事</td><td rowspan="8">失去歌唱功能之歌谣</td></tr>
<tr><th>对应本卦卦象爻象</th><th>对应之卦卦象爻象</th><th>爻位</th><th>所象之人事/自然物</th></tr>
<tr><td>士</td><td>《震》(☳)</td><td></td><td>上六</td><td>长男</td></tr>
<tr><td>女</td><td></td><td>《离》(☲)</td><td>上九</td><td>中女</td></tr>
<tr><td>刲羊无血/承筐无实</td><td></td><td></td><td>无应</td><td>无血/无实</td></tr>
<tr><td>睽孤</td><td></td><td>《离》(☲)
《兑》(☱)</td><td>上九
无应</td><td>人事相乖离，失位孤绝</td><td rowspan="3"></td><td rowspan="3"></td><td rowspan="3">以睽孤为叙事主体的古代故事</td></tr>
<tr><td>寇</td><td rowspan="2"></td><td rowspan="2"></td><td rowspan="2">遇寇难而有弓矢之警，不吉</td><td rowspan="2"></td></tr>
<tr><td>张之弧</td></tr>
</table>

此一筮例中爻辞虽未与卦爻象一一对应，但其爻辞的意义生成方式与《明夷》初九相同，乃是由筮法牵引着的卦爻象所决定，其叙事是破碎的，并不存在完整的叙事结构。歌谣式叙事所要求的完整的叙事结构，在占筮语境中竟是子虚乌有。

〔1〕[唐]孔颖达：《春秋左传正义》，北京大学出版社 2000 年版，第 438 页。

歌谣式的并置结构在此破碎的叙事中不会产生。

《周易》本作占筮之用，卦爻辞被创制出来即是为了配合卦象与爻画进行占筮，“筮人将其筮事记录，选择其中之奇中或屡中者，分别移写于筮书六十四卦卦爻之下，以为来时之借鉴，逐渐积累，遂成《周易》卦爻辞之一部分矣”[1]。因此卦爻辞定型之初，其语言结构与意义就是处于这种筮法牵引卦爻象的控制之下。爻辞内的每一短语之间的关系从叙事的角度看是破碎的，不再紧密相联地组成一个整体；它们分别对应于爻象，与之并置在一起，其中没有一个叙事主体，更没有独立而自洽的叙事结构。这种并置虽然根基于自然观的转折，但其直接动力乃是与卦爻象配合的结果，其语言形式从表面上看似乎与歌谣类似，却与歌谣有着本质区别。

由以上分析可知，并置结构的出现乃是必然的，其源于商周自然观的转折，其形成又受到筮法的直接牵引。上接甲骨卜辞，下启《诗经》，《周易》卦爻辞中的并置结构，是中国文学结撰技术发展的关键一步。

第四节　原始比兴之延展

《周易》古经中原始的比兴结构，尤其是兴之结构，影响到了《诗经》的创作，且看《诗经·小雅·鸿雁》：

> 鸿雁于飞，肃肃其羽。之子于征，劬劳于野。爰及矜人，哀此鳏寡。
> 鸿雁于飞，集于中泽。之子于垣，百堵皆作。虽则劬劳，其究安宅。
> 鸿雁于飞，哀鸣嗷嗷。维此哲人，谓我劬劳。维彼愚人，谓我宣骄。

与《渐》卦相同，这首诗中鸿雁并不接受祭祀，毫无神性，都是鸿的动作并置于人事。鸿作为鸟与吉、凶之间的发想式联系完全未得到体现，鸟与人事之间亦无因果关系，只作为单纯的自然物而并置于人事。诗歌中鸿的主题并未得到发展，其重心在于人事，《鸿雁》一诗继承了《渐》卦的语言结构，也继承了《渐》卦之兴。《诗经》中以器物起兴的诗篇对《鼎》卦亦多有承接，且看《诗经·小雅·大东》：

> 有饛簋飧，有捄棘匕。周道如砥，其直如矢。

---

〔1〕 高亨：《周易古经今注》，中华书局1984年版，第11页。

君子所履，小人所视。眷言顾之，潸焉出涕。

簋、匕与鼎本是祭祀所用之礼器[1]，和《鼎》卦中的鼎相似，在此诗中簋和匕并未作祭祀之用。郑玄曰："飧者，客始至，主人所致之礼也。"[2]孔颖达《正义》曰："言有饛然满者，簋中黍稷之飧也。有捄然长者，棘木载肉之匕也。客始至，主人以簋盛飧、以匕载肉而待之，是主人供承之惠于宾客厚也。"[3]主人以丰盛的食物招待客人，可见此诗中的簋和匕已经与通达神灵之祭祀无关，在并置结构中褪去其神性，其意义被重释为日常所用之食器。簋和匕的主题并未得到发展，而是直接导引出了人事。"周道如砥，其直如矢"，孔颖达注曰："周之贡赋之道，其均如砥石然。周之赏罚之制，其直如箭矢然。"[4]这是采用明喻的修辞手段来赞美周朝制度。盛满食物、用以宴飧宾客之器皿和制度之间，并无天然的联系，自洽的比类关系难以出现，兴之结构由此诞生。

《大东》与《鼎》卦的语言形式相仿，其兴之结构亦相近。正是由于缺乏自洽的比类关系，后世注家可以因其所需，为此诗中的兴之结构添加喻解。汉儒以美刺的政治目的释之，郑玄曰："兴者，喻古者天子施予之恩于天下厚。"[5]这是将盛满食物的簋和匕作为天子之德的喻体，从而以比之结构来解释兴。对郑玄此注，孔颖达说："以兴古者天子施予之恩于天下厚也，非直兴恩厚。"[6]"非直兴"一词已然言明，郑玄所谓以簋和匕比喻天子之结构并非天然形成，而是主题先行地强加于诗句。郑玄的解释已经脱离诗歌结撰的原初语境，更与《鼎》卦中原始的兴之结构无关，不过是传笺式的循环解释而已。

《诗经》中以天象起兴的诗句对《震》卦的语言形式多有继承，请看《召南·殷其靁》：

殷其靁，在南山之阳。何斯违斯，莫敢或遑。振振君子，归哉归哉。
殷其靁，在南山之侧。何斯违斯，莫敢遑息。振振君子，归哉归哉。
殷其靁，在南山之下。何斯违斯，莫或遑处。振振君子，归哉归哉。

---

〔1〕 簋与匕作祭祀之礼器，在《周易》卦爻辞中亦有体现，如《损》："有孚，元吉，无咎可贞。利有攸往。曷之用，二簋可用享。"《震》："亨。震来虩虩，笑言哑哑。震惊百里，不丧匕鬯。"卦辞中簋和匕处于祭祀语境，并不与人事处在并置关系中。

〔2〕 [唐]孔颖达：《毛诗正义》，北京大学出版社 2000 年版，第 912 页。

〔3〕 同上。

〔4〕 同上。

〔5〕 同上。

〔6〕 同上。

靁为古雷字,“殷,雷声也”[1]。此诗中的雷并无天罚之力,只作为单纯的自然现象与吁求君子归家相对举,结成并置结构,其构造与《震》卦如出一辙。不同处在于,《殷其靁》并无吉凶之断辞,在继承了《震》卦语言结构的同时,收缩了价值判断。这使得雷鸣与人事之间并非自洽之比类关系,与《震》卦相似之兴就此产生了。

初现于卦爻辞中的以植物并置于人事并起兴的结撰技术,也在《诗经》中有所体现,且看《周南·桃夭》:

桃之夭夭,灼灼其华。之子于归,宜其室家。
桃之夭夭,有蕡其实。之子于归,宜其家室。
桃之夭夭,其叶蓁蓁。之子于归,宜其家人。

这是一首婚嫁之诗。与《大过》九二、九五相同,皆是以植物的状态与婚嫁的人事并置,进而发生比类关系。高亨释曰:“夭夭,形容茂盛。诗以桃比喻少女。”[2]承续了《大过》中并置的结撰技术,《桃夭》亦承续了兴之结构。相异之处在于,《桃夭》中吉凶的价值判断收缩进诗句中,“宜”字言明了诗人之价值判断,孔颖达曰:“是此行嫁之子,往归嫁于夫,正得善时,宜其为室家矣。”[3]

《诗经》与《周易》卦爻辞之比兴的相异之处,在于《诗经》中消去了吉凶的价值判断。由此可以推想,《周易》与《诗经》乃是不同的文本体系,虽然二者都运用了比兴作为结撰技术,但其各自的规定性使得其比兴模式有所不同,这正是我们今后研究的目标所在。[4]

---

[1] [唐]孔颖达:《毛诗正义》,北京大学出版社2000年版,第104页。

[2] 高亨:《诗经今注》,上海古籍出版社1980年版,第9页。

[3] [唐]孔颖达:《毛诗正义》,北京大学出版社2000年版,第56页。

[4] 其后《毛传》以美刺释此诗,曰:“后妃之所致也。不妒忌,则男女以正,婚姻以时,国无鳏民也。”([唐]孔颖达:《毛诗正义》,北京大学出版社2000年版,第54页)这正表明后世传笺式的比兴与结撰技术之比兴并不相同,比兴并非一个线性发展之概念。

第三章　比类经验与比类思维

比类[1]，是中国人脱离“浑沌”（蒙昧时代）以后所设计的一种借助于类比认识世界和认识自己的审美策略，它为古人结构了一个人与自然关系即天人之际的巨型语境，天人关系在此结构中互动地展开。我把它简称为“比类看”。古人欲借助比类方法使人向自然归类，即以时间上无限绵延、空间上无穷广袤之自然为人类之基并使人向之回归，从而在时空交叠的意识层次上达到天人合一之境。古人以为，这才是真实本然。在不同的情境中，人们常常以主客、我物、情景、心物等对子来指称天人之际，日用平常而不自知。在后来的诗歌语境中，比类被称为比兴。比兴的本质在于：借助于把不同的事物作比类的方法，将世界理解为一个有规律、具德性，感知中可亲的统一体。如果仅仅以诗歌的创作手法来对它作考量，不免失之于简单。

第一节　“类”与天人之际

在天人之际层面上使用的“类”的概念，才是先秦古人思维的最显著特色。下面且以《国语》《易传》《荀子·乐论》《礼记·乐记》中用到的“类”为例说明之。

一、《国语》

《国语·周语下》记太子晋谏周灵王欲壅堵谷水云：

---

〔1〕 本书中“比类”和“类比”二词，用法大致相同。略有侧重的是，前者为中国传统的说法，可更多的用来指称具体的观法及其背后的世界观，如“比类看”；后者则为西方用语，意义上偏重于逻辑和语法。“比兴”则专用于古代诗歌的语境，用法上也更飘忽一些，但仍不脱“比类看”的范围，不妨视为低于“比类”和“类比”的一级用语。

> 晋闻古之长民者，不堕山，不崇薮，不防川，不窦泽。夫山，土之聚也；薮，物之归也；川，气之导也；泽，水之钟也。夫天地成而聚于高，归物于下，疏为川谷以导其气，陂塘污庳以钟其美。是故聚不阤崩而物有所归，气不沉滞而亦不散越，是以民生有财用而死有所葬。

这一段话的要义是古代的执政者都能恪守尊重、保护自然的原则，不人为地破坏它。自然是一个聚合流动着的体系，它由天地两极组成，天为高，地为下，之间形成河川山谷以宣导自然的气脉，形成池塘水泽以滋养生物。所以土壤聚合是为生物的归宿，地气既不沉滞郁结也不四散。这段话非常典型地代表了先秦古人对自然的基本看法，即：自然并非与人对立的一个异己的存在，它是一个活物，就像人一样有生命，会呼吸；自然要求人类把它视作一个与自己一样的生命体，不毁堕山丘，不填埋沼泽，不壅堵河流，不引决湖泊，保全它，与之相依共存，生于斯葬于斯。这是一种中国式的有机自然主义，它既合乎科学，又在某种程度上赋予自然以人的生命，把自然当作人类一般来尊重之、亲和之。不过共工和鲧没有遵守这一古训，他们堵塞百川，堕毁山陵，填埋池泽，闯下大祸，后来的伯禹就汲取了他们的教训：

> 而后伯禹念前之非度，厘改制量，象物天地，比类百则，仪之于民而度之于群生。共之从孙四岳佐之，高高下下，疏川导滞，钟水丰物，封崇九山，决汩九川，陂鄣九泽，丰殖九薮，汩越九原，宅居九隩，合通四海。故天无伏阴，地无散阳，水无沉气，火无灾燀，神无间行，民无淫心，时无逆数，物无害生。（《国语·周语下》）

大禹治水是中国古史上一个极大的事件，我们所关心的是此事件中体现的古人思维的方法论原则。大禹认为，共工和鲧的所作所为违反了必须遵从的自然之法度，他采取的措施是“厘改制量，象物天地，比类百则，仪之于民而度之于群生”：“象物”，取则于天地；“比类”，以万物为准则；“仪度”，以人民的利益为考虑。“象物”“比类”“仪度”，三者词义相近，它们的意义就在于运用比类的方法，顺应原有自然地形，疏通河流，去除淤塞，使九州的高山、河流、湖泊、沼泽、原野，以及生活其中的民众各得其所，四海之内交往通畅，最终达到自然与社会、人与神之间即天神、地物和民众三者的平衡、和谐。[1]

这种事情到了周灵王时再度发生，因为洪水可能会淹了王宫，灵王决定壅堵之以保全王宫，太子晋最后劝谏道：

> 天所崇之子孙，或在畎亩，由欲乱民也。畎亩之人，或在社稷，由欲靖民也。无有异焉！诗云："殷鉴不远，在夏后之世。"将焉用饰宫？其以徼乱也。度之天神，则非祥也。比之地物，则非义也。类之民则，则非仁也。方之时动，则非顺也。咨之前训，则非正也。观之诗书，与民之宪言，则皆亡王之为也。上下议之，无所比度，王其图之！夫事大不从象，小不从文。上非天刑，下非地德，中非民则，方非时动而作之者，必不节矣。作又不节，害之道也。（《国语·周语下》）

这段话还是遵循类比方法：连用了"度""比""类""方""咨""观"等比类之词。如果"无所比度"，则政事就不免"大不从象"（不遵从天象）、"小不从文"（不符合典籍）；如果贸然实施，则必然"非"天刑、地德、民则和时动，造成"非祥""非义""非仁"和"非顺"诸"不节"之大害。最终的结果可能是天子之后代因为祸害了百姓而成了农夫，农夫则因为安抚了百姓而登上权坛，这就是《诗经·大雅·桑柔》所说的"殷鉴不远"。周灵王没有听从太子晋劝告，一意孤行，还是决定壅堵洪水，《国语》的作者甚至认为这个事件导致了周室的衰微。在如此重大的决定历史走向的事件的官方记载中，将作为道德范畴的义与地（自然）、仁与民（人类）相比类，运作于天人之际层面上，鲜明地表现了先秦时人的历史观、政治观及其天人合一的社会理想。

这一段话，可以帮助我们了解古人运用类比思维时所用的词语有"象""度""比""类""方""仪""咨""观"，或者是两两组合的"象物""比类""仪度"等，这些词和词组在先秦古籍中出现频率极高，经常可以读到。只要稍加注意，不难推知类比思维是先秦古人最为基本的思维逻辑，而且因为它思考的对象为天人关系，它还具有中国古人基本世界观的性质。这一点以前学界似乎估计略有不足。

二、《易传》

《易传》则主阴阳两极变化世界观，《周易·系辞上》上说：

---

[1] 孟子说："所恶于智者，为其凿也。如智者若禹之行水也，则无恶于智矣。禹之行水也，行其所无事也。如智者亦行其所无事，则智亦大矣。"（《孟子·离娄下》）

> 天尊地卑，乾坤定矣。卑高以陈，贵贱位矣。动静有常，刚柔断矣。方以类聚，物以群分，吉凶生矣。在天成象，在地成形，变化见矣。是故，刚柔相摩，八卦相荡。鼓之以雷霆，润之以风雨。日月运行，一寒一暑。乾道成男，坤道成女。乾知大始，坤作成物。乾以易知，坤以简能。易则易知，简则易从。易知则有亲，易从则有功。有亲则可久，有功则可大。可久则贤人之德，可大则贤人之业。易简，而天下之理得矣；天下之理得，而成位乎其中矣。

这一段话读来非常流畅，可见是经过了高度的提炼。其非同一般之意义在于，它将世界分为阴阳相对的两极，表述了古人两极互动变化思维的基本世界观。因此有乾坤（天地）、日月、寒暑、男女、尊卑（贵贱）、吉凶、动静、刚柔等无数中国人所熟知的对子，构成宇宙和社会的体系。“方以类聚”是说，分类以后才可形成区分的原则，此原则即方法的原理。“类”既成为区分的原则，同时也是聚合的原则，因此接着说“物以群分”。吉凶在分类时已经埋伏在那里了，不过它的消息却是通过“象”（“形”）在两极间的变化才昭然的，所以说“易简”。古人的思维由此形成简洁、灵动而有条理的两极互动变化模式。

《周易·系辞下》又说：

> 古者包牺氏之王天下也，仰则观象于天，俯则观法于地。观鸟兽之文，与地之宜。近取诸身，远取诸物。于是始作八卦，以通神明之德，以类万物之情。

包牺氏观看世界和人事的思维方式是仰观俯察天地，“近取诸身，远取诸物”，制作八卦，虚则能通神明之德，实则能“类”万物之情（此“情”指实际或情实）。远近所取之象虚实兼有，所以说“引而伸之，触类而长之，天下之能事毕矣”（《周易·系辞上》）。八卦“触类而长”的功能，具有“其称名也小，其取类也大。其旨远，其辞文。其言曲而中，其事肆而隐”（《周易·系辞下》）的特点，显然，也是运作于天人之际的。又说卦象“范围天地之化而不过，曲成万物而不遗，通乎昼夜之道而知，故神无方而易无体”（《周易·系辞上》）。李约瑟引用《易传》后论道：

> 自然主义学派和汉儒设法用长短杆（即卦象，引者注）组成图象以创立一套包罗万象的象征系统，来涵蕴所有自然现象的基本原则。他们跟

道家同样想借助分类来寻求心灵的安宁。[1]

这里值得注意的是他所用“分类”一词，卦象所构成的分类体系正表明了中国古人思维的比类特点。

八卦之象本质上是象征，它的模式化、类型化特点非常鲜明，尽管变化无穷，却不免成为古人思维之限制。不过它的“取象之辞”却很灵活。且以《渐》卦为例说明。

《周易》的《渐》卦用水鸟（“鸿”）进于（“渐”）不同的位置来比喻人之不同的活动的吉凶：

初六：鸿渐于干，小子厉，有言，无咎。
六二：鸿渐于磐，饮食衎衎，吉。
九三：鸿渐于陆，夫征不复，妇孕不育，凶，利御寇。
六四：鸿渐于木，或得其桷，无咎。
九五：鸿渐于陵，妇三岁不孕，终莫之胜，吉。
上九：鸿渐于陆，其羽可用为仪，吉。[2]

鸿雁本为水鸟，当它从最低的水边向上走进不同的环境，会遇到不同的利或害，初六和六二都是靠近水，对鸿雁而言是得其所哉，但对小孩则有危险，如果用言语阻止他，就没事。九三鸿雁是上了陆地，物失其宜，这对它是不利的，因此“夫征不复，妇孕不育”，不过处高对于鸿雁躲避猎杀它的人却是有利的。六四鸿雁偶然栖息于树木之上，没有问题。九五鸿雁处于山陵，也是物失其宜之象，因此妇人多年未孕。上九鸿雁处于大山，可以弋而取其羽毛。《渐》卦六爻以鸿雁的不同处境比兴人事的变迁，正是在天人之际的运作。前述高亨认为《周易》的“取象之辞”在用法上往往是被比喻之物并不出现，故而类似于象征，其实正是因为中国古人的取象思维往往在天人之际的层面上运用，一边是天即自然，一边是人，取象思维只是在此两边游动罢了，所以它往往比较活泛。

三、《荀子·乐论》与《礼记·乐记》

荀子《乐论》极赞音乐，说“乐者，天下之大齐也，中和之纪也，人情之所必不免

[1]（英）李约瑟：《中国古代科学思想史》，陈立夫等译，江西人民出版社 1999 年版，第 409 页。
[2] 高亨：《周易古经今注》，中华书局 1984 年版，第 314—317 页。

也”，又说“穷本极变，乐之情也”。他下面这段话全面概括了古典音乐美学的基本理论——声有哀乐论：

> 君子以钟鼓道志，以琴瑟乐心；动以干戚，饰以羽旄，从以磬管。故其清明象天，其广大象地，其俯仰周旋有似于四时。故乐行而志清，礼修而行成，耳目聪明，血气和平，移风易俗，天下皆宁，美善相乐。(《荀子·乐论》)

这里说音乐与礼仪配合起来，“其清明象天，其广大象地，其俯仰周旋有似于四时”，音乐成为天地四时的“象”。看，人的品格变化了——“志清”“行成”“聪明”“和平”，社会也接着变好——“移风易俗，天下皆宁”，理想境界于斯继之——“美善相乐”。真是赞之到了极点。

比类思维继续展开，声乐有象而“舞意天道兼”：

> 声乐之象：鼓大丽，钟统实，磬廉制，竽笙箫和，筦籥发猛，埙篪翁博，瑟易良，琴妇好，歌清尽，舞意天道兼。鼓其乐之君邪。故鼓似天，钟似地，磬似水，竽笙、箫和、筦籥似星辰日月，鞉柷、拊鞷、椌楬似万物。(《荀子·乐论》)

且留意，所谓“声乐之象”，是说各种乐器有其不同的发声特点，如：鼓声“大丽”，为音乐之“君”，就好像天的声音；钟声“统实”，好像地的声音；其他乐器发声还像水、星辰、日月，以至万物，无所不包。至于舞蹈，与天道相通，叫做“舞意天道兼”。

荀子是一个信奉“人定胜天”的乐观主义者，因为发现人性本恶而主张以后天之“伪”来改变之，这种改变不免强扭本性而破坏自然。不过，我们在他的音乐理论中却恰恰看到了与“天人相分”主张相反的观点，声乐像自然，这是主张天人合一，并非改造自然以合乎人类之理想，而是人类的文化创造以自然为蓝本。这里体现的正是类比思维。

《礼记·乐记》总结了先秦的礼乐制度，它关于音乐基本功能的看法，几乎就是将《易传》两极互动变化思维运用于进一步阐发荀子的音乐理论，甚至还不时调用《易传》的语言：

> 天高地下，万物散殊，而礼制行矣；流而不息，合同而化，而乐兴焉。(《乐礼篇》)

礼乐之制作，是因为要赋予天地之间散殊的万事万物一个秩序，而且让它们流动起来，向一个理想的社会文化目标汇聚而去。

> 圣人作乐以应天，制礼以配地，礼乐明备，天地官矣。（《乐礼篇》）

这样，作为古代文化基本形态的礼和乐就必须定位于天人之际了。同篇又说：

> 天尊地卑，君臣定矣；卑高已陈，贵贱位矣；动静有常，小大殊矣；方以类聚，物以群分，则性命不同矣。在天成象，在地成形。如此，则礼者，天地之别也。地气上齐，天气下降，阴阳相摩，天地相荡，鼓之以雷霆，奋之以风雨，动之以四时，暖之以日月，而百化兴焉。如此，则乐者，天地之和也。……礼乐之极乎天而蟠乎地，行乎阴阳而通乎鬼神，穷高极远而测深厚，乐著大始，而礼居成物。著不息者，天也；著不动者，地也；一动一静者，天地之间也。故圣人曰："礼乐云。"（《乐礼篇》）

在这里，自然运动和社会人事在更为抽象的阴阳两极思维的调理之下，已经打成一片，难分彼此，即便是道德观念也不免被整合进去。

> 春作夏长，仁也。秋敛冬藏，义也。仁近于乐，义近于礼。（《乐礼篇》）

仁和义分别配合于春夏和秋冬，从性质上看，则仁近于乐，义近于礼。

> 大乐与天地同和，大礼与天地同节。和，故百物不失。节，故祀天祭地。明则有礼乐，幽则有鬼神。如此，则四海之内合敬同爱矣。
>
> 礼者，殊事合敬者也。乐者，异文合爱者也。礼乐之情同，故明王以相沿也。故事与时并，名与功偕。（《乐论篇》）

礼乐，在天地之间展开宏大包容（和）而生动有序（节）的交流，它使"四海之内合敬同爱"，伟大之至，因此完全是运作于天人之际的。

这样一种宏大的礼乐思维不免也须遵循类比的原则。

> 倡和有应，回邪曲直，各归其分，而万物之理，各以类相动也。

是故君子反情以和其志，比类以成其行。奸声乱色，不留聪明；淫乐慝礼，不接心术；惰慢邪辟之气，不设于身体；使耳目鼻口心知百体，皆由顺正以行其义。然后发以声音而文以琴瑟，动以干戚，饰以羽旄，从以箫管，奋至德之光，动四气之和，以著万物之理。

是故，清明象天，广大象地，终始象四时，周还象风雨。五色成文而不乱，八风从律而不奸，百度得数而有常，小大相成，终始相生，倡和清浊，迭相为经。故乐行而伦清，耳目聪明，血气和平，移风易俗，天下皆宁。(《乐象篇》)

这里最后一节几乎与荀子说的一样。中国历代封建社会的官方文艺政策就这样由《荀子·乐论》和《礼记·乐记》奠定了基础。

上面举了几个例子，其一是历史事实(《国语·周语》)，其二是基本世界观(《周易·系辞》)，其三是文化(礼乐)理论(《荀子·乐论》《礼记·乐记》)，对先秦文化而言，三者体现了古人面对天人之际的根本问题时的应对态度，具有极高的代表性，其思维的共同点都是类比，看来并非出于偶然。

四、西方汉学家葛兰言和李约瑟等论中国古人的"关联式思考"模式

讨论西方汉学家的见解以前，我们不妨先来看一种很早的中国古代思想，来自郭店楚简的《太一生水》：

太一生水，水反辅太一，是以成天。天反辅太一，是以成地。天地复相辅也，是以成神明。神明复相辅也，是以成阴阳。阴阳复相辅也，是以成四时。四时复辅也，是以成沧热。沧热复相辅也，是以成湿燥。湿燥复相辅也，成岁而止。

故岁者，湿燥之所生也。湿燥者，沧热之所生也。沧热者，四时之所生也。四时者，阴阳之所生。阴阳者，神明之所生也。神明者，天地之所生也。天地者，太一之所生也。

是故太一藏于水，行于时。周而又始，以己为万物母；一缺一盈，以己纪为万物经。此天之所不能杀，地之所不能厘，阴阳之所不能成。君子知此之谓……[1]

---

[1] 荆门市博物馆：《郭店楚墓竹简》，文物出版社 1998 年版，第 125 页。

这里描述了先秦古人所认识的基本宇宙生成原理：其一，自然运行“周而复始”，是循环的；其二，自然运行“相辅相成”，是两两对举的。因为有一个最终的源头，而又是分为两类或两极而运行，所以必然是周而复始式循环的。最初是太一，它可能是北斗星，为宇宙的终极之点，它生水，水又“反辅”太一，成就天；天则“反辅”太一，成就地。“反辅”方式是“天地”这个太一所生的对子向太一的回归及其证明。“天地”以后的发展都是两两相对的，就是“相辅”。天与地，神与明，阴与阳，四时（春夏秋冬），沧与热，湿与燥，它们相辅相成，渐次生出下一个阶段，最后，一岁即一个轮回成了。第二段话是第一段话的反推。第三段说太一藏于水，运行于时序，周而复始，把自己当做万物的母亲；虽然岁月有盈缺，但太一总是万物内在的“经”，即自然的条理或原理。这是天与地、阴与阳的变化所无法影响到的。总之，两两相对的对子间的“反辅”及“相辅”运动构成了宇宙的生成和演化。这样，古人其实认为宇宙的基本运动方式就是分为两极的“类”及其相对相生的循环关系。

李约瑟在他的《中国古代科学思想史》第六章第六节“关联式思考（coordinative thinking）及其意义；董仲舒”中写道：

> 1943年，我在兰州初次读到Granet论中国思想的书[1]时，我注意到这一句话：“（古代的）中国人不观察现象的继承性，他们只记下事态的交替情形。如果两件事态使他们看起来有所关联，那么这种关联不是由于因果关系，而是由于成对的关系。此一成对的关系，就好像事物的正面与反面，或者我们用《易经》里的隐喻，它就好像回声与声音，或黑暗与光亮。”我在书旁上写道：“这是形态学的宇宙观。”惟当时我还不知道其正确如是也。[2]

李氏在上引文字的注释中又说：

> 这些例子不能真正地说出葛氏的本意，因为声音在回声之前，而阻碍物亦在黑暗之前。他的本意是事物同时出现在一个庞大的力“场”，至于其动力构造究竟为何，我们现今尚不了解。C. G. Jung曾经体会到中国人的宇宙观含有一种独特的因果原理，它与伽利略、牛顿的科学完全

---

〔1〕（法）葛兰言（Granet）：《中国人之思想》（*La Pensée Chinoise*, published 1988 by Albin Michel）。

〔2〕（英）李约瑟：《中国古代科学思想史》，陈立夫等译，江西人民出版社1999年版，第364页。

不同。Jung 称之为“同时式的”。[1]

葛兰言所云“现象的继承性”，是指现象线性的发展，是由因果关系所制约着的；而“事态的交替情形”，则是指循环往复的发展特性和相辅相成的对偶关系。在后者，事物或事件是“同时式的”处于一个“庞大的场”之中的。

李约瑟按葛兰言等学者的提法，把中国古人的思维方式描述为“关联式的思考”(coordinative thinking)或“联想式的思考”(associative thinking)：

> 这一种直觉的联想系统，有它自己的因果关系以及自己的逻辑。关联式的思考方法绝不是迷信或原始迷信，而是其自己独特的思想方式。H. Wilhelm 将它与欧洲科学特有的方式“从属式的思考”(subordinative thinking)互相对比，此种思想方式偏重于事物外在的因果关系。在“关联式的思考”，概念与概念之间并不互相隶属或包涵，它们只在一个“图样”(pattern)中平等并置；至于事物之相互影响，亦非由于机械的因之作用，而是由于一种“感应”(induction)。[2]

概念或事物“在一个‘图样’中平等并置”，实际就是古人对宇宙总体所做的分类，即不同的“类”，类与类之间是平等的，互相之间并不存在机械的因果关系，它们互相发生关联或作用，只是基于互相之间的“感应”或“神秘的共鸣”[3]。同节论到中国原始科学思想中对宇宙进行阴阳或五行等分类时，李约瑟还在一个注释中提到中国人的“类别式的思考方式”[4]。

这种“在一个‘图样’中平等并置”的思想，必须建立在人与自然互相关联感应的基础之上，换言之，人必然处于一个宇宙的总体的分“类”系统中，与其他事物相对相待，而不能脱离这个有机的自然体系。李约瑟说：“葛兰言(Granet)氏说中国的思想不肯把人与大自然分开，或是把‘个人’与‘社会人’分开，这真是一针见血之论。”[5]他又说：“我们相信中国人的心灵自古来就不感觉有研究形而上抽象哲学的需要：他们觉得只要了解形而下的自然(就形而下的自然穷究其最高境界)就够了。中国人根本懒得将一与多数，‘精神’与‘物质’分开。以天地万物为有生命

---

[1] (英)李约瑟：《中国古代科学思想史》，陈立夫等译，江西人民出版社 1999 年版，第 364 页。

[2] 同上书，第 352 页。

[3] 同上书，第 353 页。

[4] 同上书，第 350 页。

[5] 同上书，第 340 页。

的机体就是他们千古以来的哲学思想。"[1]这些见解正可以给我前面所以要在天人之际层面展开关于古人比类思维的讨论，提供有力的旁证。不过，在天人之际的前提下，我还是觉得把中国古人的比类思维分为相对类比和绝对类比，在思考上要稍稍细密一些。详参下文。

不难看出，葛兰言和李约瑟所分析的，正是郭店楚简所描述的宇宙，成双捉对的"类"互相之间"反辅"或"相辅"的运动之网，构成了宇宙的生成和循环演化。或者正像我前面所说的，就观法而论，是"比类看"。借助于西方著名汉学家的解说，或许能帮助我们更为深刻地理解中国古人比类思维的本质。

第二节　孔门"比德"

与前述《国语》《周易·系辞》《荀子·乐论》和《礼记·乐记》将人与自然别为两大类并形成天人之际宏大关系不同，孔子从道德与自然物的微观关系着眼，却并不直接地看自然，仅是从某个小角度类型化去看，表述上形成简洁、形象的格言。除了前揭"为政以德，譬如北辰，居其所而众星共之"(这是一个明喻)，还有"君子之德风，小人之德草。草上之风，必偃"(《论语·颜渊》)、"岁寒，然后知松柏之后凋也"(《论语·子罕》)等著名格言。显然，这个看自然所取的角度就是道德。君子的德性是"风"，小人的德性是"草"，这也是明喻，两者的关系是风吹草而草向风，这个结构中连关系词都可以省却，留在人们头脑中的图画就是随风摆动的草。松柏的品格是抗寒，在此，类比关系的另一方是缺席的，但读者还是毫不费力将其指向人，甚至不必展开联想，似乎松柏直接就是人，这就是隐喻。

《荀子·法行》记孔子和学生子贡的对话：

> 子贡问于孔子曰："君子之所以贵玉而贱珉者，何也？为夫玉之少而珉之多邪？"孔子曰："恶！赐！是何言也！夫君子岂多而贱之、少而贵之哉？夫玉者，君子比德焉：温润而泽，仁也；缜栗而理，知也；坚刚而不屈，义也；廉而不刿，行也；折而不桡，勇也；瑕适并见，情也；扣之，其声清扬而远闻，其止辍然，辞也。故虽有珉之雕雕，不若玉之章章。《诗》曰：'言

[1] (英)李约瑟：《中国古代科学思想史》，陈立夫等译，江西人民出版社1999年版，第43页。

念君子，温其如玉。'此之谓也。"[1]

珉是似玉的石头，子贡问："君子之所以贵宝玉而贱珉石，难道是因为前者少而后者多吗?"孔子答曰："这是什么话啊！君子怎么会因为多而贱之、少而贵之呢？这宝玉，君子以此比拟人的品德：它温柔滋润而有光泽，拟为仁；它坚硬而有纹理，拟为智；它刚强而不屈，拟为义；它有棱角而不割伤人，拟为行；它即使折断也不弯曲，拟为勇；它的斑点缺陷都暴露在外，拟为诚实；敲它，声音清越远扬，戛然而止，拟为言辞之美。所以，即使珉石带着彩色花纹，也比不上宝玉那样洁白明亮。《诗》云：'言念君子，温其如玉。'说的就是这道理。"

这是孔子围绕着玉的博喻，一连串八个，末了还引《诗经·秦风·小戎》的诗句为证。

由孔子创始的这一类"比德"[2]经验，将道德人格与自然物象作联想，其重心在使人的德性获得自然物的生动形象。这是一种非常活泼的类比思维。"比德"成功的前提是对自然物的过细观察，不过，它不是直接的单纯观察，我宁可把它称为"比类看"。

子曰："小子！何莫学夫诗？诗，可以兴，可以观，可以群，可以怨。迩之事父，远之事君。多识于鸟兽草木之名。"(《论语·阳货》)

孔子说的这个"多识于鸟兽草木之名"，似乎是指学习更多的知识，不过若将之放到德性之于风和草、人格之于松柏之类将自然物与人格比类的语境中，这"多识"之说可能更多的是意在"比德"的方便。

孔子对诗三百的看法也不脱"比德"：

子夏问曰："'巧笑倩兮，美目盼兮，素以为绚兮。'何谓也?"子曰："绘事后素。"曰："礼后乎?"子曰："起予者商也！始可与言《诗》已矣。"(《论语·八佾》)

这是经典的一例，巧笑、美目都与礼形成了比类关系，美女的那种妩媚笑靥和

---

[1] 《礼记·聘义》中的相似记载如下："昔者君子比德于玉焉。温润而泽，仁也。缜密以栗，知也。廉而不刿，义也。垂之如队，礼也。叩之其声，清越以长，其终诎然，乐也。瑕不掩瑜，瑜不掩瑕，忠也。孚尹旁达，信也。气如白虹，天也。精神见于山川，地也。圭璋特达，德也。天下莫不贵者，道也。"

[2] 《诗经·大雅·民劳》："王欲玉女，是用大谏。"《郑笺》："玉者，君子比德焉。王乎！我欲令女(汝)如玉然，故作是诗，用大谏正女(汝)。"

顾盼生姿，对于孔子似乎并没有真实的吸引力，他的注意力全在对礼的关注之上。“比类看”的思维使他几乎可以直接把自然的物象与人的德性相联系，而无须任何犹疑。

第三节 孟子与庄子：天人合一的两种神秘境界

我们读孟子和庄子书，可以发现他们在比类思维的运用上颇不同于孔子和荀子以及上述诸比类思维的例子，这里是不是存在着某种重大的差异呢？为便于进行有效的区分，我倾向于把上述比类思维称为“相对类比”，即比类的两造还是处于一个比喻即明喻或暗喻的语言结构之中，须依靠唤起和强化古人关于天人之际联系的思维习惯即借助于联想来完成统一两者的工作，以臻天人合一之境，例如“君子之德风，小人之德草”的风草之喻，两类人的“德”与“风”和“草”的联系完全有赖于“比德”的思维习惯。在“相对类比”中，思维遵循一个二元结构，其特点是比类的两造之联系处于一个比较紧密的静态结构中。不过，还有比类思维的另一种形式，我把它称为“绝对类比”，即比类的两造中的一造首先被强调、扩充至极端，然后另一造被之吞没或为之倾倒，追攀此强大的极端，最终结果是被动、弱势的一造与主动、强势的一造化而为一。在“绝对类比”中，思维不再静态地固守二元结构，而是倾向于消解二元，走向一元，自然的动态充溢着整个过程。而且，在此结构中，类比不再是小型的，而是巨大的。如庄子的“天籁”“地籁”“人籁”的风之喻，因为它过于宏大，过于生动，我们甚至浑然不觉得那仅为一个比喻而已，简直就是人与天的全然一体。在这样一种经验当中，比类的语言结构最后被消解，主客两造的对偶消失了，经验趋向于单纯或单一，同时，联系两造的联想活动也被真实或虚拟的体验所取代。换言之，它被改造了，不再是一种语言游戏，而直接化生为人生的至大经验，即天人合一之境。这就是孟子与庄子竭力引导人们去经验的，它不免是神秘主义的。

我们将要看到的孟庄们所描述的神秘经验，构成了运作于天人之际的“绝对类比”的两种策略。两种策略都指向天人合一，不过，两者的运思方向恰恰相反：前者为道德人格“上下与天地同流”式地吞没自然，其性质是道德本质主义；后者为人“物化”式地回归自然，其性质为有机自然主义。

一、“绝对类比”之一：孟子的“养气”经验

孟子的天人之际理论源于他的性善学说。为了便于向人们体验式地阐明这

一学说，他调动了一连串的类比，这里列举其中四个：其一"善端"，其二"夜气"，其三"浩然之气"，其四"水"。

"善端"。孟子把人本来就有的善性称为"善端"，端即初生的萌芽。对应于人的"仁""义""理""智"四种德性品格，"恻隐""羞恶""辞让""是非"(《孟子·公孙丑上》)为四个善端，它们是人本初所具有的四种道德情感的萌芽，是人之为人的根本标志，不过它有待于日后连续持久的生长、壮大。

孟子所揭的著名案例是，乍看到正在玩耍的小孩子将要掉入井底，人们无一例外都会忽然一惊而猛然生起哀痛的情感，而欲把他救起来，这就是所谓"恻隐之心"，即同情心。孟子以为，这种恻隐之心之产生完全出于自发，是不假思索的，并不是为了要与孩子的父母交朋友，也不是因为讨厌孩子的哭声，尤其是它并非出于理性的盘算，即以为那是合乎于社会上流行的伦理标准的行为，欲以此义举讨得邻居和朋友的夸奖，才去干的。因此，人的善性，人的德性，都是发于人的天赋本性和直觉。主张人有天赋的道德情感，这就是著名的性善论。而在孟子看来，仁、义等德性萌芽的获得无须反复的学习、长期的磨炼和互相的交流，它为人所本有，是良能、良知，即是说，它并非普遍的道德规范经过学习培养而内化了的结果。他说：

> 人之所不学而能者，其良能也；所不虑而知者，其良知也。孩提之童无不知爱其亲者，及其长也，无不知敬其兄也。亲亲，仁也；敬长，义也……(《孟子·尽心上》)

小孩子爱他的父母，长大后敬他的兄长，是并不需要教的。

不过，孟子尚不满足于道德情感的萌芽，因为先天的善端仅是使人具备了今后良好发展的潜能，一个人成长为君子、大丈夫，造就理想人格，是需要经过后天艰难甚至痛苦的培养和磨炼过程的。

"夜气"。天刚亮时的清明之气，为日夜之所积养，孟子称之为"夜气"(《孟子·告子上》)。他说，山上的树木日生夜长，得着雨露的滋润，可是有人用斧头去砍伐它，牛羊也去啃它的新芽，山上就光秃秃的了，这可不是山的本性啊。与山上的树木类似，人有其道德的萌芽，也是日夜生息，不断滋长。不过，如果人白天的不良作为把夜间所获的滋养消灭，人就和禽兽相去不远了。而人的本性其实并不是如此，是有天赋善端的。明显地，"夜气"说其实是人与山上之树的一个类比。

孟子不光喜欢谈水，还特别喜欢论气，由"夜气"，我们自可联想到他更为著名的"浩然之气"。"夜气"指的是自然之气所集于人，自然之气是其本义。郭店楚简云："下，土也，而谓之地。上，气也，而谓之天。"[1]这是说"气"是相对于向下的"土"的向上的一类物质，还是属于宇宙生成论的范畴。但是孟子将它置于类比语境，"夜气"的语境中"气"主体化了；而"浩然之气"则更进一步向主体深处置入，指道德主体即人的内涵之气，它是生理和心理兼而有之的生命体。

"浩然之气"。"其为气也，至大至刚，以直养而无害，则塞于天地之间。其为气也，配义与道；无是，馁也。是集义所生者，非义袭而取之也。行有不慊于心，则馁矣。"(《孟子·公孙丑上》)孟子的"浩然之气"，非同一般的重要，它简直就是中华民族的脊梁骨。原始儒家一般认为，人的德性需要经由一个长期的学习、培养和锻炼过程才能成长、壮大起来，孟子论域中的人的良知、良心尽管有其先天之根，却也不能例外。人的道德潜能需要得到展开，这是一个"践行"即亲身实践的过程，孟子以为重要的是要将那小小的德性萌芽培养成至大至刚的"浩然之气"。这一培养过程，主要依靠专一的"恒心"即人的主观意志和毅力来支持。具体说来，就是"存心"和"养气"的学习及培养过程。他说："君子所以异于人者，以其存心也。君子以仁存心，以礼存心。仁者爱人，有礼者敬人。爱人者，人恒爱之；敬人者，人恒敬之。"(《孟子·离娄下》)他以为，一个君子所长期忧虑的，只是要一以贯之地坚持"以仁存心"和"以礼存心"。"存心"主要还是就培养德性的意志力而言，"养气"则是进一步将此意志力贯穿于一个具体的人格气质培养过程之中。他说："我善养吾浩然之气。"(《孟子·公孙丑上》)"浩然之气"是生理作用与心理作用兼而有之的一种精神力量和情感态度，它极端刚强、洪大。"其为气也，配义与道"，这个气，如果以正义和直道来支持它、充实它，那它就可以充塞、弥满于天地之间。"气"的自然延伸，就是"水"。或者说，"气"就是"水"。

孟子书中多次论到水的本性，上一节已经多有引用，这里再补充两条：

> 水信无分于东西，无分于上下乎？人性之善也，犹水之就下也。人无有不善，水无有不下。(《孟子·告子上》)

意思是说，水流从方向上看固然不可以东西分之，难道也不分上下吗？水总是往低处流啊。人之固有善性，就好比水的本性是往低处流。人性没有不善的，水性没有不往低处流的。

> (孟子语梁襄王云：)今夫天下之人牧，未有不嗜杀人者也。如有不嗜杀人者，则天下之民皆引领而望之矣。诚如是也，民归之，由水之就

[1] 荆门市博物馆：《郭店楚墓竹简》，文物出版社1998年版，第125页。

下，沛然谁能御之？（《孟子·梁惠王上》）

这话意思是，天下没有不杀人的君王，如果有这样的君王，那么天下的老百姓会伸长脖子企望他。果真如此，那么人民归顺他，就会像水往低处流一样，其汹涌之势，又有谁能阻挡呢！

在孟子看来，“养气”之势就如水流向下之势一般，原泉混混涌流不息，“盈科而后进”，愈来愈充沛，以至若江河决堤无可阻挡，最终“上下与天地同流”，达到天人一体的境界。此时的主体，则是“万物皆备于我矣。反身而诚，乐莫大焉”的“君子”和“大丈夫”（《孟子·尽心上》）。这种人，既因为本源在内，又因为养气得法，就能够达到如下的境界：“君子深造之以道，欲其自得之也。自得之，则居之安；居之安，则资之深；资之深，则取之左右逢其原。故君子欲其自得之也。”（《孟子·离娄下》）君子以道深造，成功了，则可以拥有“左右逢原”的“自得”。“左右逢原”意谓随时随地都可以在源头汲取活力，“自得”即人格上真正的心安理得，即人的道德自由及其不可分离的快乐。这种快乐，是人体内充的“浩然之气”之释放，它在孟子，时时与溪流、江河、大海汪洋之水比拟着，最终又横塞于天地之间，赋予人以一种解放式的奔放涌流和扩张弥满感。这是与自然不可分离的人的自由，它始终处于人与自然的类比关系之中，开头也许是细小的涓流，坚定地“盈科而后进”，一旦充溢、浩荡而至于“上下与天地同流”，那就一发而不可收。最终的结果是，那个小小的道德的种子（即“善端”，即人性）极端地膨胀壮大，极其主动地把整个自然给吞没了。冯契先生说“这是神秘主义和主观唯心主义的天人合一论”[1]，所论极是。

从“善端”（种子）、“浩然之气”到“上下与天地同流”沛然难御之“气”“水”，构成了孟子道德学说的类比语境。我们忽然发现，“比德”经验中人格与自然甚至也可以完全合一，如孟子论观水所描述的。先前，孔子“观水”的经验在态度上还有所矜持，观者是观者，水是水，观与所观双方完全可以清晰地加以区分。就是说，“观水”经验被处置为一个类比的结构，在此结构中，孔子亲眼“观”水之流动消逝，并不作壁上观，不过也绝不化而为“水”，与之一体，而是享受着“观水”活动所带来的智慧的快乐。因此，仅就类比的结构而论，那是静态的“比德”。孟子却进而将此一经验拟想为主体的生动亲历。在此经验中，首先是向源头追溯，发现那个天赋的“善端”，以之为人格之基，然后关注后天此“善端”的生长，经过“养气”即培养“浩然之气”，“气”充塞、壮大后足以“上下与天地同流”，可以延伸为横塞于天地之

---

〔1〕 冯契：《中国古代哲学的逻辑发展》（上册），上海人民出版社1983年版，第180页。

间的浩大的道德自由之"水"[1]，这就是孟子最终所要达到的境界。其实在孟子的语境中，"气"就是"水"。通过"善端"向"上下与天地同流"的"气"和"水"的延伸过程，孟子描述了他自己所安享也必可为他人所分享的无可比拟的道德自由。因为自然由被观察的对象而转为被体验的对象，主体主观的道德经验吞没了客体自然，并与之神秘地一体化，于是，道德成长凸显为唯一的目标。不妨说，这是人格对自然的成功置换。在此置换中，道德主体被唯我地无限放大，其领域本不相容的自由与自然难舍难分，打成浑然一体，一片气化流行，天与人终于升到了合一之境。这是一个道德人格成长的连续过程，人格对自然的置换在一个过程中动态地完成，这样，静态的"比类看"的二元结构无形中被消解了。道德本质主义与有机自然主义化而为一，最终，"相对类比"就转换为"绝对类比"。这样的"绝对类比"经验，因为并不能解释清楚道德何以与自然化为一体，必然是神秘主义的。

二、"绝对类比"之二：庄子的"齐物"经验

如果说孟子的"养气"经验本质上是一种道德经验，那么庄子的"齐物"经验本质上是自然主义的，两者都具有某种泛神论的倾向。

庄子被荀子批评为"蔽于天而不知人"(《荀子·解蔽》)，确乎如此，庄子以为如孔子般救世为徒劳，也不愿意就此对社会承担责任，在他的词典里，所有道德主义的词汇均被置于批判的地位，成为破的对象，被清除了全部积极意义，然后他便转向自然主义，追求那自然而自发的自由，主张对宇宙人生进行超功利的审美观

---

〔1〕《管子·水地》篇说："地者，万物之本原，诸生之根菀也，美、恶、贤、不肖、愚、俊之所生也。水者，地之血气，如筋脉之通流者也，故曰水具材也。何以知其然也？曰：夫水淖弱以清，而好洒人之恶，仁也。视之黑而白，精也。量之不可使概，至满而止，正也。唯无不流，至平而止，义也。人皆赴高，己独赴下，卑也。卑也者，道之室，王者之器也。而水以为都居。准也者，五量之宗也。素也者，五色之质也。淡也者，五味之中也。是以水者，万物之准也，诸生之淡也，违非得失之质也。是以无不满无不居也。集于天地，而藏于万物。产于金石，集于诸生，故曰水神。集于草木，根得其度，华得其数，实得其量。鸟兽得之，形体肥大，羽毛丰茂，文理明著。万物莫不尽其几，反其常者。水之内度适也。夫玉之所贵者，九德出焉。夫玉温润以泽，仁也。邻以理者，知也。坚而不蹙，义也。廉而不刿，行也。鲜而不垢，洁也。折而不挠，勇也。瑕适皆见，精也。茂华光泽，并通而不相陵，容也。叩之，其音清搏彻远，纯而不杀，辞也。是以人主贵之，藏以为宝，剖以为符瑞，九德出焉。人，水也。男女精气合，而水流形。……是故具者何也，水是也，万物莫不以生。唯知其托者能为之正。具者，水是也。故曰：水者何也？万物之本原也，诸生之宗室也，美、恶、贤、不肖、愚、俊之所产也。"

如果说"在中国思想史里，屡屡地出现着强调'水'是主要物质的观念"，"水是万物之起源变化的根据"[(英)李约瑟：《中国古代科学思想史》，陈立夫等译，江西人民出版社1999年版，第321、48页]为中国人最早的观念，那么《管子·水地》篇正证明了这个观点。孔子更倾向于将水置于"比德"的类比语境，从而偏向理性主义的主客二分，不过孟子却让我们惊喜，他将关于水是万物之起源的自然主义转换到道德主义的语境，这一神秘主义的转换导致了他成功地向天人合一之境复归。

照。他提出"道"内涵于宇宙,甚至不妨说"道在屎溺"(《庄子·知北游》),这就是泛神论。其基本精神就是宇宙为一巨大无比的"浑沌",它在时间上没有头和尾,在空间上没有边界,其中浑然而存的万事万物都循其自然,而人,只是对此自然而然地进行观照,亲切地体验之,与自然化为一体。

庄子著名的齐物论主张人归向自然而与之亲和,作逍遥之游,与古代礼乐文明的价值取向恰相反对。此一主张从构造上看,拒斥儒家道德本质主义及其历史观的文化参照和价值参照[1],表现为一个全新的精神形态——关于人的审美关注、潜在能力和自由创造的哲学。他的"心斋""坐忘"方法:通过排除道德关注、权力关注、技术关注和经验关注,而一举获得审美关注——先天的纯粹经验。他认为此纯粹经验是人关于自然的原初经验和终极经验,即回归"浑沌"或"天籁"以获"逍遥"的自由。庄子的齐物论、心斋法和逍遥游奠定了中国古人纯粹的审美经验。

我们先看他对"齐物"经验的描述:

> 昔者庄周梦为胡蝶,栩栩然胡蝶也。自喻适志与!不知周也。俄然觉,则蘧蘧然周也。不知周之梦为胡蝶与,胡蝶之梦为周与?周与胡蝶,则必有分矣。此之谓物化。(《庄子·齐物论》)

在此梦中,庄子化而为蝶,快乐无比。庄子和蝴蝶为平等的两方,双方均丧失了拟为对方的自我意识,究竟是谁梦为谁,不清楚。醒来以后,不免反思,庄子和蝴蝶还是有分别的。但是,在梦中,庄子毕竟转换为蝴蝶了。这样一种"物化"经验具有纯粹自然主义的品格,它意在彻底去除万物的区分,相应地,主客间的间隔也被打破。换言之,前述关于自然和社会的分类体系受到怀疑和动摇。"比类看"的经验开始变化了,庄子欲以"齐物"经验取而代之。

此一"齐物"或"物化"经验表现为"以天合天"的感知活动。庄子书中的许多寓言生动地描述了这种"物化"经验,以下且举几例。

"梓庆削木为鐻"寓言:

> 梓庆削木为鐻,鐻成,见者惊犹鬼神。鲁侯见而问焉,曰:"子何术以为焉?"对曰:"臣工人,何术之有!虽然,有一焉。臣将为鐻,未尝敢以耗气也,必齐以静心。齐三日,而不敢怀庆赏爵禄;齐五日,不敢怀非誉巧

[1] 作为原始儒家思想的反拨形态,庄子的思想极其重要,其中有许多针对社会败落、人心虚伪和儒家救世主张的批判,这是庄子破除的一面。

> 拙；齐七日，辄然忘吾有四枝形体也。当是时也，无公朝。其巧专而外骨消，然后入山林，观天性，形躯至矣，然后成见鐻，然后加手焉，不然则已。则以天合天，器之所以疑神者，其是与！”（《庄子·达生》）

鐻为古代一种乐器，梓庆是一位工匠，他身怀绝技，所削成的鐻让人叹为鬼斧神工，诀窍仅有一个，那就是“齐以静心”，“齐”即“斋”。在三个阶段的“心斋”过程中，他一步一步忘却过往之经验，渐次脱离世俗界。先是不再怀想“庆赏爵禄”，赏赐是物质的；再是不再怀想“非誉巧拙”，评价是精神的；三是全然忘记自己的四肢身体，主体的存在也被抹去，才达到技巧的专一和外界干扰消失的良好状态。然后进入山林，逐一观察树木的天然形状，发现有形躯相当的，然后看到一个现成的鐻宛然形之于树身，才最后下手操作。他把这一经验称为“以天合天”：通过“心斋”将人调整到自然，以迎迓那个真正的自然，最后那个创造物却非人工所造，而是自然即鬼神的产物。

“痀偻者承蜩”寓言：

> 仲尼适楚，出于林中，见痀偻者承蜩，犹掇之也。仲尼曰：“子巧乎，有道邪？”曰：“我有道也。五六月累丸二而不坠，则失者锱铢；累三而不坠，则失者十一；累五而不坠，犹掇之也。吾处身也，若橛株拘；吾执臂也，若槁木之枝。虽天地之大，万物之多，而唯蜩翼之知。吾不反不侧，不以万物易蜩之翼，何为而不得！”孔子顾谓弟子曰：“用志不分，乃凝于神。其痀偻丈人之谓乎！”（《庄子·达生》）

此寓言中痀偻者“若橛株拘”“若槁木之枝”，也并非拟物的想象，即痀偻丈人并不是把自己拟想为槁木朽株，而是忘我地直觉自己如此这般“物化”。这是一种出神入化的状态，尽管寓言中使用了比拟性的“若”字。

如果我们把这些寓言所描述的经验简单视为庄子悬想出来的故事，那就错了。这些寓言大多是手工技艺性的，它基于农业生产的自然语境，与当时既成的社会秩序脱离了联系，换言之，它是没有历史感和现实感的纯粹经验。梓庆“心斋”满七天以后，就做到了“无公朝”，可以无视官府朝廷之威，痀偻丈人也可以“唯蜩翼之知”而“不以万物易”，做到“若橛株拘”“若槁木之枝”式的心安理得，什么都不能与之交换。还有《庄子·田子方》篇写为宋元君画图的画史应约作画，不但姗姗来迟，而且经过权势者宋元君时也是徐行不趋，受命不立，直入就舍，甚为不恭，并且“解衣般礴”，赤身箕坐，全然一副旁若无人的自由解脱状，这就是“以天合天”的第一个“天”。因此，我们都不妨把这些寓言当成直接的感知活动来作解，读作庄子对自己切身之“齐物”经验的描述，这似乎更为妥切。

“心斋”法保证了庄子对自然及其内涵之“道”的逍遥式亲证。他说：“斫轮，徐则甘而不固，疾则苦而不入。不徐不疾，得之于手，而应于心，口不能言，有数存焉于其间。”(《庄子·天道》)这是一种纯粹的个人经验，它与文化传承的一般方式如孔子的教学不同，不是举一反三的联想式而是体验式的，不是见诸语言文字而是心中默会的，不是群体性而是个体性的，是一种亲证。不过，这种亲证并不是实践意义上的，它是“齐物”的心理准备。

> 颜回曰：“回益矣。”仲尼曰：“何谓也？”曰：“回忘仁义矣。”曰：“可矣，犹未也。”他日复见，曰：“回益矣。”曰：“何谓也？”曰：“回忘礼乐矣！”曰：“可矣，犹未也。”他日复见，曰：“回益矣！”曰：“何谓也？”曰：“回坐忘矣。”仲尼蹴然曰：“何谓坐忘？”颜回曰：“堕肢体，黜聪明，离形去知，同于大通，此谓坐忘。”仲尼曰：“同则无好也，化则无常也。而果其贤乎！丘也请从而后也。”(《庄子·大宗师》)

这是庄子常用的假托孔子的教学语境来讲自己所悟得的至理。颜渊向孔子汇报说自己学道有进步。第一次进步是“忘仁义”，孔子首肯之，但认为境界未到最高；第二次进步是“忘礼乐”，孔子给了同样的评价；第三次进步是“坐忘”，孔子很好奇，要问个究竟。颜渊回答道：所谓“坐忘”，就是忘记自身的肢体，罢黜自己的聪慧，离开形躯、抛弃知识，与大道为一体。孔子听明白了，补充说：与万物一体就没有偏执了，参与变化就没有固执了。所谓“同”“化”，就是“齐物”或“物化”。徐复观说：“忘知，是忘掉分解性的、概念性的知识活动。”[1]我们自可猜测，庄子所谓的“坐忘”“去知”，是不是要把比类思维的命也革掉呢？显然，若是真的“离形去知”，“比德”和“比类看”的基础恐怕就动摇了。

再看一例：

> 南伯子葵问乎女偊曰：“子之年长矣，而色若孺子，何也？”曰：“吾闻道矣。”南伯子葵曰：“道可得学邪？”曰：“恶！恶可！子非其人也。夫卜梁倚有圣人之才而无圣人之道，我有圣人之道而无圣人之才。吾欲以教之，庶几其果为圣人乎？不然，以圣人之道告圣人之才，亦易矣。吾犹守而告之，参日而后能外天下；已外天下矣，吾又守之，七日而后能外物；已外物矣，吾又守之，九日而后能外生；已外生矣，而后能朝彻；朝彻而后能

〔1〕 徐复观：《中国艺术精神》，华东师范大学出版社2001年版，第44页。

见独；见独而后能无古今；无古今，而后能入于不死不生。”（《庄子·大宗师》）

女偊告诉南伯子葵如何闻道。这是一个“守”的七步进阶：(1)守三日[1]而可以把天下忘怀；(2)守七日而可以把一切视为身外之物；(3)守九日而可以置生命于度外；(4)既已“外生”就能如朝阳初生般通体透亮；(5)既已“朝彻”就能见到独一无二者即“一”；(6)既已“见独”就能超越古今即时间和历史；(7)既已“无古今”就能臻至不死不生之境。经过这七步进阶，人于“不死不生”的超然之境得道。无疑，这是一种反文明的神秘经验。

联系以上诸寓言，可知所谓“心斋”“坐忘”是一连串的遗忘过程，换言之，是一个系列的从文明社会退出而进入素朴自然的过程。在“齐物”和“物化”的自然主义的神秘经验中，“心斋”和“坐忘”是它的方法论，“逍遥游”是它的目标，而“浑沌”和“天籁”则是其所要达到的境界。

下面我们来分析“浑沌”。

《庄子·在宥》记云将与鸿蒙关于治理自然的一段对话。云将者“云之主帅”，鸿蒙者“自然元气”[2]，前者为自然的治理者，后者则是自然的游戏者。云将正苦于“天气不和，地气郁结，六气不调，四时不节”，自然一派混乱。于是他向鸿蒙发出“今我愿合六气之精以育群生，为之奈何”之问。鸿蒙听罢掉头而去，不予回答。三年后他们再度相遇，云将又向鸿蒙请教。鸿蒙这次回答了：“乱天之经，逆物之情，玄天弗成，解兽之群而鸟皆夜鸣，灾及草木，祸及止虫。意！治人之过也。”是说人为的治理把天地万物的自然规律给扰乱了。云将再问。鸿蒙劝其曰：“啊！你那是毒害自然啊！快快回去吧！”云将紧追不舍：“我难得遇到你啊，请指教。”鸿蒙终于道：

意！心养！汝徒处无为，而物自化。堕尔形体，吐尔聪明，伦与物忘，大同乎涬溟[3]。解心释神，莫然无魂。万物云云，各复其根，各复其根而不知。浑浑沌沌，终身不离。若彼知之，乃是离之。无问其名，无窥其情，物固自生。（《庄子·在宥》）

---

〔1〕 这里的“三日”“七日”等日期是一个虚数，它并不表示“心斋”所耗去的具体时间，仅是标志着“心斋”所取得进步的诸阶段，就如正文的“而后”。庄子寓言中多有此用法。

〔2〕 《庄子集解》注：“《初学记》(一)引司马(彪)云：‘云将，云之主帅。”又“鸿蒙”句下注：“司马云自然元气也”。国学整理社：《诸子集成》卷三，世界书局1935年版，第66页。

〔3〕 司马彪云：涬溟，自然气也。国学整理社：《诸子集成》卷三，世界书局1935年版，第67页。

鸿蒙说:"那得靠修养心境啊。你做的只是无为而治,任万物自生自化。忘却你的身体四肢吧,抛弃你的聪明吧,泯没而相忘于万物,与自然之元气混同,解放心神,不再追求知识。万物纷纭,各自复归到它们的本根而不知其所以然。浑沌一片,就终身不会离开本根。如果运用心智,就是要离开本根啊。不必对它的名称追根究底,不必深究它的真相,万物本来就是自然生长的啊。"这一段话,说的基本意思就是忘却和归根,两者是互为前提的。这就是鸿蒙(元气)对"浑沌"的解释。

以下又是一则孔门弟子与修浑沌氏之术者遭遇的故事。

子贡在汉阴地方见到一个老者在园子里种菜,挖地道到井里,抱着一瓮水出来灌溉,非常费力且见效很慢。子贡就好心对他说:"有一种叫槔的木制水车,抽水就好比沸汤涌溢,一天可以灌溉一百畦,用力少而见效快,你难道不想用吗?"哪想老者听后脸有怒色,笑着说:

> 吾闻之吾师,有机械者必有机事,有机事者必有机心。机心存于胸中则纯白不备。纯白不备则神生不定,神生不定者,道之所不载也。吾非不知,羞而不为也。(《庄子·天地》)

第一句是名言,表达了如下逻辑序列:"机械"→"机事"→"机心"。"机械"是社会的公共设施,其运作有其条理,即是"机事",依此条理则必有"机心"。这样,心就不能做到"纯白不备",不纯洁不空明,就会心神不定,也就无以承载"道"。老者对子贡道:"小伙子,我不是不知道那机械,是不能用啊!孔丘之徒号称博学可以比拟圣人,哗众取宠,博取名誉。你果真能'忘汝神气,堕汝形骸',那就离道不远了!现在自身尚且不得修养,何况治理天下啊!"

子贡于是陷入反思:"老师教导我们,凡事勉力去做,用力少,见功多,那是圣人之道。现在看来不是这样的啊。那老者可不是想不到、做不了,他是凡事不在乎得失。即使满天下誉之,或满天下非之,他都无所益损啊。和这全德之人相比,我等只能称为摇摆不定的'风波之民'。"回到鲁国以后,子贡就把这事向孔子说了。孔子评道:

> 彼假修浑沌氏之术者也。识其一,不识其二;治其内而不治其外。夫明白入素,无为复朴,体性抱神,以游世俗之间者,汝将固惊邪?且浑沌氏之术,予与汝何足以识之哉!(《庄子·天地》)

意思是:"那是修浑沌氏道术的人啊,守得自己的'一'而不动摇,专心于治理内心而不顾外在的世俗。他一切明彻、纯朴，以此心游戏于世俗，你自然会惊讶。浑沌氏的道术，我们都不能识知，难以望其项背啊。”

浑沌氏是谁呢？他可不是一个平常之人：

> 南海之帝为倏，北海之帝为忽，中央之帝为浑沌。倏与忽时相与遇于浑沌之地，浑沌待之甚善。倏与忽谋报浑沌之德，曰：“人皆有七窍以视听食息，此独无有，尝试凿之。”日凿一窍，七日而浑沌死。（《庄子·应帝王》）

三帝在取名上，“倏”“忽”二帝意谓神速敏捷，“浑沌”意谓纯朴无为[1]。纯朴无为所以不需要看的眼、听的耳、食的口和呼吸的鼻等人皆有之七窍，然而“倏”“忽”二帝好心，要为“浑沌”开七窍，每天开一窍，到第七天“浑沌”就死亡了。

以上三例说“浑沌”，下面再说风——“人籁”“地籁”和“天籁”。

> 南郭子綦隐几而坐，仰天而嘘，荅焉似丧其耦。颜成子游立侍乎前，曰：“何居乎？形固可使如槁木，而心固可使如死灰乎？今之隐几者，非昔之隐几者也？”
>
> 子綦曰：“偃，不亦善乎，而问之也！今者吾丧我，汝知之乎？汝闻人籁而未闻地籁，汝闻地籁而未闻天籁夫！”
>
> 子游曰：“敢问其方。”
>
> 子綦曰：“夫大块噫气，其名为风。是唯无作，作则万窍怒呺。而独不闻之翏翏乎？山林之畏佳，大木百围之窍穴，似鼻，似口，似耳，似枅，似圈，似臼，似洼者，似污者。激者、謞者、叱者、吸者、叫者、譹者、宎者，咬者，前者唱于而随者唱喁，泠风则小和，飘风则大和，厉风济则众窍为虚。而独不见之调调之刁刁乎？”
>
> 子游曰：“地籁则众窍是已，人籁则比竹是已，敢问天籁。”子綦曰：“夫吹万不同，而使其自已也。咸其自取，怒者其谁邪！”（《庄子·齐物论》）

这是《齐物论》开篇，开篇就讲三籁，有深意。南郭子綦凭几案而坐，向着天呼吸，进入超越对待关系（“丧其耦”）的“坐忘”境界。他这个样子，在子游看来是“形如槁木，心如死灰”状，而他自称为“吾丧我”。“吾”和“我”虽然字面上均指自我，

---

〔1〕 简文帝云：“倏”“忽”取神速为名，“浑沌”以合和为貌。神速譬有为，合和譬无为。国学整理社：《诸子集成》卷三，世界书局1935年版，第139页。

注家谓“吾”谓真我，“我”谓对待之我，所以云“丧”。超越了对待关系的“吾”可以听“风”的声音。“风”是什么？是大地所吹之气，它灌进自然形状的诸孔洞，就发出“吹万不同”的声音。自然如山林有各种不同的形状，似鼻、似口、似耳……风所到之处，产生各种不同的声音，激者、謞者、叱者……风声前后追逐着，或为“小和”或为“大和”，烈风过后，众窍都是空虚的。“地籁”是大地上的众多孔洞，“人籁”是乐器竹箫所吹的声音，“天籁”最宏大，它是风吹到万种孔窍所发出的不同声音，那是每个窍穴自己产生的，不存在一个发动者啊！

依庄子的思路，“天籁”是宇宙的音乐，它是阴阳交通调谐后的和谐，谛听“天籁”即是与天和。“以虚静推于天地，通于万物，此之谓天乐。”(《庄子·天道》)在他的理想中，人本来即是来自自然之天，只是因为后天之人为而变得不和谐，产生了喜怒哀乐，脱离了自然。救治的方法是，通过虚静、“齐物”回归于自然之和谐。“人籁”“地籁”只是“天籁”的具体而微罢了。他又说：“夫明白于天地之德者，此之谓大本大宗，与天和者也；所以均调天下，与人和者也。与人和者，谓之人乐；与天和者，谓之天乐。”(《庄子·天道》)人首先得去体验天地自然和谐的本质，然后自己也像天地一样地自然行事，这样就既取得了与天的和谐，也取得了与人的和谐。这种观点很像古希腊毕达哥拉斯一派的“天体音乐”论和小宇宙论。他们认为数的和谐存在于万物，天体按一定规律运行，产生一种和谐的音乐；又认为人是宇宙的一个缩形，宇宙是和谐的，人也应是和谐的。不同的是，庄子没有以“数”而是以更难捉摸的“道”作为统摄一切的根本原则。《庄子·天运》篇中描述黄帝在洞庭之野演奏《咸池》之乐，这已经不是一般的音乐，而是天乐：“听之不闻其声，视之不见其形，充满天地，苞裹六极。”这就像是毕达哥拉斯的“天体音乐”，庄子称它能使人于“无声之中，独闻和焉”。体道莫妙于无声之乐。庄子谈自然之道，常常拿些古代的音乐作例子，像《咸池》《大韶》《桑林》之类。在庄子看来，越是古老的社会，越是天人合一；越是古老的音乐，越是和谐。“天乐”最古老，自然以无声为妙。

庄子经验说，只要人回归于自然，就当然体道。道体就是自然，“天地有大美而不言”(《庄子·知北游》)，不存在自然之外的另一个道。因此，自然在庄子那儿并不是一个单纯的现象，而是人的根源之地、托身之所。庄子那自然的“天”为一个未分化的朴素的“浑沌”，“以天合天”的感知活动是以“心斋”经验为其前提的，这并非清晰的主体意识，而只是一个“知之濠上”[1]的神秘经验。“浑沌”是这么一

---

〔1〕 庄子与惠子游于濠梁之上。庄子曰：“鯈鱼出游从容，是鱼之乐也。”惠子曰：“子非鱼，安知鱼之乐？”庄子曰：“子非我，安知我不知鱼之乐？”惠子曰：“我非子，固不知子矣；子固非鱼也，子之不知鱼之乐，全矣！”庄子曰：“请循其本。子曰‘汝安知鱼乐’云者，既已知吾知之而问我。我知之濠上也。”(《庄子·秋水》)“我知之濠上”，仅此而已，这并非知识论的经验。

种状态，仅是直观自己为自然之物而已，它是人的故、性、命[1]，即是人的本质。在“浑沌”之态，人的本质存在和潜能之发挥处于“不知所以然而然”“物物者与物无际”（《庄子・知北游》）之境。所谓“朝彻”和“见独”的体道，也是如此。

“圣人者，原天地之美”（《庄子・知北游》），“天地与我并生，而万物与我为一”（《庄子・齐物论》），人的所有经验都应该回归自然，人的本质在于还原自然的“大美”。“独与天地精神往来”（《庄子・天下》），这是庄子所追求的最高境界。“游心于淡，合气于漠。顺物自然而无容私焉，而天下治矣”（《庄子・应帝王》），这是一个不分化的“至德之世”。[2] 个体的人（“独”）因为回归自然（淡漠，淡然无极）而获得无私的品格。“无私”亦包括“无”儒家所倡道德之善，庄子不议至善而好谈大美，就是这个道理。无私即公，在庄子看来，自然的淡漠境界是公共的、共通的。“吾所谓无情者，言人之不以好恶内伤其身，常因自然而不益生也。”（《庄子・德充符》）好恶是伤害人之自然生命的人为之情，顺应自然就要做到无情。“夫虚静恬淡寂漠无为者，万物之本也。”（《庄子・天道》）虚静恬淡寂漠是自然之情，所谓的真人，他“凄然似秋，暖然似春，喜怒通四时，与物有宜，而莫知其极”（《庄子・大宗师》）。这种人合于“物之情”（此“情”字指本真），他“安时而处顺”，以自然的观点来观照宇宙和人生，体验到人乃是自然的一分子，人与万物是平等的，于是内心不再向外界扩张，而身外之物亦无从搅扰心灵的宁静，即使是遭遇生死之变也安之若素，于是一切非自然的喜、怒、哀、乐都被过滤、纯化或消释，人的情感世界乃焕然一新。在回归自然的境界之中，极其个人化的经验出乎意料地被自发之美、自然之和公共化了。此时的他固然还是孤独的个体，不过却已经被赋予“大美”即大公的天地精神。

作为“大美”的“浑沌”不可分别，它不免是一个绝对，但是庄子看到“机心”横塞的人们欲强为“浑沌”凿七窍，可见“浑沌”已死，人群已然从自然分化出来，两者构成差异。那将如之何？庄子于是提出“齐物”策略。此策略其实是在人与自然之间展开了一个巨大的类比，说人与自然本质上应该是一样的，前者应该向后者

---

[1] “吕梁丈夫蹈水”寓言即是此意：“吾始乎故，长乎性，成乎命。与齐俱入，与汩偕出，从水之道而不为私焉。……吾生于陵而安于陵，故也；长于水而安于水，性也；不知吾所以然而然，命也。”（《庄子・达生》）

[2] “彼民有常性，织而衣，耕而食，是谓同德。一而不党，命曰天放。故至德之世，其行填填，其视颠颠。当是时也，山无蹊隧，泽无舟梁；万物群生，连属其乡；禽兽成群，草木遂长。是故禽兽可系羁而游，乌鹊之巢可攀援而窥。夫至德之世，同与禽兽居，族与万物并。恶乎知君子小人哉！同乎无知，其德不离；同乎无欲，是谓素朴。素朴而民性得矣。”（《庄子・马蹄》）在那样一个社会里，人民有“常性”和“同德”，“无知”而“不离”，“素朴”而不分化，这是一个乌托邦的社会理想，陶渊明的“桃花源”即源于此。因为其尚未分化，所以分类也是不需要的，换言之，比类思维的基础在那种社会里面也是不需要的。这就意味着庄子思想中存在着取消比类思维的倾向。

回归。庄子的寓言大都是在作此类比,类比的一方为自然,另一方为人,自然借助类比呈现迷人的魅力,从而把人引导向自然。以"体道"为目的,以"齐物"或"以天合天"为手段,以"浑沌"为最高境界的心斋经验,它表现为旨在回归自然的超越了世俗经验的纯知觉活动。这种类比并不主张将主体与客体(心与物、情与景)明晰区分,恰恰相反,它往往消弭两者间的紧张,养成一种随物而化的态度,使人无条件地与自然为一。道德关注趋于淡化甚至消亡,泛神论式的亲和自然的神秘经验是这种类比的美学品格。正因为"天""浑沌""大美"高于习惯于差异的人,它才是一个绝对的理想,而庄子借助于类比将它展示出来。

通过类比回归自然,类比是方法。然而"齐物"策略之被庄子设计本身,即表明人(文明)与物(自然)的差异已为与他同时代的人类如儒家所认可,"浑沌"已然成为历史。因此,不妨把"齐物"视为庄子所运用的类比,它是一个巨大的两极式类比,一方是自然以及自然的人,另一方是社会以及社会的人,庄子通过众多寓言展示文明形态的弊病和自然形态的美好,以凸显两者之间所存在的巨大差异。如此,差异被绝对化了。不过,类比在庄子不是目的,它仅仅是一种手段,"以天合天""物化"或回归"浑沌"才是目的。而一旦差异被取消,社会的人成功回归自然,文明人回复为自然人,分化就停止了,类比亦随之消亡,"齐物"作为目标得以实现。"齐物"作为手段和目标,是一身而二任的,手段指向目标,目标反过来消灭手段,正是在这个意义上,我把庄子"齐物"式类比称为"绝对类比"。

三、"绝对类比"经验与泛神论

总结孟子和庄子的"绝对类比",我们发现他们的思维有如下区分于"相对类比"之特点:

(一)类比从清晰区分物我、主客、情景之二元结构最终走向神秘的一元。例如,同是以风为喻,孔子的"君子之德风"和庄子的"人籁""地籁""天籁",前者是风被人格化,后者是人被自然化即"物化"。

(二)类比呈现由灵活、随机的微观结构转换为宏大的时空结构之倾向,由有限趋向无限。例如,墨子的"噎而穿井,死而求医"和庄子笔下"其广数千里,未有知其修者"之"鲲"、"背若泰山,翼若垂天之云,抟扶摇羊角而上者九万里,绝云气,负青天"的"鹏"[1]。

(三)看自然的视野由静态转换为动态。例如,同是运用水作类比,孔子的"逝

---

〔1〕《庄子·逍遥游》:"北冥有鱼,其名为鲲。鲲之大,不知其几千里也。化而为鸟,其名为鹏。鹏之背,不知其几千里也。怒而飞,其翼若垂天之云。是鸟也,海运则将徙于南冥。南冥者,天池也。"

者如斯”和孟子的“盈科而后进”。

（四）比喻不再强化为象征。例如，“人淡如菊”中菊花“淡”香持久的品格象征君子低调的高洁，以及松、竹、梅“岁寒三友”等象征方式，在“绝对类比”语境中是不会出现的。

（五）比类的语言结构即比喻随着巨型类比的展开而被渐次消解。例如，孟子所描述的人格成长经历，从“善端”（种子）到“浩然之气”和“上下与天地同流”沛然之“水”，最终脱离了比喻。[1]

（六）联想被真实或虚拟的体验所取代。例如，盘庚“予若观火”的联想式比喻和庄子所描述的痀偻者“若橛株拘”“若槁木之枝”的真切经验之描述。

（七）从间接的语言游戏转换为直接的人生经验。例如，孔子的“知者乐水，仁者乐山”近乎游戏，而庄子的“梦蝶”看似游戏，实则描述了切身的人生经验，正所谓“物物者与物无际”。

（八）从认识论的境界上来看，如果说“相对类比”的经验还是有所“隔”，那么“绝对类比”的经验就做到了全然“不隔”。

（九）其目标是天人合一之境。例如，孟子的“浩然之气”和庄子的“浑沌”。

（十）此直接的人生经验或天人合一之境为神秘经验。

由上，我们已经可以概略地看到，孟子和庄子的“绝对类比”其实是泛神论的神秘主义。以下我将引冯友兰、托兰德和李约瑟三人的相关论述来证明之。

冯友兰《中国哲学史》论到中国古代的神秘经验的一段话，可以拿来做我的“相对类比”与“绝对类比”的区分以及后者为神秘主义的旁证。他说：

> 神秘主义一名，有种种不同的意义。此所谓神秘主义，乃专指一种哲学承认有所谓“万物一体”之境界。在此境界中，个人与“全”（宇宙之全）合而为一，所谓人我内外之分，俱已不存。普通多谓此神秘主义必与惟心论的宇宙论相关连。宇宙论必为惟心论的，宇宙之全体，与个人之心灵，有内部底关系；个人之精神，与宇宙之大精神，本为一体，特以有后起的隔阂，以致人与宇宙，似乎分离。一部分佛家所说之无明，宋儒所说之私欲，皆指此后起的隔阂也。若去此隔阂，则个人与宇宙复合而为一，佛教所说之证真如，宋儒所说“人欲尽处，天理流行”，皆指此境界也。不

〔1〕 冯契先生说：“孟子把理性（心）看作是本原的、第一性的东西，并且极度夸大了精神力量，以至认为自己说‘浩然之气’‘塞于天地之间’，并不是一个诗的比喻，而是他在事实上已达到的‘上下与天地同流’（《尽心上》）的境界。这就陷入神秘主义的幻觉了。”［冯契：《中国古代哲学的逻辑发展》（上册），上海人民出版社1983年版，第180页］此说极是。

过此神秘主义，亦不必与惟心论的宇宙论相连，如庄子之哲学，其宇宙论非必为惟心论的，然亦注重神秘主义也。中国哲学中，孟子派之儒家及庄子派之道家，皆以神秘境界为最高境界，以神秘经验为个人修养之最高成就。但两家之所用以达此最高境界、最高目的之方法不同。道家所用之方法，乃以纯粹经验忘我；儒家所用之方法，乃以“爱之事业”（叔本华所用名词）去私。无我无私，而个人乃与宇宙合一。如孟子哲学果有神秘主义在内，则万物皆备于我，即我与万物本为一体也。我与万物本为一体，而乃以有隔阂之故，我与万物，似乎分离，此即不“诚”。若“反身而诚”，回复与万物为一体之境界，则“乐莫大焉”。如欲回复与万物为一体之境界则用“爱之事业”之方法。所谓“强恕而行，求仁莫近焉”。以恕求仁，以仁求诚。盖恕与仁皆注重在取消人我之界限；人我之界限消，则我与万物为一体矣。此解释果合孟子之本意否不可知，要之宋儒之哲学则皆推衍此意也。[1]

冯氏此处把庄子和孟子放到一块来讨论，说他们皆有神秘主义，皆以神秘境界为最高境界，只是达到此境界的方法不同。庄子运用的方法是以“纯粹经验”来“忘我”，儒家则是运用“强恕”“求仁”（即“爱之事业”）去私而后个人与宇宙合一。关于孟子，冯氏借助于宋儒之说来讲。如果孟子有神秘主义，那就是“万物皆备于我”；如果说“我与万物本为一体”，不过因为其间存在着隔阂，两者似乎分离，即是不“诚”[2]，那么所谓的“万物皆备于我”就当体现为我前文所论的，以“善端”（种子）发端，经“浩然之气”的壮大，以至“上下与天地同流”沛然之“水”，而最后“返身而诚”所证的，正是回复到最初那个“善端”。“端”“气”“水”在此其实是处在君子道德人格生长之不同阶段的同一个东西。这就是泛神论。

关于庄子，冯氏把庄子的神秘主义称为“纯粹经验”。他说：

在纯粹经验中，个体即可与宇宙合一。所谓纯粹经验（Pure experience）即无知识之经验。在有纯粹经验之际，经验者，对于所经验，只觉其是“如此”（詹姆士所谓“that”）而不知其是“什么”（詹姆士所谓“what”），詹姆士谓纯粹经验，即是经验之“票面价值”（Face value），即是纯粹所觉，

---

〔1〕 冯友兰：《中国哲学史》（上册），华东师范大学出版社 2005 年版，第 101—102 页。

〔2〕 冯氏一说到“爱之事业”方法，就转而强调“以恕求仁，以仁求诚”意在取消人我之界限，与我与万物之隔阂好像不是一回事。“人我之界限消，则我与万物为一体”，这一推论是宋儒的解释，是否符合孟子本意，冯氏认为不可知。好在宋儒的解释并非本书所要关心的，可以存而不论。

> 不杂以名言分别（见詹姆士《急进的经验主义》"*Essays in Radical Empiricism*"三十九页），佛家所谓现量，似即是此。庄学所谓真人所有之经验，即是此种。其所处之世界，亦即是此种经验之世界也。[1]

"心斋""坐忘"所欲保证的，就是此一"纯粹经验"，它去除了名言分别，"名言"即概念，分别即运用"名言"来进行庄子所谓的"封"（《庄子·齐物论》），这样，"真人"可以做到真正无所待："若夫乘天地之正，而御六气之辩（变），以游无穷者，彼且恶乎待哉？故曰：至人无己，神人无功，圣人无名。"（《庄子·逍遥游》）真正的"逍遥"是无我的、无待的，因此，古人的分类体系在此失去了其存在的合理性，它的背后是孔子所奉为理想形态的周代文明。不妨说，"绝对类比"保证了冯氏所云"纯粹经验"之纯粹。

现在我们来看托兰德的泛神论，他给泛神论下了定义：

> 宇宙（我们所看到的这个世界只是它的一个微小的部分）无论在广延上还是在力量上都是无限的，然而在全体的连续和各个部分的连接上它又是统一的：就全体来说，它是不动的，因为在它之外没有地点或空间，但是就各个部分来说，由于有无量数的距离，它又是可动的；无论在存在还是在绵延方面，它都是不可毁灭的和必然的，亦即永恒的；它具有一种崇高的理性，因而是有智慧的，但是除了可略做类比外，它是不能以人的理智能力来加以名指的；最后，它的各个组成部分永远是同一的，永远处于运动中。[2]

托兰德认为，泛神论者是解释自然奥秘的圣师。在这个定义中，他提出宇宙在广延和绵延即空间和时间上都是无限的。从空间上看，它连续而统一；从时间上看，它绵延而永恒。它具有崇高的理性和智慧，人们可以借助于类比来理解它。它处于永远的运动之中。从时间和空间来理解宇宙，作为一种基本的哲学立场，运用类比来理解之，强调运动，这些观点都是我们所感兴趣的，也是本章所着重强调的。

托兰德的泛神论，我们重点看他的"种子"说和"运动无限"说两个理论。

他的"种子"说可以和孟子的"善端"说相比较：

---

〔1〕 冯友兰：《中国哲学史》（上册），华东师范大学出版社 2005 年版，第 182 页。

〔2〕 （英）约翰·托兰德：《泛神论要义》，陈启伟译，商务印书馆 1997 年版，第 7 页。

> 从无限久远的时候开始，万物的种子就是由原初物体或最简单的本原组合而成的，因为人们公认的四种元素并不是简单的，也不足以构成万物。……例如，一棵树的种子并不像亚里士多德所认为的那样仅仅是一棵潜能的树，而是一棵现实的树，在种子中已经有了树的一切必要的部分，虽然还如此之微小，以致如无显微镜就不可能为感官所感知，而且即使有了显微镜也只有在极少的事物中才能看到它们的种子。这棵树所需要的一切就是通过使用各种不同的单纯物体而逐渐使其各个部分得到更充分的区别和更大的体积，这些不同种类的单纯的物体，作为许许多多的组成成分，对于树的种子这种单纯物体的滋育和生长是必不可少的。因此，只要树在其中生存的那些种子永远活着，被种植在适当的地方，使之能立刻接受一种特殊的结构，汲取营养，增大起来，逐渐达到一种相当的完善性，那末任何种类的树都是不会死灭的。对于宇宙间其他的物种，即不仅对于动物和树木，而且对于石头、矿物、金属都可以这样说，后者同样也是植物性的，有机的，像人、四脚兽、爬虫动物、鸟、鱼和草木一样，也有自己的种子，也是在母体中形成，并且靠一种特殊的营养物而生长起来的。[1]

这一段话的要义是，散布在地球上的事物各有其不同种类的生命，它们都有生命，只是种类不同罢了，因此，可以运用植物和矿物的类比来证明后者也是有生命的。托兰德提出，所谓的矿脉，就是在矿体中输送养分的通道，“正如血液上下流动，被输送到身体的四肢一样，在自然中也有一种营养物质通过矿石和金属的细窄的小孔渗出来，宝石和金属的每个部分都通过自己的导管从之吸取适合其本性的东西”[2]。请注意，这里托兰德的思维就是运用类比，可见类比是泛神论的基本思维方式。

把托兰德的“种子”说与孟子的“善端”说相比较，是很有意思的。两者都是类比，托兰德称，宇宙间所有的物种，不光是植物，就是石头、矿物、金属，也一样是植物性的、有机的，并且都可以用类比来证明。在他的眼里，宇宙的本质是植物性的、有机的。这正类似于孟子和庄子的有机自然主义，不过，孟子走得更远一些，他要证明人的“大体”（《孟子·告子上》）即道德本质也是自然所赋予的，即“天之所以予我”（《孟子·告子上》）的天赋，是植物性的、有机的，为“善端”（种子）。至于此“道德种子”后天的成长，他却变换了类比对象，即泛神论式地从植物向人体

---

〔1〕（英）约翰·托兰德：《泛神论要义》，陈启伟译，商务印书馆1997年版，第12—13页。

〔2〕同上书，第13页。

内的气延伸(或转换),即“浩然之气”,当此“气”壮大至“上下与天地同流”,则已经第二度地变换类比对象,延伸为自然之气和水了。自然的种子、人体内充的精神力量“浩然之气”、自然之气或水,它们之间竟然可以平稳过渡。换言之,他以为在自然和道德之间展开类比,是完全自然的事情。既然人的道德生命之孕育、成长,也如自然界的植物、动物或水、气、风一般,表现为一个自然的生命过程,那么我们把他的道德理论视为泛神论,当无可怀疑的正确。

托兰德的泛神论有一“运动无限”说:

> 在世界上并没有真正的革新,而只有位置的交换,由此而有万物的生灭,亦即生成、增长、改变以及诸如此类的运动。如我们已经指出的,万物都处于运动中,而一切的殊异多样都是许多特殊运动的名字,因而在自然界中没有任何一点是绝对静止的,而仅仅相对于其他事物而言它才是静止的。静止本身在实际上和本质上乃是一种阻力的运动。[1]

这里讲了两个要点:其一,自然界的运动无非是循环;其二,运动是绝对的,静止是相对的。我们可以看到,无论是庄子的“天籁”论还是孟子的“气”“水”论,都是一种运动无限说,正可以拿来作比较。

我们已经知道,中国古人的宇宙观本身就是一个阴阳交替、四季周而复始的循环论,运动不是永远向前、不知去向的,它在某个时间点上一定会回来。庄子说:

> 夫物,量无穷,时无止,分无常,终始无故。(《庄子·秋水》)

万物从量上看是没有穷尽的,时序流动亦没有止期,得失无常,开端和结尾也是没有一定之规的。

> 万物一齐,孰短孰长?道无终始,物有死生,不恃其成。一虚一满,不位乎其形。年不可举,时不可止。消息盈虚,终则有始。……物之生也,若骤若驰。无动而不变,无时而不移。(《庄子·秋水》)

万物齐一,没有长短之分,道没有终和始,万物有死生之变,不以一时之成而为可恃。万物或虚或满,形态从不固定。时间变易,消灭、生息、满盈、空虚,总是终结

---

〔1〕(英)约翰·托兰德:《泛神论要义》,陈启伟译,商务印书馆1997年版,第10页。

后再开始。……万物的生长，就像快马驰骤一般。没有一个动作是不在变化中的，没有一个时间点是不在移动之中的。

> 万物皆种也，以不同形相禅，始卒若环，莫得其伦，是谓天均。天均者，天倪也。(《庄子·寓言》)

万物都有它们各自的种类，其间以不同的形态相接续，始和终若循环，看不见它的端倪，"天均"和"天倪"，都是说自然是运行不息的。不过，庄子是个相对主义者，更强调变化导向转化，并认为其没有规律，无法端倪，"方死方生，方生方死……枢始得其环中，以应无穷"(《庄子·齐物论》)。因此，运动无限观点最佳的表述是："夫天籁者，吹万不同，而使其自已也。咸其自取，怒者其谁邪！"(《庄子·齐物论》)正因为没有第一推动者，万物才得以无限运动。而西方的泛神论者恰恰是要把上帝从第一推动者的地位降下来，才强调运动无限。

我们在这里预先特别指出，泛神论或神秘主义的泛神论把运动视为绝对的，与本书后面所要揭示的意境把静止视为绝对的，恰好相反。

李氏对中国古人思维的论述，前面已经多有引用，这里再略加几条，对他论中国古人的泛神论观点作进一步说明。

李氏论庄子的自然主义的泛神论，他先引《庄子》如下一段：

> 夫道有情有信，无为无形；可传而不可受，可得而不可见；自本自根，未有天地，自古以固存；神鬼神帝，生天生地；在太极之先而不为高，在六极之下而不为深，先天地生而不为久，长于上古而不为老。(《庄子·大宗师》)

然后说："这无疑是自然主义的泛神论，强调造化的功能是一体同根的，自然而然的。"〔1〕李氏指出，中国人特别对形而上抽象的思辨不感兴趣，人类能够做到的，只不过研究描述其现象而已。

李氏在引到《管子·水地》所归纳的玉有仁、知、义、行、洁、勇、精、容、辞等"九德"时作了这么一个注释：

> 从下列之九德，可以看出古代道家在科学命名上有困难。那时他们除了借用人类社会已经熟悉的道德名词之外，别无他法。我们又连带发

---

〔1〕(英)李约瑟：《中国古代科学思想史》，陈立夫等译，江西人民出版社1999年版，第45页。

现一个事实，即在生与无生物之间严格地区分，不仅在人类智力的发展史上是较晚的事，而且每个人在成长的过程中，也较晚才有这种能力。有生与无生物的混淆，并不是设想万物有人的特性，而是根本就把万物都当作人类。〔1〕

从这个看法是不是可以引申出如下的观点，即中国古人本来就把自然和道德看做整个知识和实践的分类体系中不同的类，尽管不同，但是它们在本质上却是处于比类的关联之中的，换言之，此种比类的关联其实就允许把万物当做人类。因此，说玉有九德或水有诸德在中国古人尤其是儒家，是一件很自然的事，压根不会存在分类上的困难。至于道家如庄子拒斥道德，则更不会妨碍他倡导“齐物”和“物化”这种“绝对类比”的自然主义路径。

李氏说：

神秘的自然主义，又不同于其他纯宗教的以一神或诸神为焦点的神秘主义，前者特别强调的，是天地之间，有很多东西是超越地球上人类理性的。因为它舍推理而取经验，故认为如果人类能虚心地探讨万物彼此间之关系和一事一物奇妙的性质，则不可思议的大自然也就容易了解了。〔2〕

这段话中，他把道家称为经验派，而把儒家称为推理派，因此前者对了解自然有浓厚的兴趣，而后者则对经验无兴趣。在这个意义上，我们把庄子的“绝对类比”视为他走向自然（“齐物”“物化”）的一个路径。

第四节　观水：比类经验之个案研究

孔子喜欢观水，这一活动由他奠基并成为先秦儒家的传统。

知者乐水，仁者乐山。知者动，仁者静。知者乐，仁者寿。（《论语·雍也》）

---

〔1〕（英）李约瑟：《中国古代科学思想史》，陈立夫等译，江西人民出版社 1999 年版，第 50 页。
〔2〕同上书，第 114 页。

知者好动，所以乐水；仁者好静，所以乐山。在这个结构中，我们发现存在着如下两方：作为主体的知者、仁者和作为客体的山水。究其实，在孔子，山水与其说是一个被认知的客体，还不如说是一个被比拟的客体，道德主体处于完全的主动地位，山和水只是仁和智，道德主体亲和地占有着作为客体的山水，但通常并不与它们化而为一。换言之，自然物以其被观的样态，呈现着观者的智慧，仅此而已。

> 子在川上曰："逝者如斯夫！不舍昼夜。"（《论语·子罕》）

这是什么意思呢？是感叹时光就像流水一般昼夜不停地过去了，人生苦短。江河的流水被孔子所切近地观察，不过，他并不是真的对流水有兴趣。流水意味着时间的流逝，换言之，自然在不停地变迁之中。透进一层说，流水真实地意味着生命的流逝，流水是天，生命是人，两者被组织到比喻的结构中去了，几乎成为一个东西。请比较他的名言"朝闻道，夕死可也"（《论语·里仁》），朝、夕之所以被对举，它所度量的并非物理之时间，而是人的德性价值，显然，这同样是一个"比类看"的隐喻结构。孔子的这些见解的更深层意义，在于它还说明中国人没有抽象的时间意识。

观水成为先秦儒家的传统。《孟子》书中记：

> 徐子曰："仲尼亟称于水，曰：'水哉，水哉！'何取于水也？"孟子曰："原泉混混，不舍昼夜。盈科而后进，放乎四海，有本者如是，是之取尔。苟为无本，七八月之间雨集，沟浍皆盈；其涸也，可立而待也。故声闻过情，君子耻之。"（《孟子·离娄下》）

徐子向孟子求教："孔子多次谈论水，很喜欢观水啊，那么他为什么要以水为喻呢？"孟子解释道："孔子之所以有取于河水，是因为河水总有一个不竭的源头，日夜涌流不息，一路上遇到低洼之所在，就会灌满它，然后坚毅地再度前行，一直向着大海奔去。以其为喻，那是因为流水有其本源，足以供给其跑完向着大海之全程。反观无本之水，好比是七八月间的雨水落下，沟渠一时为之满溢，不过稍一会儿就干涸消散罢了。要是人像无本之水，徒有虚名，那就是可耻的。"这一个"本"，指的是人之为人的道德根据。

> 孟子曰："孔子登东山而小鲁，登太山而小天下。故观于海者难为水，游于圣人之门者难为言。观水有术，必观其澜。日月有明，容光必照焉。流水之为物也，不盈科不行；君子之志于道也，不成章不达。"（《孟

子·尽心上》)

“观水有术”,它的讲究就在于水有其本,其动态流淌之际会灌满沟坑,才会再度前行。水的前行都循着这个道理,就好比君子有志于得道,只有如流水一般成章(有条理、循序渐进)才可望大功告成。孔子观水借助于一个隐喻的结构,而孟子观水则展开为一个动态的、有条理的、克服艰难达到目标的过程。

有意思的是,另一位大儒荀子也喜论水,他借孔子之口道:

孔子观于东流之水。子贡问于孔子曰:“君子之所以见大水必观焉者,是何?”孔子曰:“夫水,大遍与诸生而无为也,似德。其流也埤下,裾拘必循其理,似义,其洸洸乎不淈尽,似道。若有决行之,其应佚若声响,其赴百仞之谷不惧,似勇。主量必平,似法。盈不求概,似正。淖约微达,似察。以出以入,以就鲜洁,似善化。其万折也必东,似志。是故君子见大水必观焉。(《荀子·宥坐》)

这一次是子贡看到孔子观水,就问道:“君子看见浩大的流水就一定要观赏它,这是为什么?”孔子答曰:“那流水普遍地赋予各种生物以生命而似无所作为,可比拟为德;流向低洼之处,弯弯曲曲一定遵循那向下流动的规律,可比拟为义;浩浩荡荡没有穷尽,可比拟为道;若是挖去壅塞物,它随即奔腾向前,好像回声一样迅捷,奔赴上百丈深谷亦无所惧,可比拟为勇敢;注入量器时一定很平,可比拟为法度;注满量器而无须用刮板刮平,可比拟为公正;它柔和地到达所有细微之处,可比拟为明察;万物在水里出入淘洗,变得鲜美洁净,可比拟为善于教化;纵有万曲千折,它一定向东而去,可比拟为意志。所以君子但凡遇见浩大之水,是一定要观赏它的。”在此,荀子所记的孔子把流水的诸品格类比为德、义、道、勇敢、法度、公正、明察、教化、意志等道德品格和行为规范。荀子论观水,展开为诸多明喻组合而成的博喻,似乎是对君子的道德品格的多面观照。看来孔门观水是成为一个传统了。

在孔子、孟子、荀子的观水语境中,可以发现这样一个定则:观水之人必为君子,而水之品就是人之品。在孔子是智者,在孟子和荀子都是君子。水的品格是紧密比拟着君子的品格的,与其说观水,毋宁说是通过观水以反观人。这就是“比德”或“比类看”的原则。

有意思的是,老子也近似地论水。《老子·八章》云:

上善若水。水善利万物,而不争。处众人之所恶,故几于道。居善地,心善渊,与善仁,言善信,政善治,事善能,动善时。夫唯不争,故无尤。

最善的人好像水一样。水滋润万物而不与之相争,居于众人都讨厌的地方,所以最靠近于“道”。最善的人,居处最会选择地方,心胸渊静而不可测,待人极仁爱,说话讲信用,为政能把国家治理好,处事能够发挥所长,行动极善选择时机。正是因为不争,所以没有怨咎,灾祸也不会降临到他的头上。

所谓“上善若水”,是把水的品格高标为人的最上品格。在老子看来,水善利万物,又甘处众人之所恶。水的德行是最接近于道的,它的突出品格就是公而无私。因此,水之道就是人之道。人向水学习,形成了如下七条准则:居善地,心善渊,与善仁,言善信,政善治,事善能,动善时。其实,水并非一味地退让,它的反面是坚强,这是辩证的:“天下柔弱莫过于水,而攻坚强者莫之能胜,其无以易之。故柔胜刚,弱胜强,天下莫不知,莫能行。”(《老子·七十八章》)

老子论水,其实也是展开于某种近似于“比德”的语境,这是极为明显的,不过相较孔子更偏于政治权术罢了。如果现在我们说老子也会“比类看”,应该不会引人讶异吧。

此类人与自然物的比喻重复多次,自然物就可能类型化为德性的象征[1],如孔子眼中的流水、屈原诗中的花草等。以后中国诗画中人格化了的松、竹、梅,被称为“岁寒三友”,等等,大多仿此。在“多识于鸟兽草木之名”的认知活动中获得的这些关于鸟兽草木的知识,更多地被用来展开君子比德的类比思维,求知倒是次要的了,于是我们看到,在比类的认知活动中出现了双向展开的结构:一方面,自然物被人格化了;另一方面,人总是保持着亲和自然的倾向,人与自然之间总是存在着吸引力。

不过,上述类比结构中比喻的两造还是明显地区别为两大类事物:人和自然。在此语境中,我们都清晰地意识到,孔子和屈原是在作比喻、打比方。如果说,屈原在决意结束生命的时刻才真正实践了伟大而浑成的天人合一——与深不可测的水化为一体,回归自然,那么,让我们更为惊讶的是,在孟子和庄子的笔下,展开着另一类极为壮观的类比。在那里,孔子和屈原所运用娴熟的比喻之两造退隐了,甚而至于,我们几乎感觉不到他们是在作类比,或者不妨说,孟子和庄子运用的单个类比规模之庞大,其最终的倾向是要把类比的两造给消解了,以期臻于伟大而浑成的天人合一。较之“比德”式的“看”,这是更高级的思维倾向及世界观。

---

〔1〕 象征是一个西方的术语,此处使用此词并非欲将中国的比类思维定义为象征,相反,因为比类思维中两造最终区分为人与自然,它的天人之际的意义并非象征所能概括。只是在某些小的局部语境中,如“岁寒三友”,不妨称之为象征,仅此而已。

第四章 《诗经》《楚辞》的比兴经验

上面我们在先秦各家学派基本世界观背景下考察了类比思维，不过对于先秦的诗歌，还是需要具体地来作一番分辩。以下，将对《诗经》和《楚辞》在先秦的实际作用作一考察，为严谨起见，我们讨论的范围只限于使用先秦的材料，《毛诗》和《韩诗》产于汉代，放到下一章再讨论。

第一节 “诗言志”和孔子论“兴”

《诗经》在先秦已经成形，有文献为证：

> 诗三百篇，一言以蔽之，曰：“思无邪。”（《论语·为政》）
>
> 诵诗三百，弦诗三百，歌诗三百，舞诗三百。（《墨子·公孟》）
>
> 其在于《诗》《书》《礼》《乐》者，邹鲁之士、缙绅先生多能明之。（《庄子·天下》）

孔、墨、庄言之凿凿，在他们所处的时代，诗有三百篇，而且都用以诵、弦、歌、舞，于此可以推论，在他们以前《诗经》已经有一个具有相对稳定规模的本子了，或随时有增益，至于这诗三百到底是谁做的最后编订工作，或说是孔子，不过难有定论，可存而不论。

《诗经》中诗依据乐调分为三类：一是“风”即民间歌谣；二是“雅”，即朝廷乐章；三是“颂”，即宗庙祭祀歌曲。作者或是来自民间或是来自贵族文人圈，大多已不可考。《荀子·儒效》云：

> 圣人也者，道之管也：天下之道管是矣，百王之道一是矣。故《诗》

《书》《礼》《乐》之道归是矣。《诗》言是其志也,《书》言是其事也,《礼》言是其行也,《乐》言是其和也,《春秋》言是其微也,故《风》之所以为不逐者,取是以节之也,《小雅》之所以为小雅者,取是而文之也,《大雅》之所以为大雅者,取是而光之也,《颂》之所以为至者,取是而通之也。天下之道毕是矣。

这里我们注意到两个地方:其一,提到了"诗言志";其二,还提到了"风""雅""颂"的分类。《礼记·乐记》也作了这一分类。

《周礼·春官·大师》提出(大师)"教六诗,曰风、曰赋、曰比、曰兴、曰雅、曰颂"〔1〕。这里除了"风""雅""颂",还提出了"赋""比""兴"。赋比兴连称的提法,出于先秦文献唯此一处,颇让人怀疑,似乎没有足够的证据。换言之,《周礼·春官·大师》之说成为孤证,可靠性值得怀疑。

《尚书·尧典》的时代是否真的那么早,颇有学者怀疑,姑且引之:

帝曰:夔!命汝典乐,教胄子。直而温,宽而栗,刚而无虐,简而无傲。诗言志,歌永言,声依永,律和声。八音克谐,无相夺伦,神人以和。夔曰:於!予击石拊石,百兽率舞。

这一记载提到了诗歌、音乐和舞蹈。诗歌表达人的志向,音乐赋予诗歌以节奏和旋律,再配上舞蹈,造成一种综合的审美效果。夔是尧舜时代主管音乐的官员,司职王室子弟的教育,目的是培养他们具有"直而温,宽而栗,刚而无虐,简而无傲"的理想人格。这段话显示古代有一个与乐教结合着的诗教传统。

《国语·周语》则称:

为川者决之使导,为民者宣之使言。故天子听政,使百姓至于列士献诗,瞽献曲,史献书,师箴,瞍赋,矇诵,百工谏,庶人传语,近臣尽规,亲戚补察,瞽史教诲,耆艾修之,而后王斟酌焉,是以事行而不悖。〔2〕

---

〔1〕《毛诗正义》孔疏引《郑志》云:"张逸问:'何诗近于比赋兴?'答曰:'比赋兴,吴札观《诗》,已不歌也。'孔子录《诗》,已合《风》《雅》《颂》中,难复摘别。"这是《郑志》(据《四库全书提要》"郑志"条考证,《郑志》是郑玄师徒的问答录)所记郑玄与弟子张逸的问答。郑玄回答张逸的大意是:比赋兴类似于风雅颂,本来是音乐上的区别,季札观风的时候已经不歌了,孔子整理《诗经》就把它们合并到风雅颂当中,这样就难以再把它们分别指出了。

这是汉人的说法,因为没有更多的证据,只能录以备考。不过我的猜测却是,会不会是汉人把《毛诗序》的"故诗有六义焉:一曰风,二曰赋,三曰比,四曰兴,五曰雅,六曰颂"加入《周礼》中去了呢?

〔2〕 徐元诰:《国语集解》,王树民、沈长云点校,中华书局2002年版,第11—12页。

所谓献诗、献曲等一系列自下而上的行为，都是围绕着天子听政，为了保证其执政成功而作的，并不是单纯的文艺。

显然，乐官们掌管着艺术教育的职能，而“言志说”是官方的一种艺术教育理论。

《礼记·王制》云“天子五年一巡守……命太师陈诗以观民风”，“太师”就是周王朝的乐官，他们掌握着诵、弦、歌、舞诗三百的大权。通过唱诵诗歌来广泛地了解人心、民情、政绩，即所谓“观民风”，从而为政治举措和道德教育提供决策依据，是先秦政治家对《诗经》的首要兴趣。

《左传·襄公二十九年》载吴公子季札鲁国观风事是一个典型：

> 吴公子札来聘……请观于周乐。使工为之歌《周南》《召南》，曰：“美哉！始基之矣，犹未也，然勤而不怨矣。”为之歌《邶》《鄘》《卫》，曰：“美哉！渊乎！忧而不困者也。吾闻卫康叔、武公之德如是，是其《卫风》乎！”为之歌《王》，曰：“美哉！思而不惧，其周之东乎！”为之歌《郑》，曰：“美哉！其细已甚，民弗堪也。是其先亡乎！”为之歌《齐》，曰：“美哉！泱泱乎！大风也哉！表东海者，其大公乎！国未可量也。”为之歌《豳》，曰：“美哉！荡乎！乐而不淫，其周公之东乎！”为之歌《秦》，曰：“此之为夏声，夫能夏则大，大之至也，其周之旧乎！”为之歌《魏》，曰：“美哉！沨沨乎，大而婉，险而易行，以德辅此，则明主也。”为之歌《唐》，曰：“思深哉！其有陶唐氏之遗民乎！不然，何其忧之远也？非令德之后，谁能若是？”为之歌《陈》，曰：“国无主，其能久乎！”自《郐》以下无讥焉。为之歌《小雅》，曰：“美哉！思而不贰，怨而不言，其周德之衰乎！犹有先王之遗民焉。”为之歌《大雅》，曰：“广哉！熙熙乎！曲而有直体，其文王之德乎！”为之歌《颂》，曰：“至矣哉！直而不倨，曲而不屈，迩而不逼，远而不携，迁而不淫，复而不厌，哀而不愁，乐而不荒，用而不匮，广而不宣，施而不费，取而不贪，处而不底，行而不流。五声和，八风平，节有度，守有序，盛德之所同也。”……〔1〕

鲁国继承了周室虞、夏、商、周四代的乐舞，所以季札想要观看。当乐工为他演奏歌唱“风”“雅”“颂”诸诗篇时，季札均一一给予评语。除了从内容上否定了一些诗歌如《陈风》《郐风》等，还是以正面肯定的居多。然而季札的肯定却并非简单

---

〔1〕 杨伯峻：《春秋左传注》（第三册），中华书局1981年版，第1161—1165页。

化的和直截了当的，而是一种有其界限的评语，它们是“忧而不困”“乐而不淫”“直而不倨”“曲而不屈”“哀而不愁”“取而不贪”等等对子，一共有二十余个之多。这些对子所表示的，与其说是情感，还不如说是“志”或“怀抱”。它是谐和、平和、稳健而富于德性的情操，是社会化的、理想化的道德情感。他接着说“五声和，八风平，节有度，守有序，盛德之所同”，仍然表现了与《尚书·尧典》同样的情感理想。《诗经》在先秦之被重视，与社会的政治和道德秩序之建立和维护密切相关，感情的抒发是以类即群体的利益为目的的。

除了陈诗观风，赋诗言志也是用诗的一个重要途径。赋诗言志并非创作而是个人借诵合乐之诗以发表对某个事件的看法，它可以如《左传》《国语》中被大量用作外交辞令，也可以如《论语》中被用作对某种道德观念的喻示（兴）。赋诗言志大多不是用诗的本义，而是用其比喻义。这就是著名的断章取义：（卢蒲癸说）“赋诗断章，余取所求焉”（《左传·襄公二十八年》）。[1]

《左传·襄公二十七年》记晋赵孟请郑国的七个大夫赋诗[2]，目的是“观七子之志”，这里节取子展、伯有赋诗以及赵孟之评论：

> 郑伯享赵孟于垂陇，子展、伯有、子西、子产、子大叔、二子石从。赵孟曰：“七子从君，以宠武也。请皆赋，以卒君贶，武亦以观七子之志。”子展赋《草虫》。赵孟曰：“善哉，民之主也！抑武也，不足以当之。”伯有赋《鹑之贲贲》。赵孟曰：“床第之言不逾阈，况在野乎？非使人所得闻也。”……

子展赋《草虫》，杜预注云：“《草虫》，《诗·召南》。曰：‘未见君子，忧心忡忡。亦既见止，亦既觏止，我心则降。’以赵孟为君子。”所以赵孟评说：“真好，您是一位贤臣，我比不上你啊。”伯有赋《鹑之奔奔》，诗出《鄘风》：“鹑之奔奔，鹊之强强。人

---

〔1〕 顾颉刚《〈诗经〉在春秋战国间的地位》一文中说：（赋诗的通例是）“自己要对人说的话，借了赋诗说。所赋的诗只要达出赋诗的人的志，不希望合于作诗的人的志，所以说‘赋诗言志’。”顾颉刚：《古史辨》（第三册），上海古籍出版社1982年版，第336页。

朱自清《诗言志辨》说：“我们的文学批评似乎始于论诗，其次论‘辞’，是在春秋及战国时代。论诗是论外交‘赋诗’，‘赋诗’是歌唱人乐的诗。论‘辞’是论外交辞命或行政法令。两者的作用都在政教。”《朱自清全集》（第六卷），江苏教育出版社1990年版，第129页。

〔2〕 杨伯峻：《春秋左传注》（第三册），中华书局1981年版，第1134—1135页。

之无良，我以为兄！鹊之强强，鹑之奔奔。人之无良，我以为君！”[1]赵孟评说：“男女枕边说的情话不能超越窗户，何况是在野外啊。这不是我这使臣所能听的。”赵孟对两人所赋诗，一褒一贬，其原则就是“诗以言志”。

宴会以后，赵孟对叔向说：“伯有将为戮矣。诗以言志，志诬其上而公怨之，以为宾荣，其能久乎？”伯有赋《鹑之奔奔》，其实他意在“人之无良，我以为君”一句，所以赵孟断定他想要诬蔑国君，而且公然在宴席上发泄怨愤，拿这种言论来对待客人，还能长久吗？这个例子可以见出两条：其一，赋诗从手段上看是断章取义，不顾本义的[2]；其二，当时人所理解的“诗言志”，无非是借赋诗来言自己的志。《左传·昭公十六年》记韩宣子请郑六卿赋诗，“亦以知郑志”，可参看。

值得注意的是赋诗的要求也是“类”，运用的是比类思维，《左传·襄公十六年》记：

> 晋侯与诸侯宴于温，使诸大夫舞，曰：“歌诗必类。”齐高厚之诗不类。荀偃怒，且曰：“诸侯有异志矣。”使诸大夫盟高厚，高厚逃归。于是叔孙豹、晋荀偃、宋向戌、卫宁殖、郑公孙虿、小邾之大夫盟，曰：“同讨不庭。”[3]

齐高厚歌诗之所以不类，是因为和舞不相配，这怕不光是单纯的有失礼仪，还更严重地使荀偃通过齐高厚所表现的“不类”断定诸侯们有异志。从歌诗不类来判断歌者之志，本质上还是个“诗言志”的问题。[4] 上引赵孟评伯有赋《鹑之奔奔》，其实也是基于其不类。

我们分析《左传》《尚书》《荀子》等文献都提到的“诗言志”，可以看出，其实它

---

〔1〕 高亨《诗经今注》云：“卫宣公死，其妻宣姜公然与宣公庶子顽姘居，生了三男二女。这首诗是顽的弟弟所作，讽刺顽与宣姜的淫秽行为。”“鹑，鹌鹑，雌雄有固定的配偶。……鹊，喜鹊，雌雄也有固定的配偶。……诗以鹑鹊均有固定的配偶反比顽与宣姜乱伦姘居。”高亨：《诗经今注》，上海古籍出版社 1980 年版，第 70 页。

〔2〕 也有直接讲诗的内容即取义而不断章的例子，如《国语·周语》记叔向称赞单靖公在宴会上“语”《周颂·昊天有成命》诗，就是逐字解释诗句。朱自清《诗言志辨》说：“春秋赋诗，虽有全篇，所重在声，取义甚少。引诗却有说全篇意义的。如《左传》隐公三年，君子曰：‘《风》有《采蘩》《采苹》，《雅》有《行苇》《泂酌》，昭忠信也。’杜注云：‘明有忠信之行，虽薄物皆可为用。’但只此一例，出于偶然。”[朱自清：《朱自清全集》(第六卷)，江苏教育出版社 1990 年版，第 203 页]朱氏所举例为概说全诗意义，未具体引诗，而叔向则是逐句解诗，似乎更能说明先秦时人对诗的本义完全把握，并非只会断章取义。

〔3〕 杨伯峻：《春秋左传注》(第三册)，中华书局 1981 年版，第 1026—1027 页。

〔4〕 关于“歌诗不类”，还可以参看朱自清《诗言志辨》：“孔颖达《正义》说：‘歌古诗，各从其恩好之义类。’高厚所歌之诗独不取恩好之义类，所以说‘诸侯有异志’。”朱自清：《朱自清全集》(第六卷)，江苏教育出版社 1990 年版，第 146 页。

们都不是指作诗者的言志，而是指用诗者的借诗言志。这就是顾颉刚先生所提出的“春秋用诗法”。[1]

孔子也十分重视诗的作用和教学，他说：“诵诗三百，授之以政，不达，使于四方，不能专对，虽多，亦奚以为？”（《论语·子路》）“不学诗，无以言。”（《论语·季氏》）这说的是掌握诗对于言谈、执政和外交辞令有帮助。

“吾自卫返鲁，然后乐正，雅颂各得其所。”（《论语·子罕》）“《关雎》乐而不淫，哀而不伤。”（《论语·八佾》）所谓“正乐”，说明诗与音乐有密不可分的关系。

“兴于诗，立于礼，成于乐。”（《论语·泰伯》）“小子，何莫学夫诗？诗可以兴，可以观，可以群，可以怨。迩之事父，远之事君。多识于鸟兽草木之名。”（《论语·阳货》）这是论到学诗对于人格确立的重要性以及诗歌的社会功用。

将孔子的上述观点联系到“教六诗”，可以说明“诗教”是一个古代的传统，不过它是非常看重实用的。[2] 我们来看《论语》中三个“诗言志”的例子。

其一，《论语·先进》：“南容三复白圭，孔子以其兄之子妻之。”孔子的弟子南容多次吟诵“白圭”之诗言志，孔子就把他的侄女嫁给了他。“白圭”是《诗经·大雅·抑》中的诗句，有这样四句：“白圭之玷，尚可磨也；斯言之玷，不可为也。”这是个比喻，周大夫卫武公借以告诫当权者说话要谨慎。南容显然断章取义，把它作为自己的人生格言。看来此人处世极小心谨慎，孔子称赞他“邦有道，不废；邦无道，免于刑戮”（《论语·公冶长》）。

其二，更为有名的是：

> 子夏问曰：“‘巧笑倩兮，美目盼兮，素以为绚兮。’何谓也？”子曰：“绘事后素。”曰：“礼后乎？”子曰：“起予者商也！始可与言《诗》已矣。”（《论语·八佾》）

“巧笑倩兮，美目盼兮，素以为绚兮”（《诗经·卫风·硕人》）的诗句与“礼后”的观念不知如何搭接，“绘事后素”一语也颇难读懂。不过这并不影响我们理解最后那句话：是你子夏启发（起）了我呀，现在可以和你谈《诗》了。

---

〔1〕 “《诗经》是为了种种的应用而产生的，有的是向民间采来的，有的是定做出来的。它是一部入乐的诗集；大家对于这些入乐的诗都是唱在口头，听在耳里，记得熟了，所以有随意使用它的能力。他们对于诗的态度，只是一个为自己享用的态度；要怎么用就怎么用。但他们无论如何把诗篇乱用，却不预备在诗上推考古人的历史，又不希望推考作诗的人的事实。正如现在一般人看演戏，只为了酬宾，酬神，和自己的行乐，并不想依据了戏中的事去论古代，也不想推考编戏的人是谁。所以虽是乱用，却没有伤损《诗经》的真相。”顾颉刚：《〈诗经〉在春秋战国间的地位》，见顾颉刚：《古史辨》（第三册），上海古籍出版社 1982 年版，第 344—345 页。

〔2〕 请参看拙文《孔子诗论“兴观群怨”说新解》，《孔子研究》1990 年第 1 期。

其三，同样著名的一则：

> 子贡曰："贫而无谄，富而无骄。何如？"子曰："可也。未若贫而乐，富而好礼者也。"子贡曰："《诗》云：如切如磋，如琢如磨。其斯之谓与？"子曰："赐也，始可与言《诗》已矣。告诸往而知来者。"（《论语·学而》）

这是一个善于取类的典型，子贡本以为自己做到"贫而无谄，富而无骄"就很不错了，哪知孔子告诉他还有更进一层的"贫而乐，富而好礼"。这一对话就是"告诸往"，子贡明白过来以后就引诗句"如切如磋，如琢如磨"，借以说明他觉悟到德性的进阶是须如治骨角、玉石般反复切磋、琢磨，永无止境，这就是"知来者"。对此，朱熹评道："子贡货殖，盖先贫后富，而尝用力于自守者，故以此为问。而夫子答之如此，盖许其所已能，而勉其所未至也。"[1]

南容、子夏和子贡们断章取义的"诗言志"，显然源于更早的"春秋用诗法"。孔子在一次著名的谈话教学中，鼓励正在鼓瑟的曾点"不妨各言其志"，曾点的"志"却是："暮春者，春服既成，冠者五六人，童子六七人，浴乎沂，风乎舞雩，咏而归。"（《论语·先进》）如果说，《左传》《国语》中的"诗言志"是比类传统中偏于政教的一类，那么《论语》中的"诗言志"就是具有更明显的道德化倾向，更要求体现个人的德性修养境界。[2]

> 子曰："小子，何莫学夫诗？诗可以兴，可以观，可以群，可以怨。迩之事父，远之事君。多识于鸟兽草木之名。"（《论语·阳货》）

在先秦文献中，把"诗"与"兴"联系在一起的，这是唯一的一处，那么此"兴"何谓？我理解就是以"告诸往而知来者"为目的的断章取义用诗，或者叫"起"，"起"即启发，也就是"兴"。这是就引诗者言，换个角度，就听诗者言，则叫"观"，它相当于"季札观风"的"观"，不过这是观个人之志，季札是观国家之风。引诗和听诗的两造，都并非作诗，只是把诗拿来作为"迩之事父，远之事君"的联想式言志工具罢了。由"兴"而"观"，大家各言其志，在引诗者和听诗者之间达成了"志"的良好沟通，这就是"群"。至于"怨"，《诗经》不少篇目都有明确表示这类创作意图的，不过在《论语》中没有这样的用法，难以考证。

---

[1] [宋]朱熹：《四书章句集注》，中华书局1983年版，第52—53页。

[2] 朱自清《诗言志辨》对《左传》和《论语》中"言志"一词的"志"多有论列，他认为此"志"指"怀抱"，与政教分不开。可参看。

第二节 《孔子诗论》"《关雎》以色喻于礼"说

《孔子诗论》[1]为战国中后期作品，此书提出"《关雎》以色喻于礼"，对此诗的作意进行了解说，这里略作分析。《诗经·周南·关雎》：

关关雎鸠，在河之洲。窈窕淑女，君子好逑。
参差荇菜，左右流之。窈窕淑女，寤寐求之。
求之不得，寤寐思服。悠哉悠哉，辗转反侧。
参差荇菜，左右采之。窈窕淑女，琴瑟友之。
参差荇菜，左右芼之。窈窕淑女，钟鼓乐之。

《关雎》为诗三百及风诗《周南》之首篇，这个地位决定了它的重要性。《仪礼·乡饮酒礼》《仪礼·乡射礼》和《仪礼·燕礼》三篇均载以《关雎》合乐，孔子则论曰："师挚之始，《关雎》之乱，洋洋乎盈耳哉！"(《论语·泰伯》)"《关雎》乐而不淫，哀而不伤。"(《论语·八佾》)孔子所论是指音乐，正合于《仪礼》。不过所谓"乐而不淫，哀而不伤"和诗的内容是否有联系，还是值得一探。《关雎》是一首什么性质的诗？爱情诗？和礼教是否有关系？我们引两个材料来说明。

《孔子诗论》有如下几支关于《关雎》的简：

第十简："《关雎》之改""贤于其初""《关雎》以色喻于礼"。

第十一简："……情，爱也。《关雎》之改，则其思益矣。"

第十二简："反纳于礼，不亦能改乎？"

第十四简："以琴瑟之悦，凝好色之愿；以钟鼓之乐……"

归纳几支简文，大意是说：《关雎》"其初"是求女心切，为好色之情爱，后来"改"了，"以琴瑟之悦""钟鼓之乐"，"凝好色之愿"，结果是"反纳于礼"。从情到礼，有一个"改"的过程，正是此诗所描写的。

马王堆帛书《五行》针对经部文字"喻而知之，谓之进之"的说部文字也引《关雎》以为证：

"榆(喻)而知之，胃(谓)之〔进之〕"，弗榆(喻)也，榆(喻)则知之〔矣〕，知之则进耳。榆(喻)之也者，自所小好榆(喻)虖(乎)所大好，"茭

---

〔1〕 马承源：《上海博物馆藏战国楚竹书》(一)，上海古籍出版社2001年版，第11—42页。

(窈)芍(窕)〔淑女,寤〕眛(寐)求之”,思色也。“求之弗得,唔(寤)眛(寐)思伏(服)”,言其急也。“繇(悠)才(哉)繇(悠)才(哉),婘(辗)槫(转)反厕(侧)”,言其〔甚急〕也。如此其甚也,交诸父母之厕(侧),为诸?则有死弗为之矣。交诸兄弟之厕(侧),亦弗为也。〔交诸〕邦人之厕(侧),亦弗为也。〔畏〕父兄,其杀畏人,礼也。繇(由)色榆(喻)于礼,进耳。[1]

帛书《五行》说部为了说明“喻”的意思和作用,以《关雎》为例,说此诗开初写“思色”心切,辗转反侧,急而甚急,“如此其甚”,但是不能在父母、兄弟、乡亲之旁公然交合,“死弗为之矣”,有此“畏”则知礼。“思色”是“小好”,“畏人”之礼是“大好”,由“小好”来晓喻“大好”,结果是“由色喻于礼,进耳”。色无非用以让人知晓(喻)礼,明白了诗的用意,就进步。

《荀子·大略》篇也可以提供一个旁证:

《国风》之好色也,《传》曰:“盈其欲而不愆其止。(好色,谓《关雎》乐得淑女也。盈其欲,谓好仇,寤寐思服也。止,礼也。欲虽盈满,而不敢过礼求之。此言好色人所不免,美其不过礼也。……)其诚可比于金石,其声可内于宗庙。”《小雅》不以于污上,自引而居下(以,用也。污上,骄君也。言作《小雅》之人,不为骄君所用,自引而疏远也),疾今之政以思往者,其言有文焉,其声有哀焉(《小雅》多刺幽、厉而思文、武。言有文,谓不鄙陋,声有哀,谓哀以思也)。[2]

荀子这段话对《诗经》的内容作了评价,“《国风》好色”但不过分,其性质为“诚”,可以用之于宗庙音乐,“《小雅》不以(用)于污上”,作《小雅》之人不为君所用,被疏远,批评当今政治,怀念文王武王,语言有文采,情感是哀怨的。这是对《诗经》中的两大类风和雅的总体评价,如果如王先谦集解所云,则“好色”即指《关雎》,考虑到荀子为战国末期人,把他的这一说法和《孔子诗论》作联想也是合理的。[3]

《五行》说部的说法和《孔子诗论》完全相同,不过前者是针对《关雎》内容的解释,后者则是借《关雎》以解释晓喻的功用,《荀子·大略》则总论《国风》好色,为强有力之佐证。可见《关雎》在先秦(稳妥点说,战国中期以后)是一个“以色喻于礼”的经典。这样,我们当可以肯定《关雎》的“以色喻于礼”,虽然是针对《诗经》的本

---

〔1〕 庞朴:《帛书五行篇研究》,齐鲁书社1980年版,第65页。

〔2〕 [清]王先谦:《荀子集解》,中华书局1988年版,第603—604页。括号内小字为王先谦集解。

〔3〕 不过在荀子,这种看法可以与断章取义的用法并存,它们其实是不矛盾的。可见,先秦人尽管随意用《诗经》,却并非不知晓《诗经》的本义。

义,并非断章取义,但“色”与“礼”的对待关系依然延续了孔子“比德”的传统。作为比类,“以色喻于礼”之说不仅汇聚于德行和礼教,还进而向具体之个人修为践行(能改、喻而知之)延伸,强化了“比德”传统。

有意思的是,上述说法固然针对着德行修为,却和汉代的四家诗说论《关雎》都不同,这是因为这些先秦文献都没有运用后者那种扣合着“美刺”的“比兴”来说诗。因此,《孔子诗论》没有“比兴”概念,就成为先秦说《诗经》(并非用《诗经》)不用“比兴”的有力证据。

这两节把引用文献设限于先秦,对《诗经》在当时的地位和作用进行分析,意图是揭示所谓“诗言志”和“兴”在先秦的真实用法。质言之,在先秦,后来汉代《诗经》博士所使用的“美刺”式“比兴”与齐梁诗学家甚或目前学界所使用的诗学意义上的“比兴”两类概念,其实并没有使用者和研究者在用。当然,说诗学意义上的“比兴”概念在先秦不存在,却压根不影响对“诗言志”和“兴”之美学意义的分析及定位。我们可以看得很清楚,这还是不脱上一章所分析的比类思维之范畴的。

第三节　《离骚》的博喻和抒情:以“比”入诗的典范

如果说《诗经》在先秦并没有真正被视为抒情诗的典范,我们一般只能从传唱即“用”的层面对之展开研究,并将之大致设限于比类思维,那么《楚辞》则是典型的个人创作,我们可以据其内容“知人论世”。然而,它却同样表现出比类思维的基本特点,并奠定了中国古诗的“惜春悲秋”模式。

屈原诗歌创作的基本手法是比喻,更准确地说是基于“比德”的传统。屈原赋的一个大的特点,是以自然的花草比喻人的德性。他创作长篇抒情诗《离骚》,描绘一个众多香花的世界:“扈江离与辟芷兮,纫秋兰以为佩”“制芰荷以为衣兮,集芙蓉以为裳”……兰花成为他政治人格的象征,其品格是高洁、孤芳独赏(《悲回风》“故荼荠不同亩兮,兰茝幽而独芳”)。政治上的失意和“放逐”,把他推向了大自然,由此成就了他由政治家向诗人的转换。他行吟于水泽之间,“发愤以抒情”(《惜颂》),成为明确的诗歌主人公。他的创作以人格为中介把自然物引入比类思维,政治语境转换到了自然语境,自然物成为明喻的喻体,并且被编制成道德谱系,再次进入了“比类看”的宏大思维模式。

王逸《楚辞章句》云:

> 《离骚》之文,依《诗》取兴,引类譬谕。故善鸟香草以配忠贞,恶禽臭物以比谗佞,“灵修”“美人”以媲于君,“宓妃”“佚女”以譬贤臣,虬龙鸾凤

以托君子，飘风云霓以为小人。其词温而雅，其义皎而朗。[1]

在王逸看来，《离骚》的方法论原则来自《诗经》，就是“引类譬谕”。今人詹安泰提出《离骚》的比喻并非来自《诗经》，值得关注：

> 《离骚》中用许多的自然景物来比喻人事是事实，但没有用兴的，说成“比兴之义”或“依诗取义”都不很恰当，当然更不能看成即是《诗经》的比兴传统。就比一方面说，《离骚》用比，也自有特色：第一，即以比喻的东西来代替人，如“滋兰九畹”、“树蕙百亩”、“众芳芜秽”、“芳草”变“萧艾”等等，和“凯风自南，吹彼棘心，棘心夭夭，母氏劬劳”（原注：《诗经·邶风·凯风》，朱熹集传：“比也。”）一类的用法不同。第二，许多用来比喻的东西自成一个整体，如芳草香花比贤士，以种植芳草香花比培养英才，以佩带芳草比修炼高洁的品德，以芳草比美质，以百草不芳比失时，以众芳芜秽比好人变节等，和“匏有苦叶，济有深涉；深则厉，浅则揭。有弥济盈，有鷕雉鸣。济盈不濡轨；雉鸣求其牡”（原注：《诗经·邶风·匏有苦叶》第一、二章，朱熹集传：“比也。”）一类的用法也有别。[2]

分析《离骚》中的比喻，可以看到如下三点。(1)香草美人式的明喻得到高频率的反复强化运用，本体道德人格甚至不必出现，“空谷幽兰”式的自然物象几乎成为象征。(2)同是芳草可以运用为博喻：喻君、喻贤士、喻培养英才、喻品德之高洁、喻失时、喻好人变节等等。《礼记·学记》曰：“不学博依，不能安诗。”郑玄注：“博依，广譬喻也。”不过，《离骚》的博喻并非运用多个喻体对某一本体进行比喻，例如，松、竹、梅因为耐寒而被称为“岁寒三友”，其实是被赋予了傲霜斗雪的品格，在此博喻中，喻体有三个，本体只有一个。而《离骚》则是系统地运用同一个喻体对不同本体展开比喻（芳草本身可比……，佩带芳草可比……，种植芳草可比……，芳草芜秽可比……），在此博喻结构中，比喻都不是单独而抽象的，它必须被置入自然的节候变迁之中，于是，人（品格、志向和命运）与自然（四季有机变迁的世界）两大品类之间的比类得以展开。显然，这样的比喻用在相对短小的《诗经》中的诗歌上并不合适，但在《离骚》这样的抒情长诗中却正有用武之地。(3)从性质上看，香草之变而为恶草，被归因为人“莫好修”和变节“从俗”，失落了高尚的道德追求而转到世俗界。前者之变是自然事件，后者之变则是道德事件，属根本

〔1〕［宋］洪兴祖：《楚辞补注》，中华书局1983年版，第2—3页。
〔2〕詹安泰：《离骚笺疏》，湖北人民出版社1981年版，第150—151页。

不同的类，不过，屈原以为两类转变可以视为同一，因此动态的转变不免也是可以在比类关系中产生的。

归纳以上特点，我们发现，比喻的运用使得出现于《离骚》的众自然物道德谱系化了，这一谱系化不仅为类比的规则所允许，而且还是"比类看"的人文目标。这正是王逸所说的"引类譬谕"，只是它并非来自《诗经》罢了。司马迁也赞之曰："其称文小而其指极大，举类迩而见义远。……推此志也，虽与日月争光可也。"(《史记·屈原贾生列传》)因此不妨说，香草美人之喻并非某种孤立的抽象品格之象征，它的真正土壤是古人对天人之际的关怀，只是在屈原创作中更偏向政治。

屈原赋的另一个大的特点——君臣关系被喻为男女关系，也是基于类比关系。"怨灵修之浩荡兮，终不察夫民心。众女嫉余之蛾眉兮，谣诼谓余以善淫。"(《离骚》)将君王拟为男性，将臣下拟为女性，诗中大量调动了"嫉""淫"之类形容女性的词汇，并且被波诡云谲的谣言之阴云所深深笼罩。

香花的世界和男女情感的世界这两大类比喻，赋予屈原赋以阴性品格，此品格，正是由此类近乎博喻的众多比喻所形塑的。屈原是如此深地沉入这个阴性的比喻世界而不能自拔，几乎将自己错置为女人并为之痴迷，以致他决绝地自沉湘水以证明自己对楚王的清白忠直，正可以理解为向此终极的比喻世界之回归——美女的诸品格：忠、直、香、好……不免化而为怨；怨极深，恰有极深沉、极浩大之水可包容之。[1] 于是，屈原人格被自然的大江大湖所无限地放大，并与之合而为一。屈原以这样一种香消玉殒的方式回归自然，成为中国文化躯体的一大沉疴，并被固化为中国文人的阴性品格。幸好，以后中国的失意文人更多地学习了屈原的写诗以发抒抑郁之情，而不是投水自沉。事实上，先人发现有更光明的路径可以达臻天人合一，如我们上面讲到的孟子和庄子的"绝对类比"。

朱自清《诗言志辨》提出："《楚辞》的'引类譬谕'实际上形成了后世'比'的意念。"他说："后世所谓'比'，通义是譬喻，别义就是比体诗，却并不指《诗大序》中的'比'。"他所谓的"比体"分为四大类：咏史、游仙、艳情、咏物。他认为，这四体的源头都在《楚辞》里，无非就是古比今、仙比俗、男女比君臣、物比人。所以他又说："后世多连称'比兴'，'兴'往往就是'譬喻'或'比体'的'比'，用毛、郑义的绝无仅有。"[2]联系上面的考证，可见朱说极是。因此，我们可以明白，先秦诗歌比喻的创作方法其实是屈原赋所奠立的，与断章取义用诗法之下的《诗经》是没有关系的。

屈原赋中已经有明确的抒情的表述：《离骚》"怀朕情而不发兮，余焉能忍而与

---

〔1〕 屈原每临水都不免自伤："临流水而太息"(《抽思》)，"汩余若将不及兮，恐年岁之不吾与"(《离骚》)，"伤怀永哀兮，汩徂南土"(《怀沙》)，"吾将荡志而愉乐兮，遵江夏以娱忧"(《思美人》)。

〔2〕 朱自清：《朱自清全集》(第六卷)，江苏教育出版社 1990 年版，第 214—216 页。

此终古”“众不可户说兮，孰云察余之中情”;《惜颂》“惜诵以致愍兮，发愤以抒情”“情沉抑而不达兮，又蔽而莫之白也”;《悲回风》“介眇志之所惑兮，窍赋诗之所明”;《思美人》“申旦以舒中情兮，志沉菀而莫达”;《抽思》“结微情以陈词兮，矫以遗夫美人”“兹历情以陈辞兮，荪详聋而不闻”。屈原把情与“发”“致”“抒”“明”“舒”“达”“陈”等词联系在一起，情感即是通过“陈辞”而得以抒发。《离骚》还有“就重华而陈辞”“跪敷衽以陈辞兮”，《思美人》有“因归鸟而致辞兮”，《惜往日》有“不毕辞而赴渊兮”。写诗即是“陈辞”，换言之，写诗就是抒情。

在屈原赋中，通过比喻来抒情，一个是创作手段，一个是创作目的，而且有一个抒情主人公。他的诗，尽管有非常强烈的政治倾向，但却是不折不扣的个人创作，是完全意义上的抒情诗，并且在当时并未因大规模流传而产生影响，屈原赋之被重视是在汉代。

第四节　自然类比人事：屈赋“惜春悲秋”之时间意识

这里，我想重点讲一下屈原赋所表现的时间意识，即“惜春悲秋”模式。屈原之抒情，往往并非直接抒发，而须借助于自然物。正是在所借助的自然物上，体现了他的时间意识。他把他的生命，附着在了自然物的生灭迁化上了。

《离骚》开头在介绍了自己的身世和姓氏的八句以后，就有如下十二句：

纷吾既有此内美兮，又重之以修能。
扈江离与辟芷兮，纫秋兰以为佩。
汩余若将不及兮，恐年岁之不吾与。
朝搴阰之木兰兮，夕揽洲之宿莽。
日月忽其不淹兮，春与秋其代序。
惟草木之零落兮，恐美人之迟暮。

这里体现了他的时间意识，即生命苦短、时不我待。诗歌主人公“吾”(“余”)固然因贵族血统而具有众多内在的美质，但还需要后天的继续修为，“扈江离与辟芷兮，纫秋兰以为佩”，把花草佩带在身上，这是以修饰容态比喻提升品德。“汩”形容江水奔流不停之貌，“日月”飞快不会淹留，春秋代序亦不等人，所以“吾”朝夕都在山上水滨忙于采花。想到草木势必当秋零落，就只恐“吾”心仪的美人迟暮。这十二句诗将“吾”心中对时间流逝的恐惧感与秋天草木零落、美人迟暮作了比类，情感完全应和于自然物的变迁。我们前面说过，孔子的时间意识是逝水，他没有抽象的时间观念，看来屈原也一样。唯其如此，他的诗形成“惜春悲秋”的心境，是不可避免的了。请看下面的例子：

开春发岁兮，白日出之悠悠。
吾将荡志而愉乐兮，遵江夏以娱忧。（《思美人》）
帝子降兮北渚，目眇眇兮愁予。
袅袅兮秋风，洞庭波兮木叶下。（《湘夫人》）
乘鄂渚而反顾兮，欸秋冬之绪风。（《涉江》）
阴阳易位，时不当兮；怀信侘傺，忽乎吾将行兮。（《涉江》）
悲秋风之动容兮，何回极之浮浮。
数惟荪之多怒兮，伤余心之忧忧。（《抽思》）
道卓远而日忘兮，愿自申而不得。
望北山而流涕兮，临流水而太息。
望孟夏之短夜兮，何晦明之若岁？
惟郢路之辽远兮，魂一夕而九逝。（《抽思》）
悲回风之摇蕙兮，心冤结而内伤。
物有微而陨性兮，声有隐而先倡。（《悲回风》）
吾怨往昔之所冀兮，悼来者之愁愁。
浮江淮而入海兮，从子胥而自适。
望大河之洲渚兮，悲申徒之抗迹。
骤谏君而不听兮，重任石之何益。（《悲回风》）
恐天时之代序兮，耀灵晔而西征。
微霜降而下沦兮，悼芳草之先零。（《远游》）
春秋忽其不淹兮，奚久留此故居。（《远游》）

因为自己处于被流放的境地，或者尚未被放逐而亟忧出处何去何从，“惜春悲秋”心境几乎无所不在。在此境遇中，屈原被自然之时序迁逝感所步步紧逼，亲见众花草从盛放到萎谢的过程，证据历历，无可逃遁，他的心绪被更深地编织入自然的无情轮回之中。经过比类，人的政治生命终于和自身的自然生命以及更强大的整个自然的生命合而为一，自然于是乎成为人的所有忧思之源泉。

《楚辞》的另一位著名作者宋玉，他在美学史上的功劳是将屈原所创的“惜春悲秋”诗思强化，并形成一个传统。他的《九辩》被古人目为悲秋的典范，此诗如此起头：

悲哉，
秋之为气也。
萧瑟兮，
草木摇落而变衰。
憭栗兮，
若在远行。
登山临水兮，
送将归。

泬寥兮，
天高而气清；
寂寥兮，
收潦而水清。
憯凄增欷兮，
薄寒之中人。
怆怳懭悢兮，
去故而就新。

坎廪兮，
贫士失职，
而志不平；
廓落兮，
羁旅而无友生；
惆怅兮，
而私自怜。

燕翩翩其辞归兮，
蝉寂漠而无声。
雁廱廱而南游兮，
鹍鸡啁哳而悲鸣。

独申旦而不寐兮，
哀蟋蟀之宵征。
时亹亹而过中兮，
蹇淹留而无成。

起首即大叹“悲哉”，一片秋气，阴冷袭人，是“萧瑟”，是“憭栗”，眼见草木摇落，渐渐衰老。更何况，此情此景就像是送朋友远行，他要登山临水，难以再见啊。四望旷荡寂静，天高气清，江水下降清澈见底，寒气阵阵，不免唏嘘。贫士失职私自怜，身处异乡无友朋。于是有燕子辞别，寒蝉噤声，大雁南归，鹍鸡悲鸣。此情此景，让人终夜不能寐，只听得蟋蟀在床下鸣叫，可叹“我”进入衰暮之年，事业淹留无成！自然万物全体传递着秋的衰朽气息，怎么不叫人悲啊。请注意，宋玉此处并非运用象征手法，因为周遭无往而不是秋景，这是被强化了的人的真实生存环境，入暮之人与节序之秋正巧相会于比类语境。

再读这一节：

皇天平分四时兮，
窃独悲此廪秋。
白露既下百草兮，
奄离披此梧楸。

去白日之昭昭兮，
袭长夜之悠悠。
离芳蔼之方壮兮，
余萎约而悲愁。

秋既先戒以白露兮，
冬又申之以严霜。
收恢台之孟夏兮，
然欿傺而沈藏。

叶烟邑而无色兮，
枝烦挐而交横。
颜淫溢而将罢兮，
柯仿佛而萎黄。

萷櫹椮之可哀兮，
形销铄而瘀伤。
惟其纷糅而将落兮，
恨其失时而无当。

揽騑辔而下节兮，
聊逍遥以相佯。
岁忽忽而遒尽兮，
恐余寿之弗将。

悼余生之不时兮，
逢此世之俇攘。
澹容与而独倚兮，
蟋蟀鸣此西堂。

心怵惕而震荡兮，
何所忧之多方。
卬明月而太息兮，
步列星而极明。

四时中"我"独悲秋，白露下降，梧楸叶落枝残。白日已去，进入漫漫长夜，繁花似锦的岁月不再，人则入暮年。初夏盛景已成记忆，秋来了，冬天又继之。枝叶枯萎，颜色憔悴。秋天树木只是失时啊。"我"愁肠百转，叹生不逢时，耿耿长夜只得听蟋蟀鸣西厢，只能望着列星度通宵。

宋玉之诗歌将人完全置入时序的变迁之中，因为人是失意之人，所以时序也只是使人悲愁，而不能让人喜悦。或者说，春的短暂美好也只是反衬秋之悲和接踵而来的冬之严寒而已，就如白日并不能永久，总会进入漫漫长夜。因为人有悲，难以入眠，所以只觉得夜比日长。故此，我们不得不说，"惜春悲秋"模式不仅是悲观的，也是阴性的。

本章对比兴的论述，其意图是把它置入更大的比类的看世界和看自己的背景之中，来为它作基本的认识论和世界观定位。我们看到，通过各种比类方法的运用，古人在天人之际的层面上获得了对于世界和自身的统一感和连续感，平添其把握世界的自信心。如果这个证明初步成功，那么比兴作为古人世界观之一个片断的设想，相信已然可以作同情之理解了。

第五章　汉代《诗经》解释学与比兴诗学的成形

汉代诗坛的开端并不乐观，或简直可以说是乌云重重，因为有齐、鲁、韩、毛四家诗说压在那里。郑振铎云：

> 《毛诗序》……几乎百分之九十以上是附会的，是与诗意相违背的。……大概做《诗序》的人，误认《诗经》是一部谏书，误认《诗经》里许多诗都是对帝王而发的，所以他所解说的诗意，不是美某王，便是刺某公！又误认诗歌是贵族的专有品，所以他便把许多诗都归到某夫人或某公、某大夫所做的。又误认一国的风俗美恶，与王公的举动极有关系，所以他又把许多诗都解说是受某王之化，是受某公之化。因为他有了这几个成见在心，于是一部很好的搜集古代诗歌很完备的《诗经》，被他一解释便变成一部毫无意义而艰深若《盘》《诰》的悬戒之书了。后来读《诗》的人，不知抬头看《诗》文，只知就《序》求《诗》意。其弊害正如朱熹所说："故此《序》者，遂若诗人先所命题，而诗文反为因《序》以作。于是读者传相尊信，无敢拟议。至于有所不通，则必为之委曲迁就，穿凿而附合之，宁使经之本文，缭戾破碎，不成文理。……"(《诗序辩说》)〔1〕

〔1〕 郑振铎:《读〈毛诗序〉》，见顾颉刚:《古史辨》(第三册)，上海古籍出版社 1982 年版，第 388—390 页。文中郑先生对《毛诗》受到尊崇和攻诋的历史有一清晰的描述。另，当时有不少学者见解相同。顾颉刚断云:"汉人因为要把三百五篇当谏书，所以只好把《诗经》说成刺诗。"[《读诗随笔》，见顾颉刚:《古史辨》(第三册)，上海古籍出版社 1982 年版，第 372 页]闻一多几乎同说:"汉人功利观念太深，把《三百篇》做了政治的课本。"(《匡斋尺牍》之六，见闻一多:《神话与诗》，上海人民出版社 2006 年版，第 279 页)罗根泽也云:"两汉是封建功用主义的黄金时代，没有奇迹而只是优美的纯文学书，似不能逃出被淘汰的厄运，然而诗经却很荣耀的享受那时的朝野上下的供奉，这不能不归功于儒家的送给了它一件功用主义的外套，做了他的护身符。……自从有人受着功用主义的驱使，将各不相谋的三百首诗凑在一起，这功用主义的外套便有了图样;从此你添一针，他缀一线，由是诗的地位逐渐崇高了，诗的真义逐渐汩没了。"[罗根泽:《中国文学批评史》(一)，上海古籍出版社 1984 年版，第 71 页]

不过，汉儒并非如郑先生所说的误会了，相反，他们很认真、很明白地将《诗经》尊为经典，把它作为解释帝王行为的依据，严守不是“美”就是“刺”的注疏规则，放大它的功能，进而蔚为诗学史的源头。[1]

齐、鲁、韩三家诗为今文，武帝时置立博士，地位尊显，而《毛诗》为古文经学，只是短暂地被立于学官。三家诗在汉代牢牢占据着主流，《毛诗》则更像是个异说。四家诗说卷帙繁富，按照《汉书·艺文志》的著录，《诗经》28 卷。鲁、齐、韩三家，《鲁诗》有《鲁故》25 卷、《鲁说》28 卷；《齐诗》有《齐后氏故》20 卷、《齐孙氏故》27 卷、《齐后氏传》39 卷、《齐孙氏传》28 卷、《齐杂记》18 卷；《韩诗》有《韩故》36 卷、《韩内传》4 卷、《韩外传》6 卷、《韩说》41 卷。《毛诗》有《毛诗》29 卷、《毛诗故训传》30 卷。“凡《诗》六家，416 卷。”

> 《书》曰：“诗言志，歌咏言。”故哀乐之心感，而歌咏之声发。诵其言谓之诗，咏其声谓之歌。故古有采诗之官，王者所以观风俗，知得失，自考正也。孔子纯取周诗，上采殷，下取鲁，凡三百五篇，遭秦而全者，以其讽诵，不独在竹帛故也。汉兴，鲁申公为《诗》训故，而齐辕固、燕韩生皆为之传。或取《春秋》，采杂说，咸非其本义。与不得已，鲁最为近之。三家皆列于学官。又有毛公之学，自谓子夏所传，而河间献王好之，未得立。（《汉书·艺文志》）

这可以视为一极简略的诗学史。班固采《毛诗》说，三百篇之所以经秦火而得传，是因为它在人们口头“讽诵”传承，烧不掉，而鲁、齐、韩三家解《诗经》，参照《左传》，又采纳众多杂说，都不是它的本义了。可见仍然是先秦的断章取义传统。班固本人论《诗经》，重心也是在它的意义而非音乐，所谓“《诗》以正言，义之用也”（《汉书·艺文志》）。

因为四家诗均对《诗经》中诗的创作动机及其含义进行解说，已经完全转到了以义为用的路上来了，结果是造成了汉代经学（注疏）家的《诗经》解释学，其主旨是通过对“比兴”概念进行内涵上的重新解释，挂到“美刺”上去，造成“言志”的效

---

〔1〕 经学家是干什么的？他们的一个主要任务，就是根据经典来解释历史，以为其时政治导向。汉初有一个著名的《齐诗》博士，叫辕固，他就和黄生在皇帝面前争论过著名的“汤武革命”：黄生认为汤武并非受命，是为杀。辕固引经据典，说汤武诛桀纣，为天子，是得了民心的正义之举。主黄老刑名之学的黄生则引道家说云，“冠虽敝必加于首，履虽新必贯于足”，上下毕竟有分，汤武虽是圣人，还是不该放桀、弑纣。辕固则道：如果依你之说，那么汉高祖取代秦做天子，也不对了。汉景帝裁定，吃肉不吃马肝（有毒），不算不知味。言下之意是不主张汤武革命。辕固还和宗道家的窦太后辩儒道高低，被窦太后送到猪圈和野猪搏斗，差点死于猪口。从这个例子可见今文经学的三家诗博士热衷的是什么，他们简直就是政治家啊！（参看《汉书·儒林传》）

果，来对诗三百进行道德谱系的编排。不妨说，这是对先秦断章取义传统的道德转调。

第一节　经学家解诗的基本思路

经学家解诗的基本思路，以《毛诗序》为例来加以说明。

> 《关雎》，后妃之德也，风之始也，所以风天下而正夫妇也。故用之乡人焉，用之邦国焉。风，风也，教也；风以动之，教以化之。

《关雎》之“风”并非情歌，“风”是群体性的，“正夫妇”不是针对个别的夫妇，而是由乡而国的“风天下”。所以，《关雎》为教化工具，作为《诗经》首篇，是谓“风之始”。此为小序。

> 诗者，志之所之也。在心为志，发言为诗。情动于中而形于言，言之不足故嗟叹之，嗟叹之不足故永歌之，永歌之不足，不知手之舞之，足之蹈之也。

朱自清认为这一段脱胎于《尚书·尧典》，并指出其重义而不重声。正因为重义，又非断章取义用法，显然是把重心从用诗向作诗转移了。作诗的最初动力来自心中的“志”或“情”，发而为“言”，又继之以“嗟叹”“永歌”“舞蹈”。如果“言”已足，则后面的“嗟叹”“永歌”“舞蹈”固然可以加强“言志”，却并非必需。

> 治世之音安以乐，其政和；乱世之音怨以怒，其政乖；亡国之音哀以思，其民困。

这一节区分“治世之音”“乱世之音”和“亡国之音”，虽说是“音”，其实还是“诗”，其目的是给由心中而出的诗歌套上教化之马车，要它“经夫妇，成孝敬，厚人伦，美教化，移风俗”。这样，“诗言志”与先秦时断章取义借诗言志的用法完全不同，被重新命题了。

> 故诗有六义焉：一曰风，二曰赋，三曰比，四曰兴，五曰雅，六曰颂。上以风化下，下以风刺上，主文而谲谏，言之者无罪，闻之者足以戒，故曰

风。至于王道衰，礼义废，政教失，国异政，家殊俗，而“变风”“变雅”作矣。国史明乎得失之迹，伤人伦之废，哀刑政之苛，吟咏情性，以风其上，达于事变而怀其旧俗者也。故变风发乎情，止乎礼义。发乎情，民之性也；止乎礼义，先王之泽也。是以一国之事，系一人之本，谓之风。言天下之事，形四方之风，谓之雅。雅者，正也，言王政之所由废兴也。政有小大，故有小雅焉，有大雅焉。颂者，美盛德之形容，以其成功，告于神明者也。是谓四始，《诗》之至也。

这是《诗大序》最核心的部分。对风的定义：“上以风化下，下以风刺上。主文而谲谏，言之者无罪，闻之者足以戒”；“以一国之事，系一人之本，谓之风”；“变风发乎情，止乎礼义”。对雅的定义：“言天下之事，形四方之风，谓之雅”；“雅者，正也，言王政之所由废兴也。政有小大，故有小雅焉，有大雅焉”。对“变风”“变雅”的定义：“王道衰，礼义废，政教失，国异政，家殊俗，而‘变风’‘变雅’作矣。”所谓“风”“雅”和“变风”“变雅”，正是为“比兴”作政教背景的说明，用心良苦。奇怪的是，这里没有直接对“赋比兴”进行解释。无奈，后人多是援引郑玄《周礼·春官·大师》“教六诗”注来加以说明。那么，“赋比兴”到底是什么意思呢？

第二节 循环解释：往返于“美刺”和“比兴”之间

程廷祚要而言之：“汉儒言诗，不过美刺二端。”[1]此为《诗经》解释学的总纲。为了扣合“美刺”，汉儒解诗甚至不惜脱离古义，其方法就是重造“比兴”。下面以三首诗为例说明经学家操作“比兴”的真相。

一、《关雎》的三个不同主题

关关雎鸠，在河之洲。窈窕淑女，君子好逑。
参差荇菜，左右流之。窈窕淑女，寤寐求之。
求之不得，寤寐思服。悠哉悠哉，辗转反侧。
参差荇菜，左右采之。窈窕淑女，琴瑟友之。

[1] [清]程廷祚：《青溪集》卷二《诗论十三》，见翁长森、蒋国榜辑：《金陵丛书》乙集之十，上元蒋氏慎修书屋，1914—1916年，第62页。

参差荇菜，左右芼之。窈窕淑女，钟鼓乐之。

《关雎》恰恰成为印证经学家操作“比兴”的典型。

《鲁说》曰：

昔周康王承文王之盛，一朝晏起，夫人不鸣璜，宫门不击柝，《关雎》之人见几而作。

周渐将衰，康王晏起，毕公喟然，深思古道，感彼《关雎》，性不双侣，愿得周公，配以窈窕，防微消渐，讽谕君父。孔氏大之，列冠篇首。〔1〕

《齐说》曰：

孔子论《诗》，以《关雎》为始。言太上者民之父母，后夫人之行不侔乎天地，则无以奉神灵之统而理万物之宜，故《诗》曰：“窈窕淑女，君子好仇。”言能致其贞淑，不贰其操，情欲之感无介乎容仪，宴私之意不形乎动静，夫然后可以配至尊而为宗庙主。此纲纪之首、王教之端也。〔2〕

《韩叙》曰：

《关雎》，刺时也。〔3〕

薛夫子《韩诗章句》曰：

诗人言雎鸠贞洁，以声相求，必于河之洲，蔽隐无人之处。故人君动静，退朝入于私宫，妃后御见，去留有度。今人君内倾于色，贤人见其萌，故咏《关雎》，说淑女，正容仪也。〔4〕

---

〔1〕［清］王先谦：《诗三家义集疏》（上册），中华书局 1987 年版，第 4 页。

〔2〕同上。

〔3〕同上。

〔4〕《后汉书·冯衍传》收冯衍《显志赋》“美《关雎》之识微兮，愍王道之将崩”句注。“贤人见其萌”句“贤人”原为“大人”，据王先谦说改。

《毛诗序》云：

> 《关雎》乐得淑女，以配君子，忧在进贤，不淫其色；哀窈窕，思贤才，而无伤善之心焉，是《关雎》之义也。

《毛传》云：

> 兴也。关关，和声也。雎鸠，王雎也。鸟挚而有别。……后妃说乐，君子之德无不和谐，又不淫其色，慎固幽深，若雎鸠之有别焉。[1]

《关雎》一篇位于诗三百之首，极为重要。三家说大同小异，均谓之刺康王，是"比"；唯《毛诗》谓美后妃之德，为"兴"。《毛诗》后起，显然是立了新说。于此，我们当可了解，同一首诗的作意（本意）即"美"或"刺"，不同的诗说可以有相反的解说，而此作意是与"比"或"兴"的择取联系在一起的。质言之，"比"或"兴"决定了《诗经》中某一首诗的性质。

以下引《汉书·杜周传》用《关雎》的例子。汉成帝为太子时即好色，即位后，皇太后诏采良家女。杜钦对大将军王凤有两次劝说，第二次云：

> 后妃之制，夭寿治乱存亡之端也。迹三代之季世，览宗、宣之飨国，察近属之符验，祸败曷常不由女德？是以佩玉晏鸣，《关雎》叹之，知好色之伐性短年，离制度之生无厌，天下将蒙化，陵夷而成俗也。故咏淑女，几以配上，忠孝之笃，仁厚之作也。……唯将军信臣子之愿，念《关雎》之思，逮委政之隆，及始初清明，为汉家建无穷之基，诚难以忽，不可以遴。

杜钦的两次谈话，引《论语》，《诗经》的《小雅·小弁》《大雅·荡》《周南·关雎》，还有《易》，引经据典凡五次。所引《关雎》，颜注引《鲁诗》李奇曰："后夫人鸡鸣佩玉去君所，周康王后不然，故诗人叹而伤之。"和上引《鲁诗》一致。意思是说，杜钦引《关雎》用的是《鲁诗》故事，即毕公作此诗以"防微消渐，讽谕君父"。

四家诗说及《汉书》的这个故事，让我们明白《关雎》一诗在汉代的真相。这种对诗本事简单化的道德比附，相较前章所引先秦《孔子诗论》及马王堆帛书《五行》说部"《关雎》以色喻于礼"甚见条理之评说，粗细文野之间，其大相径庭、退步之势，不免让我们咋舌，对此诗从先秦到两汉命运之播迁或可有一甚深印象，亦可窥《诗经》解

[1] [清]陈奂：《诗毛氏传疏》，商务印书馆1934年版，第2页。

释学话语暴力之一斑。此种话语暴力究竟是如何形成的呢？请看第二例。

二、《樛木》的兴义倒转

南有樛木，葛藟纍之。乐只君子，福履绥之。
南有樛木，葛藟荒之。乐只君子，福履将之。
南有樛木，葛藟萦之。乐只君子，福履成之。

此诗每段分为上两句和下两句，形成一个比喻结构。上两句，葛藟“纍之”“荒之”“萦之”，是说葛藟攀援、掩覆、盘旋樛木；下两句，“福履”即福禄，“绥之”“将之”“成之”，意谓福禄使君子乐得安宁、养育、成就。全诗大意或为女子嫁给君子，就好比葛藟附着于樛木，享受福禄。或说是祝福君子之诗。

《孔子诗论》有如下三处论此诗：“《樛木》之时……盖曰终而皆贤于其初者也。”（第十简）“《樛木》之时，则以其禄也。”（第十一简）“《樛木》福斯在君子。”（第十二简）说《樛木》的时运，给君子带来福禄。此说并不关注起兴的前两句，重点在后两句之意义。

《毛诗序》则云：“后妃逮下也。言能逮下，而无嫉妒之心焉。”《毛传》：“兴也。南，南土也。木下曲曰樛。南土之葛藟茂盛。”《郑笺》：“后妃能和谐众妾，不嫉妒其容貌，恒以善言逮下而安之。”

王先谦《诗三家义集疏》云：

《文选》潘安仁《寡妇赋》云：“伊女子之有行兮，爰奉嫔于高族。承庆云之光覆兮，荷君子之惠渥。顾葛藟之蔓延兮，托微茎于樛木。”李注：“葛、藟，二草名也。言二草之托樛木，喻妇人之托夫家也。《诗》曰：‘南有樛木，葛藟纍之。’”案：潘以女子之奉君子，如葛藟之托樛木。李引此诗为释，是古义相承如此，不以“樛木”喻“后妃”、“葛藟”喻“众妾”也。且诗明以“樛木”“君子”相对为文，无“后妃逮下”“不妒忌众妾”意。《文选》班孟坚《幽通赋》“葛緜緜于樛木兮，詠南风以为绥”，李注引曹大家曰：“《诗·周南·国风》曰：‘南有樛木，葛藟纍之。乐只君子，福履绥之。’此是安乐之象也。”潘、李所用《诗》义，不能明为何家。大家用《齐》义而说此诗亦不及“后妃逮下”，知三家与《毛》义异。[1]

---

〔1〕［清］王先谦：《诗三家义集疏》（上册），中华书局1987年版，第32页。

王氏疏文说，潘岳《寡妇赋》及李善注都用了《樛木》诗意，即以葛藟之托樛木，喻妇人之托夫家，此为"古义相承"，"古义"未必是本义，却不能知道是用了哪一家《诗经》义。但没有《毛诗序》"后妃逮下"和《郑笺》"后妃能和谐众妾，不嫉妒其容貌""逮下而安之"的"兴"义，而且李善注班固《幽通赋》引曹大家《齐》义则谓"是安乐之象"，也未提及"后妃逮下"，可知三家诗也不主《毛诗》说。

于是我们有了《樛木》的三个解说。其一，《孔子诗论》"《樛木》福斯在君子"，重在后二句，至于"《樛木》之时"与葛藟托樛木之"比"有什么关系，不清楚。其二，潘安、班固赋及李善注义，以葛藟之托樛木，喻妇人之托夫家，或是喻有安乐之象，这是"比"，四句平衡没有偏重。其三，《毛诗序》"后妃逮下"说，有意思的是，这里不是葛藟向上攀援樛木，而是樛木"逮下""谐""安"，"不嫉妒"葛藟，这就是"兴"后妃之德。此说重在前两句，《毛传》则几乎把后两句忘了，诂训前两句曰"木下曲曰樛"，为"逮下"之义地步，并指这是"兴"，《郑笺》则足之曰："妃妾以礼义相与和，又能以礼乐乐其君子，使为福禄所安。"曲曲地绕回来，顾到了全诗。

三个解说中，潘、班赋最接近《诗经》本义，或者就是用的本义，为"比"，《孔子诗论》则说得较为含混，也比较接近《诗经》本义，没有孔子"兴于诗"的灵活用法，只有《毛诗序》是再造了新的《诗经》义，其手段就是运用指向"美后妃之德"之"兴"。可见，此一指向是解释的关键动作。

潘、班赋在天人之际的语境中展开比喻，即将妇女之命运与葛藟之命运作类比，妇女与葛藟须高攀君子与樛木，或以葛藟托樛木，喻有安乐之象。这是一个平衡而稳定的比喻语境，历史文化及道德义涵均隐于其内，乃所谓"古义相承"。

类似的情况是《小雅·南有嘉鱼》，此诗云："南有樛木，甘瓠纍之。君子有酒，嘉宾式燕绥之。"前两句说葫芦缠绕着樛木，后两句说君子设酒宴招待嘉宾。《毛诗序》云："乐与贤也。太平之君子至诚，乐与贤者共之也。"《毛传》："兴也。纍，蔓也。"《郑笺》："君子下其臣，故贤者归往也。绥，安也，与嘉宾燕饮而安之。《燕礼》曰：'宾以我安。'"[1]《仪礼·乡饮酒》郑玄注云："《南有嘉鱼》言太平君子有酒，乐与贤者共之也。此采其能以礼下贤者，贤者纍蔓而归之，与之燕乐也。"[2]王先谦曰：此《齐》说，义与《毛》同。《南有嘉鱼》后两句诗意显豁，《毛诗序》《齐说》构筑了一个君子礼下和贤者归附的互动局面，那么前两句"南有樛木，甘瓠纍之"正是"比"而"兴"。我们固然不能判定此是否《诗经》本义，却也不认为其有牵强之感。

潘、班赋用《樛木》与《南有嘉鱼》，其"比兴"的结构完全相同，唯取义不同。而《樛木》毛郑说情况则不同了。《毛诗序》"后妃逮下"之"兴"则并非"古义相承"，它

[1] [清]王先谦：《诗三家义集疏》（下册），中华书局1987年版，第593—594页。

[2] [汉]郑玄：《仪礼注疏》，见[清]阮元校刻：《十三经注疏》（上），中华书局1980年版，第1021页。

策略性地打破了比喻的平衡，断然把重心侧向自然物一方，并且将其释义方向也突然倒转：古义“比”的语义结构是葛藟托樛木，而新义“兴”的语义结构则是樛木荫蔽葛藟。显然，这一比喻结构之倒转，突破了天人之际类比思维中藤缠树的常规之喻，非但如此，而且《樛木》诗意义之所在的后两句“乐只君子，福履绥之”竟然被忽视，这无异于宣告解诗的思路已经脱离其本义及其“古义相承”之语义背景，而转到葛藟与樛木这一自然关系所可能作出的新的意义解释，即“逮下”之“兴”义上去了。因此，既然释《诗经》的道德目的是先定的“美后妃之德”，故而在技术上必须将“比”的结构作挖空心思之倒置，才可能产生“兴”的语义结构。让人惊叹不置的是，《毛诗序》作者建议，原先的葛藟之与樛木，不妨倒过来，成为樛木之与葛藟，这一新的语义结构被命名为“兴”。不过，因为这一倒置脱离了天人之际比类传统的“古义相承”，它必须重返“比”之语境，才能获得理解。这就是“逮下”这个注释所要完成的任务。可见，虽名为“兴”，其实还是“比”。这就是“兴”的解说总是不能脱离“比”的原因之所在。汉代的《诗经》解释学对天人之际传统作出大胆的突破，它依其时之政治道德取向对《诗经》的语义结构作了前置的调整，“美刺”优先于“比兴”。不无讽刺的是，这一突破不免在某种程度上中断了儒家的历史记忆，虽然比类的思维没有实质性的变化。

我们还可以分析得更细一些。《诗经》解释学中“比”和“兴”的处境有所不同，在“比”的结构中人与自然物两造共存，结构是平衡的对待关系，而意义蕴含于此结构之中，明白可晓，好像人与自然物天然地具有此种意义联系一般，于是比喻意义的缔造者可以隐去，他不在场并不妨碍意义被准确理解。然而，在“兴”的结构中意义获得优先权：(1)类比之一方(自然物)须通过另一方(人事)而被理解，即所谓的“托事于物”(郑众语)；(2)此一“托事于物”因为意义优先而具有更多人为的性质，它由一隐身之第三方“他”所造；(3)“他”具有双重身份，既是意义的缔造者，又是意义的解释者；(4)“他”一定不能现身于“兴”的结构之中，必须造成意义的缺席，以便“他”隐去而让自然物孤单、突兀地存在以利起兴。不过，“他”并没有真正隐去，“他”只是高居于“兴”的结构之上，早已为“兴”准备妥当其“比”之背景，以意义密码之破解宣告解除自然物的孤独。遗憾的是，一旦脱离比喻之古义，读者的联想就无法相承，于是这一意义密码之破解工作就不得不在“兴”的结构之外完成。例如，人们为古已有之的藤缠树之比喻结构所先入为主，习惯性地不可能想到樛木主动去荫蔽葛藟而具有“逮下”“不嫉妒”之品格，其转变非常突兀。在这样强势的意义优先之下，意义的缔造者被赋予重新设置“比”的结构之权力，以便让“比”蕴含樛木“逮下”之义例，于是“兴”的结构就必须给此权力注入更多的暴力以便让比喻的结构倒转或重置，从而完成让人别扭、不适之解释：樛木主动荫蔽葛藟。这恰是一个解释的循环。此类暴力的解释在汉代《诗经》解释学中比比皆是。

不能不看到，这一转换适应于汉代儒术独尊之强势政治格局，在此一转换中，人与自然传统的田园诗般的亲和关系遭到政治意识形态的强力入侵，自然物更多地被赋予了人伦色彩，以便为新的释义提供支持。

三、《汉广》的主题冲突

《毛诗》《郑笺》对《诗经·周南·汉广》的解释前后发生了道德主题和婚嫁主题的冲突，难以自圆其说。《汉广》原诗：

> 南有乔木，不可休思[1]。汉有游女，不可求思。汉之广矣，不可泳思。江之永矣，不可方思。
>
> 翘翘错薪，言刈其楚。之子于归，言秣其马。汉之广矣，不可泳思。江之永矣，不可方思。
>
> 翘翘错薪，言刈其蒌。之子于归，言秣其驹。汉之广矣，不可泳思。江之永矣，不可方思。

本诗三章，每章八句，首章和二、三章因为起兴句的不同而各为一个单位，二、三章仅有四个字不同，又每章后四句完全相同，为复沓，起统一全诗的作用。

《小序》云："《汉广》，德广所及也。文王之道被于南国，美化行乎江汉之域，无思犯礼，求而不可得也。纣时淫风遍于天下，维江、汉之域先受文王之教化。"这是说本诗主题即"文王之道被于南国，美化行乎江汉之域"，因为不欲冒犯礼教，男子求女不得。此为道德主题。

《毛传》释本诗首四句云："兴也。南方之木，美乔上竦也。思，辞也。汉上游女，无求思者。"此语简略，《郑笺》解得详细："不可者，本有可道也。木以高其枝叶之故，故人不得就而止息也。兴者，喻贤女虽出游流水之上，人无欲求犯礼者，亦由贞洁使之然。"首四句起兴：树木长得很高，所以人在其下得不到荫蔽休息，而汉水中游泳的贞洁女子也因男子不欲违礼而追求不到。可以把乔木句与游女句理解为一个自然物与人事的并置结构。《郑笺》释其为"兴"，并没有指出乔木句何以兴起游女句，但却用了"喻"字，意在强调男子不欲犯礼，而女子也贞洁不可犯。道德主题强化了。

二章"翘翘错薪，言刈其楚"二句，《郑笺》云："楚，杂薪之中尤翘翘者。我欲刈取之，以喻众女皆贞洁，我又欲取其尤高洁者。"意思是说，从众多翘翘杂薪中刈取

[1] 休思，《毛诗》作休息，据《韩诗》改。思，语助词。

其"楚"即最长者，比喻从众贞洁之女中选取最高洁的一位。同样是用"喻"字来强调道德主题。后面"之子于归，言秣其马"二句，《郑笺》云："之子，是子也。谦不敢斥其适己，于是子之嫁，我愿秣其马，致礼饩，示有意焉。"三章前四句"翘翘错薪，言刈其蒌。之子于归，言秣其驹"，意思近似，为复沓。此理想中可娶之女子并非首章不可求之游女。

显然，按郑玄的思路，从首章到二、三章主题变换了。首章乔木和游女之间是一"兴"的关系，男子因道德感的强化而中止求女，二、三章在众薪中刈其长者和女子归嫁亦为一"兴"的关系，虽然仍按道德的标准选取，求女行为却是开始了。问题在于，同是"文王之道被于南国，美化行乎江汉之域"，风俗既已移易，男女的道德感亦一致，为什么首章与二、三章主题会相反呢？这和析薪的意义有关。

关于析薪，清人有两个解释值得注意。其一，魏源说："《三百篇》言'取妻'者，皆以'析薪'起兴，盖古者嫁娶必以燎炬为烛。故《南山》之'析薪'，《车舝》之'析柞'，《绸缪》之'束薪'，《豳风》之'伐柯'，皆与此'错薪''刈楚'同兴。"〔1〕其二，方玉润说："殊知此诗即为刈楚、刈蒌而作，所谓樵唱是也。近世楚、粤、滇、黔间，樵子入山，多唱山讴，响应林谷。盖劳者善歌，所以忘劳耳。其词大抵男女相赠答，私心爱慕之情，有近乎淫者，亦有以礼自持者。文在雅俗之间，而音节则自然天籁也。"〔2〕

魏氏将此诗诠解为嫁娶之诗，方氏则诠解为情爱主题之古代山歌，则析薪与即将到来的或期望中的婚嫁相联系，作为诗歌的起兴，理所当然。且看魏氏所举诸例。《齐风・南山》："析薪如之何？匪斧不克。取妻如之何？匪媒不得。"《唐风・绸缪》："绸缪束薪，三星在天。今夕何夕，见此良人？"《小雅・车舝》："陟彼高冈，析其柞薪。……觏尔新婚，以慰我心。"《左传・昭公二十五年》："叔孙婼聘于宋……赋《车辖》。"记鲁大夫叔孙婼到宋国为季平子迎娶宋元夫人之女。《车辖》即《车舝》，可证析薪与娶妻的关系。

如果把《汉广》二、三章的析薪理解为婚嫁主题不错，则其当为古有之义，那么《郑笺》"楚，杂薪之中尤翘翘者。我欲刈取之，以喻众女皆贞洁，我又欲取其尤高洁者"的道德义涵就是他添加进去的，进而，首章中男子为道德所约束而中止求女之"兴"也不免可疑。

再看各章复沓的后四句"汉之广矣，不可泳思。江之永矣，不可方思"。《毛传》云："潜行为泳。永，长。方，泭也。"汉水既广且长，既不能游泳也无法乘筏子渡过。《郑笺》申明此意后，又云："又喻女之贞洁，犯礼而往，将不至也。"再一次用

〔1〕［清］魏源：《诗古微》，见［清］魏源：《魏源全集》（第一册），岳麓书社2004年版，第341页。

〔2〕［清］方玉润：《诗经原始》，中华书局1986年版，第87页。

“喻”字来强调道德主题，并且对江水与游女之联系何在避而不谈。

朱熹或许是看到了《毛传》《郑笺》难以说圆全诗，故提出“兴而比”说：“文王之化，自近而远，先及于江汉之间，而有以变其淫乱之俗。故其出游之女，人望见之，而知其端庄静一，非复前日之可求矣。因以乔木起兴，江汉为比，而反复咏叹之也。”[1]如果说江汉为“比”，那么就又引出涉水与求女主题关系的问题来了。

且观其他涉水的例子。《郑风·褰裳》：“子惠思我，褰裳涉溱。子不我思，岂无他人？狂童之狂也且！”《邶风·匏有苦叶》：“匏有苦叶，济有深涉。深则厉，浅则揭。”《郑风·溱洧》：“溱与洧，方涣涣兮。士与女，方秉蕑兮。女曰：‘观乎？’士曰：‘既且。’‘且往观乎？’洧之外，洵訏且乐。维士与女，伊其相谑，赠之以勺药。”《秦风·蒹葭》：“蒹葭苍苍，白露为霜。所谓伊人，在水一方。溯洄从之，道阻且长。溯游从之，宛在水中央。”当然还有更著名的《关雎》的“关关雎鸠，在河之洲”，等等。这些例子足证涉水与男女求偶、婚嫁有关。

葛兰言把《汉广》的主题归纳为：河边漫步、渡河、丛林、采薪、婚礼及男子的不自信。[2] 他接着说：“我认为，从《诗经》歌谣中的证据可以知道，在一定的时间和在一定的地方，一定有大规模乡村集会的习俗。”“郑康成在笺注《诗经》时几次提到了这种节庆，男女青年遵循古礼，相互吸引。他认为，男女感春气而相携出行。”[3]“在这些春秋节庆中，在河边和高地上发生了什么事情？年轻人从各自的村庄中汇集到一起，可以认为，在每个国家中只有一个这样的集会场所。他们相互约定，一起出发。……然后人们就举行竞赛：渡河和登山。”“最重要的是，他们还收集树枝（‘束薪’），用斧子砍下槲树枝，并收集灌木和蕨类。”[4]

葛氏把这些活动称为山川节庆。显然，《汉广》复沓的后四句当与此类节庆有关，涉水与求女主题本为一体，正是描写了葛氏所云“男子的不自信”。因此它乃首章“南有乔木，不可休思。汉有游女，不可求思”之求偶主题的延续，并为二、三章析薪之婚嫁主题所复沓强化，与“文王之道被于南国，美化行乎江汉之域”的普遍道德则了无干涉。

《郑笺》“兴者，喻贤女虽出游流水之上，人无欲求犯礼者，亦由贞洁使之然”一

---

〔1〕［宋］朱熹：《诗集传》，中华书局1958年版，第6页。

〔2〕（法）葛兰言：《古代中国的节庆与歌谣》，赵丙祥、张宏明译，广西师范大学出版社2005年版，第83页。

〔3〕《草虫》郑笺：“草虫鸣，阜螽跃而从之，异种同类，犹男女嘉时以礼相求呼。”《野有死麕》郑笺：“有贞女思仲春以礼与男会，吉士使媒人道成之。”《七月》郑笺：“春女感阳气而思男，秋士感阴气而思女”。《溱洧》郑笺：“士与女往观，因相与戏谑，行夫妇之事。其别，则送女以勺药，结恩情也。”此类笺注很多，兹不具引。

〔4〕（法）葛兰言：《古代中国的节庆与歌谣》，赵丙祥、张宏明译，广西师范大学出版社2005年版，第115—119页。

句，恰恰是指此普遍道德。如果这是本诗的前提，那么说首四句为“兴”是能成立的，当然这是主题先行了，因为更合理的主题是婚嫁。

细究之，如果后四句之《郑笺》“汉也，江也，其欲渡之者，必有潜行乘泭之道。今以广长之故，故不可也”亦并非伸张此一普遍道德，而是如葛氏所指出的，乃涉水与男女求偶、婚嫁主题，且表明“男子的不自信”，那么紧接着的“又喻女之贞洁，犯礼而往，将不至也”就无从谈起。其实，“又喻”两字暴露了郑玄的策略：先将《毛传》的道德主题替换为江宽长的比喻，又以江宽长之喻反扣道德主题。以江的宽长比喻男子“犯礼而往将不至”的道德选择，汉水终于由求女事件发生之场所转变为比喻之喻体，并始终指向所喻之道德本体。

然而，江与道德并置只是郑玄的解释，诗句本不体现此一语义结构。汉水之喻的道德解说不能成立，成为《毛传》《郑笺》失误的关键。首四句的“兴”和后四句的“比”无法统一，为了照顾首四句的道德主题之“兴”，后四句之涉水与男女求偶、婚嫁主题被偷换了。从“比兴”运用的角度分析，郑玄乃是将后四句的比喻向前四句的起“兴”转义，从而把全诗统一到普遍道德的主题之上。此一转义，再行推敲，将会产生下面的困境。

如果真如《毛传》所说，汉水流域此时已“德广所及”，那它不过是秉承道德信条的男女之求偶行为所发生的地点，首四句汉水中的游女以及男子对其的求偶欲望并不是人的品德之对立物，后四句之涉水与男女求偶、婚嫁不应该也不会有非礼的行为发生。质言之，江与道德并置的语言结构仅仅在首四句中才勉强得到认可。《毛传》对后四句没有作道德评价，其难处是不是因为无法否定涉水与男女求偶、婚嫁主题，唯恐导致与前四句的道德主题冲突呢？毋庸置疑，此一主题冲突势必会破坏《郑笺》江与道德并置的语义结构。设若此一并置仅为郑玄所虚构，那么首四句“南有乔木”“汉有游女”的并置亦不应该让人联想到道德。自然物与道德之间没有并置关系，“兴”也就无从谈起了。

这样，解释前后产生了主题冲突。正是看到了首四句的道德主题之“兴”受到了后四句的涉水与男女求偶、婚嫁主题之“比”可能形成的反证，郑玄才不得已将后四句作了主题的偷换，其手段恰恰就是以“比”释“兴”。首四句并不稳固的道德之“兴”有赖于后四句“比”的道德解释，而后四句的道德解释之形成恰恰是受到前四句虚构的道德之“兴”的牵引，此乃比兴循环解释的一个例子。

本诗首四句“南有乔木”“汉有游女”之“兴”的求女主题，分别得到二、三章前四句析薪乃为娶妻之“兴”和各章后四句涉水与男女、婚嫁之“比”两个次主题的支承，构成一个富于层次感的堪称完满的“兴体”结构，诗中充盈着求女不得的怅惘之情，固然表现了“男子的不自信”，却始终不失优雅。而汉儒的解释则是《毛传》道德主题先行，《郑笺》以“比”释“兴”奠后，未能自圆其说。因此，我们说《汉广》乃一首求女之诗，它的"兴"很纯粹，与道德无涉。

通过这三个案例的分析，我们当可明白，汉代经学家、史学家和政治家看《诗经》，"比兴"为手段，"美刺"是目的。这样的诗，恰如埋藏着政教典故的文献，专供经学家去识读、破解，若要由活着的诗人作出来，其难度可想而知。从死的文献挖出新的活的意义来，这就是所谓的《诗经》解释学。更何况，作为古文经学的《毛诗》虽则相对更靠近先秦文献，但也非古义相承，且往往自说自话，汉代主要流行的还是今文经学的三家诗，以《齐诗》来看，其更像是汉代谶纬神学的一个分支。由此，便可理解，"比兴"作为汉代《诗经》解释学的核心概念，与其说它源自先秦传统还不如说它是一个解释学的新创，且因为其需要循环解释，离真正的诗学概念则更是遥远无比。我宁可把它视为一个断代的产物。

第三节　《离骚》被编入《诗经》解释学之谱系

与对"比兴"的解释有着紧密联系的是汉人对《离骚》的评论。汉人有着明显的冲动，要把《楚辞》纳入他们的《诗经》解释学谱系中去，其思路就是提出屈原的创作遵循了《诗经》的"比兴"方法。

汉初的帝王都熟悉和喜欢楚文化。汉高祖是楚人，《汉书·礼乐志》说"高祖乐楚声"，汉武帝曾命淮南王刘安作《离骚传》，"旦受诏，日食时上"（《汉书·淮南王安传》）。屈原及《楚辞》正是在此种亲楚之政治背景下受到重视的。刘安对屈原及其创作评价极高。他撰《离骚经章句》，尊《离骚》为经，以上接《诗经》。司马迁、班固、王逸和后来的刘勰都援引了刘安的基本观点。

司马迁《史记·屈原贾生列传》极赞屈原，云：

> 屈平之作《离骚》，盖自怨生也。《国风》好色而不淫，《小雅》怨诽而不乱。若《离骚》者，可谓兼之矣。上称帝喾，下道齐桓，中述汤武，以刺世事。明道德之广崇，治乱之条贯，靡不毕见。其文约，其辞微，其志洁，其行廉，其称文小而其指极大，举类迩而见义远。……虽与日月争光可也。

这一段话，大概就本之于刘安。基本意思是，屈原写作《离骚》，是学习了《诗经》。《离骚》动机是怨，但却能做到如《国风》好色而不淫，如《小雅》怨诽而不乱，两者的好处兼有。它称述历史，来讽刺当世之政治，其特点是"称文小而其指极大，举类迩而见义远"。司马迁还说："作辞以讽谏，连类以争义，《离骚》有之。"

(《史记·太史公自序》)目的是讽谏,方法是"比兴"(连类)。屈原是崇高的,他的志向与品格可以与日月争光。这样,屈原的《离骚》就继承而超越了《诗经》,被高标为诗人学习的榜样。

汉代另一大史学家班固也与刘安、司马迁同调,《汉书·艺文志》云:"大儒孙卿及楚臣屈原,离谗忧国,皆作赋以风,咸有恻隐古诗之义。其后宋玉、唐勒,汉兴枚乘、司马相如,下及扬子云,竞为侈丽闳衍之词,没其风谕之义。"这里,班固扬孙卿、屈原,贬宋玉、唐勒、枚乘、司马相如和扬雄,就是看他们的作品是否继承《诗经》、体现讽喻的精神。

其实,把《离骚》与《诗经》联系起来,是一种相当保守的美学观。果不其然,班固的《离骚序》质疑刘安称誉屈原之志"可与日月争光""似过其真",又批评屈原道:

> 今若屈原,露才扬己,竞乎危国群小之间,以离谗贼。然责数怀王,怨恶椒、兰,愁神苦思,强非其人,忿怼不容,沈江而死,亦贬洁狂狷景行之士。多称昆仑、冥婚、宓妃虚无之语,皆非法度之政,经义所载。谓之兼《诗》风雅,而与日月争光,过矣。[1]

班固的意思是,屈原露才扬己,不能明哲保身,为狂狷之士,诗中那些神话式的想象并不见于经籍,刘安把他夸过头了。班固的批评集中在两个方面:一是屈原的人格志向和行事风格是否合乎经典,二是《离骚》的美学风格是否合乎经典。他的标准却是一个,即须合乎经典,鲜明地体现出班固保守的一面。他要守住经典,就势必要对《离骚》有所贬抑,因为有证据说明,屈原作《离骚》有不依从《诗经》之处。不过,《诗经》解释学把《离骚》收归经典的脚步并不因为班固的批评而稍有犹疑。

稍晚于班固的王逸为后世贡献了第一部完整的《楚辞》注本,他说:"屈原履忠被谮,忧悲愁思,独依诗人之义,而作《离骚》,上以讽谏,下以自慰。遭时暗乱,不见省纳,不胜愤懑,遂复作《九歌》以下凡二十五篇。"(《楚辞章句·离骚后叙》)又说:"《离骚》之文,依《诗》取兴,引类譬喻。"(《楚辞章句·离骚序》)他的调子和司马迁是一致的,"独依诗人之义""依《诗》取兴",说得何其明白。王逸对屈原人格的评价非常高,并强烈反对班固的质疑和贬低:

> 今若屈原,膺忠贞之质,体清洁之性,直若砥矢,言若丹青,进不隐其

[1] [宋]洪兴祖:《楚辞补注》,中华书局1983年版,第49—50页。

谋，退不顾其命，此诚绝世之行，俊彦之英也。

为了进一步证明班固是错的，王逸再次把《离骚》和经典联系了起来：

> 夫《离骚》之文，依托《五经》以立义焉。……故智弥盛者其言博，才益多者其识远。屈原之词，诚博远矣。自终没以来，名儒博达之士著造词赋，莫不拟则其仪表，祖式其模范，取其要妙，窃其华藻。所谓金相玉质，百世无匹，名垂罔极，永不刊灭者矣。

“金相玉质，百世无匹，名垂罔极，永不刊灭”这些用语带有过重的感情色彩，却并不能有助于《离骚》向五经的攀缘，反而让人怀疑其牵强比附。这里仅就王逸所举与《诗经》有关者来分析一下。与“帝高阳之苗裔”相联系的，是“厥初生民，时维姜嫄”，诗句来自《大雅·生民》，姜嫄为高辛氏之妃，氏稷之母。诗意谓周族的祖先是姜嫄所生。《离骚》开首八句讲自己的身世，把自己和楚族的远祖高阳氏挂上去，亦无非是尊自己血统高贵，两者没有必然的联系。“纫秋兰以为佩”，则与《郑风·有女同车》联系上了，诗中云“有女同车，颜如舜华。将翱将翔，佩玉琼琚。彼美孟姜，洵美且都”，确乎是一首情歌，孟姜不但容貌美丽，而且身上佩带琼琚之玉，追求她的男子和她同车遨游，发出锵锵之声。不过，这至多只是说明佩花和佩玉同为贵族的行为罢了。其实屈原之佩花，与他的臣妾心态有关。

细细读来，《离骚》诗篇中很难找得到受《诗经》影响的证据。屈原所作诗，唯有两处有“诗”字。其一，《九章·悲回风》“介眇志之所惑兮，窃赋诗之所明”，王逸注云：“赋，铺也。诗，志也。言己守高眇之节，不用于世，则铺陈其志，以自证明也。”其二，《九歌·东君》：“展诗兮会舞，应律兮合节。”王逸注云：“展，舒。”洪兴祖补注：“曰：展诗，犹陈诗也。会舞，犹合舞也。”诗中用“诗”字，指吟诵诗歌，是《楚辞》中用“诗”字的通例。[1] 如果这是对《诗经》的援引，习《鲁诗》的王逸必定不会轻易放过。如果《离骚》中有其他证据可以证明其与《诗经》之关系，他亦断不会视而不见。其实，《楚辞》中更多的是使用“辞”或“词”，而非“诗”，这当是《楚辞》与《诗经》分属两个诗歌系统之一证。

有一个例外，宋玉《九辩》中的“诗”字：“食不媮而不为饱兮，衣不苟而为温。窃慕诗人之遗风兮，愿托志乎素餐。”这里“诗人”指《魏风·伐檀》的作者，王逸注：

---

〔1〕《大招》：“二八接舞，投诗赋只。”王逸认为《大招》作者是屈原或景差，今人多认为非屈原所作。王褒《九怀·陶壅》：“悲九州兮靡君，抚轼叹兮作诗。”严忌《哀时命》：“志憾恨而不逞兮，杼中情而属诗。”这些“诗”字用法都同于屈原赋。

“勤身修德，乐《伐檀》也。”“不空食禄，而旷官也。《诗》云：‘彼君子兮，不素餐兮。’谓居位食禄，无有功德，名曰素餐也。”宋玉此处引《诗经》，是用了本义，不过，与诗的内容有关而与“比兴”方法无关。

朱自清《诗言志辨》断言：“《楚辞》其实无所谓‘兴’。”胡念贻也作了详细辨析：

> 屈原诗中的这种比喻，不是通过章首起兴的句式来表现，按说不应该和兴相混。后世称之为比兴，是从《文心雕龙》而来。……既然《楚辞》是“讽兼比兴”，把它的比喻称为“比兴”，似乎就有根据了。然而它和《诗经》中的“兴兼比”完全不同。刘勰为什么说它“讽兼比兴”呢？是根据王逸《楚辞章句》。……这里（王逸）所说的“依《诗》取兴”，是来自汉代经师讲《诗经》“兴义”的穿凿附会之说。〔1〕

胡氏的批评一针见血，不用再多辞费。总之，在《离骚》中我们找不到与《诗经》有关的主题之雷同、诗句之援引、人物之重复、典故之套用、写法之模仿、句式之传承……只让我们觉得，屈原并没有以《诗经》为他创作的模范。

至此，汉代《诗经》解释学之谱系就大致清楚了，把《离骚》挂到《诗经》上去，主要是汉人解《诗经》的风气所致。在刘安的时候，三家诗已经受到尊崇，刘安由此定下了《离骚》继承《诗经》的基调，经过司马迁的大力推崇，即便班固的批评也是从《离骚》是否继承《诗经》着眼的，再经过王逸对班固反论的争辩，一直到刘勰都没有人能推翻。

就文化背景而论，《楚辞》和《诗经》更像是两个并不相交的诗歌体类。刘师培《南北文学不同论》说：

> 惟荆楚之地，僻处南方。故老子之书，其说杳冥而深远。及庄、列之徒承之，其旨远，其义隐，其为文也，纵而后反；寓实于虚，肆以荒唐谲怪之词，渊乎其有思，茫乎其不可测矣。屈平之文，音涉哀思，矢耿介，慕灵修，芳草美人，托词喻物，志洁行芳，符于二南之比兴。而叙事纪游，遗尘超物，荒唐谲怪，复与庄、列相同。〔2〕

刘氏把屈原的诗歌与老子、庄子和列子的南方风格相联系，指出其具有“杳冥

〔1〕 胡念贻：《论赋比兴》，见《文学评论》编辑部：《文学评论丛刊》（第一辑），中国社会科学出版社1978年版，第64—65页。

〔2〕 刘师培：《刘师培全集》（第一册），中央党校出版社1997年版，第557页。

深远”“纵而后反”“寓实于虚”“托词喻物”“荒唐谲怪”诸美学品格。此说极是。

就创作而论，这两种诗类亦有诸多不同。第一，诗体不同。从音调和句式看，一个是四言体的短诗，一个是使用“兮”字的五言、七言间用的抒情长诗，《诗经》的音乐有风雅颂之分，而《楚辞》专用楚调。第二，主题不同。屈原赋集中于楚国的现实与将来以及他个人的命运，大量地调用了楚文化的神话谱系，而《诗经》却更多地背靠着中原农耕文化，诗风朴质而简约。第三，写法也有很大不同。长篇抒情诗情感浓烈而想象夸张，有明确的抒情主人公，四言体诗就要质朴、婉约多了，篇幅也比较短小，其中的民歌不免常有同质化的现象。仅就比喻的运用而言，《楚辞》更多使用博喻，上文已有论列，可参看。[1] 第四，最重要的是，先秦并无诗歌“比兴”之说，凡是论到《楚辞》之“比兴”，无一不是汉儒给套上去的。换言之，若要把《楚辞》归入汉代《诗经》解释学的道德谱系中去，非强拉硬拽不可。

第四节　郑玄对“赋比兴”的首次定义

“赋”“比”“兴”三者连在一起称呼，先秦文献中仅见一次，就是《周礼·春官·大师》：(大师)“教六诗，曰风、曰赋、曰比、曰兴、曰雅、曰颂。”到了汉代，《毛诗序》几乎有相同的表述，六者次序相同，不过“六诗”成了“六义”，原来是合乐的歌诗，到了汉代就转为徒诗。关于这一转换，朱自清有一重要的解说：

> 郑玄注《周礼》“六诗”，是重义时代的解释。风、赋、比、兴、雅、颂似乎原来都是乐歌的名称，合言“六诗”，正是以声为用。《诗大序》改为“六义”，便是以义为用了。但郑氏训“赋”为“铺”，假借为“铺陈”字，还可见出乐歌的痕迹。……大概“赋”原来就是合唱。古代多合唱，春秋赋诗才多独唱，但乐工赋的时候似乎还是合唱的。[2]

《周礼·大司乐》论“乐语”也说到了“兴”：

> 以乐德教国子：中、和、祗、庸、孝、友。以乐语教国子：兴、道、讽、诵、

---

〔1〕 以上三点，王国维已有论列，参《屈子文学之精神》，见王国维：《王国维论学集》，中国社会科学出版社 1997 年版。

〔2〕 朱自清：《诗言志辨》，见朱自清：《朱自清全集》(第六卷)，江苏教育出版社 1990 年版，第 206—207 页。

言、语。以乐舞教国子舞:《云门》《大卷》《大咸》《大磬》《大夏》《大濩》《大武》。[1]

大司乐是一个掌管音乐的官员，他的职责就是对“国子”(王室子弟)进行乐教，分为“乐德”“乐语”“乐舞”三门。“兴、道、讽、诵、言、语”，是“乐语”之教。郑玄注云:“兴者，以善物喻善事也。”就是把“兴”解为譬喻了。先秦“赋诗”，是不是要唱，有不同看法。不过，朱自清论定《诗大序》和郑玄注《周礼》“六诗”是以义为用，是不错的。朱自清进而推测:“‘比’原来大概也是乐歌名，是变旧调唱新辞。”“‘兴’似乎也本是乐歌名，疑是合乐开始的新歌。”[2]

今人王小盾对“六诗”做了研究，他说:

“六诗”之分原是诗的传述方式之分，它指的是用六种方法演述诗歌。“风”和“赋”是两种诵诗方式——“风”是本色之诵(方音诵)，“赋”是雅言之诵;“比”和“兴”是两种歌诗方式——“比”是赓歌(同曲调相倡和之歌)，“兴”是相和歌(不同曲调相倡和之歌);“雅”和“颂”则是两种奏诗的方式——“雅”为用弦乐奏诗，“颂”为用舞乐奏诗。“风”“赋”“比”“兴”“雅”“颂”的次序，从表面上看，是艺术成分逐渐增加的次序;而究其实质，则是由易至难的乐教次序。[3]

把“六诗”描述为“六种诗歌演述方法”，称其为“乐教次序”，诚为过人之见，但是处理上精密无比，不免让人略有不安。显然，“风赋比兴雅颂”的连称，在先秦必与音乐的分类相关，“兴”不是譬喻，这一点已成定谳。不过，汉代的《诗经》学者却并不这样看。郑玄固然认为“比赋兴”本来是可歌的，孔子整理《诗经》时把它们合并到“风雅颂”里去了，上述朱自清的猜测就得着郑说的启发。然而，就是这同一个郑玄，在注《周礼·春官·大师》“教六诗”时，却不这么解释“赋比兴”了，而坚决地转到了重义的立场之上，云:

赋之言铺，直铺陈今之政教善恶。比，见今之失，不敢斥言，取比类

〔1〕 [清]孙诒让:《周礼正义》(第七册)，中华书局1987年版，第1723—1725页。

〔2〕 朱自清:《诗言志辨》，见朱自清:《朱自清全集》(第六卷)，江苏教育出版社1990年版，第209、213页。

〔3〕 王小盾:《诗六义原始》，见王小盾:《扬州大学中国文化研究所集刊》(第一辑)，江苏古籍出版社1998年版，第47—48页。

以言之。兴，见今之美，嫌于媚谀，取善事以喻劝之。[1]

同注中又引东汉郑司农郑众语：

曰比，曰兴。比者，比方于物也。兴者，托事于物。

郑玄说"赋比兴"，一一扣合着"美刺"。"赋"是对政教善恶直接谈自己的看法，不妨"美刺"并用；"比"是以"比类"的方法而不敢直言，专门为"刺"；"兴"是为了避免取媚而借其他善事来喻说，专门为"美"。三者连称的依据是偏于"美刺"之不同，总体确乎合于"温柔敦厚"的诗教。

值得注意的是，郑氏说"比"和"兴"其实都是比喻，不同者有二：其一，"比"是"刺"，"兴"为"美"；其二，"比"是以物来"比"，"兴"是以物来"喻"事。"比方于物"，好理解；"以善物喻善事"和"托事于物"是一回事，和"取善事以喻劝之"却好像不一致。"以善物喻善事"中有一"喻"字，当为比喻，是不是可以这样说：二郑所言之"兴"是一种特别的比喻。陈奂《诗毛氏传疏·葛藟》云：

曰"若"曰"如"曰"喻"曰"犹"，皆比也。《传》则皆曰"兴"。"比"者，比方于物。"兴"者，托事于物。作诗者之意，先以托事于物，继乃比方于物，盖言兴而比已寓焉矣。

陈氏举了《毛传》用了"若""如""喻""犹"诸字来解说很多诗都是"比"的意思，但《毛传》也都说它是"兴"的例子，因此他有先"兴"后"比"，"言兴而比已寓焉"之说。如《邶风·旄丘》，《毛传》云："兴也。……诸侯以国相连属，忧患相及，如葛之蔓延相连及也。"先说"兴"，后又说"如……"，这就是"兴而比"。

陈氏此说，朱自清批云："这真是'从而为之辞'，《传》意本明白，一'疏'反而糊涂了。但《传》意也只是《传》意而已，至于'作诗者之意'，是很难说的。有许多篇的作意，我们现在老实还不懂。"[2]"作诗者之意"确实难知，不过"《传》意"之难懂，可能恰恰因为它是将"比"与"兴"作了循环解释，陈奂所指的先"兴"后"比"，其实正是"兴"义优先所要求的。如《旄丘》一诗《毛诗序》云："责卫伯也。狄人迫逐黎侯，黎侯寓于卫，卫不能修方伯连率之职，黎之臣子以责于卫也。"此为"《传》意"，非"作诗者之意"（至少没有证据），此一先定之"《传》意"决定了该诗首句"旄丘之

[1] [清]孙诒让：《周礼正义》（第七册），中华书局1987年版，第1842—1843页。
[2] 朱自清：《诗言志辨》，见朱自清：《朱自清全集》（第六卷），江苏教育出版社1990年版，第182页。

葛兮，何诞之节兮”将被《毛传》标为“兴”，即以葛之蔓延“比”诸侯国相连而忧患相及。《郑笺》也是这样“兴”“比”连称：“土气缓则葛生阔节。兴者，喻此时卫伯不恤其职，故其臣于君事亦疏废也。”这样，“兴”义是先定的，它决定了“比”的设定必须能说明“兴”义，两者的关系是：非“兴”无以有“比”，非“比”无以明“兴”，互相可以转着圈解释。因此，陈奂的“兴而比”如果不是指“作诗者之意”而是指“《传》意”，就对了。如果是这样，那就正可以为本章前面分析的樛木“逮下”之新创之义作一注解。

郑氏为东汉末古文经学的大家，他的经学成功地融合了今文经学。他对“赋比兴”的解释可以视为汉代《诗经》解释学的总结，对后世影响颇大。从他的观点中我们已经看到，整个汉代的《诗经》解释学在重义且非断章取义的背景之下发生了强大的道德本质主义转向。

因为《诗大序》没有“赋比兴”的具体说解，二郑的定义就弥足珍贵，后人讲“赋比兴”的历史必引之。不过，这里要考虑到两个因素。首先，如果《诗大序》晚出于《毛诗》，那么后者的撰著就没有得到前者的纲领性指导，而前者提出“赋比兴”的重要性也就随之降低。况且，三家诗的序佚失了，难以与《诗大序》互证。其次，郑玄之“赋比兴”的定义是为注《周礼・春官・大师》“教六诗”，而非注《毛诗》或三家诗，取来为《诗大序》作注未必稳妥，况且它是后于《诗大序》的。就时间的先后而论，四家诗先出，《诗大序》继之，二郑说最后。这意味着，四家诗和郑玄的“赋比兴”定义之间可能有三百余年的时间差距，如果佚失了的三家诗序没有将“赋比兴”连称，则二郑的定义又将成为汉代唯一的证据，其情形和《周礼・春官・大师》“教六诗”之“赋比兴”连称为先秦孤证正相仿佛。若是以二郑说来解《诗大序》的“赋比兴”，再进一步以之去解四家诗，那就是以后出的理论去解释在先的理论，不能不看到，这种前溯法可能埋伏着巨大的跳跃，以及莫测的理论风险。不幸的是，这正是汉代的《诗经》解释学所遵守的程序。

第六章　缘情诗对比兴审美经验的冲击

虽然两汉的诗学以经学为主导，但比兴美刺的方法却只在解释学上发挥效力，很难施于诗歌创作实践。于是，汉代的诗坛呈现出两极化的趋势：一方面，比兴美刺的经学解释学占强势地位；另一方面，在活的诗歌经验中，比兴却被边缘化，诗人开始尝试放逐或改造比兴经验，代之以赋体化的手段铺写真实发生的情感体验。结果，出现了非为比兴寄托而用，只写夫妻情感的秦嘉诗，以及在诗学上极负盛誉的《古诗十九首》。不同于先秦诗歌的以比兴言志，一股缘情的诗歌创作潮流在反拨经学诗学的创作实践中悄然兴起，并逐渐发展强大。自汉末至魏再到西晋太康，缘情的诗歌创作雄踞诗坛，亦催生了理论形态的缘情说。这股缘情诗歌创作潮流，严重地冲击了比兴审美经验，比兴寄托的虚拟性为情感体验的真实性取代，比兴结撰技术在诗歌中失却了核心地位。

第一节　诗歌缘情论与缘情诗

西晋陆机从文体比较的角度为诗歌下了一个定义——“诗缘情而绮靡”[1]，在诗学史上，具有革命性的意义。朱自清先生在《文学的标准与尺度》一文中评之曰：“即如诗本是‘言志’的，陆机却说‘诗缘情而绮靡’。‘言志’其实就是‘载道’，与‘缘情’大不相同。陆机实在是用了新的尺度。”[2]“诗言志”的观念诞生于中国诗论的开端处，是先秦两汉论诗的主流和正统，并以其典范性和权威性对中国之诗文论产生了深远的影响。朱自清先生的另一部力作《诗言志辨》详尽且贴合实

〔1〕［晋］陆机著，张少康集释：《文赋集释》，人民文学出版社2002年版，第99页。

〔2〕朱自清：《文学的标准与尺度》，见朱自清：《朱自清古典文学论文集》（上册），上海古籍出版社1981年版，第6页。

际地论述了“诗言志”观念的内涵与外延、产生与流变以及文学史意义等问题。据其考辨，“诗言志”主要表现为“献诗陈志”“赋诗言志”“教诗明志”“作诗言志”四种含义和用途：前两者往往不脱诗、乐、舞合一的语境，侧重于诗歌的理解和运用，所言之志“非关修身，即关治国”[1]；诗乐分家之后，重义不重声，论家才逐渐注意到作诗人的存在，《诗大序》对“诗言志”的经典论述业已注意到诗歌抒发情感之作用，但其目的仍在于“教诗明志”，即以义为用的政治教化；而早期诗人的“作诗言志”，也往往以讽谏或者抒发政治抱负为主。概言之，“‘言志’一语总关政教”[2]。

与“诗言志”侧重政治道德教化的功利性和工具性不同，陆机的“新尺度”就在于，“诗缘情而绮靡”立足于创作和文体的角度，强调了诗歌与主体情感的关联，并规定了诗歌的性质和特点。“缘情”之含义，周汝昌先生以陆机《叹逝赋》《思归赋》中两处“缘情”之意义和语境为旁证，指出陆机之本意与“言志”、与“闲情”“艳情”“色情”并无干涉，“情”即旧来所谓之“七情”[3]，是对的。不过，此“情”并不能简单地理解为现代心理学意义上的情绪之波动，而有其特别的语境和规定。先秦至两汉的情感概念，内涵极为丰富，“喜”“怒”“哀”“乐”“爱”“憎”“惭”“惧”等指称情感内容和类型的词汇，本身包含有社会的、道德的内涵，而且并不都指积极的情感，消极的情感也包含在其中，二者往往成对出现。结合陆机的诗文可知，其所表达的情感，悲比喜多，其情感往往混合着仕途的失意和生活的无奈。因此，“缘情”之“情”并非特指纯粹的审美情感，而是包举道德情感、生活情感在内的复杂概念。值得注意的是，在陆机的《思归赋》中，他还将“缘情”与“感物”对举：

> 彼离思之在人，恒戚戚而无欢。悲缘情以自诱，忧触物而生端。[4]

“悲”或“忧”的情感与外物相接而感发，《文赋》还说：

> 遵四时以叹逝，瞻万物而思纷。悲落叶于劲秋，喜柔条于芳春。[5]

“叹”“思”“悲”“喜”等种种情绪被四时变化中的自然景观勾起，触物而生感，即是诗文论上“物感”说的最初表述。自然构成“物感”体验的客体一端，自然变迁引发之情作为主体一端，则成为诗歌欲表达的主题。同样标举“感物缘情”说的刘

---

〔1〕 朱自清：《诗言志辨》，广西师范大学出版社 2004 年版，第 135 页。

〔2〕 朱自清：《诗言志辨》，见朱自清：《朱自清全集》（第六卷），江苏教育出版社 1990 年版，第 157 页。

〔3〕 周汝昌：《陆机〈文赋〉“缘情绮靡”说的意义》，《文史哲》1963 年第 2 期。

〔4〕 [清]严可均：《全晋文》（中册），商务印书馆 1999 年版，第 1021 页。

〔5〕 [晋]陆机著，张少康集释：《文赋集释》，人民文学出版社 2002 年版，第 20 页。

勰、钟嵘亦有详细的论述：

> 人禀七情，应物斯感，感物吟志，莫非自然。[1]
>
> 春秋代序，阴阳惨舒，物色之动，心亦摇焉。……岁有其物，物有其容；情以物迁，辞以情发。[2]
>
> 气之动物，物之感人，故摇荡性情，形诸舞咏。[3]
>
> 若乃春风春鸟，秋月秋蝉，夏云暑雨，冬月祁寒，斯四候之感诸诗者也。嘉会寄诗以亲，离群托诗以怨。至于楚臣去境，汉妾辞宫；……凡斯种种，感荡心灵，非陈诗何以展其义？非长歌何以骋其情？[4]

以上“感物缘情”之说有两个要点：其一，悲喜哀乐等情感与生俱来、本然地内在于心，由自然等外物的感召而生发出来，陆机所云“悲缘情以自诱，忧触物而生端”，刘勰所云“人禀七情，应物斯感”“情以物迁”，钟嵘所云“摇荡性情”等，即强调了外物感发内在之情的意思，此为感物缘情之第一步；其二，诗、乐、舞等艺术形式将借由外物所感发出来的内在情感表现于外，艺术手段成为情感抒发的工具，即诗论家所云的“辞以情发”“形诸舞咏”“非陈诗何以展其义？非长歌何以骋其情”，这是感物缘情的最后一步。

缘情诗论家对情感来源的判断与先秦的情感理论并无二致，《左传》《国语》以及《论语》《孟子》《荀子》《庄子》等文献所载的情感理论，虽有基础、本质、价值判断等多方面重大的差异，但基本上都认为喜怒哀乐等情感是人与生俱来的自然现象，本然地存在于主体之内心，《荀子·天论》说得尤为明白：“形具而神生，好恶、喜怒、哀乐藏焉，夫是之谓天情。”[5]另外，《国语》等文献的记载，亦有情貌对举之说，《国语·晋语》载：“夫貌，情之华也；言，貌之机也。身为情，成于中。言，身之文也。”[6]将“情”和“貌”、“言”和“文”理解为一种内外关系。屈原《九章·惜诵》的“发愤以抒情”[7]更是将创作诗歌作为内在情感意志抒发的方式和目的。要之，六朝缘情诗论家在情感来源和表现的论述上并未超越前人而提出新说。但是，与先秦儒家的“养气”“寡欲”（孟子）和“养情”“治情”（荀子）相比，缘情诗论家并不关

---

〔1〕［南朝梁］刘勰：《文心雕龙·明诗》，见范文澜：《文心雕龙注》（上册），人民文学出版社1958年版，第65页。

〔2〕同上书，第693页。

〔3〕［南朝梁］钟嵘：《诗品序》，见曹旭：《诗品集注》，上海古籍出版社1994年版，第1页。

〔4〕同上书，第47页。

〔5〕［清］王先谦：《荀子集解》卷十一，中华书局1988年版，第309页。

〔6〕徐元诰：《国语集解》，王树民、沈长云点校，中华书局2002年版，第376页。

〔7〕［宋］洪兴祖：《楚辞补注》，中华书局1983年版，第121页。

注情感自身的善恶问题，不做价值判断，不以道德人格的实现为最终旨归；相反，将情感抒发出来即被他们赋予合理性和目的性的意义，从这一点讲，徐复观先生将“缘情”解释为“顺着情”或“因情”很有见地。[1] 与庄子的“无情”论或以审美自然情感去除功利的“喜”“怒”“哀”“乐”“爱”“憎”“惭”“惧”的看法相比，缘情诗论家既不主张无情，亦没有将情感问题上升到哲学的高度来讨论，并不考虑审美情感的净化和升华，或者说，在陆机等人看来，种种内在情感经由外物感召生发出来并表现为艺术形式，即实现了净化和升华。

并且，《左传》《国语》以及先秦诸子并没有“物感”说。早于《文赋》的《礼记·乐记》率先提出了乐论上的“物感”说：“音之起，由人心生也。人心之动，物使之然也。感于物而动，故形于声。声相应，故生变。变成方，谓之音。比音而乐之，及干、戚、羽、旄，谓之乐。乐者，音之所由生也，其本在人心之感于物也。”这段话指出音乐是情感的表现，与《国语》、屈骚以及缘情诗论家所言一致。但《乐记》认为人本无喜怒哀乐之情，情感的产生是人心与外物交感的结果，这就与喜怒哀乐本然于内心的看法大相径庭。《乐记》宣称：“人生而静，天之性也。感于物而动，性之欲也。”而六朝缘情诗论家的“物感”说是有情感固有于内心这一前提的，在他们看来，正是因为人的内心蕴藏着喜怒哀乐的情感，才易于被外物感触，这是缘情诗论家与《乐记》“物感”说的重要区别之一。两者“物感”说的另一区别在于，后者强调外物与情感的交感关系是为音乐的教化作用作铺垫，《乐记》接下来便说：“凡音者，生人心者也。情动于中，故形于声，声成文，谓之音。是故治世之音安以乐，其政和；乱世之音怨以怒，其政乖；亡国之音哀以思，其民困。声音之道，与政通矣。”在音乐与政治、道德之间搭建起直线的因果关系，其本质与《诗大序》相同，为发自内心的诗歌或音乐添加上政治、道德教化之目的。《乐记》的“物感”说，仍囿于“言志”的局限，是“诗言志”在音乐领域的表现。

而感物缘情具有个体、当下的品格，钟嵘所列举的一系列由感物活动引起情感变化之范例都是不同个体所遭遇的独特处境。与“言志”说以群体的志来制约、范导个体的情感不同，缘情诗论家所理解的触物生感，是个体在特定的环境中产生的真切感受和体验。这一点，拙文《美学史上群己之辩的一段演进：从言志说到缘情说》曾有详细的论述，引入伦理学上“群己之辩”的理论，探讨从“诗言志”到“诗缘情”诗论发展的美学历程以及二者的区别，指出“诗言志”的本质是一种官方艺术教育理论，体现出儒家正统的文化政策和教育政策的典型特征，即“重视诗乐舞的发抒情感的作用，以情感调整的方式将万民之心导入封建礼教的单一轨道，从而巩固封建的社会秩序”，“言志说包涵了这样一种哲学思考，即强调普遍性而

---

[1] 徐复观：《陆机〈文赋〉疏释》，见徐复观：《中国文学精神》，上海书店出版社2006年版，第275页。

主张将个体性消融于群体性”，其方法论是借道比兴将个别向普遍归附，持道德本质主义。而缘情说却正好相反，持审美个性主义，主张将普遍变为个别，缘情诗论家所言之种种感物之情，往往表现出很强的个体性以及渊深的人生感慨，在他们看来，“自然之感人那都是一个一个个体所遭遇的特殊情境”。[1]

再者，相较于“言志”说内涵及外延的宽广、模糊，“诗缘情而绮靡”则是一个专门针对诗歌的文体学定义。陆机的《文赋》有着自觉的文体意识，划分出“诗”“赋”“碑”“诔”“铭”“箴”“颂”“论”“奏”“说”等十种文体，“诗缘情而绮靡”这一诗歌概念即诞生于与其他诸种文体相互比较的语境中。并且，陆机还将体类与风格联系起来，在定义各文体性质的同时，亦概括了每一种文体与众不同的风格特征，与“诗言志”相比，陆机的诗歌定义还具有风格方面的规定性——“绮靡”。“绮靡”多被解为“侈丽”“华艳”，周汝昌先生细考陆机说之本义，发挥李善《文选》“精妙之言”的说法，解释为“细密精致、蕴蓄微妙”的意思，是诗歌缘情的必然结果。[2] 而这一兼具诗歌性质与风格特征的文体学定义，更多地关注和适用于诗歌的创作，陆机的《文赋》本就为“作文”发论，对创作过程有着详细、精到、生动的描绘，于创作要领多有发见，他的文体定义为各体类的创作提供了指导和标准。后期缘情诗论家所完善的“感物缘情”之说，本身亦是对诗歌创作程式的最佳表述。“言志”说以政治、道德教化为本，注重诗歌传唱和理解接受的作用，而缘情诗论家却更重视艺术的审美品格以及作家个人的体验，立足于文体和创作，为诗歌寻找恰当的定位。

当然，“诗缘情”观念的形成，除了依托新的思想背景，对“诗言志”进行扬弃外，还与诗歌史自身的发展密切相关，尤其是于汉末魏晋兴盛起来的五言诗，贡献了新的审美经验，为诗歌理论的创新提供了前提和基础。质言之，“诗缘情”的提出，正是对当时诗歌创作实践之总结。这一点，朱自清先生在《诗言志辨》中已有发见：

“诗言志”一语虽经引申到士大夫的穷通出处，还不能包括所有的诗。《诗大序》变言“吟咏情性”，却又附带“国史……伤人伦之废，哀刑政之苛”的条件，不便断章取义用来指“缘情”之作。《韩诗》列举“歌食”“歌事”，班固浑称“哀乐之心”，又特称“各言其伤”，都以别于“言志”，但这些语句还是不能用来独标新目。可是“缘情”的五言诗发达了，“言志”以外迫切的需要一个新标目。于是陆机《文赋》第一次铸成“诗缘情而绮靡”这个新语。“缘情”这词组将“吟咏情性”一语简单化、普遍化，并檃栝了

---

〔1〕 张节末：《美学史上群己之辩的一段演进：从言志说到缘情说》，《文艺研究》1994年第5期。

〔2〕 周汝昌：《陆机〈文赋〉“缘情绮靡”说的意义》，《文史哲》1963年第2期。

《韩诗》和《班志》的话，扼要地指明了当时五言诗的趋向。[1]

朱自清此论着力描述“缘情”说的产生原因和诞生历程，诗歌史的发展已经远远超出了“诗言志”的容量，虽几经引申，却亦无力解释不断壮大的“缘情之作”。于诗歌史的事实，汉儒亦有清醒的认识，只是固守着“言志”的传统调停折中、断章取义或者不敢坚决地独立出新。一直到了西晋的陆机，“诗缘情而绮靡”方针对“缘情”的五言诗大潮应运而生，为诗歌史的发展提供了贴切、合理的解释与总结。台湾陈昌明、蔡英俊、吕正惠等学者的研究，亦持相类似的观点，承认并证明了五言诗对“缘情”观念产生的促动作用，吕正惠还发展朱说，总结道：“从文学批评史的角度来看，‘缘情’说是对于刚刚形成的五言诗独特的抒情世界的反省。”[2]

戴伟华《论五言诗的起源：从“诗言志”、“诗缘情”的差异说起》一文也对五言诗与“诗缘情”之关系进行了纵深探讨。他指出，在“诗言志”和“诗缘情”的问题上，关于“志”与“情”分合的讨论并不那么重要，二者的主要区别在于体用之不同，前者是针对《诗经》的阅读诗论，而后者却是针对五言诗的创作诗论，正因为有了五言诗的大量创作，以及五言诗逐渐成为文人创作的主要诗体形式，才产生了五言诗的创作论和探求五言诗自身规定性的文体论，“诗缘情”是以五言诗为对象的诗歌理论。[3] 虽然戴伟华对“言志”与“缘情”体用之判断和区分略有简化之嫌，我们也不能将“诗缘情”的适用范围仅限制在五言诗之内，但他从文学史发展的轨迹探讨“诗缘情”诞生之原因，是颇具启发意义的。

诗歌史的发展，尤其是五言诗的兴盛催生了诗文论上的“缘情”说，已成为不刊之论，从二者的相互关系中探讨“诗缘情”的相关问题，也是当下学界普遍采用之方法论。而更应引起我们注意的是，陆机“诗缘情而绮靡”所针对的这股“缘情”创作潮流。陆机所处的西晋，诞生了一大批著名的诗人，如张华、张载、张协、陆云、潘岳、潘尼、左思等，他们的诗歌创作，虽各有千秋，但却能体现出较为明显的和一致的时代风格，因此，文学史上往往将他们并称，推举他们为西晋文学的主流

---

〔1〕 朱自清：《诗言志辨》，见朱自清：《朱自清全集》（第六卷），江苏教育出版社 1990 年版，第 164 页。

〔2〕 吕正惠：《物色论与缘情说：中国抒情美学在六朝的开展》，见吕正惠：《抒情传统与政治现实》，大安出版社 1989 年版，第 33 页。

〔3〕 戴伟华：《论五言诗的起源：从“诗言志”、“诗缘情”的差异说起》，《中国社会科学》2005 年第6 期。

和巅峰——太康诗风[1]的缔造者和代表人物。太康诗歌以五言诗体形式为主流，题材广泛、技巧完备，多抒写个体之切实的情感体验，体现出强烈的感物缘情之美学品格，因此，标举“缘情”说的钟嵘称它为“文章之中兴”[2]。

溯其渊源，文学史地位堪与《诗经》《离骚》比肩的《古诗十九首》(下简称《十九首》)[3]为太康诗歌提供了先导和典范。《十九首》“婉转附物，怊怅切情”[4]，因其集中、纯粹的情感表达及针线绵密的抒情技术而被广为称道；《十九首》的作者群还运用了最能“指事造形，穷情写物”[5]的五言体式，形式了五言诗的第一次高峰。稍后于其的建安文学，亦以“风骨”“慷慨”著称，虽题材多有扩展、诗类更为丰富，并且在一定程度上回归了渴求建功立业的“言志”精神，但总体上仍承递《十九首》的美学，注重个体情感淋漓畅豁的发抒与表达，“侈陈哀乐”[6]成为当时文学发展的重要一翼。即使在魏晋玄学高度发达，玄言渐次入诗的正始时期，“感悟驰情”[7]亦是当时诗歌创作的重要主题与动机，阮籍诗题为“咏怀”，恰为明证。陆机所处时代的太康诗风正是这一创作主潮的自然延续。直至东晋，“缘情”创作潮流才在玄言诗的绝对优势下溃不成军。从汉末至西晋，自然的变迁感召人心，加之现实遭际的不尽如人意，诗人慨叹光阴流逝，惋惜盛年不再，悲吟离愁别绪，感伤知音难觅……抒发个体情感，尤其是建基在时序意识之上的悲情成为诗歌创作的主题和主要的审美取向，构成了中古诗歌史上重要且极具特色的发展阶段，也因此铸就了诗学理论上的“缘情”说。

---

〔1〕 文学史上的太康时代与实际的历史有所出入，“太康”是晋武帝司马炎的年号，从公元280年至289年，而文学史上惯例称谓的“太康文学”要宽泛得多，也包括元康时期的文学创作。根据钟嵘的相关论说来看，太康文学、太康诗歌等概念基本上等同于西晋永嘉前的文学创作阶段，大概在公元265年至307年。近人郭伯恭对魏晋诗歌史的惯用分期，建安、正始、太康等各阶段的历史年限有较为详细的说明：建安阶段起于汉献帝建安元年(公元196年)，包括魏文帝黄初，止于明帝即位(公元227年)；正始阶段起于明帝太和元年(公元227年)，包括废帝正始，元帝景元，止于晋武帝代魏为晋(公元265年)；太康阶段起于晋武帝泰始元年(公元265年)，包括太康、元康，止于怀帝即位(公元307年)。(参见郭伯恭：《魏晋诗歌概论》，商务印书馆1936年版，第3页)本书所使用的建安诗歌(文学)、正始诗歌(文学)、太康诗歌(文学)等概念，其实际历史的上下限遵从郭说。

〔2〕 [南朝梁]钟嵘：《诗品序》，见曹旭：《诗品集注》，上海古籍出版社1994年版，第21页。

〔3〕 陆时雍《古诗镜》卷二称《古诗十九首》为“诗母”；梁启超《中国之美文及其历史》说：“十九首在文学史上所占地位，或与《三百篇》《离骚》相埒。”(梁启超：《中国之美文及其历史》，东方出版社1996年版，第130页)

〔4〕 [南朝梁]刘勰：《文心雕龙·明诗》，见范文澜：《文心雕龙注》(上册)，人民文学出版社1958年版，第66页。

〔5〕 [南朝梁]钟嵘：《诗品序》，见曹旭：《诗品集注》，上海古籍出版社1994年版，第36页。

〔6〕 刘师培：《中国中古文学史讲义》，上海古籍出版社2000年版，第7页。

〔7〕 [三国]嵇康：《四言赠兄秀才入军诗》，见逯钦立：《先秦汉魏晋南北朝诗》(上册)，中华书局1983年版，第483页。

当我们把目光投入上古文学，与汉末魏晋勃兴的“缘情诗”作比较，会发现《诗经》的抒情呈现出鲜明的公共性特点，它的创作与结集，所涉及的情感领域和情感表述方式，以及在先秦的流传和定性，都指向公共而非个人抒情的目的，并且不少诗篇缺乏明晰可辨的抒情主人公[1]。这并不符合抒情诗的标准，也与缘情诗的审美经验不同。而《楚辞》具可考的作者与创作背景，产生了“抒情”的自觉，拥有确定的抒情主人公，是完整意义上的抒情诗；屈原、宋玉还奠定了“惜春悲秋”的时序感模式，被后世之缘情诗所强化。但《楚辞》又有着极为明显的政治意图，讽咏比兴，也与“诗缘情”的理论内涵有差别。两汉的诗歌，与诗学理论上以经学为主导的“言志”不同，在创作上表现出若干向“缘情”转折与新变的趋势：时序意识在两汉诗歌中得以充分的体现，形成了汉诗感伤的基调；情感领域逐渐从公共走向私人化，比兴渐次被赋体所取代，游子、思妇等具有现实主义特色的主题被大量重复，夸张、奔放的情感风格也渐趋舒缓、缠绵，最终导致抒发私人真情实感的诗歌出现；五言诗体也在汉代得到了大规模的运用，五言徒诗逐渐成形，具备一定的文人化技巧，并被应用于表现个人情感，与私人化的真情实感之表达相得益彰。东汉末年产生的、与《十九首》相距不远或者同时产生的秦嘉《赠妇诗》，被朱自清称为“该是‘缘情’的五言诗之始”[2]。上古诗歌，尤其是抒情品格鲜明的《楚辞》和具有转折意义的汉诗，为“缘情”的诗歌之兴起提供了准备，甚至构成其必不可少之前提或先声。

综上所述，陆机“诗缘情而绮靡”所针对的这股“缘情”创作潮流，有着较为一致的创作动机和美学取向——抒发与群体的政治、道德、教化无关，而由外物所激发的个体之真情实感；有着大致同一的诗体依托——五言诗；有着可辨认的、大体一贯的发展历史——至少可以追溯至东汉末年，甚至可以寻绎出与《诗经》《楚辞》以及早期五言诗作的若干联系。我们参照陆机的诗歌定义，以“缘情诗”来命名这一创作潮流。在文学史上，缘情诗形成了一个历时久远并拥有相对统一风格的发展阶段，创造了中古初期文坛的繁盛状况，主导着汉末魏晋诗歌的审美取向和发展趋势，催生了诗歌观念和诗学理论的创新。

从其发生发展的背景来看，缘情诗正处于中国文化大变迁的过程之中，汉末

---

〔1〕 法国汉学家通过对《诗经》的文化人类学研究和主题分析总结说：“这些古老的歌谣令人深以为奇的是，里边看不到任何个人的感情。……这种诗歌的非个性化不能不使我们设想它不是产自一人之手。”[(法)葛兰言：《〈诗经〉中的爱情诗篇》，钱林森译，见钱林森编：《法国汉学家论中国文学：古典诗词》，外语教学与研究出版社2007年版，第60—61页]《诗经》中有不少诗篇，我们难以发现到底是谁在歌唱；还有一些诗篇甚至不指出抒情主体的存在。

〔2〕 朱自清：《诗言志辨》，见朱自清：《朱自清全集》(第六卷)，江苏教育出版社1990年版，第163页。秦嘉诗的断代学界存有争议，本书依循汉末说。

魏晋，玄学日渐发达，带来了思想界的诸多重大变化，深刻地改变了中国人的审美经验。庄、玄、禅的哲学运动造就了中国美学史上意义巨大的两次突破，将以礼乐教化为本质的儒家美学逼退至非主流地位。而在这两次突破的过程中，玄学美学起到了承前启后的作用，向前发掘庄子，并将庄子美学普及化，向后接引禅宗，形成第二次突破的第一波，带来了中国人审美经验之巨变。魏晋的诗歌创作和诗学，受玄学影响甚深，“缘情”说的形成亦直接受益于玄学情感理论。那么，兴盛于从“言志”到“缘情”诗歌观念转折过程中的缘情诗，以及由缘情诗所催发的诗歌缘情论，是否负载着审美经验嬗变的信息？缘情观强调抒发个体真情实感，恰与以群体为旨归、虚拟化的比兴形成截然的反差。蓬勃发展的缘情美学，严重冲击了比兴美学的存在根基，在缘情诗的强势发展劲头下，以及缘情论萌动的状况下，比兴美学在诗歌中的位置走向式微。

第二节 背离比兴经验：真情实感之抒发

与《诗经》的公共取向不同，又相异于《楚辞》以男女类比君臣的虚拟性，缘情诗学强调个体当下真情实感的表达，在技术上不借助于虚拟的比兴，所描写情感为真实发生的当下体验，我们来对比张衡和秦嘉夫妇的情诗。

东汉中叶张衡写有《怨诗》《同声歌》和《四愁诗》三首情诗，《文心雕龙·明诗》曰：“张衡《怨篇》，清典可味。”诗中言“同心离居，绝我中肠”（张衡《怨诗》）[1]，看来他确实是抒情高手。且看张衡如何抒情：

> 邂逅承际会，得充君后房。情好新交接，恐慄若探汤。不才勉自竭，贱妾职所当。绸缪主中馈，奉礼助蒸尝。思为苑蒻席，在下蔽匡床。愿为罗衾帱，在上卫风霜。洒扫清枕席，鞮芬以狄香。重户结金扃，高下华灯光。衣解巾粉御，列图陈枕张。素女为我师，仪态盈万方。众夫所希见，天老教轩皇。乐莫斯夜乐，没齿焉可忘。（《同声歌》）
>
> 我所思兮在太山，欲往从之梁父艰。侧身东望涕沾翰。美人赠我金错刀，何以报之英琼瑶。路远莫致倚逍遥，何为怀忧心烦劳？[2]（《四愁诗》余三愁大体相同，不录）

---

〔1〕［汉］王粲《赠士孙文始》注，见［南朝梁］萧统编，［唐］李善注：《文选》，上海古籍出版社1986年版，第1105页。

〔2〕逯钦立：《先秦汉魏晋南北朝诗》（上册），中华书局1983年版，第178—180页。

前者,《乐府解题》云:“《同声歌》,汉张衡所作也。言妇人自谓幸得充闺房,愿勉供妇职,不离君子。思为莞箪,在下以蔽匡床;衾帱,在上以护霜露。缱绻枕席,没齿不忘焉。以喻臣子之事君也。”[1]梁启超也评云:“玩语意当是初迁侍中时所作,自述初承恩遇感激图报之意。全首用比体,在五言尤为首创。”又曰:“此诗若作赋体读之,认为男女新婚爱恋之词,便索然寡味。平子现存三诗,皆全用比兴。”[2]

李善注《文选》录《四愁诗》有序曰:“时天下渐弊,郁郁不得志,为《四愁诗》。屈原以美人为君子,以珍宝为仁义,以水深雪雰为小人。思以道术相报,贻于时君,而惧谗邪不得以通。”[3]梁启超评曰:“《四愁诗》最有盛名,他用美人芳草托兴,是《楚辞》意境。”[4]后人的题解、所拟序和梁先生的评价甚是,这两首情诗,学习了《楚辞》的写法,以男女关系影射君臣关系,赋予情诗以浓烈的政治比兴意味,所写的爱情并没有真实发生。

而在汉末秦嘉夫妇的赠答诗中,我们发现,同是由个体具体处境所激发,他们的诗歌却转向了夫妻情爱和离别伤感等私人化的主题;其对男女情爱的处理也不同于张衡情诗政治比兴的虚拟性,二人以赋体化的手法写真实发生的夫妻感情、离别和相思之情,私人化的真情实感出现。秦嘉《赠妇诗》三首云:

> 人生譬朝露,居世多屯蹇。忧艰常早至,欢会常苦晚。念当奉时役,去尔日遥远。遣车迎子还,空往复空返。省书情凄怆,临食不能饭。独坐空房中,谁与相劝勉。长夜不能眠,伏枕独展转。忧来如循环,匪席不可卷。(其一)
>
> 皇灵无私亲,为善荷天禄。伤我与尔身,少小罹茕独。既得结大义,欢乐苦不足。念当远离别,思念叙款曲。河广无舟梁,道近隔丘陆。临路怀惆怅,中驾正踯躅。浮云起高山,悲风激深谷。良马不回鞍,轻车不转毂。针药可屡进,愁思难为数。贞士笃终始,恩义不可属。(其二)
>
> 肃肃仆夫征,锵锵扬和铃。清晨当引迈,束带待鸡鸣。顾看空室中,仿佛想姿形。一别怀万恨,起坐为不宁。何用叙我心,遗思致款诚。宝钗好耀首,明镜可鉴形。芳香去垢秽,素琴有清声。诗人感木瓜,乃欲答瑶琼。愧彼赠我厚,惭此往物轻。虽知未足报,贵用叙我情。(其三)[5]

---

〔1〕[宋]郭茂倩:《乐府诗集》(第四册),中华书局 1979 年版,第 1075 页。
〔2〕梁启超:《中国之美文及其历史》,东方出版社 1996 年版,第 143—144 页。
〔3〕[南朝梁]萧统编,[唐]李善注:《文选》,上海古籍出版社 1986 年版,第 1356—1357 页。
〔4〕梁启超:《中国之美文及其历史》,东方出版社 1996 年版,第 144 页。
〔5〕逯钦立:《先秦汉魏晋南北朝诗》(上册),中华书局 1983 年版,第 186—187 页。

其妻徐淑有《答秦嘉诗》：

> 妾身兮不令，婴疾兮来归。沉滞兮家门，历时兮不差。旷废兮侍觐，情敬兮有违。君今兮奉命，远适兮京师。悠悠兮离别，无因兮叙怀。瞻望兮踊跃，伫立兮徘徊。思君兮感结，梦想兮容晖。君发兮引迈，去我兮日乖。恨无兮羽翼，高飞兮相追。长吟兮永叹，泪下兮沾衣。[1]

朱自清评秦嘉《赠妇诗》三首云："自述伉俪情好，与政教无甚关涉处。这该是'缘情'的五言诗之始。"[2]秦嘉诗以及徐淑的答诗写的是夫妻情爱，与政治、道德等公共领域无涉；而诗歌所描写的夫妻感情也侧重于恩爱缠绵和离别的伤感，并不表现为公共的伦理关系。在技法上，秦、徐二人的诗歌采取赋体的铺叙方式，以叙述和直接抒情为主，较少用比。与张衡的比体情诗不同，秦嘉、徐淑的往来赠答诗所表现的是真实发生的爱情，是他们对自己夫妻情爱的真切体验。

大致产生于东汉末年的《十九首》，亦在抒情上登峰造极，历来以其善抒情而被广为称道。陈绎曾曰："《古诗十九首》情真、景真、事真、意真。澄至清，发至情。"[3]是说《十九首》写情真切。陆时雍云："《十九首》深衷浅貌，短语长情。"[4]又云："古人善于言情，转意象于虚圆之中，故觉其味之长而言之美也。"[5]是说《十九首》语言质朴，但所写情感却深厚、悠长、婉转，并善于以虚圆之意象来增进情感表达效果。叶燮云："《十九首》止自言其情；建安、黄初之诗，乃有献酬、纪行、颂德诸体，遂开后世种种应酬等类；则因而实为创。此变之始也。"[6]是说《十九首》体裁风格的专一，它不具备后世诗歌的献酬、纪行、颂德等诸体，只是纯粹的言情之作。陈祚明则赞《十九首》"能言人同有之情"，并拥有"言情不尽"的艺术效果。他说：

> 《十九首》所以为千古至文者，以能言人同有之情也。人情莫不思得志，而得志者有几，虽处富贵，慊慊犹有不足，况贫贱乎！志不可得而年命如流，谁不感慨！人情于所爱莫不欲终身相守，然谁不有别离？以我之怀思，猜彼之见弃，亦其常也。夫终身相守者，不知有愁，亦复不知其

---

〔1〕 逯钦立：《先秦汉魏晋南北朝诗》（上册），中华书局1983年版，第188页。

〔2〕 朱自清：《诗言志辨》，见朱自清：《朱自清全集》（第六卷），江苏教育出版社1990年版，第163页。

〔3〕 [元]陈绎曾：《诗谱》，见丁福保辑：《历代诗话续编》（中册），中华书局1983年版，第627页。

〔4〕 [明]陆时雍：《诗镜·古诗镜》卷三，任文京、赵东岚点校，河北大学出版社2010年版，第14页。

〔5〕 [明]陆时雍：《诗镜》，任文京、赵东岚点校，河北大学出版社2010年版，第3页。

〔6〕 [清]叶燮：《原诗·内篇上》，人民文学出版社1979年版，第4页。

乐。乍一别离，则此愁难已。逐臣弃妻，与朋友阔绝，皆同此旨。故《十九首》虽此二意，而低回反复。人人读之，皆若伤我心者。此诗所以为性情之物，而同有之情，人人各具，则人人本自有诗也。但人有情而不能言，即能言而言不能尽，故特推《十九首》以为至极。言情能尽者，非尽言之之为尽也，尽言之则一览无遗。惟含蓄不尽，故反言之，乃使人足思。盖人情本曲，思心至不能自已之处，徘徊度量，常作万万不然之想。今若决绝，一言则已矣，不必再思矣！故彼弃予矣，必曰“亮不弃”也。见无期矣，必曰“终相见”也。有此不自决绝之念，所以有思，所以不能已于言也。《十九首》善言情，惟是不使情为径直之物，而必取其宛曲者以写之。故言不尽，而情则无不尽。后人不知，但谓《十九首》以自然为贵，乃其经营惨淡，则莫能寻之矣。〔1〕

陈氏此段经典之论有两个要点：从情感内容的角度论证《十九首》“能言人同有之情”，能带来“人人读之皆若伤我心”的震撼力，指出《十九首》所写的情感皆为“人情莫不得”之必然；从其“宛曲”的技法为《十九首》的“言情不尽”寻求原因，认为《十九首》并非如后人所说之“自然”，它的美学品格形成是惨淡经营的结果。叶嘉莹也认为《十九首》之所以感人至深，是因为它所写之感情主题是人类感情的“基型”或者“共相”。她继承陈氏说，将《十九首》的感情主题分为三类，即离别的感情、失意的感情以及忧虑人生无常的感情，这三类感情是古往今来所有人都会产生的人之常情，《十九首》正紧紧围绕这三类感情类型展开，并且作者不直接把它们说出来，而是含意幽微、委婉多姿，因此，它能引起历来读者之共鸣。〔2〕

固然，《十九首》抒写了普遍的人情人性，但它的创作并不是对离别、失意、忧虑人生无常等人之常情的简单移用，而是精心选择和巧妙组合诗歌主题，《十九首》所写的情感是具有反思性的。更重要的是，《十九首》的作者采取了个人化的抒情视角，摆脱比兴的政治性和虚拟性，抒写真实发生的个人情感体验，为普遍人情人性的表达提供了坚实的基础。我们来看《冉冉孤生竹》，女主人公表现出鲜明的个体性，在写作技术上让兴体流产：

冉冉孤生竹，结根泰山阿。与君为新婚，兔丝附女萝。兔丝生有时，夫妇会有宜。千里远结婚，悠悠隔山陂。思君令人老，轩车来何迟？伤彼蕙兰花，含英扬光辉。过时而不采，将随秋草萎。君亮执高节，贱妾亦

〔1〕［清］陈祚明：《采菽堂古诗选》卷三，李金松点校，上海古籍出版社 2008 年版，第 80—81 页。

〔2〕叶嘉莹：《汉魏六朝诗讲录》，河北教育出版社 2000 年版，第 66—67 页。

何为？

开篇两组比喻并列而出。第一组，“冉冉孤生竹，结根泰山阿”，喻女子自幼无兄弟姐妹，孤苦无依，想嫁一可终生依托之丈夫。秦嘉《赠妇诗》三首之二亦云：“皇灵无私亲，为善荷天禄。伤我与尔身，少小罹茕独。既得结大义，欢乐苦不足。”前者为思妇自述，后者为秦嘉回忆自己和妻子少小孤苦，都珍惜婚后生活，两者句意相仿佛。第二组，“与君为新婚，兔丝附女萝”，是说嫁了丈夫就像是兔丝附女萝，夫妇情感缠绵固结。两组并列的意象，扎根与缠绕，安全感和浓情蜜意，侧重点显然更倾向于后者，而非夫妻彼此从属。

第五句就自然地从兔丝延伸到时序感，夫妇间缠绵不起来了。可怜千里阻隔，这一纸婚约未能发挥其应有的作用，游子照样可以轩车迟来。思妇明白乎此，所以愈益揪心，但对于游子的可能变心，她却未像屈原那样徒劳地怨怼不已，而是积极地发出警告的信号：“伤彼蕙兰花，含英扬光辉。过时而不采，将随秋草萎。”这四句从己方落实，女主人公对自己有着充分的认识，她以蕙兰自比，“含英扬光，多少自负”。[1] 屈原以香草象征自己的道德高洁，思妇却用自然意象类比自己真实的、青春洋溢的生命，她的自伤，也流露着积极的生命意识。想来，个体的爱和美，该比伦常的约束更具吸引力吧。

所以，直至诗歌结尾，思妇也不以夫妻关系要求自己远在天边的丈夫忠心不改，她只能同等地寄希望于游子个人品格的高亮。因为她很清楚，遥隔千山万水，婚姻早已失却了作用，曾经的夫妻，此时此刻，于彼此而言只是相互独立的个体。

张衡的情诗，依然笼罩于《楚辞》的比兴体之下，虽具名却并没有描写他自己真实的爱情。秦嘉夫妻的赠答诗，是具名的脱离了《楚辞》风格的抒情诗，它的意义在于描写了真实的爱情。这种纯粹抒写个人自身情感的具名诗以前是不会出现的，它进入了完全私人的领域，当是中国诗歌史上值得重视的事件。《冉冉孤生竹》虽然不具名，但同样是描写了真实的爱情，秦嘉诗的先出，为后者不必再走《楚辞》比兴影射的路子提供了时代的语境及创新的便利。相较之下，秦嘉夫妻只是远别，夫妻身份尚无危机，并不那么绝望，而《冉冉孤生竹》的爱情则蕴含着更多的不安定因素，因此，女主人公的独立性就显得尤为可贵。思念远方的所爱，是情之所至，对方是否坚贞如故，确实是难以掌控！天各一方的境遇下，想与不想、爱与不爱，那只是各自情感上的选择。失却了伦理纲常的保障，却反激并发展出个体性的自觉。《十九首》写爱情往往凸显一个个具有反思意识的独立的性别角色，在

---

[1] [清]吴淇：《六朝选诗定论》卷四，汪俊、黄进德点校，广陵书社2009年版，第84页。

个体性上要远强于秦嘉夫妻爱情诗，这里有着时代的浓重投影。[1]

《冉冉孤生竹》发生了兴体的流产，值得细细考较。本诗的两组比喻，以及结尾“君”与“贱妾”的称呼，是论者用来为比兴寄托立论的根据。古人提出两种寄托解法。

其一，方廷珪解：“按古人多以朋友托之夫妇，盖皆是以人合者。首二句喻以卑自托于尊，次二句喻情好之笃，中六句因汲引不至而怪之，后四句见士之怀才当以时举，末则深致其望之词。大意是为有成言于始相负于后者而发。”[2]张庚亦称：“此贤者不见用于世而托言女子之嫁不及时也。”[3]类似方说还大有人在，烦不具引。方廷珪把全诗理解为兴体，即“以朋友托之夫妇”。这样的兴体是政治性的，当属《楚辞》的传统无疑。在此解中，两组比喻并无矛盾之处，全诗是能自圆其说的。问题出在，若是此诗作如是解，则《十九首》中其他爱情诗都不免要如是解。此路因此不通。

其二，李善注云：“竹结根于山阿，喻妇人托身于君子也。”这一解值得细考。此解方向无大错，“冉冉孤生竹，结根泰山阿”喻义不会有歧义，问题是这一组比喻到此终止了，第二组比喻“兔丝附女萝”紧接而来，强调夫妻情感缠绵深厚。第一组比喻是托身主题，来自传统伦理，第二组比喻是缠绵主题，纯是爱情。第一组比喻一柔弱一刚强，第二组则两柔弱，转调是非常明显的，不免减弱了第一组托身的比喻义。再下去的发展都延续了爱情的缠绵主题，“兔丝生有时，夫妇会有宜。……君亮执高节，贱妾亦何为”，是柔弱中的刚强，低回中的昂扬，托身的意义甚至消亡。从“孤生竹”的柔弱，转调到“兔丝附女萝”的柔弱（缠绵），再升进为“伤彼蕙兰花，含英扬光辉。过时而不采，将随秋草萎。君亮执高节，贱妾亦何为”的柔中有刚。这一路抒写可以这样理解，设若将“孤生竹”理解为未嫁前的孤苦，这正是

---

〔1〕 请比较《诗经·唐风·葛生》：“葛生蒙楚，蔹蔓于野。予美亡此，谁与？独处！葛生蒙棘，蔹蔓于域。予美亡此，谁与？独息！角枕粲兮，锦衾烂兮。予美亡此，谁与？独旦！夏之日，冬之夜。百岁之后，归于其居！冬之夜，夏之日。百岁之后，归于其室！”这是一首妻子怀念战死丈夫的诗，被誉为悼亡诗之祖。此诗也写两种藤蔓，葛和蔹，但二者并未互相缠绕，蔹在野地上蔓延，最后伸到了墓地。丈夫已经躺在坟中，头枕晶莹的角枕，身盖灿烂的锦被，而思妇自己却孤独而居，从夏到冬，从冬到夏，思念无已。愿望是自己死后也葬到那个墓穴去陪着他，以解除孤独感。这里，个体意识是没有的。

再请比较建安诗人徐幹《室思》其六：“人靡不有初，想君能终之。别来历年岁，旧恩何可期。重新而忘故，君子所尤讥。寄身虽在远，岂忘君须臾。既厚不为薄，想君时见思。”“重新而忘故，君子所尤讥”两句，不免略欠自信。逯钦立云：“惯以妇女情节纳入篇什之中，实邺下文士之特殊作风也。……合欢圆扇之称咏，见弃怀怨之意境，悉可证其始于邺下文士……”（逯钦立：《汉魏六朝文学论集》，陕西人民出版社 1984 年版，第 27 页）借乐府体抒写女性题材，沿用民歌的比兴手法，是建安文人集团创作的一个特色。相较《古诗十九首》抑制起兴，以及张扬女主人公个体性之手法，实为性质差异显著之两种诗歌风格。

〔2〕 隋树森：《古诗十九首集释》卷二，中华书局 1955 年版，第 14 页。

〔3〕 同上书，第 30 页。

"独化"的处境，欲依托夫君的大山来摆脱之，未能如愿，然而夫妻生活的甜蜜却让人欣喜不已，从而转入"兔丝附女萝"的缠绵悱恻，未料，"过时而不采，将随秋草萎"的分居又将女主人公置入她未嫁前早已习惯的"冉冉孤生竹"式的"独化"处境。换言之，未嫁前的孤苦和嫁后的离居，都让她处于孤军奋战之境。相思中的她学会了刚强，获得了独立的个体性。于是，"冉冉孤生竹，结根泰山阿"的托身主题过早终止，未能贯彻全诗，起兴流产了。这里，兴体撤退之另一面难道不正是女主人公反思的个体性之崛起？流产的兴体使诗歌抒情由托身的虚拟转为"缠绵"而"光辉"的爱情真实，我们可以体会到，"君亮执高节，贱妾亦何为"的心态中，首先是希望对方珍惜这段缠绵之情，若是相反，那么她也已经说了该说的，但愿自己没有看错人。此一恋爱中的心态并非虚拟，具有完全的真实性，是有人格上的尊严的。读者甚至可以将心比心，设身处地，对女主人公产生人同此心、心同此理之同情的理解。《冉冉孤生竹》似乎有意让兴体流产，为的是进入真实的生存语境。

真实的语境当中才会产生真实的情感，《十九首》抒情不必再借助于起兴，其所抒之情的性质就不免发生重大的变化，那就是普世之真情浮出水面。考虑到《十九首》的地位，其作者开创了一个全新的时代，诗歌史从此开始，普世真情成为诗歌写作的重要领域和写作技术，比兴经验在诗歌的创作中不再独占鳌头。

第三节　两汉魏晋诗歌的缘情化改造

王瑶曾指出："中国诗底发展的主流，是由'言志'到'缘情'，而建安恰是从'言志'到'缘情'的历史的转关。"〔1〕将诗歌史上从"言志"到"缘情"的转折点定位至建安，原因是以三曹为代表的建安诗歌从诗体上"大胆运用着新体乐府，奠定了五言诗的基础"，在风格上"歌咏出了慷慨苍凉的人生调子"。〔2〕这一判断，于建安诗风的描述大体不差，但未免过于肯定建安诗歌的地位，而忽略了建安之前两汉诗歌所逐渐展现出的一些缘情质素，以及由这些变化所奠定的文学史意义。

自汉代开始，中国诗歌逐步走上了缘情化的道路，比兴、言志弱化，抒发个体情感，尤其是建基在时序意识之上的悲情成为诗歌创作的主题和主要的审美取向，自然的变迁感召人心，加之现实遭际的不尽如人意，诗人慨叹光阴流逝，惋惜盛年不再，悲吟离愁别绪，感伤知音难觅……构成了中国诗歌史上重要且极具特色的发展阶段。两汉诗歌、建安诗歌及正始、太康诗歌，俱在缘情化的道路上前

---

〔1〕 王瑶：《中古文学史论》，北京大学出版社1986年版，第217页。

〔2〕 同上书，第212页。

进，虽然各具特色，但又体现出大体统一的风格和进路，与言志、玄言等审美取向发生着融合、更替、改造等复杂的关系，一个缘情诗的创作潮流悄然开启。

一、从“言志”到“缘情”：汉诗的转折意义

固然，两汉经学的力量非常强大，汉儒将《诗经》奉为经典，并将《楚辞》也划入其解释学体系，对它们进行比兴美刺的政治、道德解说，建构出一套注重社会公共情志和群体效用的诗学体系，将“言志”说发展到极致，诗学领域的“缘情”说此时并未被明确提出。但两汉的诗歌创作实践，却并未遵从经学的路子。四言体的诗歌，汉初韦孟的《讽谏诗》尚可“匡谏之义，继轨周人”，而张衡的《怨诗》已具有“清典可味”的抒情品格，其“《仙诗》《缓歌》，雅有新声”，也表现出新变的趋势。[1] 在“高祖乐楚声”[2]的促动下，楚风歌谣占汉代诗坛之主导并对汉诗创作影响深远，歌谣用楚调，拟《楚辞》体式写作成为一时之风尚；并且，《楚辞》中鲜明的政治指向也在汉代新起的楚风歌谣中得到了弱化，篇幅短小、基调哀伤、集中抒写一己之感受的诗篇蔚为主流，如著名的汉武帝之《秋风辞》和乌孙公主刘细君表达思乡之情的《悲愁歌》。《楚辞》所奠定的时序意识，也在汉诗中得到了充分的体现，对生命流逝的悲吟为汉诗增添了几分感伤的抒情色彩。五言诗歌的大量出现是汉代诗坛最引人注目的景观。汉乐府有占相当大比例的诗篇采用五言体或杂五言体进行写作，而乐府的品格，被班固《汉书·艺文志·诗赋略》称为“感于哀乐，缘事而发”[3]；文人也开始创作抒写个体之情感的五言徒诗。在情感表现上，汉代的诗歌，情感领域逐渐从公共走向私人化，比兴渐次被赋体所取代，游子、思妇等具有现实主义特色的主题被大量重复，夸张、奔放的情感风格也渐趋舒缓、缠绵，最终导致抒发私人真情实感的诗歌出现。秦嘉的《赠妇诗》、《李陵录别诗》，以相思、离别和时序为主题，以赋体化的平铺直叙来写他们的真实感受，采用五言句式创作脱离乐调的徒诗，成为缘情诗勃兴的起点与先导。

吉川幸次郎说，汉诗中普遍弥漫着“人类意识到自己生存于时间之上而引起的悲哀”[4]，这一特色最终在《十九首》中得到强化，形成《十九首》“推移的悲哀”的基本主题。吉川氏此言不虚。两汉有不少诗歌表现出对时间变迁和推移的关注，

---

〔1〕 刘勰《文心雕龙·明诗》评两汉诗歌曰：“汉初四言，韦孟首唱，匡谏之义，继轨周人。……张衡《怨篇》，清典可味；《仙诗》《缓歌》，雅有新声。”

〔2〕 [汉]班固撰，[唐]颜师古注：《汉书》卷二十二，中华书局 2000 年版，第 892 页。

〔3〕 同上书，第 1384 页。

〔4〕 (日)吉川幸次郎：《推移的悲哀：古诗十九首的主题》(上、下)，郑清茂译，《中外文学》1977 年第 4、5 期。

将自己有限的生命比之于不断流逝的时间,感伤成为诗歌的基本基调。

西汉的诗歌[1],一直都有对生死问题的深切关注。例如郊庙歌辞和鼓吹曲辞,在结尾总有祈愿长寿的句子,如《安世房中歌》的末章有"寿考不忘""万寿无疆",铙歌之《上之回》《上陵》《远如期》分别以"千秋万岁乐无极""延寿千万岁""增寿万年亦诚哉"的套语结尾;还有些诗歌直接揭露了人生短暂,对长生不抱希望。

至东汉,诗歌中对时序的关注和生死问题的思考愈加频繁和深化:李尤的《九曲歌》残篇"年岁晚暮时已斜,安得力士翻日车",赵壹《秦客诗》中的"河清不可俟,人命不可延",秦嘉《赠妇诗》中的"人生譬朝露,居世多屯蹇",无名氏古诗《悲与亲友别》中的"人生无几时,颠沛在其间",等等。感伤时序成为许多诗歌经常提到的主题,在民间乐府中也很常见,乐府古辞相和平调曲《长歌行》和楚调曲《怨诗行》集中表述了时序变迁。

值得注意的是,《怨诗行》还提出了时序之痛的解决之道——"当须荡中情,游心恣所欲",建议忘却心中对生死、时间的担忧和恐惧,纵情游玩。在东汉另一首著名的乐府古辞相和瑟调曲《西门行》中,这个解决之道被明确地表述为"及时行乐":

> 出西门,步念之,今日不作乐,当待何时?逮为乐,逮为乐,当及时,何能愁怫郁,当复待来兹。酿美酒,炙肥牛,请呼心所欢,可用解忧愁。人生不满百,常怀千岁忧。昼短苦夜长,何不秉烛游。游行去去如云除,弊车羸马为自储。

《西门行》运用乐府歌谣中常见的复沓手法,反复强调及时行乐,但诗歌的后半部分却又回到了对人生苦短的极度关注上,结尾两句还将人生苦短和及时行乐两者并提。诗歌的形式结构作此安排,似乎在说明时序之痛的深入人心,难以通过口腹之欲的满足和物质财富的积累而得以解决和消除。"及时行乐"这一主题在东汉末年无名氏的《十九首》中也被特别强调,赋予了积极的意义,成为消解时序感的重要方式。

两汉诗歌还曾提到以求仙得道来解决人生苦短的难题,比如乐府古辞相和清调曲《董逃行》叙游仙,中又有"欲从圣道,求得一命延"的说法。当然,比之于现实世界的及时行乐,求仙得长寿的希望无疑更为渺茫。在汉代诗歌中,更多的还只

〔1〕 两汉诗歌的时代和作者归属,有些考证存在争议,本书以陆侃如、冯阮君《中国诗史》(作家出版社 1956 年版)以及萧涤非《汉魏六朝乐府文学史》(人民文学出版社 1984 年版)的考证为主要参考依据,涉及具体诗篇时,根据需要作详细的考察,或有出入者,另行标出,余者不注。

是强调生之短暂，因此哀伤往往成为诗歌的基调。

两汉的诗歌，有不少因个人之处境激发感慨而创作。清费锡璜《汉诗总说》云："汉人诗未有无所为而作者，如《垓下歌》《春歌》《幽歌》《悲愁歌》《白头吟》，皆到发愤处为诗，所以成绝调；亦不论其词之工拙，而自足感人。"[1]费氏所举的这几首诗，除《白头吟》外，余者《史记》或《汉书》均有记载，对其作者、创作背景提供了详细的说明：《史记·项羽本纪》《汉书·项羽传》记载《垓下歌》为西楚霸王英雄末路的悲叹；《汉书·外戚传》记载《春歌》是戚夫人饱受折磨时的哀歌；《史记·吕后本纪》《汉书·高五王传·赵王传》记载《幽歌》作于赵王刘友被围困之际；《汉书·西域传》记载《悲愁歌》是乌孙公主刘细君和亲番邦的思乡曲。从创作缘由来看，这几首诗均为作者基于其具体处境的作品，诗歌的内容也多倾向于个人情感的发泄，即费氏所谓的"发愤处为诗"；从诗歌的体式和结撰来看，《春歌》首二句三言，后四句五言，其余三首均与武帝《秋风辞》同，采用《九歌》中间兮字的句式，为诗歌增添了一唱三叹的抒情色彩。只是，这几首俱为不配乐演唱的徒歌，带有明显的即兴色彩和口头文学特征，抒情表意质朴、直接。《白头吟》是一首乐府歌诗，相和歌曲楚调曲，《西京杂记》言其为卓文君所作，不过因《西京杂记》被认为是伪作，此条记载并不可信。《白头吟》写弃妇的决绝，确实也具有费氏所言"发愤处为诗""自足感人"的特点，只是主人公的个性过于鲜明、诗歌风格过于强烈，其表达的情感被渲染放大而不免有所失真。从文体性质和风格而论，《白头吟》也更符合其配乐歌辞表演传唱的特点，而不以个人化的抒情为主要目的。

两汉的文人承续屈原、宋玉之传统，与汉赋相呼应，创作了不少有关个人失志伤情的歌或徒诗，如梁鸿的《适吴诗》、郦炎的《诗》、赵壹的《秦客诗》《鲁生歌》等。这些诗歌亦针对自己的处境而抒发感慨，不过与屈原、宋玉的失志伤情一样，他们的政治指向十分鲜明，尤其是郦炎、赵壹的诗，批判和说理的意味十分明显，情感迫露，不免削弱了对自我内心体验的关注，后人以《见志诗》作为郦炎诗的标题，不无道理。东汉的张衡，前文分析，继承《楚辞》以男女比喻君臣的抒情方式来述说他的忠心和失意的哀愁，赋予情诗以浓烈的政治比兴意味。而汉末秦嘉夫妇的赠答诗，以赋体化的手法写真实发生的夫妻感情、离别和相思之情，私人化的真情实感出现。

朱自清说，秦嘉的五言缘情诗受了乐府诗的影响，乐府诗"言志"的少，"缘情"的多，辞赋和乐府诗促进了"缘情"的诗的进展。[2] 我们分析乐府诗于秦嘉诗的影响，有两点。一是提供了五言诗体基础。秦嘉的三首诗都采取五言体式，徐淑

---

〔1〕 [清]费锡璜：《汉诗总说》，见[清]王夫之等：《清诗话》（下册），上海古籍出版社 1978 年版，第 947 页。

〔2〕 朱自清：《诗言志辨》，见朱自清：《朱自清全集》（第六卷），江苏教育出版社 1990 年版，第 163 页。

的答诗也通篇为五言句，只是句中加了“兮”这一衬字，乐府诗有很多用五言体来创作歌辞，为文人五言的兴起提供了借鉴。二是秦嘉夫妇赠答诗的几个重要主题——时序、离别、相思、男女情爱等，也是乐府诗常用的题材和常见的主题，朱自清所言乐府“缘情”比“言志”的多，这可能是一个重要的原因。离别、相思、男女情爱等主题在乐府歌辞中被大量重复，为秦、徐诗歌的写作提供了基础。

不过，从汉乐府的创作、收集特征来看，它承担着同《诗经》本质上相同的讽谏、教化之功能，因此，汉乐府中的爱情婚姻题材歌诗如《诗经》一般，与道德、礼教、风俗等公共领域密切相关。乐府诗所描绘的爱情并非为私人领域的个人体验，它在处理与婚恋有关的主题时，也并不把重心完全放在对个人心境的刻画之上。况且，为了公开传唱的需要，所描写的情感往往因过分强调戏剧化而失真。

与乐府诗相比，秦嘉夫妇赠答诗的情感风格则以真挚、舒缓、缠绵、深切为特征，诗歌所着重传达的，不在于公共夫妻伦理，而是两情相悦的个人体验。当然，这一两情相悦也并不如南朝清商乐的矫饰做作，而是真切实在的感人至深。乐府诗为了公共表演和娱乐、教化之需要，采取戏剧化的手段来增强其渲染性，而秦嘉夫妇的赠答诗，只为传情，以细致但不失质朴的笔触抒发个人真实的情感体验，并不具备公共性和功用性的目的。从中我们可以看到乐府诗与文人诗在处理相同题材或主题时的差异，与秦、徐诗差不多同时的《十九首》，写离别、相思、爱情也表现出浑融蕴藉和低回婉转的风格，以个人化的视角抒写真情实感，正是一个强有力的证明。

另外，东汉的无名氏古诗，如《悲与亲友别》《穆穆清风至》《兰若生春阳》《新树兰蕙葩》等，也重复离别、相思和男女情爱的主题，虽然没有坐实作者，但情感真挚，语言和风格接近秦嘉夫妇赠答诗和《十九首》。《李陵录别诗二十一首》[1]中也有征人别妻、游子相思之作，风格与秦、徐诗相类；还在婚姻爱情题材之外发展了游子思乡、朋友离别的主题，以游子、赠别为题材写个人真实的情感体验。

值得注意的是，上述侧重私人化真情实感抒发的几首诗歌，在诗体上均采用五言写作；并且与相近题材或主题的乐府诗相比，套语、复沓等程式化特征相对减

---

〔1〕《李陵录别诗二十一首》即传为苏武、李陵所作的赠答诗，逯钦立《先秦汉魏晋南北朝诗》作《李陵录别诗二十一首》，其中包括两首残篇。苏、李诗多被质疑为后人伪托，逯先生《汉诗别录》一文从组诗的题旨内容、用语修辞等特点证明其为后汉末年文士之作，其作者可能是东汉名为李陵者，并非为西汉武帝时苏武、李陵的作品，也非后人之伪托(见逯钦立:《汉魏六朝文学论集》，陕西人民出版社 1984 年版，第 3—22 页)。逯收录时也附有简短的考证，并说明总以《李陵录别诗》为题。逯说可信，故从之。另外，考其风格，《李陵录别诗》与秦嘉夫妇赠答诗以及《古诗十九首》颇为接近或相类，并与东汉乐府有继承和改造的关系，它们本身也难以置入建安及以后诗歌风格的序列，清人方东树也曾指出:“苏、李诸篇，东坡辨其伪，而又以为非曹、刘以下之人所能办，须识此意。盖与《十九首》同其高妙。”(方东树:《昭昧詹言》卷二，汪绍楹点校，人民文学出版社 1961 年版，第 63 页)因此，《李陵录别诗》、秦嘉夫妇赠答诗以及《古诗十九首》产生于东汉末年的说法不无道理。

少，而较为工整的对偶、用典、用韵等文人化的诗歌结撰技术有所增加；其作者的身份，如秦嘉可以归入文人行列，《李陵录别诗》为后汉文士所作的可能性也非常大。这些诗歌逐渐与配乐歌辞划清了界限，诗歌创作不再受音乐的限制，是具有一定技巧的五言徒诗。

总之，两汉的诗歌充分发挥了《楚辞》中由屈原、宋玉所奠定的时序感模式。对时间的敏锐意识、对生命流逝的恐惧和无奈，形成了汉诗感伤的基调。汉代诗歌多针对自身的境遇而发，倾诉自身遭遇的不平与哀伤，更为重要的是，出现了诸如秦嘉夫妇的赠答诗、《李陵录别诗》等表现私人化真情实感的诗篇。在诗体形式上，五言徒诗逐渐成形，具备一定的文人化技巧，并被应用于表现个人情感，与私人化的真情实感之表达相得益彰。因此，诗歌史上从"言志"到"缘情"的转关不应推迟至建安，在两汉的诗歌创作实践中，已经表现出诸多向"缘情"美学转折的要素，并且还产生了五言缘情诗的最初成果。更何况，在东汉末年，还出现了被后世誉为"诗母"、堪与《诗经》《楚辞》相比肩的《十九首》，这一组诗，将时序感发展为基本主题，不仅以个人化的视角抒发个体之真实体验，还将情感普世化。五言徒诗的技术也在《十九首》中获得了充分的发展。另外，《十九首》还设置性别角色来形成诗歌情感节奏，抑制《楚辞》传统以男女类比君臣的冲动，放弃比兴，将性别角色发展为诗歌结撰技术，萌生出个体性的自觉意识；在情景组织上，以物感取代比兴，形成了缘情诗"感物缘情"的基本模型。

二、建安诗歌"志"的回归及缘情化改造

在曹氏父子和邺下文人集团的诗歌中，发源于《楚辞》、流行于汉诗、于《十九首》被集中表现的时序感，依然是其重要的主题。相较于《十九首》的一个重大变化，是对时间的敏锐意识再次与建功立业紧密联系起来，并得到了集中且突出的强调，建功立业的愿望加剧了建安诗人对时间变迁的急迫感，而功业无成又使得他们面对生命流逝愈加伤感；追求事业的成功既是实现有限生命之意义的方式，也是带来哀伤的原因。并且，建安诗歌中的"建功立业"，不同于汉乐府古辞《长歌行》"少壮不努力，老大徒伤悲"的说教格言，它有了更为明确的内涵和现实的意义，即要在现实的政治世界中成就个人的一番事业，实现个人在现世的价值，并在死后留名以求得不朽。悲叹时间流逝和死亡迫近，是一种哀感，而面对不可逆之自然，主体主动选择及时建功和积极进取，正若吴淇所言，体现了英雄主义情怀。

诗歌主题对及时进取的强调，表现在诗歌风格上，就是刘勰《文心雕龙》所谓

的建安诗歌“雅好慷慨，良由世积乱离，风衰俗怨，并志深而笔长，故梗概而多气也”[1]。在现实政治背景积极方面的促动和在英雄主义价值观的感召下，成就英雄伟业在这个时代就显得尤为重要。因此，建功立业才会成为建安诗歌中的一个重要主题，进取精神也成为建安诗风的一个重要方面。

当然，渴望进取是积极的一面，但现实却并不尽如人意，无法使每个人的愿望都得以实现。尤其是在文帝曹丕继位之后，定“九品中正制”作为官人之法，在世胄士族中品藻人物、选拔人才。相较于曹操的“三诏令”，这一新的用人举措首先限制了寒士跻身仕途的机会，因此，英雄主义的进取之心总伴随着壮志难酬的悲哀落寞，积极的慷慨感奋总免不了消极的哀感，徐公持说“建安文学的尚气或‘慷慨’风格，又多带有悲情倾向”[2]，这三方面共同构成了建安文学的情感取向，正是如此。我们看到，建安诗歌多将壮志和伤悲联系起来，典型的一个例子是曹操的《短歌行》，在表现积极情绪的“慨当以慷”之后，将带有消极的“忧思难忘”与之并提，再次体现了诗人心理的复杂性和诗歌情感两极运动的特点。曹操因时间促迫而选择及时建功，但建功立业却要面临诸般困难，因此忧思和悲愁始终挥之不去。诗歌后半部分复提“忧从中来，不可断绝”，宋长白评这两句“写出无限缠绵。张司空曰‘前悲尚未弭，后感方复起’是绝妙注脚”[3]。前悲是自然时序，后悲是非理想的现实。《短歌行》表达了积极的情志，但却始终弥漫着悲情。曹丕的《艳歌何尝行》也在力倡男儿当及时努力之后，以“奈何复老心皇皇，独悲谁能知”收束。曹植的诗歌尤其表现了壮志融汇着悲心的情感特质：《赠徐幹诗》既有“志士营世业”的豪迈，又有“慷慨有悲心”的伤感；《杂诗七首》之六也说“烈士多悲心”“弦急悲声发，聆我慷慨言”。曹植被文帝贬黜郁郁而不得志，他的自负却最终走向了自伤，面对如此现实遭际，豪情壮志本身便是一种悲剧。

建安诗歌把建功立业尤其是追求政治上的成功作为诗歌的重要主题或精神取向，其时序感以及情感组织上的特点，在一定程度上复归了《楚辞》的传统，关乎政治的“志”重新进入诗歌的主题。不过，与屈原相比，建安诗人对“志”的处理表现出重大的差异，首要的一点是建安诗人把建功立业更加视为个体的事业，要之，建安诗歌中的“志”更具个体性。并且，屈原遭受流放见弃于君王，虽然愤懑哀怨，却不妨孤芳自赏，而建安诗人则在失意之时对个体的悲情体验有着更为细微的关注，更注重于描摹自我内心情感的变化。从这个意义上来讲，建安诗歌更倾向于

---

〔1〕［南朝梁］刘勰：《文心雕龙·时序》，见范文澜：《文心雕龙注》（下册），人民文学出版社1958年版，第674页。

〔2〕徐公持：《魏晋文学史》，人民文学出版社1999年，第16页。

〔3〕［清］宋长白：《柳亭诗话》卷二十四，见河北师范学院中文系古典文学教研组编：《三曹资料汇编》，中华书局1980年版，第28页。

“缘情”论的美学。

在缘情诗创作潮流的发展历程中，英雄主义悲情也继《十九首》之后，另辟一方情感领域，并被其后正始到太康阶段的缘情诗所继承。诗人一方面强调个人建功的重要性，一方面因立业不成而心生伤悲，英雄主义悲情成为基本的情感风格和主题，感物缘情也因个人的政治、生活失意而变得愈加敏感。而从建安起诗歌中普遍体现的英雄主义悲情也可说明，缘情之情并非那么纯粹的、具有超越性的审美情感，而总是与个人的日常生活、政治得失等功利性目的休戚相关，因此在事功追求受阻之时，忧愁、怨愤等消极的悲情就占据主导地位而被诗人大加渲染，缘情诗由此成为宣泄个人失意情感的工具。

三、情理纠葛下的正始、太康诗歌

随着玄学的勃兴和谈玄、论玄风气的日渐兴盛，自正始起，身兼玄学家与诗人两职的何晏、阮籍、嵇康等人开始将玄理援引入诗，把老庄道家之言杂入缘情诗的创作之中。在缘情诗创作和缘情论俱为盛行的西晋太康时期，诗人在感物缘情之际，亦常常援引玄理入诗，不少以缘情为创作动机和风格的诗歌不时地在玄学向度内展开着理性玄思。援引玄理入诗，或者在诗歌中展开玄言理思的探讨，导致缘情诗发生重大的变化，“情”与“理”成为相互作用、此消彼长的两种对立主题，共同组织在缘情诗的诗歌脉络之中。

刘师培论汉魏文学变迁时言：“建武以还，士民秉礼。迨及建安，渐尚通侻；侻则侈陈哀乐，通则渐藻玄思。”[1]刘氏指出建安诗坛具有“侈陈哀乐”和“渐藻玄思”两种相对并存的诗歌风格。毋庸置疑，“侈陈哀乐”正是当时广为流行的缘情诗之特点，而“渐藻玄思”则是援引玄言入诗、在诗歌内进行玄学理思的表现，其目的正在于以玄思调适或消释抒情主体浓烈的情感。

不过，“侈陈哀乐”和“渐藻玄思”的相对并存并不盛行于建安时期。到魏末正始玄学大兴之际，玄言入诗则成为一个普遍的现象，且理句在诗歌中的比重攀升，在部分诗歌中成为与“侈陈哀乐”相并立的一个重要主题。缘情的诗歌一旦遭遇道家的名理，情感的浓度和化解方式就发生了变化。

寄言玄远，一方面是全身避祸，逃离现实黑暗的压迫。翻检自正始至太康缘情诗中的玄言句，有不少是在表达以养志、守真、自然、逍遥的境界来忘却世俗中的荣华利禄、功名得失。另一方面便是以玄思淡化因世事和时序带来的悲忧、恐惧之感。作为大玄学家的何晏持“圣人无情论”，他所标榜的境界是任性而无情，

---

〔1〕 刘师培：《中国中古文学史讲义》，上海古籍出版社2000年版，第7页。

其《言志诗》云："逍遥放志意，何为怵惕惊。"明确地表示"怵""惕""惊"等忧惧情感的不必要。嵇康、阮籍主张和称扬纵情任性的境界，西晋太康诗人在诗文论上也以主情为显要特征，他们并不讳言甚至极为重视主体情感以及情感的表现，因此能有大量优秀的缘情之作面世，而与之相比，何晏的诗歌却并不被论家所重视，刘勰评其为"浮浅"[1]，当可见一斑。但正始、太康诗人却能在崇情的同时不忘对情感作出一定程度的反思。他们发现过度的悲或喜却并不必然为美好，阮籍《咏怀诗八十二首》其四十五云："乐极消灵神，哀深伤人情。竟知忧无益，岂若归太清。"乐极和哀深伤害人的本性，徒然之忧亦与自然相悖。《咏怀诗八十二首》其三十又云："夸名不在己，但愿适中情。"适性怡情才是他所追求的理想境界。

因此，援引玄言入诗构成与情感对立的主题，也是玄学时代人们对情感问题探讨的继续，是在崇情之际反思情感在诗歌中的表现。正始、太康诗人援引玄理入诗，对情感及情感表现的适度问题有自觉的关注，并主动地选择理思来调适和消释情感，这才导致缘情诗的主题能发生如此重要的变化。不过，正始、太康的缘情诗，崇情和陈情依然是其主要的风格取向，玄学人生观的介入，使诗人的精神得到片刻之冷静，暂时之安慰，但浓郁的现实哀感和时序悲感依然充溢于诗人的内心，构成诗歌的主导基调，在大多数情况下，以玄言理思调适或淡化情感的目的并没有得到彻底的实现。

正始、太康诗人在"侈陈哀乐"之际"渐藻玄思"，自觉地以玄言入诗，在诗歌中展开玄学理思以淡化主体情感，启引了玄言诗创作的潮流。这些抒写哀乐与吟咏玄理交织并陈的诗歌，我们也可以将之称为玄言诗。在诗歌史和诗论史上，玄言诗以反缘情而名，是缘情诗的对立面。不过，从玄言诗的产生来看，它并不是另起炉灶的诗类，而是援引玄理入诗、调适或消释诗歌情感，对缘情诗进行玄学化改造的结果。并且，此一时期的诗歌，悟理对抒情的反动并未取得彻底的胜利，情的要素依然占主导地位，感物缘情仍为其基本的品格。因此，我们依然将正始迄太康这些情与理两种主题要素相互纠葛的诗歌放在缘情诗的论域中来讨论。当然，缘情诗援引玄理入诗所发生的主题变化，以及诗人对情感的反思，应引起我们充分的注意。西晋永嘉至东晋，彻底放逐情感的玄言诗成为创作之主流，对情感问题的探讨与反思得以深化，缘情诗在玄言诗大潮中走向衰落，其肇端，正是正始、太康之际的玄言入诗。

---

〔1〕［南朝梁］刘勰：《文心雕龙·明诗》，见范文澜：《文心雕龙注》（上册），人民文学出版社 1958 年版，第 67 页。

第四节　六朝诗论家所描述的比兴概念及其诗学史

我们在上一章着重分析了汉儒的比兴解释学，四家诗尤其是《毛诗》之释《诗经》，以美刺为目标、以比兴为方法，形成了一个《诗经》解释学，它属于汉代经学的范畴。这样，就会产生一个问题：此"比兴"概念是否具有一般诗学的意义？这是积极地问。如果消极地问，那就是：其中是否隐伏了某些理论上的难题？讨论这个问题，需要对六朝诗学意义上的比兴概念做一个大致的梳理。因为刘勰、钟嵘等六朝诗论家在诗歌上持缘情论，他们的比兴论述自然与缘情有着脱不开的关系。也正是他们的理论预设和误读，导致本应该作为消解比兴技术的缘情诗歌，反倒成为比兴强大的诗体依托。因此，我们把六朝诗论家所描述的比、兴概念及其诗学史建构放在本节来论述，以此分析汉儒比兴解释学所带来的困扰，并揭示六朝诗论家在比兴与缘情间搭建桥梁的理论动机。

一、六朝诗论家释比兴及现代学者的发挥

刘勰《文心雕龙·比兴》：

> 《诗》文弘奥，包韫六义，毛公述传，独标兴体，岂不以风通（一作异）而赋同，比显而兴隐哉！故比者，附也；兴者，起也。附理者切类以指事，起情者依微以拟议。起情故兴体以立，附理故比例以生。比则畜愤以斥言，兴则环譬以记（一作托）讽。盖随时之义不一，故诗人之志有二也。
>
> 观夫兴之托谕，婉而成章，称名也小，取类也大。《关雎》有别，故后妃方德；尸鸠贞一，故夫人象义。义取其贞，无从于夷禽；德贵其别，不嫌于鸷鸟；明而未融，故发注而后见也。且何谓为比？盖写物以附意，扬言以切事者也。故金锡以喻明德，圭璋以譬秀民，螟蛉以类教诲，蜩螗以写号呼，浣衣以拟心忧，席卷以方志固，凡斯切象，皆比义也。至如"麻衣如雪"，"两骖如舞"，若斯之类，皆比类者也。[1]

刘勰此论有一点后人都注意到了，他发现《毛诗》只是标出哪一篇是兴体（共

---

〔1〕［南朝梁］刘勰：《文心雕龙·比兴》，见范文澜：《文心雕龙注》（下册），人民文学出版社 1958 年版，第 601—602 页。

有116篇），其余风、赋、比、雅、颂都不提了，那是因为风、雅、颂的分类尽人皆知，赋不过是铺陈，比显明好懂，兴就隐晦了。“比则畜愤以斥言，兴则环譬以托讽”，还是以美刺为目标。兴的特点是“婉而成章，称名也小，取类也大”，《关雎》讲雎鸠挚而有别，所以拿来比方后妃之美德，《鹊巢》说鸤鸠占了鹊巢而专一不改，所以取来比喻夫人的贞一之义，至于将禽兽联系于道义，鸷鸟联系于美德，看来似乎不妥，却正是“兴之托谕”之所在，不过这个道理却是明而未融，需要通过增加注释来指明。而“比”的说明就没那么麻烦，刘勰轻轻松松地用了“喻”“譬”“类”“写”“拟”“方”等词来说明“写物以附意，扬言以切事”之比义。

不过，进入汉代“兴”却很少有诗人用了。刘勰接着说：

> 炎汉虽盛，而辞人夸毗，诗刺道丧，故兴义销亡。于是赋颂先鸣，故“比”体云构，纷纭杂遝，信（倍）旧章矣。……日用乎“比”，月忘乎“兴”，习小而弃大，所以文谢于周人也。[1]

为什么会出现这种局面呢？黄侃《文心雕龙札记・比兴》论析“兴义罕用”云：

> 题云比兴，实侧注论比，盖以兴义罕用，故难得而繁称。原夫兴之为用，触物以起情，节取以托意，故有物同而感异者，亦有事异而情同者，循省六诗，可榷举也。……
>
> 夫其取义差在毫厘，会情在乎幽隐，自非受之师说，焉得以意推寻！彦和谓明而未融，发注后见；冲远（无）谓毛公特言，为其理隐，诚谛论也。孟子云：学诗者以意逆志。此说施之说解已具之后，诚为谠言，若乃兴义深婉，不明诗人本所以作，而辄事探求，则穿凿之弊固将滋多于此矣。
>
> ……由此以观，用比者历久而不伤晦昧，用兴者说绝而立致辩争。当其览古，知兴义之难明，及其自为，亦遂疏兴义而希用，此兴之所以浸微浸灭也。[2]

黄侃分析道：兴的原理是“触物以起情，节取以托意”，物与情的关系非常不稳定，所以就会有“物同而感异”或“事异而情同”的情形，这种差异之存在全看解诗者如何“取义”“会情”，其间的毫厘之别、幽隐之处，如果不是得自师承，很难以自

〔1〕［南朝梁］刘勰：《文心雕龙・比兴》，见范文澜：《文心雕龙注》（下册），人民文学出版社1958年版，第602页。

〔2〕黄侃：《文心雕龙札记》，中国人民大学出版社2004年版，第169—170页。

己的意向去推寻。因此，孟子的“以意逆志”只是在已经有明确的解说以后才是确定可行的，如果本来并不明白诗人的作意，那么“以意逆志”只会导致穿凿附会。换言之，读解《诗经》必须有师承。汉以后诗人鲜用兴，多用比，是想让读者更容易、明白地理解诗歌，如果诗意恍惚难明，那就不能感动人。不过有些历史名篇，还是比兴兼用的，如阮籍、杜甫的诗，“虽当时未必不托物以发端，而后世则不能离言而求象”〔1〕，用比的不会因时间长而晦昧难读，用兴的只要其创作语境一过就即刻进入纷争。这样，兴就渐渐没人再用了。黄氏的解说有两个要点，一是肯定兴义罕用，二是兴还是有人用。

黎锦熙就不同意这第二个要点，他的《修辞学比兴篇》说：

> 《毛传》既标作“兴也”，而所下的解释实是说“比”。兴和比是向来没有明确的界说的，而且全部《毛传》有兴无比，似乎六义之比就包含在兴之中；刘勰对于“毛公述传，独标兴体”这件事，没有办法，只好说“比显而兴隐”。若问究竟怎样才叫做隐呢？说来说去……归根一句话：“兴之托谕”，是要“发注而后见”的。……总之“比”“兴”两义，不是全不相干，只是着重在兴，兴中不妨有比。大抵触景生情，其情必有与景相关之点；感物兴怀，其物必有与怀相印之端：此相关之点与相印之端，大半由于类似，所以兴中有比，有时非比不兴。〔2〕

黎氏判定：比就包含在兴之中。此说强而有力。《毛传》确实是以比来解说兴，刘勰云“比显而兴隐”不过是曲为之说，如果没有注解，还是读不懂。他把情与景、物与怀的相关之点、相印之端判为“类似”，这样就要么“兴中有比”，要么“非比不兴”，只是此比“或偏畸而不全”“或朦胧而难晰”，这就成为兴了。说到底，他还是倾向于否定兴的真实存在，至少是认为其不可以脱离比而独立。

朱自清《诗言志辨》论到孟子“颂其诗，读其书，不知其人，可乎？是以论其世也。是尚友也”（《孟子·万章下》）时说：

> 后世误将“知人论世”与“颂诗读书”牵合，将“以意逆志”看作“以诗合意”，于是乎穿凿附会，以诗证史。《诗序》就是如此写成的。但春秋赋诗只就当前环境而“以诗合意”。《诗序》却将“以诗合意”的结果就当作“知人论世”，以为作诗的“人”“世”果然如此，作诗的“志”果然如此；将理

---

〔1〕 黄侃：《文心雕龙札记》，中国人民大学出版社2004年版，第170页。

〔2〕 黎锦熙：《修辞学比兴篇》，商务印书馆1936年版，第65—67页。

想当作现实，将主观当作客观，自然教人难信。[1]

“知人论世”是通过“以意逆志”的方法来实现的，习《齐诗》的董仲舒称“《诗》无达诂”（《春秋繁露·精华》），习《鲁诗》的刘向言“《诗》无通故”（《说苑·奉使》）。汉代经学解《诗经》的方法是“推”，即推究。《史记·儒林列传》说“韩生推《诗》之意而为《内外传》数万言”，董氏、刘氏和韩氏所用之法即是“以意逆志”，也即司马迁所云“推”。“以意逆志”是由今向古反推的，因此不妨“《诗》无达诂”。“推《诗》之意”而达到洋洋数万言，必然是向历史文献去搜求了，这样，《诗经》就不免成为历史的证物，即所谓的“以《诗》证史”或“以史证《诗》”。

朱自清又说：

> 原来《毛传》《郑笺》虽为经学家所尊奉，文士作诗，却从不敢如法炮制，照他们的标准去用譬喻。因为那么一来，除非自己加注，恐怕就没人懂。建安以来的作家，可以说没有一个用过《传》《笺》式的“比兴”作诗的。用《楚辞》式的譬喻作诗的倒有的是，阮籍是创始的人。不过这一种，连后来的比体在内，也还是不多。赋体究竟是大宗。赋体诗中间却不短譬喻，后世的“比”就以这种譬喻为多。就这种“比”及比体诗加以触类引申，便是后世的“兴”了。[2]

朱自清的这些话说了这样几层意思：(1)汉代经学家解诗无非是打着“知人论世”幌子的穿凿附会，以《诗经》证史；(2)按经学家所描述的那样用比兴作诗其实是不可能的；(3)《楚辞》式的比喻后世运用者极多；(4)赋体是写诗的大宗，尽管不如比兴那般受到推崇；(5)赋体诗中间以譬喻，是后世用“比”最多的情况；(6)这类赋体诗中间用的比，加以引申，就是后世实际使用的兴，它是建立在比体诗即咏史、游仙、艳情、咏物诸诗类的基础之上的。这一看法和黎锦熙的见解类似。

我在以上诸先生观点的基础上再加以如下引申：(1)如果“《传》《笺》式‘比兴’”并没有被后人真正使用，因为学不会，那么它也未必被先秦人所真正使用过，它或许仅是一个子虚乌有的东西，仅是与创作实际脱节的批评理论、解释学罢了；(2)后世的诗歌是在赋体的基础上发展起来的，它的变化就体现在穿插其间的比之运用，以及引申此比而成的兴之运用，这种后起的比兴和“《传》《笺》式‘比兴’”本不相干；(3)可见，比兴并没有一个定义一贯的历史，如果有，那大概是虚构的；

---

〔1〕 朱自清：《诗言志辨》，见朱自清：《朱自清全集》（第六卷），江苏教育出版社1990年版，第153页。

〔2〕 同上书，第228—229页。

(4)汉以后的比兴若要被重新置入诗学史来考察，必须先作为活生生的作诗方法，而不是事后的解释。

二、诗史建构及以比兴释缘情的理论动机

继陆机率先以"缘情"定义诗歌之后，南朝诗文论家首度掀起缘情诗经典化的高潮。虽然刘勰、钟嵘等人在诗歌史观上存在着退步或进步模式的差异，在对具体诗歌史阶段风格、地位的判断上也多有出入，但基本上都对缘情诗作出了较为肯定的评价，即使如刘勰曾对太康诗风持有微词，也是由于他认为此段诗歌抒情欠缺之故。相较于《十九首》，建安、正始及太康诗风，缺乏情采的玄言诗以及侧重描写的山水诗往往受到诸论家的诟病，缘情成为他们理想的诗歌类型以及评价诗歌的重要标准。综观刘勰、钟嵘，甚至包括沈约在内的诗文论家，均以缘情评诗，亦以缘情为中心建构诗歌史，他们所划定的诗歌史脉络，大体都可归结为缘情诗的兴衰消亡史。

不仅如此，为了确保缘情的经典地位，刘勰、钟嵘还将比兴和缘情结合起来，将具有正统地位的比兴概念糅合入缘情诗形成机制及创作方式的解释之中。刘勰《文心雕龙》专设《比兴》篇，释比兴云：

> 《诗》文弘奥，包韫六义，毛公述传，独标兴体，岂不以风通而赋同，比显而兴隐哉！故比者，附也；兴者，起也。附理者切类以指事，起情者依微以拟议。起情故兴体以立，附理故比例以生。比则畜愤以斥言，兴则环譬以记(一作托)讽。盖随时之义不一，故诗人之志有二也。[1]

又云：

> 诗人比兴，触物圆览。物虽胡越，合则肝胆。拟容取心，断辞必敢。攒杂咏歌，如川之涣。[2]

一方面，刘勰不敢违背汉儒政治、道德讽喻的比兴概念。另一方面，他却对兴做了"起情"的解释，并以"触物圆览"总释比兴。这其实是将比兴置于缘情诗及缘

〔1〕［南朝梁］刘勰：《文心雕龙·比兴》，见范文澜：《文心雕龙注》(下册)，人民文学出版社1958年版，第601页。

〔2〕同上书，第603页。

情说的论域之中，政治的、道德的比兴概念向纯诗之比兴概念靠拢，比兴由作为《诗经》解释学的核心概念扩展为一般诗歌创作技术的概念，《比兴》篇置于《丽辞》《夸饰》等侧重讲修辞、技巧的篇章之间，也可说明此现象。而以"触物圆览"概括比兴亦是混同比兴和物感，使比兴概念和缘情诗的创作机制发生关联。较之于刘勰的折中，钟嵘《诗品序》彻底将比兴作为诗歌创作技术：

> 故诗有三义焉：一曰兴，二曰比，三曰赋。文已尽而意有余，兴也；因物喻志，比也；直书其事，寓言写物，赋也。弘斯三义，酌而用之，干之以风力，润之以丹彩，使味之者无极，闻之者动心，是诗之至也。[1]

钟嵘认为"赋""比""兴"三者的协调运用，能产生"味之者无极"的效果，达到诗歌的最高境界，这实际上就是钟氏所谓极具"滋味"的五言缘情诗之艺术。于是，刘勰、钟嵘不仅重新诠释了比兴，使比兴概念向纯诗的领域靠拢，亦通过与比兴的结合而使他们所推崇的缘情诗获得了更为牢固的正统地位。

---

〔1〕［南朝梁］钟嵘：《诗品序》，见曹旭：《诗品集注》，上海古籍出版社 1994 年版，第 39 页。

第七章　物感经验的兴起与比兴经验的消解

梳理上古比兴审美经验以及诗歌中的比兴结撰技术，大致可以概括为两种路向：一为以男女类比君臣，偏于政治或道德的比兴寄托；二为自然与人事并置的联想式类比关系。缘情诗的兴起，首先以赋体化手段铺写真实发生的情感，摆脱比兴寄托的虚拟性；其次，缘情诗的情景组织，也不同于依靠联想组合的简单并置，发明了物我关系的新模型，即触物而生感，我们称之为物感或感物的审美经验。物感经验的兴起过程同时也是比兴经验的消解过程，在感物缘情的诗歌中，自然往往充当了情感发生的环境依托和触发契机，两者的关系是浑融不可分的直感，而非联想和简单的并置。

第一节　感物缘情：缘情诗情景组织的基本模型

从上文所引陆机、刘勰、钟嵘等诗文论家有关缘情的论说中，我们发现，缘情总与感物发生着密不可分的关系，所缘之情，便是感物之情。不仅在理论的层面如此，在缘情诗歌的创作层面亦如此，感物缘情构成情景组织的基本模型。于是，在缘情诗中，直接感知的物感美学便取代了以联想为特征的比兴美学，成为新的情景组织原则。物感美学成形于《古诗十九首》（下简称《十九首》），发展于建安至西晋太康的缘情诗歌，我们以《十九首》为例，简要了解一下缘情诗歌的情景要素、组织特点，之后再逐个展开具体的分析。

《十九首》善言情，但其情感的发生并非无来由，作者往往通过描写一个景物、描述一件事情、描绘一个特定的场景来引发抒情冲动，以景、事等要素烘托、渲染和表达情感。我们且以写景、叙事、抒情等细分《十九首》的诗歌内容，可以发现，除了第十五首《生年不满百》为直接的抒怀外，其余十八首诗篇，都采取了或包含有“景(物:包括景物意象、事情和完整场景)/情”的抒情模式。

其中,《行行重行行》《冉冉孤生竹》只有景物意象的简单描绘,《明月皎夜光》提供了有关秋天的一连串景物意象,渲染出明月夜秋景的气氛,余下十五首均提供了一个较为集中的事件和场景。就景句在诗中出现的位置看,除《行行重行行》《去者日以疏》外,其余十六首均在句首提供景物意象或场景,《青青河畔草》《西北有高楼》《庭中有奇树》《迢迢牵牛星》《凛凛岁云暮》《明月何皎皎》首二句描绘景物意象,接下来次第展开与景物意象相关的场景描绘,营构出完整、逼真的场景效果。《青青陵上柏》稍为特别,首二句亦如《行行重行行》和《冉冉孤生竹》一般,仅提供了简单的景物意象描绘,以柏、石之长存反比人生之苦短,在后半部分表达及时行乐主题时,又通过回忆置入洛中娱乐之场景。

景句在诗歌中的作用,一为比喻,如《冉冉孤生竹》《青青陵上柏》的起首、《明月皎夜光》《客从远方来》中的两处,以景或物类比主体之情感。二为营造场景效果,为主体情感之抒发提供由头,触发或渲染诗歌之情感要素。在上列十八首诗中,《行行重行行》的两个景物意象,为用典式隐喻,顺承前六句夹叙夹议的抒情,启引下文的相思表达,与前后的抒情部分存在着诗思和结构上的连接关系,主要发挥承上启下的过渡作用;余者基本上起着为情感抒发提供因缘和场景依托的作用,包括《冉冉孤生竹》和《青青陵上柏》的景物比喻,也对情感的生发有着重要的促动作用。我们看到,相较于景句,诗歌中的抒情句一般出现于景句之后,多居于句末之位置。《青青河畔草》开头描写草青柳郁之景,并连用叠字营造楼上女艳妆登楼的场景,后四句抒情。《今日良宴会》开头四句写“今日良宴会”之场景,由此生发人生苦短与及时行乐之情。《西北有高楼》与前二者相仿,开头铺写环境,托出歌者,继而在诗歌末尾抒情。《涉江采芙蓉》开头写采摘芳草,《明月皎夜光》开头写星夜、秋景,《庭中有奇树》开头写奇树和攀条折荣的一个动作,《迢迢牵牛星》开头写织女终日织布却不成章,这四首均因此在诗歌后半部分引逗出怨友或相思的情感话题。《回车驾言迈》先营造“回车驾言迈”的场景,并描写了“东风摇百草”的春景,《驱车上东门》起首一路铺写“驱车上东门”后的郭北墓景,两者都继而发出“人生如寄”的感慨。《去者日以疏》以议论式的抒情开头,中间接连六句写出郭门后所看到的墓地之景,在最后生发出思乡情感。《凛凛岁云暮》先写凛凛岁暮夜景、因感受到凉风已厉想起游子无衣,开始相思话题。《孟冬寒气至》写孟冬夜景、观星活动,追忆起往事,再由事而抒情。《客从远方来》的相思话题也由送来一端绮引出。

第二节 《古诗十九首》与物感美学的兴起

固然，西汉中期以前对《诗经》的道德批评十分强大，但四言体创作却只是苟延残喘，《诗经》已然成为死的文献，取而代之的是满世界劲吹的楚风，其承屈原诗歌创作而来，西汉初年诸元勋无不喜爱之，是鲜活的诗歌。此一死与活的转换之关键在音乐，《汉书·礼乐志》说："凡乐，乐其所生，礼不忘本。高祖乐楚声，故《房中乐》楚声也。"汉初诗歌创作的经验承传楚风，"《楚辞》尤为汉诗祖祢"〔1〕。具体而言，《楚辞》所确立的诗歌主人公、惜春悲秋的时序感（时空意识），已然确立了强于《诗经》比兴经验的优势，经后来乐府民谣"感于哀乐，缘事而发"〔2〕的当下抒情风尚之推波助澜，再经文人精心学习提炼，从中发展出辉煌而纯粹的五言古诗。

《十九首》给古代诗歌注入了新的经验——物感。我们将看到，缘情的诗歌经验并非汉儒比兴解诗策略的自然延伸，不妨说，缘情其实是在比兴被忽视、整合的过程中悄悄强大起来的。

沈德潜云："《十九首》大率逐臣弃妻朋友阔绝死生新故之感。"〔3〕这个"死生新故之感"值得细玩，它是一种复杂、细腻又曲折的"感"，渲染了《十九首》的基本色调。其实，它就是来源于《楚辞》的惜春悲秋之时序感。《十九首》的基本架构是失意文人之羁旅情怀，以游子、思妇两种诗思语境表出之，主题之单一、题材之狭窄可想而知。不过，区区十九首诗竟迷醉了无数后人，固然难以想象，或许也是有其必然。

《十九首》化用《诗经》《楚辞》，开了用典的先例。朱自清认为作者是文人，是对的；并且认为《十九首》套用古乐府歌谣，说明尚不脱歌谣的风格，朱说也是对的。乐府民谣有"感于哀乐，缘事而发"的品格，《十九首》固然继承了这个特点，它在把乐府民谣"缘事缘情"的现实关怀集中收缩到游子、思妇的"死生新故之感"的同时，更加入和强化了缘景，通过极为巧妙、隐蔽的手法将情感、事件和景物三者融成一片，使得诗歌抒情的意味更为绵长。试分析下面一首：

行行重行行，与君生别离。相去万余里，各在天一涯。道路阻且长，

〔1〕［清］费锡璜：《汉诗总说》，见［清］王夫之等：《清诗话》（下册），上海古籍出版社 1978 年版，第 945 页。

〔2〕［汉］班固撰，［唐］颜师古注：《汉书》卷三十，中华书局 2000 年版，第 1384 页。

〔3〕［清］沈德潜：《古诗源》，闻旭初标点，中华书局 2017 年版，第 89 页。

> 会面安可知？胡马依北风，越鸟巢南枝。相去日已远，衣带日已缓。浮云蔽白日，游子不顾反。思君令人老，岁月忽已晚。弃捐勿复道，努力加餐饭。

此诗是思妇词，即作者拟为妇人口气作诗，以表其对远方游子之思念。因此，诗中始终存在着思妇与游子两者的紧张关系。起首六句，一、三、五是讲距离之远，此三句隔着二、四、六句层层递进："行行重行行"是说离开的行动，"相去万余里"是说离开之远，"道路阻且长"是说距离既远又有人为阻隔；同理，二、四、六句是讲相见不能，此三句顺着一、三、五句层层递进："与君生别离"是说自你离开就是生离死别，"各在天一涯"是说两人各处在天的最远两端，"会面安可知"是说见面已经无从谈起。马茂元说："前六句写离别，是追溯过去的状况。"[1]

这六句，用了两个典故，"与君生别离"句用了《楚辞·九歌·少司命》："乐莫乐兮新相知，悲莫悲兮生别离。"表示离别之痛。"道路阻且长"句用了《诗经·秦风·蒹葭》："蒹葭苍苍，白露为霜。所谓伊人，在水一方。溯洄从之，道阻且长。溯游从之，宛在水中央。"将其中的"道阻且长"句中增一"路"字，伸展为五言。读《蒹葭》，知那是写追求意中人不得，诗中主人公似乎徘徊于究竟从上游还是从下游更可能找到意中人的两难之中，而《行行重行行》则不然，离别后再见的可能有几何，真是不可知啊！命运确乎并不掌握在自己的手中。

"胡马依北风，越鸟巢南枝"两句是隐喻。两个比喻的作用似乎是通过减缓节奏来蓄势，胡马向北、越鸟向南，诗思到两个遥远不相及又相对的形象之上稍事停留，朱筠《古诗十九首说》称之为"衬一笔，所谓'物犹如此，人何以堪'也"[2]，纪昀云："此以一南一北申足'各在天一涯'意，以起下相去之远。"[3]是的，第二个"相去"复沓而至，第九句"相去日已远"与第三句"相去万余里"勾连，以时间之久叠加于距离之远，前六句之相思话题再次被提起。

"相去日已远，衣带日已缓"两句套用《古乐府歌》"离家日趋远，衣带日趋缓"，以"相去"代替"离家"，是因为主人公为居家一方。居家一方想到离家一方，此时正是"浮云蔽白日，游子不顾反"。"浮云蔽日"为当时流行之比喻，《文子》曰："日月欲明，浮云盖之。"陆贾《新语》曰："邪臣之蔽贤，犹浮云之鄣（障）日月。"《古杨柳行》曰："谗邪害公正，浮云蔽白日。"[4]离家的"游子"或许另有所欢，不想回家。

---

〔1〕 马茂元：《古诗十九首初探》，陕西人民出版社1981年版，第107页。本节凡引马氏语均出于此书。

〔2〕 隋树森：《古诗十九首集释》卷三，中华书局1955年版，第51页。

〔3〕 同上书，第1页。

〔4〕 [南朝梁]萧统编，[唐]李善注：《文选》，上海古籍出版社1986年版，第134页。

再来看居家一方,"思君令人老"句上承"衣带日已缓",心又紧了起来,几乎要绝望。孙鑛评云:"思君令人老"句"自《小雅》'维忧用老'变来"〔1〕。《诗经・小雅・小弁》:"踧踧周道,鞫为茂草。我心忧伤,惄焉如捣。假寐永叹,维忧用老。心之忧矣,疢如疾首。"写一个被父亲放逐的人心中之忧思。《小弁》是著名的怨诗,孟子曾经用他的"知人论世"法为此诗作了辩护,说这怨正是因为热爱亲人。是啊,诗中主人公热爱离别的"游子",虽然"岁月忽已晚",似乎是迟了,要怨,然而语势忽地一转,"弃捐勿复道",多说无益,暂且放下吧。"加餐饭"也是套用语,乐府《相和歌辞・饮马长城窟行》:"长跪读素书,书中竟何如?上言'加餐饭',下言'长相思'。"此套语好像是给"游子"写信,反过来劝慰对方:或许,还有相会的一天。就这样,轻轻把感情收束起来。这个结尾真是妙不可言。

后八句,两句讲自己、两句讲对方地交替,巧妙地援引成诗和熟语,上下勾连,参错对位,层层转进,愈转愈深。〔2〕

朱自清先生说:"本诗有些复沓的句子。如既说'相去万余里',又说'道路阻且长',又说'相去日已远',反复说一个意思;但颇有增变。'衣带日已缓'和'思君令人老'也同一例。这种回环复沓,是歌谣的生命;许多歌谣没有韵,专靠这种组织来建筑它们的体格,表现那强度的情感。……《十九首》出于本是歌谣的乐府,复沓是自然的;不过技巧进步,增变来得多一些。"〔3〕

我们分析本诗,它所运用的手法大概有三类:一是如朱先生所说之"复沓";二是"引用",即用典、用比喻、套用歌谣;三是以思妇与游子两者间的张力形成抒情节奏。本诗将"引用"与"复沓"巧妙地编织在一起,引用往往是形成对比的结构,使诗歌进入节奏运动,对比又不拘泥于一句或两句,而可以跨越几句,这样,对比就转成复杂、绵密且跨度不等的勾连,此一勾连又必须在思妇与游子之间展开。如果把回环复沓定为本诗的结构原则,那么它将处理不了思妇与游子两者间微妙的张力关系,因此,我建议以"勾连"一词代替"复沓"作为本诗的结构原则。不妨这样说,回环复沓已经由民歌的直接形式而被内化为诗歌隐蔽、绵密的情感结构,并被"引用"所雅化,节奏绵绵推送之间更显出深度来。不过,兴却是没有的。"胡马依北风,越鸟巢南枝"两句不宜理解为兴,它只是比,是把本诗上下两节勾连为浑然一体的妙笔。我们可以隐约看到,"勾连"已经取代兴成为诗歌之结构运动的基本动力。

通常前人对《十九首》总是赞其具有天然、浑然的品格,像一团元气,这是说诗

---

〔1〕 隋树森:《古诗十九首集释》卷二,中华书局1955年版,第2页。

〔2〕 参看马茂元:《古诗十九首初探》,陕西人民出版社1987年版。

〔3〕 朱自清:《古诗十九首释》,见朱自清:《古诗歌笺释三种》,上海古籍出版社1981年版,第225页。

中所涉之自然物(景)、人事(事)以及情绪(情)等内容要素在时间和空间的安顿上形成极其统一的整体,好像完全出于自然,难分彼此。前人云:

诗之难,其《十九首》乎:畜神奇于温厚,寓感怆于和平;意愈浅愈深,词愈近愈远;篇不可句摘,句不可字求。(胡应麟)[1]

昔人谓三代无文人,六经无文法。窃谓二京无诗法,两汉无诗人。(胡应麟)[2]

三百篇后,便有《十九首》。宏壮、婉细、和平、险急,各极其致,而总归之浑雅。(孙鑛)[3]

古诗浑浑浩浩,纯是元气结成,若以字句求之,真是呓语。(费锡璜)[4]

《十九首》之妙,如无缝天衣。后之作者,顾求之针缕襞绩之间,非愚则妄。(王士禛)[5]

《风雅三百》,《古诗十九》,人谓无句法,非也。极自有法,无阶级可寻耳。(王世贞)[6]

古人用意深微含蓄,文法精严密邃。如《十九首》,汉、魏阮公诸贤之作,皆深不可识。(方东树)[7]

上述评语如果借康德美学的术语表述,那就是:《十九首》达到了他所谓的艺术品像似自然的高境。"像似自然"的西方美学表述或是"元气浑成"的中国美学表述,都让人深切体会到《十九首》的好,不过我们还是企图通过对诗歌细致的技术分析来交代它的好,而不是像上述评语那样拒绝,尽管他们拒绝是有道理的。

下面我们来讨论两首前人说是分别用了"正兴"和"反兴"的古诗。

首说"正兴"。

青青河畔草,郁郁园中柳。盈盈楼上女,皎皎当窗牖。娥娥红粉妆,

---

〔1〕[明]胡应麟:《诗薮·内编》卷二,上海古籍出版社1979年版,第26页。

〔2〕同上书,第131页。

〔3〕隋树森:《古诗十九首集释》卷四,中华书局1955年版,第4页。

〔4〕[清]费锡璜:《汉诗总说》,见[清]王夫之等:《清诗话》(下册),上海古籍出版社1963年版,第948页。

〔5〕[清]王士禛:《带经堂诗话》卷四,人民文学出版社1963年版,第92页。

〔6〕[明]王世贞:《艺苑卮言》卷一,见丁福保辑:《历代诗话续编》(中册),中华书局1983年版,第964页。

〔7〕[清]方东树:《昭昧詹言》卷一,人民文学出版社1961年版,第6页。

纤纤出素手。昔为倡家女，今为荡子妇。荡子行不归，空床难独守。

这首诗的写作上有一个特点，那就是有一个第三人称的作者在看着美女而写诗。此诗，吴淇有一极妙之长篇评析，他说：

此章连排十句，读者全然不觉，以其句句有相生之妙。首二句以所见兴起"楼上女"。……此诗若竟从"盈盈"句突起，亦自成诗，如画美人于素帧之上，无复帏帐几物以衬贴之，便尔淡寞，即美人之丰神，亦无由显见也。唯先将"河草""园柳"，一青一郁，写成异样热艳排场，然后夹出"楼上女"来；如唐人舞柘枝于莲花瓣中，拆出个美人于翠盘之上，乃为丽瞩耳。〔1〕

他论定首二句是"兴"，这样就不是在纸上直接画美女，平淡而难显其丰神，而是以之形成"异样热艳排场"，将美人托于翠盘之上，成为"艳瞩"。不过读者"全然不觉"之"句句有相生之妙"，并不全在此。吴淇从作者和美人两者眼中看周遭自然景物之关系着眼，评析道：

尤妙在"草"上叠"青青"字，"柳"上叠"郁郁"字，才于"楼上女"逼出"盈盈"字。"妆"之"娥娥"字，"手"之"纤纤"字，皆从女身上摹写"盈盈"字；而"皎皎"字又以窗之光明，女之丰采，并而为一以摹写"盈盈"字。在作者所注目，正在此"盈盈"者。而彼"青青"者、"郁郁"者，匪意所存；但非彼"青青""郁郁"者，则楔此"盈盈"者不出。故从女眼中写之，不若从作者眼中写之妙也。"昔为"四句写情，似从女意中拈出，实亦从作者眼中拈出也。人心善感，具有因缘，触物而发，原非偶然。"昔为"二句是因，"今为"二句是缘，而青青之"草"、"郁郁"之"柳"，特感动其因缘耳。然不写入女子眼中，而写入作者眼中，何也？恃有"皎皎当窗牖"一句，关通其脉也。……〔2〕

吴氏的意思是，作者最初着眼于"盈盈楼上女"，尚未注意到"青青河畔草"和"郁郁园中柳"，但若无之，则"盈盈"之女也是出不来的，而从"倡家女"到"荡子妇"的今昔之变的感动，正是因缘于"青青"之"草"、"郁郁"之"柳"。而"皎皎当窗牖"

---

〔1〕［清］吴淇：《六朝选诗定论》卷四，汪俊、黄进德点校，广陵书社2009年版，第78—79页。

〔2〕同上书，第79页。

一句之重要在于，作者由此断定女子必见“青青”之“草”、“郁郁”之“柳”：“一片艳阳景物，撩撩逗逗，在旁人犹自难堪，况空床荡子之妇，自幼出身于娼家者乎？”[1]于是作者就以之来兴“荡子行不归，空床难独守”的主题。此一起兴，还更由首六句“青青”“郁郁”“盈盈”“皎皎”“娥娥”“纤纤”那如电影镜头之由远渐近的叠字连排相“逼”所保证着，此一“逼”正点明了推动着前六句的坚定节奏及其浑然之整体感。至于诗歌之所以起兴，其一般原理在“人心善感，触物而发”。这样，吴氏就为首二句之起兴地位作了理论和实际的论证。

他意犹未尽，接着申发“人心善感，触物而发”的道理：

> 盖此时作者，与此女同在草青柳郁之一刻中，全在昔今二字，逼出现前妙趣。“昔为倡家女”，为女之前半世；“今为荡子妇”，为女之后半世。前半世已过，后半世未来。荡子行未归，固是现前，然未妆之先，寂寥永夜，展转无寐，空床之上，虽意中有所想，而眼中无所触；至于甫起晨便瞥见草青柳郁，以一夜展转空床之人而当此，如何忍得耐得？然犹序及“昔”“今”者何？令此女昔不为娼女，则独守已惯；或今不作荡妇，则行有归期；故唯“昔为”云云，故最难当此现前之一刻，而觉昨夜空床犹已成过也。凡现前一刻，古诗最重。如“今日良宴会”及“对酒当歌”等词，皆同此意。谢客云“恒充俄倾用”，此也。[2]

这一段集中讨论一个概念——“现前”。“昔今”是关于时间的强烈对比，“昔”看来是指向了过去，其实正是为了“逼出现前妙趣”，因此，吴氏称作者与此女“同在草青柳郁之一刻中”，洵为高见。他总括道：“凡现前一刻，古诗最重。”并以三例证之。其一，古诗《今日良宴会》有云：“人生寄一世，奄忽若飙尘。何不策高足，先据要路津。”其二，曹操《短歌行》有云：“对酒当歌，人生几何？譬如朝露，去日苦多。慨当以慷，忧思难忘。何以解忧，惟有杜康。”其三，谢灵运《入华子岗是麻源第三谷》描写他游历华子岗山水风光，表示隐遁的心迹，诗后段有云：“莫辩百世后，安知千载前。且申独往意，乘月弄潺湲。恒充俄顷用，岂为古今然！”最后两句是说，游山玩水只是纵情于当前短暂的快乐，哪里顾得到念古悲今呢！

为什么要起兴呢？不就是为了“现前一刻”的快乐光景！所以，兴的作用非常重要，他又进一步展开来说：

---

[1] [清]吴淇：《六朝选诗定论》卷四，汪俊、黄进德点校，广陵书社2009年版，第79页。

[2] 同上书，第79—80页。

> 诗有赋比兴，而兴最难。盖太远则离，太近则涉于比。《三百篇》后，兴最少，《十九首》中，唯两“青青”。此章曰草、曰柳，自是别离物色。然草著河畔，便伏荡子不归意；柳著园中，便伏空床难独守意。故唐宜之曰：“盖睹艳阳之景而特为感伤也。”后首起句全类此，柏取不凋，石取不烂。柏著陵上取其高，石著涧中取其深，各得其所，无物害之，以见人生之短脆也。前首是正兴，后首是反兴。[1]

用兴的难处在于，所兴之意太远则不免离题即难解，太近则不免像比即偏于实。《三百篇》以后，兴就很少人用了。《十九首》唯有两首“青青”是用兴的。两首起兴恰恰是一正一反，“正兴”者以“睹艳阳之景而特为感伤”，“反兴”以柏不凋、石不烂“以见人生之短脆”，诗的主题正是在自然物的反衬下鲜明地凸显出来。

次说“反兴”。

> 青青陵上柏，磊磊磵中石。人生天地间，忽如远行客。斗酒相娱乐，聊厚不为薄。驱车策驽马，游戏宛与洛。洛中何郁郁，冠带自相索。长衢罗夹巷，王侯多第宅。两宫遥相望，双阙百余尺。极宴娱心意，戚戚何所迫。

吴氏云：“首二句以‘柏’‘石’兴起‘行远客’，喻人生行役之苦。”这里的“喻”字表明他犯了汉儒解诗的毛病，就是以比释兴。不同于吴氏认为的“反兴”，朱自清认为前两句连用三个比，李善《文选》注引《庄子·德充符》：“仲尼曰：‘受命于地，唯松柏独也，在冬夏常青青。’”“陵上柏”“磵中石”，都是长存者，前者色常青而后凋，后者形固然而难移，它们一高一低，因地理邻近所以连类而及，可见古人早有松石长存的理念，而诗作者作此一组合，并非简单地援引前人之意象和思理，而是基于对自然界之色与形的观察。长存者如斯，但口风一转，对比者出来了：“人生天地间，忽如远行客。”这两句本身为比，人生短暂飘忽，就好比是天地之间的一个远行客——游子。这种人生如寄的思想是有来源的。《尸子》：“老莱子曰：‘人生于天地之间，寄也。’”李善注曰：“寄者固归。”《列子》说“死人为归人”，李善注曰：“则生人为行人矣。”又《韩诗外传》曰：“枯鱼衔索，几何不蠹？二亲之寿，忽如过客。”[2]李善所引这几个文献都流行于汉代，它们正构成了游子为远行客的思想背景。

---

〔1〕［清］吴淇：《六朝选诗定论》卷四，汪俊、黄进德点校，广陵书社2009年版，第80页。

〔2〕［南朝梁］萧统编，［唐］李善注：《文选》，上海古籍出版社1986年版，第1344页。

具体分析此四句的比喻结构。前两句的松石比喻，代表着自然界不变的一面，常人不难体会，妙就妙在第三句，它将短促的“人生”降落在“天地间”，结构上紧紧勾连于前两句，从而与长存之松石形成强烈对比，不得不让人油然生起人生忽然如远行客的感慨。吴淇认为首二句以“柏”“石”兴起“行远客”，但因为第三句匠心独运的巧妙勾连，前四句的三个比喻被编织成为一个紧密的比喻整体，固然看似具有起兴的效果，其实仅是比喻而已。

或许，这组比喻还可以再作进一步推想。是否，它标志了一种新的诗歌经验？刘履评此诗说：“人有见陵上之柏，阅岁不凋；涧中之石，坚贞不朽；而人生寄世，忽如行客远去，乃不若二者之长存，于是感物兴怀，欲以斗酒宴乐，聊且相厚而不至于薄也。”[1]我们要重视“感物兴怀”四字，它表达了这样一个意念，即“陵上柏”“磵中石”并非单纯的起兴之物，它们更被诗人视为其生存的真实环境。此诗前四句三个一套比喻，将诗作者以“远行客”的身份托出，此“远行客”即逗出下面的游戏的抒情主题。因为身为“远行客”，他只能权以斗酒为乐，以薄当厚，“驱车策驽马，游戏宛与洛”，困顿地把自己安放到世俗繁华之中，展开其人生游戏。而洛阳都城真乃繁华之地，不过贵人们同气相求，“远行客”万难插进去；王侯第宅，两宫相望，何其辉煌何其壮观，居于其中的贵人们大可尽情宴乐，不过，何以有不可解之“戚戚所迫”之情呢？在这首诗中，前四句的人与自然之类比，与后十二句的人生游戏，形成强烈的对照：参之以自然之不朽，既然人生如寄，则不如游戏人生，及时行乐，然而极度的游戏不也蕴含着极大的忧戚吗？这样，人与自然之类比，就以悲喜交集的两极方式构成其戏剧性的诗美，并达到某种哲思的高度。这种经验，在某种程度上向庄子作了回归而具有浑沦性，不过，它却是汉人真切的人生体验，被赋予强大的当代感，绝非抽象的义理。这种经验，我想把它称为“物感”是不错的。在此种物感经验中，“死生新故”的时序感成为贯穿全诗的灵魂，它起着串联、渲染的组织作用，单纯的、可以抽离出来分析的比或兴已然不存在了，或者说两者已经被融化在差不多可以称为赋的总体诗思之中。简言之，单挑的比或兴并不足以酝酿浑成的诗境。

当然，我们断此两诗中没有兴可能会引发争论。那我们不妨回到吴淇那里，对他所谓的“兴”再作一番辨析。《青青河畔草》第一句并非作者首创，它的来源有二：其一，《楚辞·招隐士》：“王孙游兮不归，春草生兮萋萋。”其二，乐府《相和歌辞·饮马长城窟行》：“青青河畔草，绵绵思远道。”两例都是把青草和远游相联系，是一个比喻结构，前者固然不是兴，后者以一望无际之草之青青兴起对远方之人之思，但与其说它是兴，还不如说它是一个熟语，时人对此已然失去新鲜感。《十

---

〔1〕［元］刘履：《古诗十九首旨意》，见隋树森：《古诗十九首集释》卷三，中华书局1955年版，第2页。

九首》"青青河畔草"套用此结构，但却把"绵绵思远道"的兴义推后并转弱了，而代之以"郁郁园中柳"的铺写。这样的套用，正是意在推出女主人公。结合上述吴淇的评析，我们可以更细致地来分析此诗化解兴义的若干互相结合着的手段，即：(1)以"青青河畔草，郁郁园中柳"为首二句，理当作为"楼上女"思昔想今的起兴，但本诗设计此最远之景初为作者所见，因其目光转近至楼上，方才发现"楼上女"亦作同一观看。如果说起兴，那么更为合理的是"楼上女"睹物而兴，而不是兴起"楼上女"。(2)六个叠词空间推进的用意何在？以首二句"青青""郁郁"而起下四句"盈盈""皎皎""娥娥""纤纤"，由远及近，由大及细。朱自清说："诗中连用叠字，只是求整齐，跟对偶有相似的作用。整齐也是一种回环复沓，可以增进情感的强度。本诗大体上是顺序直述下去……连用叠字来调剂那散文的结构。"[1]朱说大致不错。不过，在我看来，正是这六个叠词颇有强度的规整结构及其所描写空间之渐近的动态，抑制了首二句起兴的作用，消解了兴的意味，倒更像是赋的铺排。换言之，六个叠词描写了一个"作者"所见完整的"楼上女"当下的生活空间。另一首《西北有高楼》首六句："西北有高楼，上与浮云齐。交疏结绮窗，阿阁三重阶。上有弦歌声，音响一何悲！"也用了类似的空间铺排写法，前四句写所见楼之空间结构，其高耸、其细巧工致、其深深重重，一步步写来，无非意在托出其中歌者声之悲。(3)这个空间并非为"楼上女"即女主人公一人所独占。诗中明显有着诗人与女主人公即吴淇所谓"作者"与"楼上女"的两个视角在互相转换。马茂元说："这首思妇诗，用第三人称写的。在《古诗十九首》里，这样写法是唯一的一篇。"他指出，作者没有去描绘"昔为倡家女，今为荡子妇"的可能很动人的故事，"而是按照这方面的生活实际，加以观察、分析、综合，避实就虚，从精神状态着笔，写出了一首十分优美的抒情诗"[2]。换言之，女主人公的往昔故事被虚化，只是由"作者"作悬想，并以极经济的笔墨点出之，而当下之情之景却是生动、热闹而无比鲜亮的。可见，此诗的第三人称并非仅为旁观的叙述人称而已，它其实是以"作者"和"楼上女"两个视角的不断换位而构成诗歌的组织手段。吴淇云"作者"和"楼上女""同在草青柳郁之一刻中"，诚为至论。换用当代语言表述，就是两者处于同一个审美时空。此一审美时空之建立完全基于首二句"青青河畔草，郁郁园中柳"，吴淇尊之为起兴，不为无因，不过正是因为它延展为六个叠词的第三人称描述视角，确立了"作者"与"楼上女"的视角换位，而此诗歌结构上的叠字和视角换位最终成功地转换、升华为人同此情、情同此理的人生感慨，才动人无限啊！(4)吴淇总论《十九首》云："《十九首》不出于一手、作于一时，要皆臣不得于君，而托意于夫妇朋友，深

---

〔1〕 朱自清：《古诗十九首释》，见朱自清：《古诗歌笺释三种》，上海古籍出版社 1981 年版，第 230 页。

〔2〕 马茂元：《古诗十九首初探》，陕西人民出版社 1981 年版，第 113 页。

合风人之旨。”[1]这就又回到汉儒说诗的温柔敦厚的美刺目的上去了。试想，吴氏对《青青河畔草》一首作了如许出色的分析评说，最终却归结为“风人之旨”，不免让人哑然失笑。他言首二句为兴，其企图怕是正在于此，而此论显然不能安顿于此诗，是极为明显的。

明代陆时雍有一段评论很值得推敲，他说：

> 《十九首》近于赋而远于《风》，故其情可陈，而其事可举也。虚者实之，纡者直之，则感痦之意微，而陈肆之用广矣。夫微而能通，婉而可讽者，《风》之为道美也。[2]

意思是，《十九首》接近于汉赋而远离了《风》(《国风》)。《风》的好处是“虚”而“纡”，“婉而可讽”，具有“感痦之意”，这就是“《风》之道”，正是吴淇所极赞之“风人之旨”。很多人都以为《十九首》是学了《风》的好处，然而陆氏却不这么看。他反以为《十九首》更像赋体，它“陈情”“举事”，把《风》的“虚”处做实了，“纡”处扯直了，这样就推广了“陈肆之用”，即类似汉赋那样对“事”和“情”作平面的铺陈和放肆。他比较不同的诗体云：“诗四言优而婉，五言直而倨，七言纵而畅……”[3]四言诗“优而婉”，正是“风人之旨”，那是群体性的，而五言诗“直而倨”，它不再藏着掖着，而是直接抒发情感，态度还颇冲动，即具有个体性的一己之愤怨。因此他谓：“《十九首》谓之《风》余，谓之诗母。”[4]《十九首》成为《风》的尾巴，五言诗的母亲。显见，陆氏颇为矛盾，他一方面看到《十九首》“赋”的鲜明特点，已然成为以后诗歌学习的典范，但又为“《风》之道”所困，不敢直说它的好。他的这一态度活像汉儒把屈原《离骚》纳入《诗经》解释学的处理，硬要把《十九首》也拉到《诗经》的轨道上来。前人看《十九首》有很多都是如此，前引吴淇说就是，还有其他，不烦称引。

其实，就诗体而论，《十九首》明显受到《楚辞》和乐府民歌的强大影响，不过它作为“诗母”，其自身所具有的鲜明特点更值得考量。我们暂且将此一特点概括为情、事、景的浑成，作为“物感”的另一种表述。以下按情、事、景的顺序细细分析。

首说“情”。叶燮云：“《十九首》止自言其情，建安、黄初之诗，乃有献酬、纪行、颂德诸体，遂开后世种种应酬等类；则因而实为创。此变之始也。”[5]《十九首》为失意文人之作，失却了《诗经》《楚辞》的政教、纪事、述史、媚神诸功能，也不具备后

〔1〕［清］吴淇：《六朝选诗定论》卷四，汪俊、黄进德点校，广陵书社2009年版，第77页。
〔2〕［明］陆时雍：《诗镜》，任文京、赵东岚点校，河北大学出版社2010年版，第3页。
〔3〕同上书，第3页。
〔4〕同上书，第18页。
〔5〕［清］叶燮：《原诗·内篇上》，人民文学出版社1979年版，第4页。

来的献酬、纪行、颂德诸体，它发展了《楚辞》的抒情传统，并将之引向更为纯粹的个人创作，形成所谓言情之作，或者一般地可以称为抒情诗。这一诗体上的特征，具有标志性的意义。

陆时雍说："古人善于言情，转意象于虚圆之中，故觉其味之长而言之美也。"[1]

陈祚明说："《十九首》所以为千古至文者，以能言人同有之情也。……低回反复。人人读之，皆若伤我心者。此诗所以为性情之物。……《十九首》善言情，惟是不使情为径直之物，而必取其宛曲者以写之。故言不尽，而情则无不尽。"[2]

有诗为证：

> 西北有高楼，上与浮云齐。交疏结绮窗，阿阁三重阶。上有弦歌声，音响一何悲！谁能为此曲？无乃杞梁妻。清商随风发，中曲正徘徊。一弹再三叹，慷慨有余哀。不惜歌者苦，但伤知音稀。愿为双鸿鹄，奋翅起高飞！（《西北有高楼》）

这一首诗只是写听者之感，到底歌者为何而悲，听者又为何而悲，我们不得而知，唯一可知的是两者之悲必非相同，不过这并不妨碍听者自作多情地设为知音，而愿与歌者比翼奋翅。全诗情调上高度统一于"高"：楼之高耸浮云，弦歌声慷慨高弹，人亦愿作高亢之鸣、双双高飞。吴淇评曰："《十九首》中，唯此首最为悲酸。如后《驱车上东门》《去者日以疏》两篇，何尝不悲酸？然达人读之犹可忘情，唯此章似涉无故，然却未有悲酸过此者也。"[3]这种没有具体事件的抒情，却有过人之悲，达到了中国抒情诗的极诣。王夫之有一概括力极高之评论：

> 兴、观、群、怨，诗尽于是矣。经生家析《鹿鸣》《嘉鱼》为群，《柏舟》《小弁》为怨，小人一往之喜怒耳，何足以言诗？可以云者，随所以而皆可也。诗三百篇而下，唯《十九首》能然。李、杜亦仿佛遇之，然其能俾人随触而皆可，亦不数数也。[4]

---

〔1〕［明］陆时雍：《诗镜》，任文京、赵东岚点校，河北大学出版社2010年版，第3页。

〔2〕［清］陈祚明：《采菽堂古诗选》卷三，李金松点校，上海古籍出版社2008年版，第80—81页。

〔3〕［清］吴淇：《六朝选诗定论》卷四，汪俊、黄进德点校，广陵书社2009年版，第83页。吴淇评古诗老是打自己嘴巴，他说："此亦不得于君者之诗，自托于歌者……"（第82页）

〔4〕［清］王夫之：《夕堂永日绪论》，见［明］谢榛、［清］王夫之等：《四溟诗话·姜斋诗话》，舒芜校点，人民文学出版社1961年版，第145—146页。

他的意思是，经生家把《鹿鸣》《嘉鱼》判为"群"，《柏舟》《小弁》判为"怨"，那种情感不过是小人一时之喜怒，并不足以为诗美张目。孔子说的诗"可以""兴、观、群、怨"是什么意思呢？它是说：无论何事、何情，都"可以"；凡是所遇、所不遇，都"可以"；这叫"俾人随触而皆可"。诗三百能做到，《十九首》能做到，李白、杜甫有时能做到，但是为数不多。船山此言，把《十九首》推到了极高的诗学境界，细味《西北有高楼》一首，还真是言之不虚。

《十九首》写情还具有渲染周遭景物的大本领，读来往往感到一种浓烈的情绪扑面而来。

> 回车驾言迈，悠悠涉长道。四顾何茫茫，东风摇百草。所遇无故物，焉得不速老？盛衰各有时，立身苦不早。人生非金石，岂能长寿考？奄忽随物化，荣名以为宝。（《回车驾言迈》）

吴淇《六朝选诗定论》评云：

> 宋玉悲秋，秋固悲也。此诗反将一片艳阳天气写得衰飒如秋，其力真堪与造物争衡，那得不移人之情？四顾茫茫，正摹写无故物光景。无故物，正从"东风"句逼出。盖草经春来，便是新物。彼去年者，尽为故物矣。草为东风所摇，新者日新，则故者日故，时光如此，人焉得不老，老焉得不速！〔1〕

吴氏此论极有趣味，值得推敲者有三。首先，宋玉悲秋，并非秋本来悲，而是宋玉将自己的失落心绪与秋天万象凋零作比类的结果。其次，此诗之所以把春写成秋，恰是因为主人公在驾车途中寻"故物"，"故物"是秋天的物事，此"故物"之念想正与春天形成强烈的对比，故而春景被点染上秋色，极为自然。其三，吴氏所谓"移情"不能理解为西方"移情"理论之主观向客观移情，它无非是古人的时序感过于强大之故。当此时序感主导着人之心绪时，其情感不免是与自然物类比着的，即情绪往往为自然物所激发，这就是所谓的物感或感兴经验，而学界通常更喜欢称之为比兴。《十九首》大多具此特色，如《冉冉孤生竹》一篇言"伤彼蕙兰花，含英扬光辉。过时而不采，将随秋草萎"，新婚久别比类着含苞待放的美丽兰花与行将枯萎的秋草，过早地出现迟暮之感似乎出于自然，细究之，难道不是因为时序感刺痛人心吗？

---

〔1〕［清］吴淇：《六朝选诗定论》卷四，汪俊、黄进德点校，广陵书社 2009 年版，第 88 页。

次说“事”。《十九首》的作者群没有讲故事的冲动，它描写事件有两个特点。其一，“事”必与“时”结合在一起。请读：

> 今日良宴会，欢乐难具陈。弹筝奋逸响，新声妙入神。令德唱高言，识曲听其真。齐心同所愿，含意俱未申。人生寄一世，奄忽若飙尘。何不策高足，先据要路津。无为守穷贱，轗轲长苦辛。（《今日良宴会》）

吴淇称此诗开首“今日”两字是全篇主脑，确实，它在写法上与《青青河畔草》“作者”与“楼上女”“同在草青柳郁之一刻中”如出一辙，出于对作者和宴会参与者现前处境和心态的集中关注。在这首诗中，“事”与“时”是结合在一起的，它固然发出“人生寄一世，奄忽若飙尘”的悲观情绪，却总是不出“今日”之范围，是个现在时态，所以下面又说“何不策高足，先据要路津”。《十九首》的作者群总是把眼光盯在人生的“现前一刻”，即便做一个相思的梦（《凛凛岁云暮》）也是如此，已然没有汉儒《诗经》解释学的历史主义了。下面这一首《生年不满百》更能说明《十九首》关注“现前一刻”写法的世界观背景：

> 生年不满百，常怀千岁忧。昼短苦夜长，何不秉烛游？为乐当及时，何能待来兹。愚者爱惜费，但为后世嗤。仙人王子乔，难可与等期。

吴淇评曰：“此诗重一‘时’字，通篇止就‘时’上写来。”[1]此诗将东汉人的生死之痛提炼成人生哲学。只要及时行乐，哪怕是秉烛也要夜游，而并不去瞻前顾后，枉为百年、千年计，就是成仙这等大好事，因为要等待，也绝不稀罕。这种人生哲学难道不是对儒家历史主义及其价值观的叛逆吗？它或许就为诗中减省传统之比兴手法埋下了伏笔，因为比兴大多是为唤起历史记忆而运用的。

其二，写事件不作叙事的展开，而是使事件收缩至作者与主人公、听者与歌者或思妇与游子之间微妙的主客对待、换位关系中。上面分析《青青河畔草》诗引吴淇称“作者”与“楼上女”“同在草青柳郁之一刻中”即是典型一例。再如顾曲听歌的三首——《今日良宴会》《西北有高楼》《东城高且长》中听者与歌者的知音关系，故事也是不作展开。还有，思妇诗中居家一方为主，离家一方为客，“游子”被称为“远行客”，其间都存在着思与所思的张力，但均不形成故事。《行行重行行》一篇已有分析，他如《冉冉孤生竹》《庭中有奇树》《凛凛岁云暮》《孟冬寒气至》《客从远方来》和《明月何皎皎》以及描写游子思家的《涉江采芙蓉》，大体如此。其中《凛凛

〔1〕［清］吴淇：《六朝选诗定论》卷四，汪俊、黄俊德点校，广陵书社2009年版，第91页。

岁云暮》以思妇梦境显示男女双方情感关系之恍惚幻变、幽深曲折，有回忆但却不展开来讲故事，是极为典型的。

王夫之将此种经济写法从诗歌结构及其美学的视角作了一个漂亮总结，他说："一诗止于一时一事，自《十九首》至陶、谢皆然。"[1]"一时一事一意，约之止一两句；长言永叹，以写缠绵悱恻之情，诗本教也。《十九首》及《上山采蘼芜》等篇，止以一笔入圣证。"[2]不妨说，这是关于中国古典抒情诗的一个美学界定。朱自清评《庭中有奇树》的一段话生动有趣，正可以为王夫之高屋建瓴的概括作一注脚。

> 《十九首》里本诗和"涉江采芙蓉"一首各只八句，最短。而这一首直直落落的，又似乎最浅。可是陆时雍说得好："《十九首》深衷浅貌，短语长情。"(《古诗镜》)这首诗才恰恰当得起那两句评语。试读陆机的拟作："欢友兰时往，苕苕匿音徽。虞渊引绝景，四节逝若飞。芳草久已茂，佳人竟不归。踯躅遵林渚，惠风入我怀；感物恋所欢，采此欲贻谁！"这首诗恰可以作本篇的注脚。陆机写出了一个有头有尾的故事：先说所欢在兰花开时远离；次说四节飞逝，又过了一年；次说兰花又开了，所欢不回来；次说踯躅在兰花开处，感怀节物，思念所欢，采了花却不能赠给那远人。这里将兰花换成那"奇树"的花，也就是本篇的故事。可是本篇却只写出采花那一段儿，而将整个故事暗示在"所思""路远莫致之""别经时"等语句里。这便比较拟作经济。再说拟作将故事写成定型，自然不如让它在暗示里生长着的引人入胜。原作比拟作"语短"，可是比它"情长"。[3]

原诗如下："庭中有奇树，绿叶发华滋。攀条折其荣，将以遗所思。馨香盈怀袖，路远莫致之。此物何足贡，但感别经时。"陆时雍所赞之"深衷浅貌，短语长情"，朱自清所赞之"经济"，是以王夫之所指之"一时一事一意"为条件的。《十九首》的这一特点影响甚巨，我们若是对陶渊明和谢灵运的田园诗与山水诗作一分析，也可以轻松地证明这个原理。

再说"景"。

《十九首》所写到的景致或景物有两大特点。其一，它们具有真实的品格，此

---

〔1〕[明]谢榛、[清]王夫之：《四溟诗话·姜斋诗话》，舒芜校点，人民文学出版社1961年版，第148页。

〔2〕同上书，第153页。

〔3〕朱自清：《古诗十九首释》，见朱自清：《古诗歌笺释三种》，上海古籍出版社1981年版，第255—256页。

一真实性并不表现于描写之细致逼真，而在于其直观性，即往往为即目所见，即景而写，有甚深之人生感触蕴于其间。以下录几句关于时空的诗句："人生天地间，忽如远行客""人生寄一世，奄忽若飙尘""所遇无故物，焉得不速老""四时更变化，岁暮一何速"。这八句诗集中体现了诗人群的时序感，说明他们对周遭景物的观察带有极强的指向性，即总是关注在生死之间徘徊和冲突的深重之忧思、无奈之悲叹。

其二，在一首诗中不同景物有着内在之关联。在《十九首》中，写景的首二句往往看似是起兴之句，但它却与接下来主人公的出场构成了一个连续的场景，就好比电影里一组连续镜头中的第一个，往往是场景而非人物，它固然是有意义的，但却绝非汉儒所谓的"托事于物"之"兴"，因为这一组镜头之连续性并不允许一个孤立的"兴"突兀地存在，不然将失其浑雅。吴淇断为《十九首》中唯一的两首兴诗《青青河畔草》和《青青陵上柏》是如此，《西北有高楼》《涉江采芙蓉》《明月皎夜光》《冉冉孤生竹》《庭中有奇树》《迢迢牵牛星》《东城高且长》《凛凛岁云暮》《明月何皎皎》诸篇也是如此，这些写景的首句一般都与其后的六句（或四至八句）一起，为主人公构筑一个具有个性特征的生活场景，并大多在诗的中后部有并非单纯意义上的呼应，以便形成浑成的风格。如这一首：

> 明月皎夜光，促织鸣东壁。玉衡指孟冬，众星何历历。白露沾野草，时节忽复易。秋蝉鸣树间，玄鸟逝安适？昔我同门友，高举振六翮。不念携手好，弃我如遗迹。南箕北有斗，牵牛不负轭。良无盘石固，虚名复何益？（《明月皎夜光》）

首四句有三句写星月天象，到十三、十四句重又写星象"南箕北有斗，牵牛不负轭"，用《诗经·小雅·大东》比喻义——"维南有箕，不可以簸扬。维北有斗，不可以挹酒浆""睆彼牵牛，不以服箱"，回应前面谓朋友情谊有名无实的四句"昔我同门友，高举振六翮。不念携手好，弃我如遗迹"。而首四句对星月的描写并非仅仅为了照应后面的朋友未予援手之喻，更是意在为紧接着的"白露沾野草，时节忽复易。秋蝉鸣树间，玄鸟逝安适"四句时节迅迈、心急内忧的描写作一铺垫，这样，促织、秋蝉和玄鸟所标志的时序与"同门友"高举远翔之喻义诸意象叠加上去，起到烘托、渲染的作用。可见：(1)星象标志着时序转换，时序转换意味着生命流逝、功名难成，此为晚秋星象之基本景物意义；(2)此星象又联系着箕、斗和牵牛诸星座徒有虚名的比喻，将朋友未能施援手义在星象的基本景物意义上作一叠加，以添焦虑；(3)穿插于其间的促织、秋蝉和玄鸟之类飞禽并非与星象无关的自然物，因为两者共同标志着时序的转换，对诗中主人公躁动不安的生命意识以及主人公对朋友的怨望之情起着烘云托月的染色作用;(4)前三者组合到一首诗中,就将诗篇编织成一个难以分解的有机整体,全诗固然好似是为最后一句“虚名复何益”张目,但此句所处的位置诗歌张力已然极弱,起兴已经没有必要。当然,《十九首》中长一些的诗篇往往在浑成性上要弱于短篇,此诗就是如此,不过这并不妨碍我们对它作结构分析,从而彰显作者细密的针线功夫(虽然未臻天衣无缝之境)。

可见,《十九首》的情、事、景诸要素其实是被精心、细密地编织到诗篇中去的,其要旨是凸显诗歌的抒情性,而此一抒情建立在作者群对自己当下之处境的极度关注之上。这决定了《十九首》的美学风格。

刘勰《文心雕龙·明诗》评《十九首》云:“观其结体散文,直而不野,婉转附物,怊怅切情,实五言之冠冕也。”[1]钟嵘《诗品序》云:“五言居文词之要,是众作之有滋味者也,故云会于流俗。岂不以指事造形,穷情写物,最为详切者耶!”[2]刘、钟二氏所论,最重要的是“婉转附物,怊怅切情”和“指事造形,穷情写物”,它们其实是一个意思,即对情、事、物(景)进行“婉转附”“怊怅切”的“造形”与“穷写”。显然,简单运用比兴是完不成这个任务的。我们设想,《十九首》形成了自己新的美学组织原则,它就是指向“浑雅”的“物感”。

分析《十九首》的文体来源,有《诗经》《楚辞》和汉乐府民歌。从《诗经》中可以继承的当是比兴手法,本书认为《十九首》的作者群已经基本放弃比兴,上面已经分析,如果一定要用比兴来做表述,那么不妨以“物感”取代它,即刘履所说的“感物兴怀”。其实,传统比兴是要向历史索要意义的,这对《十九首》的作者群来说,已然成为过去。从《楚辞》中最明显的是继承了明确的诗歌主人公和抒情的时序感,虽然它们并不构成《十九首》的具体结撰技术,但却是其诗歌生命之所在。从汉乐府民歌中则继承了其现实关怀和复沓的手法。

《十九首》对情、事、景叙写的目标为“婉转附物,怊怅切情”和“指事造形,穷情写物”,既近于乐府民谣的直抒胸臆,也近于汉赋的刻画细微逼真,但又在审美品格上不同于两者,它其实是节奏和色彩两要素的融合。朱自清提出《十九首》的主要组织原则是复沓,民歌影响的比重更大一些,我们则认为复沓已经被提升为勾连与渲染的结合。勾连表现为节奏连绵的、可以正接或反接的、有时是大跨度的主客换位式复沓;渲染则将勾连的间架、筋骨着色,将复沓深埋而转换为针线,形成极其细腻微妙的情感节奏,以成浑雅之体。这样,《十九首》就成为物感型的文人诗之典型,而不复为音乐型之民歌。

---

〔1〕［南朝梁］刘勰:《文心雕龙·明诗》,见范文澜:《文心雕龙注》(上册),人民文学出版社 1958 年版,第 66 页。

〔2〕［南朝梁］钟嵘:《诗品序》,见曹旭:《诗品集注》,上海古籍出版社 1994 年版,第 36 页。

不过，虽然明确了物感作为基本的美学原则，我们对《十九首》的组织技术的某些成分还是不甚明其所以然。例如，勾连中极其隐蔽的主客对待及其换位，竟然不会撕裂诗歌的结构反而能平添其浑雅，就让我们颇为不解。这里，且提出一个假设：《十九首》学习了汉赋的组织结构。司马相如论赋的组织原则云：

> 合綦组以成文，列锦绣而为质，一经一纬，一宫一商，此赋之迹也。[1]

所谓"赋之迹"，是文与质的参错交织。它一经一纬，有空间上纵横铺排的面向；一宫一商，有音调上抑扬变化的节奏。这个结撰技术，无非排列组合、精巧编织，其核心就是骈偶，或曰对比，恐怕《十九首》不知名的作者们是运用纯熟的，他们或许本是作赋的好手。

如果说《十九首》并没有调用《诗经》解释学的比兴手法，远离了四言诗体，那它确乎更可能受到汉赋"劝百而讽一"的游戏品格及其纯文学的娱乐性之影响，此正可以为《十九首》摆脱《诗经》解释学的美刺桎梏提供参照。如果说它的结撰手法也不是如朱自清所说的复沓之略加改进，因为那将造成文人诗的民歌化解释，那么它更可能来自赋体的纵横铺排、细密组织的手法。《十九首》将汉赋的铺张扬厉约化为"一时一事一意"，以更为经济的勾连手法取代了铺张手法，从而走向纯诗化。这种从铺张到勾连之变化，正是从空间性的赋到时间性的诗之变化。此一变化，当是《楚辞》和乐府民歌抒情性强力渗透的结果（当此时间与空间汇聚在一起，就是"声色大开"之时）。值此东汉末社会极度动荡、物感体验极度盛行之时，诗歌尤其是五言诗的发展空间完全被打开了。它当之无愧地成为"诗母"，标志了一个全新的诗歌时代的到来。

第三节　魏晋感物诗的美感经验及诗史地位

《十九首》奠定了缘情诗感物生情的模式，提供了情景组织的范本。其后，魏至西晋的缘情诗亦继承《十九首》的美学品格，以物感作为情感要素和景物要素的组织手段。并且，从建安至太康，情景组织的物感美学在诗歌中得到强化甚而走向固定化的表达，统计上起魏初三曹、下至西晋末江逌这一时段的诗歌，约有三十一首直接在诗句中运用"感物"二字，其中以西晋前四十年的太康诗歌所占比例最大。结合郭伯恭《魏晋诗歌概论》的分期标准以及逯钦立《先秦汉魏晋南北朝诗》

---

〔1〕［晋］葛洪：《西京杂记》，周天游校注，三秦出版社2006年版，第93页。

的人物时代归属，从嵇喜统计起，约有三十一首诗歌直接以“感物”一词入诗，缘情论的首倡者陆机有八首，所占最多。从诗体形式上看，五言最多，魏至西晋三十一首中有十八首采用五言诗体，太康诗歌二十四首中采用五言诗体者有十三首，俱占总数的二分之一强，这与缘情诗以五言诗为主要诗体依托的特点相符合。为了研究的方便，我们把这些直接以“感物”一词入诗的诗歌称为“感物诗”，它们代表了缘情诗在情景关系处理上的典型。而感物诗又在西晋太康，即缘情论提出之时代达到了创作的高潮。

魏晋感物诗歌，涉及赠答、游宴、行旅与乐府、拟古、杂诗等多种题材、体类，其所抒发的感情包括伤时、怀古、思乡、相思、伤离别、怀念友人、伤己、叹世等各种类型。其中，伤时构成了诗歌的基本主题和情感基调，上列二十四首诗歌基本上都涉及感时叹逝的主题，或者关注寒暑革易、时间变化，亦有几首专门以悲秋为主要内容，与《十九首》相一致，各种类型的情感紧紧围绕时序感展开。

在时序感的主导下，其所发之情在性质上也表现出一致性，即都指向消极意义的悲情，即使如张华《励志诗》、陆机《吴王郎中时从梁陈作诗》对君子进德修业或慷慨之志的表达也不例外，前者不离悲秋的论调，后者的慷慨亦如建安诗歌一般，体现出英雄主义的悲情意识。我们从这些感物诗句中也能发现，感物总是和“哀”“郁积”“悲”“泣涕”“忧”“缠绵”“沉思”“凄恻”“怆”“伤”“愤”“凄然”等表示哀伤情感或行为的词语并提。因此，台湾学者刘翔飞将感物诗的感发方式概括为“感物生悲”[1]，感物缘情的诗歌所体现出的是建基于时序感上的悲情意识。

而作为景物要素的感物意象，魏晋感物诗大都包含了对自然物象的描摹。这些自然景物意象，往往具有明显的季候特征，体现着时序变迁的节奏，有不少诗歌，即是在对自然时序的把握上展开一系列相关的景物意象排列。因此，这些自然景物意象呈现出一些一致性的特点。江明玲在考察汉魏六朝感物诗中自然物意象的基础上指出，诗人所“感”之“物”并没有涵盖全部的自然物意象，而往往选择具有特定时空特性的物象，她总结为两点：“在时间属性上，多为短暂不居、与时推移的自然景物，如朝露、蟋蟀、秋草、寒蝉之属。在空间属性上，多指无根不定、漂泊无依一类的自然景物，诸如转蓬、浮萍、尘埃、风、云之属。”[2]这些时间上短暂不定、空间上漂泊无依的感物对象，正配合着感物主体悲哀的情感意识，而诸如朝露、蟋蟀、秋草、寒蝉、转蓬、浮萍、尘埃、风、云之属，以及在魏晋感物诗中常出现的其他意象，如孤兽、孤禽、离鸿、蜻蛚、蛛网等，它们本身也带有凄清孤独的特征，渲

---

〔1〕 刘翔飞：《古诗中形象描写的演变》，《台大中文学报》1989年第3期。

〔2〕 江明玲：《六朝物色观研究：从“感物”到“体物”的诗歌发展》，台湾政治大学硕士学位论文，1990年。

染出悲哀伤感的氛围。要之，不仅感物活动中主体的情感为悲，所感之物亦带有或指向悲的特点，感物诗中的这些意象是作者有意选取入诗用作感物活动发生契机的，它们与主体间构成了一个同质性的整体。

当然，所发之情的悲源于主体内心固有的情感指向，我们分析缘情诗论于情感来源的判断并未超越先秦之一般看法，悲或喜的情感本然蕴于内心，受到物的感召而被激发出来。感物生悲的发生，正源于主体之悲郁结于心，潘岳《悼亡诗》所云"悲怀感物来，泣涕应情陨"，陆机《燕歌行》所说"忧来感物涕不晞"，张载《七哀诗》所谓"哀人易感伤，触物增悲心"，便是此意，因主体心悲，其才易于被外物感召。除了上述诗句外，汉末秦嘉《赠妇诗》残句"哀人易感伤"，建安刘桢《赠徐幹》"乖人易感动"、阮瑀《无题》诗"客行易感悴"、曹睿《长歌行》"余情偏易感，怀往增愤盈"，也说得很明白，悲哀之情郁结于心的人容易被外物所感动。

正因主体之心悲，才所遇无不悲，而物的感召却倍增了主体情感悲的分量，张华《杂诗》所说"怀思岂不隆，感物重郁积"，陆机《赴洛道中作》所谓"悲情触物感，沉思郁缠绵"，以及张载《七哀诗》的"触物增悲心"，讲的正是这个意思。所感之物和所发之情的悲是二者交感的结果，陆机的《感时赋》《述思赋》《思归赋》也对感物活动中情景关系之特点有详细生动的说明：

> 猿长啸于林杪，鸟高鸣于云端。矧余情之含瘁，恒睹物而增酸。历四时以迭感，悲此岁之已寒。(《感时赋》)
>
> 情易感于已揽，思难戢于未忘。嗟伊思之且尔，夫何往而不臧？骇中心于同气，分戚貌于异方。寒鸟悲而饶音，衰林愁而寡色。嗟余情之屡伤，负大悲之无力。苟彼途之信险，恐此日之行昃。亮相见之几何，又离居而别域。观尺景以伤悲，俯寸心而凄恻。(《述思赋》)
>
> 彼离思之在人，恒戚戚而无欢。悲缘情以自诱，忧触物而生端。……伊我思之沈郁，怆感物而增深。(《思归赋》)〔1〕

陆机赋中所体现的感物活动，与物感说理论上的表述相一致，主体心中孕育着沉郁、戚戚之悲情，因此"易感""自诱"，又感物而增酸、增深，感物活动中的个体与自然、物与我之间是相互对话、交互感应的关系。从这个角度看，郑毓瑜反驳日本学者小尾郊一和德国学者顾彬论六朝抒情诗主体将情感主动投射于自然的说法，以"气类相感"的概念来说明物我关系，是颇有见地的。她认为物我之间是主

---

〔1〕［清］严可均：《全晋文》卷九十六，商务印书馆1999年版，第1016、1017、1021页。

体全身心地浸润于“大气所在的场域”，对物作“非主动的感受”。[1] 萧驰也说感物“不啻为移情”，但又有所不同，“此处的‘移情’却非主体的主动投射，而是基于‘同气’观念、人与宇宙生命情调之间的互感”。他还在考察魏晋感物诗主题、情势、发生时节、感物意象的基础上总结说：“所谓‘感物’并非感物而动那样简单，它是一个涉及特定主题、情感、季候、意象的秋天的、夜晚的或黄昏的悲歌。”[2]

魏晋感物诗与《十九首》都以物感作为美学原则，但前者的情景组织却远不如《十九首》来得浑雅与集中，我们以《庭中有奇树》和陆机的拟诗为例：

> 庭中有奇树，绿叶发华滋。攀条折其荣，将以遗所思。馨香盈怀袖，路远莫致之。此物何足贡？但感别经时！（《庭中有奇树》）
>
> 欢友兰时往，迢迢匿音徽。虞渊引绝景，四节逝若飞。芳草久已茂，佳人竟不归。踯躅遵林渚，惠风入我怀。感物恋所欢，采此欲贻谁？（《拟庭中有奇树》）

前引朱自清的评论说得好，《庭中有奇树》的描写抒情只集中在采花的一段，过去的故事俱隐含在这现前的一段之中，从情景描写和组织的角度看，是设置了一个当下的场景，离别相思即在这攀条折荣的一瞬间发生。清人吴淇也有论说：“及其叶而荣矣，物胜极矣，时变极矣，感虽发于偶尔之一顷，而从前积累之蕴，都撮聚于此一顷矣。”[3]主体在树木由叶至荣的时间推移中所日渐积蓄的情感，于攀条折荣之一顷陡然爆发，感物活动的发生有着当下聚焦的特点，萧驰论《十九首》的情感表现具有“渐积之思”与“当下之感”两重特点正源自于吴氏所论。[4]

相较于原诗，陆机之拟诗于铺排完整故事上着力，视角从过去延伸至现在，这一方面正如朱自清所言，不及《十九首》原诗精简和具有引人入胜的暗示性，另一方面也体现出拟诗较之于《十九首》当下性的弱化，虽然，“感物恋所欢，采此欲贻谁”两句由“芳草”“林渚”“惠风”这些自然意象所感发，离思亦依托踯躅林渚、惠风入怀的现前场景所展开，但却少了原诗攀条折荣这一当下瞬间的聚焦。这也是魏晋感物诗的一般特点，与宋玉《九辩》景物意象大幅度的空间展开、缺乏特定的场

[1] 郑毓瑜：《身体时气感与汉魏“抒情”诗：汉魏文学与〈楚辞〉、〈月令〉的关系》，《汉学研究》2004年第2期。

[2] 萧驰：《“书写声音”中的群与我、情与感：〈古诗十九首〉诗学质性与诗史地位的再检讨》，《中国文哲研究集刊》2007年第30期。

[3] [清]吴淇：《六朝选诗定论》卷四，汪俊、黄进德点校，广陵书社2009年版，第86页。

[4] 萧驰：《“书写声音”中的群与我、情与感：〈古诗十九首〉诗学质性与诗史地位的再检讨》，《中国文哲研究集刊》2007年第30期。

景或环境依托相比，魏晋感物诗也往往要为情感的生发提供一个较为具体的情势事件、特定时空范围内的场景，但触物生感之当下性却远不及《十九首》体现得明确；景物意象也多以平列的方式展开，其关联亦远不如《十九首》绵密的针线功夫。考察建安至正始应玚《报赵淑丽》、曹植《赠白马王彪》、曹睿《长歌行》和《伤歌行》以及阮籍《咏怀诗八十二首》之十四等五首感物诗，其情景组织亦与魏晋感物诗同而不及《十九首》集中、浑雅。这一点也是萧驰以魏晋感物诗为旁证说明《十九首》情感表现及感物活动"渐积之思"与"当下之感"相结合时所未加以区分的。可以说，魏晋特别是太康时期的缘情诗对"物感"有更为自觉的关注，直接以"感物"一词入诗来强化之，但真正体现物感美学品格的却是《十九首》，魏晋感物诗的强化毋宁说已经固定为一种概念化的表达，借感物诗句作为情景组织间的关联，而缺乏整体组织上的浑融。

那么，魏晋感物诗的"物感"和"物色"有何关系呢？作为诗学理论术语的"物色"由刘勰《文心雕龙》所提出，刘著于卷十专设《物色》篇，探讨情物关系，评价《诗经》、《楚辞》、汉赋以及南朝诗文对自然物色的表现。该篇还提到并加强了"物感"说，起首曰：

> 春秋代序，阴阳惨舒，物色之动，心亦摇焉。盖阳气萌而玄驹步，阴律凝而丹鸟羞，微虫犹或入感，四时之动物深矣。若夫珪璋挺其惠心，英华秀其清气，物色相召，人谁获安！是以献岁发春，悦豫之情畅；滔滔孟夏，郁陶之心凝；天高气清，阴沉之志远；霰雪无垠，矜肃之虑深。岁有其物，物有其容；情以物迁，辞以情发。一叶且或迎意，虫声有足引心。况清风与明月同夜，白日与春林共朝哉！
>
> 是以诗人感物，联类不穷。流连万象之际，沉吟视听之区；写气图貌，既随物以宛转；属采附声，亦与心而徘徊。[1]

从这两段话可以看出，刘勰对"物色"的讨论是从情物关系入手的，他以"物色"指四时景色、自然万象，意谓感物活动中主客两造的物之一端。《物色》篇接下来评述《诗经》、《楚辞》、汉赋以及南朝诗文表现自然万物的特点和描写技巧，但"物色尽而情有余"的两相兼顾会通是其理想的标准，物色描写过繁的汉赋以及贵形似、专注刻画的南朝诗文遭到他的批判。

受刘勰的影响，学界对"物色"的理解也多从情景关系的角度入手，尤其是以

---

〔1〕［南朝梁］刘勰：《文心雕龙·物色》，见范文澜：《文心雕龙注》（下册），人民文学出版社1958年版，第693页。

"情景交融"作为中国诗学标准的抒情传统学派，如蔡英俊将情景关系作为所谓中国抒情美学演变过程的主线，认为刘勰"物色"论是陆机"缘情"说的自然接续、后世"情景交融"理论的先声。[1] 吕正惠视"缘情"说和"物色"论是"一体两面的诗观"，它们分别构成了中国抒情传统情、物理论的基础，并认为"感物"说的出现，几近"物色"论的起点。[2] 从横向的方面，为"物色"论作物/情的架构模式；从纵向的方面，建构起"物感"说和"物色"论的直接关联。而在具体的使用中，往往会出现将两者混同的情况。

台湾学者张静则指出从情物关系入手理解"物色"论的一般看法过于注重"物"之含义，而忽略了"色"的含义语境，以及由"色"所造成的"感物"与"物色"的重大区别。她考察先秦汉魏晋南北朝诗文中"物"+"色"构词的含义和用法，"物色"作为"自然景色"义被正式使用始于颜延之、鲍照、谢朓等创作的山水诗中，并在梁代诗文中普遍化，刘勰也正在此时以"物色"作为文论术语，萧统所编《文选》也在所录赋中列"物色"类，将之作为一个文类概念来使用。她还梳理"色"字义的演变过程，发现其在东晋之前亦无"自然景色"义的相关用法，而"色"发展为"自然景色"义代表了对物之观法的改变，即与佛教受容有关的现象论之态度。在诗体基础上，"感物"所针对的是魏晋缘情的感物诗，而"物色"则得益于晋末宋初建立起现象论观物态度的山水诗之发展。因此，关于"物色"概念，她总结说："作为梁代重要的文论术语，它的出现有其特定的历史条件，并非仅仅是'感物'说的自然延续，而是一种新观念产生的标志。随着'山水诗'的形成，一种有别于以往的、崭新的观物态度和方式在诗歌中建立起来。其理论基础正是'物色'一词所概括的现象观。"[3]

其实，从刘勰的论述来看，他对"物感""物色"的使用是有差别的：在用以说明个人与自然之相互关系、外物作用于人情时，他运用"物感"或"感物"；而他对"物色"的使用侧重指诗文中所表现的四时景色和自然万象。只是囿于缘情文学观，刘勰只将"物色"作为感物活动中客观的物之一端来对待，没有将之剥离出抒情语境来加以审视，"物色"以及其所依托的山水诗类就被作为与感物缘情之诗歌无差别地对待，在针对南朝山水诗文重物色表现、刻画之功的特点时，缺乏情感一端就被视为缺陷而加以批判。后来的论述也大体如此，唯抒情而独尊，侧重将"物色"置入抒情语境中加以观照，以物/情结构中"物"之一端来理解之，"物色"就成为与

---

〔1〕 蔡英俊：《比兴、物色与情景交融》，大安出版社1986年版，第167页。

〔2〕 吕正惠：《物色论与缘情说：中国抒情美学在六朝的开展》，见吕正惠：《抒情传统与政治现实》，大安出版社1989年版，第9—10、24—29页。

〔3〕 张静：《"物色"：一个彰显中国抒情传统发展的理论概念》，《台大文史哲学报》2007年第67期。

“物感”相差无几的概念。

“物感”是针对缘情诗情景组织特点的概念，奠定于《十九首》，并在魏晋尤其是西晋太康感物诗的创作中得到强化和固定化，彰显了缘情诗触物生情的基本品格。而“物色”作为景色义出现在东晋之后，脱离缘情的限制，直接感知和直观自然的山水诗发展起来，“物色”便于这样的观物方式下在晋宋齐梁山水诗中得到广泛的使用。从各自产生的语境看，“物感”和“物色”是针对不同诗体基础和诗歌发展阶段的术语，其所体现的人与自然之相互关系上有着巨大的鸿沟，因此不能在二者之间建立一脉相承的直接联结。

同样，感物的缘情诗和发展出“物色”直观的山水诗之间，亦有着体物方式和品格上的重大差别，这一点已有公论。但亦如混淆“物感”“物色”，在二者之间寻求自然关联的做法一样，有论者倾向于在缘情诗和山水诗之间建立直接的联系。较普遍的观点认为，感物缘情的诗对自然景物意象描绘的日益增多导致山水诗的出现。近人郭伯恭还以太康诗歌作为山水诗产生的来源和先导，他认为太康诗歌坏的一面是过于偏重外形，以至于渐渐走向了人工的声韵与藻饰的锻炼之途，而好的一面则是在抒情诗的创作中产生了写景诗。[1] 此类看法忽略了缘情诗和山水诗的本质差异。

实际上，作为一个具有独特品格的诗类，山水诗不仅表现出与缘情诗的重大差异，而且其描写、直观自然品格的形成是在明确反对抒情的基础上形成的。为了说明这一点，我们来对比两首以“秋”为题材的诗歌，一首为西晋张载感物缘情的《七哀诗》，另一首是东晋玄言诗人孙绰的《秋日诗》，后者发展出对景物的直观态度和描写功夫，是玄言山水诗的一首代表之作。诗录如下：

> 秋风吐商气，萧瑟扫前林。阳鸟收和响，寒蝉无余音。白露中夜结，木落柯条森。朱光驰北陆，浮景忽西沉。顾望无所见，唯睹松柏阴。肃肃高桐枝，翩翩栖孤禽。仰听离鸿鸣，俯闻蜻蛚吟。哀人易感伤，触物增悲心。丘陇日已远，缠绵弥思深。忧来令发白，谁云愁可任。徘徊向长风，泪下沾衣襟。（《七哀诗》）
>
> 萧瑟仲秋月，飙戾风云高。山居感时变，远客兴长谣。疏林积凉风，虚岫结凝霄。湛露洒庭林，密叶辞荣条。抚菌悲先落，攀松羡后凋。垂纶在林野，交情远市朝。澹然古怀心，濠上岂伊遥。（《秋日诗》）

张载的咏秋诗是太康感物诗乃至整个缘情诗创作潮流的经典之作，诗歌处处

---

〔1〕 郭伯恭：《魏晋诗歌概论》，商务印书馆1936年版，第26页。

强调时序的变迁以及由此产生的悲伤："阳乌"和"寒蝉"两处景物意象的对比突出季节的交替；"白露中夜结"的句末动词"结"字赋予时间以动态感，颇似古希腊雕塑中选取的动态刹那，以此体现出前后的连续变化；而"朱光驰北陆，浮景忽西沉"两句则是直接地描述时光飞逝；"松柏""孤禽""离鸿""蜻蛚"是魏晋诗歌中标示秋天的常见意象，传达出秋的季节特征；"丘陇日已远"句则将诗人敏感的时序意识推向高潮，他的悲哀正在于人生短暂、终将归于死亡这一无可避免的事实。整首诗歌以强烈的时序感为主导，张载虽然提供了一连串的秋景意象，却无意于勾勒一幅有序生动的秋色图，这些意象仅以其标示时间的功能被诗人组合在一起，诗歌渲染了秋夜之氛围和环境，但并不着重于完整秋景的呈现。秋景意象的功用是为作者的心境和情感展开而服务，扣合着诗人情感的变化，并将诗人之郁积感发出来。所谓"哀人易感伤，触物增悲心"，自然与主体情感的相辅相成，构成张载《七哀诗》的基本程式。

孙绰的咏秋诗则为我们展现了一个真实、直观的秋季山林之描绘。诗歌写在寒暑革易之际，但于季节的变化仅用"时变"二字带过，重点转移至对秋景的描绘。诗人以空间方位的切换为视角，由外至内、从大到小地刻画出眼见之景：观察从远处的树林和山岫开始，时至仲秋，绿叶凋零，只剩下"疏林"摇动起徐徐凉风，山岫因与云天相接而显得若虚若实、似真似幻；紧接着，镜头切换至近处的庭林，并细化到树叶上晶莹剔透的露珠；最后，密叶飘落这一特写，呼应着远处疏林的刻画，传神地展现出秋天的特征。景句中间嵌入"积""结""洒""辞"等颇能展现物态的动词，也使得景物活泼泼地自我呈现。因此，日本学者小尾郊一以"写景性"定位该诗，并对张载和孙绰的咏秋诗作出抒情和描写之区分。[1]

值得注意的是，孙绰《秋日诗》的首四句给出了创作动机："萧瑟仲秋月，飙戾风云高。山居感时变，远客兴长谣。"在秋月萧瑟中感受到时序变化，引发创作冲动，与刘勰、钟嵘所描述的触物生感之缘情诗创作机制不无二致。但诗歌其后主体部分的展开，却并未采取缘情诗感物生情的情景架构模式，而是将情感的一端削弱甚至摒弃，转而发展出景与理的模式。诗歌由观物走向悟理，结句化用庄子濠上之乐的典故，《庄子·秋水》载：

> 庄子与惠子游于濠梁之上。庄子曰："儵鱼出游从容，是鱼之乐也。"惠子曰："子非鱼，安知鱼之乐？"庄子曰："子非我，安知我不知鱼之乐？"惠子曰："我非子，固不知子矣；子固非鱼也，子之不知鱼之乐，全矣。"庄

---

〔1〕（日）小尾郊一：《中国文学中所表现的自然与自然观》，邵毅平译，上海古籍出版社1991年版，第60—61页。

子曰:"请循其本。子曰'汝安知鱼乐'云者,既已知吾知之而问我,我知之濠上也。"〔1〕

成玄英疏惠施的反问是"不体物性,妄起质疑"〔2〕,有别于此,庄子的濠上之乐体现的是他与自然的亲和关系。孙绰《秋日诗》末四句正是援引此理来说明亲和自然的态度和观法。其《三月三日兰亭诗序》亦云:"以暮春之始,禊于南涧之滨,高岭千寻,长湖万顷,隆屈澄汪之势,可为壮矣。乃席芳草,镜清流,览卉木,观鱼鸟,具物同荣,资生咸畅。于是和以醇醪,齐以达观,决然兀矣,焉复觉鹏鷃之二物哉!"〔3〕同缘情诗感物生情不同,诗人因与自然为友而获得满足。基于此,再来看诗歌中"抚菌悲先落,攀松羡后凋"两句,会有很有趣的发现:此处也反映了由秋景引逗的时序意识,但作者"悲"朝菌、"羡"青松,并不是汲汲于自身生命或功利追求而生发悲情,而是体现了诗人与自然的息息相通和感同身受,"抚"和"攀"这两个表示主体动作词语的运用尤能说明此。再来对比张载的《七哀诗》,他为人生无常而泪流满面、悲痛不已,但孙绰的《秋日诗》却在玄理的导引下消释了主体的悲情,将重点转移到与自然物间的亲密关系上来,以濠上之乐的庄学境界将时序感放逐。正因为如此,孙绰才能真正地走向自然,贴近地观察自然,最终生动地刻画自然。

孙绰的《秋日诗》代表了山水诗的早期形态,即以景/理为架构的玄言山水诗。玄理入诗正是出于反缘情的目的,也只有淡化或消释主体的情感,走进并亲和或直观自然,才能使自然"物色"得以呈现。

综上所述,缘情诗的情景架构以及景物表现特点与山水诗迥异,其感物缘情的品格并不能直接催生出模山范水的山水诗类,山水诗的产生和兴盛,需待玄言诗启引的诗学革命。

第四节 比兴、物感审美经验差异论

溯其源头,物感审美经验亦建基于自然与人事的比类关系,在形式上,亦采取物我并置的方式。但是,物感却与比兴有着根本的差异,首要的一点就在于物感经验中,作为主体一极的情感体验直接由作为客体一极的物之变迁所触动,物我

〔1〕 [清]郭庆藩:《庄子集释》卷六下,王孝鱼点校,中华书局1961年版,第606—607页。

〔2〕 [清]郭庆藩:《庄子集释》卷六下,王孝鱼点校,中华书局1961年版,第607页。

〔3〕 [清]严可均:《全晋文》卷六十一,商务印书馆1999年版,第638页。

之间的关联直接明了，不需要再借助固定的比兴联想将两者结合在一起。另外，自然与人事间的并置，也并非单纯出于习惯性联想，而往往有着整体结构之考虑，自然或物的要素不仅发挥着形式作用，亦需构成情感要素的生发契机以及情感展开的环境依托。因此，缘情诗，特别是《十九首》在整体诗境上呈现出浑融像似元气、浑雅类于自然的特色，这恰是单挑的“比”或“兴”所难以完成的。为了说明这一问题，我们来对比《诗经》《楚辞》与《十九首》的情景组织差异，并简要回顾诗歌史，进一步明晰比兴与物感的区别。

感物缘情诗的一般组织模型，即景（物）/情模式在诗歌上却并非独创，在《诗经》《楚辞》中也不少见，尤其是《诗经》的结构程式，由二至四句写景部分作为全诗或者每章之开端，继而于其后抒情、议论者非常普遍。我们以两首求偶恋歌《周南・关雎》和《秦风・蒹葭》为例：

关关雎鸠，在河之洲。窈窕淑女，君子好逑。
参差荇菜，左右流之。窈窕淑女，寤寐求之。
求之不得，寤寐思服。悠哉悠哉，辗转反侧。
参差荇菜，左右采之。窈窕淑女，琴瑟友之。
参差荇菜，左右芼之。窈窕淑女，钟鼓乐之。（《周南・关雎》）

蒹葭苍苍，白露为霜。所谓伊人，在水一方。溯洄从之，道阻且长；溯游从之，宛在水中央。

蒹葭萋萋，白露未晞。所谓伊人，在水之湄。溯洄从之，道阻且跻；溯游从之，宛在水中坻。

蒹葭采采，白露未已。所谓伊人，在水之涘。溯洄从之，道阻且右；溯游从之，宛在水中沚。（《秦风・蒹葭》）

《关雎》的一、二、四、五章和《蒹葭》各章，若从物/人、景/情分判，俱为首二句写物（景），后几句写人（情）之模式，开头描写景物意象，其后展开人的行为和相思心理的描写。其中，《关雎》中与水有关的自然意象以及自然活动，河边鸣叫的雎鸠、水边采摘荇菜，与君子慕求淑女的心理活动之间，关联较为松散。[1] 单从诗

〔1〕 日本汉学家白川静说《诗经》歌咏自然的姿态是极为定型的，他举数例首章开头二句的景句以说明之，并指出“下面的诗句，大体上与这没有接续关系，一般是主题的需要”。白氏认为，开头的景句起着发想的作用，诗歌是开头兴的联想展开。（日）白川静：《中国古代民俗》，王巍译，春风文艺出版社 1991 年版，第 62—63 页。

歌文本看，前后并无直接且必然的关系，我们找不到明确的过渡或连接词，河边关雎的鸣叫也并不能作为相思求偶触发的直接动机。这四章从首二句的景到末二句的情之联系，建基于比喻和联想，也就是我们常说的“比兴”。这个“比兴”，并非三家诗标注的《关雎》起首景句与“刺”联系的“比”和《毛传》《郑笺》标注的与“美”联系的“兴”，而是指景句在诗歌整体组织中的作用：《关雎》四章起首之景句，一是作为诗歌之起头，引起下文人事之叙写；二是在景与情之间展开类比，是上古中国比类思维在诗歌结撰中的具体体现。正如论家所言，关雎的和鸣与夫妻之和谐间有着相似性的平行关联，河边的关雎意象能引起与婚恋有关的联想，而《诗经》中的涉水主题又直接联系着求偶主题，所以《关雎》能以此种自然物和人事并置的方式完成诗歌的情景组织。

相较于《关雎》，《蒹葭》的起首景物意象与之后的人物活动和心理有着更为紧密的关系，它的求偶主题牢牢扣住“水”来展开：水边的蒹葭，水边的伊人，在水中求索……虽然三章均以“蒹葭”起头，但它与之后的求偶活动有着更大的相关性，它不单纯承担起兴的作用，而能直接融入“河岸和河中寻找恋人”[1]的活动中，充当环境而成为其中的组成部分。朱熹的《诗集传》在《关雎》各章下注“兴”，而在《蒹葭》各章下注“赋”，可见其差别。不过，同《关雎》一样，《蒹葭》的写景部分，水边的蒹葭也并不作为水边求偶求而不得这一情感活动触发的契机，而只是代表了水边的环境，为体现寻找恋人这一主题服务。自然景物与人物心理之间，依靠涉水与求偶主题的相关性被组织在一起。

《十九首》的情景关系，特别是起首之景句的作用，也有论家标明为兴，譬如前文所引吴淇分别标注为“正兴”和“反兴”的《青青河畔草》与《青青陵上柏》，我们上文业已指出吴氏的矛盾所在，确定这两首诗歌的情景组织其实是吴淇所谓的物感美学。

除了《青青河畔草》《青青陵上柏》之外，《十九首》中还有《冉冉孤生竹》与《明月何皎皎》分别以孤竹、明月意象起头，最具起兴意味。不过前者如上一章分析，“冉冉孤生竹，结根泰山阿”的起兴冲动被中止，它只是关于妇人托身于丈夫的比喻，并且这一托身主题也被接下来的爱情主题所取代，诗歌中后段的“伤彼蕙兰花，含英扬光辉。过时而不采，将随秋草萎”四句，充分体现了在时序感刺激下感物伤怀的情景组织特点。而《明月何皎皎》则如《青青河畔草》一般，赋体化的铺写中止了起兴冲动，营造出一个结构紧密的感物伤怀之场景：

---

〔1〕（法）葛兰言：《古代中国的节庆与歌谣》，赵丙祥、张宏明译，广西师范大学出版社 2005 年版，第 94 页。

明月何皎皎，照我罗床帷。忧愁不能寐，揽衣起徘徊。客行虽云乐，不如早旋归。出户独彷徨，愁思当告谁。引领还入房，泪下沾裳衣。

诗歌首句化用《诗经·陈风·月出》"月出皎兮，佼人僚兮。舒窈纠兮，劳心悄兮"，但消解了《月出》以套语起兴的意味。原典将自然物和人并置，二者以月光之皎洁与美人之白皙的类比关系被组织在一起，本诗的明月光并没有立即带出一个女性，而是承接一句"照我罗床帏"，强化了明月夜景的特点，为主人公行为与思绪的展开提供了一个具体的场景。接下来至诗歌结束，次第展开主人公忧愁不寐、起身彷徨、返回室中、泪下沾裳的一系列行为，方东树评曰"一出一入，情景如画"〔1〕，张庚也说此诗"层次井井，而一节紧一节，直有千回百折之势，百读不厌"〔2〕。不过主人公月下从出到入行为的连续性，却被有意插入其中的心理独白"客行虽云乐，不如早旋归"打断，这两句的安排颇为巧妙，方东树说："以'客行'二句横著中间，为主句归宿。"〔3〕不仅从结构上为诗歌叙事平添波澜，而且还点明了相思主题，前后的描写，均被收摄于这两句所展现的情感之中，以此为中心，前后对比勾连，将明月夜景、散步、相思等编织在一起。作者通过叙述上刻意的变化和结构上精心的安排，使诗篇获得了情、景、事诸要素的浑融。

《明月何皎皎》的结构特点也提醒我们注意，虽然《十九首》表现出明显的景(物)/情的抒情模式，但并不意味着情、景要素各自独立，实际上，正如历来学者所称赞的，《十九首》浑雅、浑融似元气，若自然，《十九首》的情、景要素亦浑然不可分。首先，《十九首》的写景句和抒情句并不那么纯粹或泾渭分明，有不少诗篇采取夹叙夹议的方式，描述事件或场景与发议论、直接抒情交相进行。其次，《十九首》的情、景、事等诸要素是被紧密编织而达至浑融一体的，《明月何皎皎》是一例，《客从远方来》在来客遗绮的环节中倒插入第三、第四两个抒情句，亦是一例。还有不少诗篇从景到情或从情到景都有精心安排的过渡，如《涉江采芙蓉》中"采之欲遗谁"的问句，使诗篇从写景自然引入抒情。而这些特点也正是由《十九首》感物缘情的美学品格所决定的，是其情景组织在诗歌结构上的体现。

《青青河畔草》《青青陵上柏》以及《明月何皎皎》的情景组织特点，代表了《十九首》甚至是典型缘情诗的一般模型，其作者将景物意象的描绘与事件或场景的营造紧密结合，由此构成诗歌抒情的动因、情感生发的契机以及情感抒发的环境依托。《十九首》的情景关系，可以总结为主体内心蕴结的情感由景所触发，外物

〔1〕［清］方东树：《昭昧詹言》卷二，汪绍楹点校，人民文学出版社1961年版，第60页。

〔2〕［清］张庚：《古诗十九首解》，见隋树森：《古诗十九首集释》卷三，中华书局1955年版，第38页。

〔3〕［清］方东树：《昭昧詹言》卷二，汪绍楹点校，人民文学出版社1961年版，第60页。

或外在事件为情提供了生发契机和得以展开的环境。古人在评论《十九首》时，业已注意到了这一情景组织特点，除了上引吴淇所言“人心善感，具有因缘，触物而发，原非偶然”，以及刘履分析《青青陵上柏》的“感物兴怀”说之外，刘氏还对《明月皎夜光》《庭中有奇树》《东城高且长》等篇也做了相类似的分析[1]，方东树也总结《明月皎夜光》的题旨为“感时物之变，而伤交道之不终，所谓感而有思也”[2]，朱筠亦分析《庭中有奇树》的结构为“因人而感到物，由物而说到人。……因意中有人，然后感到树。……‘攀条折其荣，将以遗所思’，因物而思绪百端矣。……别离经时，便觉触目增怆耳”[3]。

《十九首》感物生情的模式，正是“物感”美学在诗歌创作上的一次完美实践。西晋陆机《文赋》以及南朝刘勰《文心雕龙》、钟嵘《诗品序》诗文论上的“物感”说，将“缘情”和“感物”紧密结合起来，以外物感召作为触发主体内心情感的契机。人与自然之间通过物感活动形成一个反复往来的对话关系，所谓“山沓水匝，树杂云合。目既往还，心亦吐纳。春日迟迟，秋风飒飒。情往似赠，兴来如答”[4]。《十九首》的创作，将自然作为情感触发的客体，主体因自然变迁的感召，而引起抒情的冲动，触物生感、感物缘情，并以“死生新故”“推移之悲哀”的时序感贯穿始终，串联与渲染诗歌的情感，形成了缘情诗的基本模型。

同比兴一样，“物感”亦建基于比类思维原则。刘勰《文心雕龙》云：“是以诗人感物，联类不穷。流连万象之际，沉吟视听之区；写气图貌，既随物以宛转；属采附声，亦与心而徘徊。”[5]不过，“物感”的联类注重个人与自然、类与类之间的相互作用和往来对话，以人对外物的直接感受为特点，并不似比兴间类的联想并置，因此刘勰说是“随物以宛转”“与心而徘徊”。也有将“兴”和“物感”作同一理解的惯例，从兴发情感的角度来看，二者具有相似性。不过外物对主体情感的兴发只是物感活动中的一个侧面，将二者等同的看法其实是忽略了物感活动中人与外物的交互关系，单纯的兴并不足以揭示物感的整体品格，这也是论者在用兴论述《十九首》情景组织时，往往将“感物”或“物感”相关词汇并提的原因。

台湾学者吕正惠曾指出《诗经》中诸如《关雎》的情景关系，从表面上看，也可以归入诗文家所论的“物感”说之美学范围，“关关雎鸠，在河之洲”两句是刘勰所谓的“感物”或钟嵘所言的“物之感人”，“窈窕淑女，君子好逑”即是相应的“吟志”

[1] [元]刘履：《古诗十九首旨意》，见隋树森：《古诗十九首集释》卷三，中华书局 1955 年版，第 3—5 页。

[2] [清]方东树：《昭昧詹言》卷二，汪绍楹点校，人民文学出版社 1961 年版，第 56 页。

[3] [清]朱筠：《古诗十九首说》，见隋树森：《古诗十九首集释》卷三，中华书局 1955 年版，第 56 页。

[4] [南朝梁]刘勰：《文心雕龙・物色》，见范文澜：《文心雕龙注》(下册)，人民文学出版社 1958 年版，第 695 页。

[5] 同上书，第 693 页。

或“摇荡性情，形诸舞咏”。而《十九首》的特别之处，则在于引入与发展了时序主题，即将“叹逝”与“感物”联系起来，合乎陆机“遵四时以叹逝，瞻万物而思纷。悲落叶于劲秋，喜柔条于芳春”的理论表述，并由此推知“感物”应具有以“叹逝”为基础的特定内涵。[1] 不可否认，悲叹时间流逝这一主题在《十九首》中得到了充分且集中的体现，构成感物缘情的核心，与陆机有关缘情诗的定义相吻合，而《诗经》中却并无因时间变迁而悲的相关表达。但《十九首》的独特地位却并不局限于此，“物感”美学不仅具有“叹逝”的基础，其情景之间也有着紧密的关联，景构成了人存在的环境，通过营造实存的逼真场景直接感发主体之情。而《诗经》的景与情、自然物与人事之间往往要依靠类比与联想加以关联。《关雎》四章的首二句与后二句，由自然物与人事的相似性和涉水与求偶主题的相关性加以关联；即使《蒹葭》的求偶主题牢牢扣住涉水活动展开，较前者紧密，但起首景句也仅起到提示水边环境的作用，其情景组织依然依靠具有相关性的主题并置，并不具有感物生情的直接关联。因此，《诗经》往往被论述为“比兴”或“兴”，而《十九首》却是真正实现了感物缘情之“物感”。这两种情景关系、组织方式和理论内涵之间都有着本质的差别。

从宋玉的《九辩》中，我们也能捕捉到若干与“物感”美学相接近的信息。宋玉调用一系列的秋景意象，渲染出衰杀寂寥的秋天气息，并因贫士失职而感伤节序之变化。不过，宋玉《九辩》的情景组织却不如《十九首》来得紧凑，我们可以对比与《九辩》内容颇为接近的《回车驾言迈》，吴淇《六朝选诗定论》评后者云：

> 宋玉悲秋，秋固悲也。此诗反将一片艳阳天气写得衰飒如秋，其力真堪与造物争衡，那得不移人之情？四顾茫茫，正摹写无故物光景。无故物，正从“东风”句逼出。盖草经春来，便是新物。彼去年者，尽为故物矣。草为东风所摇，新者日新，则故者日故，时光如此，人焉得不老，老焉得不速！[2]

吴氏此论，有两个要点：其一，宋玉悲秋，而《回车驾言迈》却以艳阳春景感发时序意识，比之前者，有着更为动人的情感力量。其二，《回车驾言迈》对人生苦短的感慨，集中在“无故物”之上，最后的直抒胸臆全由此句的新故比较而触发；而“无故物”也有其结构上的前后关联，第三、四句的“四顾何茫茫，东风摇百草”，前

〔1〕 吕正惠：《物色论与缘情说：中国抒情美学在六朝的开展》，见吕正惠：《抒情传统与政治现实》，大安出版社1989年版，第3—34页。

〔2〕 [清]吴淇：《六朝选诗定论》卷四，汪俊、黄进德点校，广陵书社2009年版，第88页。

者摹写“无故物”之景，后者则直接带来了“无故物”这一结果，吴淇用“逼出”形容之，可见其联系紧密。在整首诗中，“所遇无故物”承上启下，将诗歌的情景要素编织成整体。而宋玉的《九辩》，只是排比出一系列与秋天有关的景物意象，这些秋景意象，从草木，到天空，再到燕、蝉等诸种动物，并没有在一个统一的环境中展开，它们只是提示了秋天，在标示时序上有着一致性，却并不能如《十九首》一般构成一个句句相生的完整场景，且在情感抒发之间找到绵密的针线关联。我们也可将《九辩》与《明月皎夜光》做对比：

> 明月皎夜光，促织鸣东壁。玉衡指孟冬，众星何历历。白露沾野草，时节忽复易。秋蝉鸣树间，玄鸟逝安适。昔我同门友，高举振六翮。不念携手好，弃我如遗迹！南箕北有斗，牵牛不负轭。良无磐石固，虚名复何益？

这一首诗写秋天夜晚观星象生感。钟惺曰：“此首‘明月皎夜光’八句为一段，‘昔我同门友’四句为一段，‘南箕北有斗’四句为一段，似各不相蒙，而可以相接。历落颠倒，意法外别有神理。”[1]看来此诗并不易读。第一段全写秋天之景物，首四句有三句写星月天象，首句“明月皎夜光”颇似起兴，次句写鸣叫于向阳东壁的促织，耳闻秋已深，第三句“玉衡指孟冬”之星象点明眼见时至深秋。第五句“白露沾野草”写地，勾连写天的第三句“玉衡指孟冬”，继续强化深秋之感。七、八句的秋蝉和玄鸟则勾连次句的促织，三种动物都是秋天的物事。“促织鸣东壁”“秋蝉鸣树间”，提醒人们玄鸟将要远飞。玄鸟即燕子，是候鸟，天冷了要迁移到暖和的南方去，因此发“逝安适”之问。此问引出第二段“昔我同门友”以下四句对诗中主人公自身处境的反思。九、十句“昔我同门友，高举振六翮”以鸟高飞比喻同门好友升迁，勾连第八句“玄鸟逝安适”，诗意由此转折。十一、十二句“不念携手好，弃我如遗迹”开始怨望，指向第三段即最后四句。“遗迹”亦一比喻，为十三、十四句“南箕北有斗，牵牛不负轭”两喻暗度陈仓。此二句用《诗经·小雅·大东》比喻义：“维南有箕，不可以簸扬。维北有斗，不可以挹酒浆。”“睆彼牵牛，不以服箱。”南箕、北斗、牵牛之有名无实，性质上和“遗迹”相去不远，这是勾连。此一勾连极为巧妙，不过，更妙的勾连则是“南箕北有斗，牵牛不负轭”大跨度地直接照应到第三句“玉衡指孟冬，众星何历历”。玉衡为北斗七星之一，可见“玉衡”句埋伏之妙，观星象生感乃一贯全诗的语境。于是，末两句的诗篇点题“良无磐石固，虚名复何益”也就顺势而出，而它又被勾连到第二段“昔我同门友，高举振六翮。不念携手

---

〔1〕 隋树森：《古诗十九首集释》卷二，中华书局1955年版，第11页。

好，弃我如遗迹”四句。这样，全诗所描写的众多自然物以及运用自然物的比喻就被勾连为一个整体，对朋友未能施援手的怨望之情是埋伏于全诗的一条主线，它的节奏固然跌宕起伏，但由于附着于时序变迁中之自然物象，一直表现得十分含蓄、淳厚。朱筠说：“此诗若不得其线索，便觉重三复四，乱杂无章；须看其针线细密，一丝不乱处。”〔1〕无可争议，此一针线功夫使全诗浑然天成，难以句解，功劳都须记在勾连的名下。同样地，在如此细密的针线之下，《楚辞》式比兴体难获施展，也是势所必然。

再者，正如萧驰所言，《十九首》存在着“渐积之思”与“当下之感”两重心理要素，他以此作为感物活动的特征。〔2〕所谓“渐积之思”即吉川幸次郎所言的“推移之悲哀”，人类因意识到生存于不断流逝的时间之上而悲，不幸又随着时间的不断推移而扩大和累积，悲哀郁积于心。所谓“当下之感”即《十九首》重视当下的时间本质，渐积的悲哀往往在当下的刹那间生发，如《行行重行行》的“兜然惊心，苦处在顿”，如《今日良宴会》的“今日”主脑，如《庭中有奇树》攀条折荣的那一瞬间……《回车驾言迈》也有在四顾周遭时“东风摇百草”的瞬间聚焦，因而时序之叹在一瞬间爆发。而宋玉的《九辩》，悲哀弥漫于整首诗歌，笼罩着秋天的意象和诗人的心绪，却少了几分《十九首》中的刹那间感动。从这个角度论，萧先生将《九辩》作为诗歌史上的第一首感物诗并不确切，《九辩》并不符合他所论定的感物诗之“渐积之思”在当下瞬间聚焦感发的标准。

另外，在汉代的其他无名氏五言古诗以及《李陵录别诗》中，也有不少以景（物）/情模式组织的诗篇，有几首还具有虽不明显，但淡化以景句起兴的冲动，与《十九首》物感的情景组织颇为相类的特点，在内容与诗思上也与《十九首》有几分相似之处，比如无名氏古诗《兰若生春阳》和《新树兰蕙葩》：

兰若生春阳，涉冬犹盛滋。愿言追昔爱，情款感四时。美人在云端，天路隔无期。夜光照玄阴，长叹念所思。谁谓我无忧，积念发狂痴。（《兰若生春阳》）

新树兰蕙葩，杂用杜蘅草。终朝采其华，日暮不盈抱。采之欲遗谁，所思在远道。馨香易销歇，繁华会枯槁。怅望欲何言，临风送怀抱。（《新树兰蕙葩》）

〔1〕 隋树森：《古诗十九首集释》卷二，中华书局1955年版，第54页。

〔2〕 萧驰：《“书写声音”中的群与我、情与感：〈古诗十九首〉诗学质性与诗史地位的再检讨》，《中国文哲研究集刊》2007年第30期。

《兰若生春阳》颇似《庭中有奇树》,《新树兰蕙葩》与《涉江采芙蓉》同义且有语句上的重复。两首无名氏古诗的起首景句,"兰若生春阳,涉冬犹盛滋"有起兴的意味,但之后的"情款感四时"却加强了情景之间的关系,重心落实在"感"上;"新树兰蕙葩,杂用杜蘅草"的景物意象则承接采摘芳草的活动,亦如《涉江采芙蓉》一般,由"采之欲遗谁"而过渡到抒情。当然,这两首诗歌不如《十九首》情景组织的浑雅,尤其是《兰若生春阳》,缺乏聚焦当下的触物而生感,感物缘情模式稍具却并不明显。

《李陵录别诗》的第九首也具有相似的情景组织:

> 烁烁三星列,拳拳月初生。寒凉应节至,蟋蟀夜悲鸣。晨风动乔木,枝叶日夜零。游子暮思归,塞耳不能听。远望正萧条,百里无人声。豺狼鸣后园,虎豹步前庭。远处天一隅,苦困独零丁。亲人随风散,历历如流星。三萍离不结,思心独屏营。愿得萱草枝,以解饥渴情。

起首六句的一系列景物意象,提示寒秋夜晚的时节与环境。第七句转入人事,"暮思归"照应着"月初生",游子的思乡之情大体在首六句所营造的环境中展开。第八句的"塞耳不能听"也与"蟋蟀夜悲鸣"句相对应,第十句的"远望正萧条"则回应着五、六句的枝叶飘零意象,之后"历历如流星"的比喻也与首句之"烁烁三星列"有所呼应。从整体上看,《李陵录别诗》第九首的结构虽不及《十九首》中如《明月皎夜光》般的针线细密,但也能前后关联,其情景组织亦指向物感的审美经验,在一个较为集中的特定环境感物缘情,只是少了几分《十九首》融贯全诗、凸显物感经验的时序意识。当然,类似的情景组织在《李陵录别诗》中并不多见,二十一首中仅此首较为典型,其他若《烛烛晨明月》《晨风鸣北林》等,虽有景物意象或场景的描绘,但与情感的关联性不强,后者还具有起兴意味。因此,感物缘情的模式、情景组织的物感美学,在《十九首》中首次得到了集中且鲜明的体现。

值得注意的是,《十九首》虽然有不少景句,也描绘出许多生动而逼真的场景,但这些景物意象或场景描写并不如玄言诗和山水、田园诗一般,为即目所见的真实景物。换言之,《十九首》中的景物意象或场景并不需要即时即地真见实闻,物感也并非即景生情。以景物意象最多的《明月皎夜光》为例,方东树说首四句为"即时即目以起兴耳"[1],朱自清和马茂元也都认定此诗是"秋夜即兴之作"[2],我

---

〔1〕 [清]方东树:《昭昧詹言》卷二,汪绍楹点校,人民文学出版社1961年版,第56—57页。

〔2〕 朱自清:《古诗十九首释》,马茂元:《古诗十九首探索》,见朱自清、马茂元:《朱自清、马茂元说古诗十九首》,上海古籍出版社1999年版,第30、113页。

们上文则分析，本诗细密编织，即兴之说不合理。理由有二：其一，"南箕北有斗，牵牛不负轭"不会是"玉衡指孟冬，众星何历历"写就后的突发奇想，而是熟读《诗经》的结果，是用典而非真实的景物描写。因此，"玉衡指孟冬"一句当为伏笔，引起后来的针线，却并不成为即兴的对象。其二，促织、秋蝉和玄鸟三样不必同时所见闻。三种动物各有出典，诗人选择它们来标示写诗当下所经历的时节变迁。"促织鸣东壁"和"秋蝉鸣树间"俱从听觉写来，此一重复似乎多余，而"玄鸟逝安适"句所写燕子的起飞，夜晚看不见，定然为想象。作者这样写，只能理解为通过进一步的感兴来调浓深秋的氛围。三个景句俱为用典而非描绘即目所见的真实秋景，只是其作者将典故导入诗歌的当下写作之中，参与诗歌的整体组织。并且，《十九首》的写景，指向了抒情的目的，景物为情感服务，其本身并不具备独立性，正如法国汉学家桀溺所言："这些诗歌集中描写的是感情而不是景物；但在实践中掩盖的是情，表现的是景。……无论景物被描写得何等生动逼真，它只不过是感情的一种标志，而这种描写本身只是一种图解的表现手法。"〔1〕与东晋起勃兴的山水玄言诗以及陶渊明、谢灵运的田园、山水诗不同，《十九首》的作者并没有真正地投入自然的怀抱，以审美静观捕捉山水田园景色，而只是调用景物意象或营造场景来作为情感抒发的契机和依托，它们生动逼真却并不真实，又被赋予了浓郁的抒情色彩。也正是强烈的抒情冲动之限制，使得缘情诗难以发展出对景物的直观观法和相应的描写技巧，造成了它与山水、田园诗之间的巨大鸿沟。

---

〔1〕（法）桀溺：《论〈古诗十九首〉》，洪放、钱林森译，见钱林森编：《法国汉学家论中国文学：古典诗词》，外语教学与研究出版社 2007 年版，第 93 页。

第八章　玄学影响下的诗体革命与比兴经验的退却

玄学的出现乃中国文化上的大事，从中国美学演进的角度看，它继武先秦庄子美学，引发了中国美学史上第二次突破的伟大浪潮，推动了中国人审美经验的深刻嬗变。玄学的影响也是全面而宏肆的，就诗学而言，玄学情感理论的发达以及对情感的重视，对缘情诗和诗歌缘情论的发展起到了促动作用。同时，玄学还直接浸淫诗歌，于是，出现了在诗歌内体玄悟道的玄言诗创作潮流，一度造成了正始、太康时期侈陈哀乐与渐藻玄思并存的局面，理对情的消释，以及景与理的直观又削弱了抒情言志传统赖以生长的根基。如果说从汉末到西晋的缘情诗歌创作严重冲击了比兴审美经验，那么玄学直接影响诗歌则对比兴造成了致命的打击。玄学渗透到诗学领域，产生了以反缘情、抑比兴为目标的玄言诗，比兴结撰技术在诗歌创作中风光不再，而对情感的抑制也抽却了比兴的根基，甚至于改造了感物缘情的审美经验，使物感脱离缘情，由对物的直感变为对物的直观。在玄言诗对抒情言志传统的强势扭转之下，中国诗学发生了翻天覆地的变化，山水、田园诗脱颖而出，陶渊明、谢灵运分别在玄、佛的影响下为中国诗学和美学缔造新的诗章。长此以往，文人诗创作出现了“性情渐隐，声色大开”[1]的趋势。比兴在新的诗歌审美经验和诗歌结撰技术中再无立足之地，退出了历史舞台。也正是如此，对比兴概念的研究才告开始。后世对比兴的研究，往往表现为某种解释学创新，对中国文学创作的影响已然趋弱。

---

〔1〕［清］沈德潜：《说诗晬语》，霍松林校注，人民文学出版社 1979 年版，第 203 页。

第一节　玄言诗与诗体革命:对比兴经验的反拨

援玄理入诗,早在正始玄学家的创作中已见端倪,何晏、嵇康、阮籍等人的诗歌,杂老庄道家之言者占一定比例。即使是在西晋强大的缘情美学主流中,仍有为数不少的诗歌在玄学向度内展开着理性玄思。东晋,玄言诗蔚为潮流,文人士大夫、仙道僧人徜徉于南国妩媚秀丽的山水,创作大量玄言诗,乐此不疲。至陶、谢,热情仍未减退。甚至在鲍照、谢朓的诗集中,仍然能翻检出山水与玄理共咏的作品。梁人江淹也以杂拟的方式,呼应着被誉为玄言之宗的孙绰、许询的诗歌风格。如果把百年东晋称为玄言诗的时代,那么前溯魏末、西晋,后降南朝,玄言诗的影响持续约两百年之久。[1] 其间经历了三次大的诗歌集会,有三月三日兰亭集游、慧远僧团的庐山游、庐山诸道人的石门游,作者包括史上极有名的几个诗人,目录构成一个从缘情诗到田园、山水诗的广泛谱系,涉及公宴、游仙、招隐、游览、咏怀、赠答、行旅等题材,几乎涵盖《文选》所列诗类的全部,甚至包括乐府。不过,萧统却有意地将玄言诗放逐,《文选》选中的诗人,玄味甚浓的诗歌基本上不予收录,被沈约、刘勰、钟嵘批评的孙绰、许询、庾阐、桓玄等东晋玄言诗人榜上无名,其他兰亭诗人以及湛方生、僧道等的诗歌也未被提及。至明冯惟讷的《古诗纪》"网罗放佚",方将玄言诗的原始规模呈显出来,逯钦立以此为底本辑《先秦汉魏晋南北朝诗》,笔者据此统计,可列入玄言诗目录的诗作有数百首之多,可谓洋洋大观。

在玄言诗盛行之东晋,时人给予其高度的评价,充分肯定玄言诗的艺术价值。[2] 至南朝,不仅萧统的《文选》有意地将玄言诗放逐,而且论家的态度也由褒扬转为贬抑。檀道鸾称玄言诗出来则"《诗》《骚》之体尽"[3],沈约叹曰"遒丽之辞,无闻焉尔"[4],均将玄言诗摈出于主流。标举缘情文学的钟嵘、刘勰,断言玄言诗

---

〔1〕 当前的玄言诗研究,通常会涉及玄言诗的流变问题,大多数学者,如葛晓音、张可礼、张廷银等,认可正始滥觞、西晋消歇(张廷银称为"积蓄期")、东晋高潮、晋末宋初尾声四阶段说(或如龚斌将前二者合并为三),也有学者将上限提前至建安或推迟至永嘉,从而提出三阶段或五阶段的说法。本书无意再立新说,大体采用学界通行的看法,"两百年"主要指从魏末到宋初的玄言诗发展阶段。如果仅就玄言诗的发展而言,至谢灵运已告一段落,但考虑到大谢的影响力,玄言诗在宋末至齐梁时代的流风余韵也是值得重视的。

〔2〕 简文帝称赏许询:"玄度五言诗,可谓妙绝时人。"(《世说新语·文学》)同是玄言诗旗手的孙绰,详尽地揭示许询诗歌之"妙":"贻我新诗,韵灵旨清。粲如挥锦,琅若叩琼。"(《答许询诗》)赞其玄言诗艺术风格旨趣清新且文采斐然。阮孚则从读者接受的角度,肯定玄言诗的审美价值,《世说新语·文学》载:"郭景纯诗云:'林无静树,川无停流。'阮孚云:'泓峥萧瑟,实不可言。每读此文,辄觉神超形越。'"

〔3〕 杨勇:《世说新语校笺》(第一册),中华书局2006年版,第245页。

〔4〕 [南朝梁]沈约:《宋书》卷六十七,中华书局1974年版,第1778页。

"理过其辞,淡乎寡味""平典似《道德论》"[1],称"庄老告退,而山水方滋"[2]。这些权威之评的基调是:玄言诗中止了缘情诗所立基的风骚传统,导致建安风力的缺失,而山水诗的兴起则有待于玄言诗的退出。玄言诗由此成为诗歌史上负面性极为突出的一个诗体。

检讨玄言诗的研究可以发现,奉抒情文学为圭臬[3]不免成为对玄言诗作出进一步探索的制约。视而不见或立场鲜明地全盘否定固无可取,以求同的方式来为之翻案似也失于不周。不过,论者强烈的批判态度,至少使我们留意到如下事实:玄言诗的确表现出迥异于抒情文学的品格。若是作一历史的考量,玄言诗的诞生与成熟,是玄学理思对汉末至建安以及太康缘情潮流进行反拨与突破的结果。评估玄言诗,注重其与缘情诗的差异,是必要的前提。何况,玄言诗流行诗坛近两个世纪,一度成为文人创作的主流,仅在一定的范围内为之回护,不免软弱,其异于缘情诗的美学经验需要得到细致、周详的分析,以及审慎、大胆的肯定。

从诗歌史上看,玄言诗与田园、山水诗的诞生时空,有重合之处,陶渊明的诗歌创作恰当玄言诗风头大盛之时,谢灵运亦在玄言诗高潮中开始山水诗的实践,并且,陶、谢的很多诗歌可名正言顺地列入玄言诗目录。陶、谢之前,早期玄言诗人的创作亦与山水自然有着不解之缘。那么,处于缘情诗和田园、山水诗之间的两百年玄言诗,是否有可能构成诗体革命的关键环节?质言之,设若玄言诗与缘情诗对立,那么田园、山水诗恰恰正是孕育于前者而非后者!

从思想史上看,玄言诗是哲学直接浸淫文学的结果。除了玄学本身对诗歌的影响、渗透,玄学接引佛教般若学此一极具突破性的思想变迁亦为玄言诗定位必做之功课。

以下,我尝试将玄言诗置于从缘情文学向山水文学转变的诗歌史脉络之中,结合玄佛合流的思想背景,依托文本分析,考察玄言诗的诗歌结撰技术和审美组织原则,并为玄言诗的美学史意义作出辩护。

一、反缘情

汉末到西晋,缘情诗歌的创作蔚为潮流,诗文论上亦破天荒提出了"诗缘情而

[1] [南朝梁]钟嵘:《诗品序》,见曹旭:《诗品集注》,上海古籍出版社1994年版,第24页。

[2] [南朝梁]刘勰:《文心雕龙·明诗》,见范文澜:《文心雕龙注》(上册),人民文学出版社1958年版,第67页。

[3] 明确否定玄言诗或将玄言诗纳入抒情言志传统的倾向,其参照系自不待言,即使在寻找山水诗与玄言诗之间的连接时,抒情文学仍是重要的标准,如王瑶划定的从玄言诗到山水诗发展之路线,本质上也是一个逐步达至"情景交融"的过程。

绮靡”的宣言。缘情诗以物感美学作为诗歌组织的基本经验，景（事）与情构成诗歌主客架构的两极，笼罩着缠绵沉郁的悲情。

玄言诗的异军突起，为诗坛注入了一股新的活力。“理苟皆是，何累于情？”（孙绰《答许询诗》）玄言诗以理思消释抒情主体浓烈的情感，为身陷“情苦芟繁”（《文心雕龙·镕裁》）的诗歌做了一次全方位的自救与突围。不仅情感被消极对待，更有甚者明确提出，去除情累是其目标。请读何晏的《言志诗》其一：

鸿鹄比翼游，群飞戏太清。常恐夭网罗，忧祸一旦并。岂若集五湖，顺流唼浮萍。逍遥放志意，何为怵惕惊？

《世说新语·规箴》第六条刘孝标注引《名士传》录此诗，作有背景说明：

是时曹爽辅政，识者虑有危机。晏有重名，与魏姻戚，内虽怀忧，而无复退也。著五言诗以言志曰……[1]

鸿鹄以高飞为本性，但也因之而易遭受祸害。为了全身避祸，何晏却甘心让它收束翅膀，栖息五湖，顺流全生。此处的“逍遥”不是庄子式大鹏扶摇上天的豪迈，亦不是向秀、郭象式“各任其性”的自得，老子无为处世的态度暂时止住了对危险现实的怵惕之情。何晏提出“圣人无情论”，与自然为一、任性而无情，被他标为人之情感态度的高境。他将老庄名理植入诗歌，玄学家兼诗人的双重身份使何晏成为玄言诗创作实践的先驱者之一。

缘情的诗歌一旦遭遇道家的名理，情感的浓度和化解方式就发生了变化，这一转变在嵇康的《四言赠兄秀才入军诗》中尤为明显。此诗是写给嵇喜的赠别诗，逯钦立考全诗为十八章。前十三章或感伤离别之悲，或回忆同居之乐，哀乐之情感两极运动构成诗歌的抒情张力。至十四章，浓烈的抒情冲动却被体悟玄理所中止：

息徒兰圃，秣马华山。流磻平皋，垂纶长川。目送归鸿，手挥五弦。俯仰自得，游心太玄。嘉彼钓叟，得鱼忘筌。郢人逝矣，谁与尽言。

陈祚明评此章：“高致超超，顾盼自得，竟不做三百篇语，然弥佳。”[2]《诗经》式

---

〔1〕 杨勇：《世说新语校笺》（第二册），中华书局 2006 年版，第 497 页。

〔2〕 戴明扬：《嵇康集校注》，人民文学出版社 1962 年版，第 17 页。

的抒情言志不复延续，“目送”四句以“运思写心”[1]的玄思扭转了前几章“感寤驰情”（第十二章）的抒情主题。李善注：“太（李作泰）玄，谓道也。《淮南子》曰：自得者，全其身者也。全其身，则与道为一矣。”[2]沟通天地，心游物外，一派洒脱自得的玄学风采。《文选》和《诗纪》将此章作为单篇，想来也有一定的道理，其追求理悟的超脱境界确与其他十三章在风格上形成鲜明的反差，唯有最后两句化用庄典以说明知音不再，方提醒我们注意到此一离别的主题。后三章述说在琴诗自娱中体会到“含道独往，弃智遗身。寂乎无累，何求于人”（第十七章）的道理，“佳人不存，能不永叹”（第十五章）的伤感因此得以平息。尾章的直述玄理则彻底置换了诗歌的抒情主题：

> 流俗难悟，逐物不还。至人远鉴，归之自然。万物为一，四海同宅。与彼共之，予何所惜。生若浮寄，暂见忽终。世故纷纭，弃之八戎。泽雉虽饥，不愿园林。安能服御，劳形苦心。身贵名贱，荣辱何在。贵得肆志，纵心无悔。

“忧”与“乐”一扫而空，因为逐物难返，世故可弃，劳形不明，苦心无功[3]。并且，既然“天地与我并生，万物与我为一”（《庄子·齐物论》），你我同处一宅，又何来离愁别恨呢？生命虽然短暂，若能纵心肆志，想来没有什么遗憾了吧！与《古诗十九首》的“及时行乐”相比，嵇康这一“逍遥”的玄学境界，无疑又为时序感提供了一个更为高级的化解方式。

值得注意的是，上引第十四章的玄学体悟发生在“息徒兰圃，秣马华山。流磻平皋，垂纶长川”这一连续的游览之后，自然山水成了玄言理思滋生的场所。这一特出的结构程式亦可见于嵇康的《四言诗》：

> 淡淡流水，沦胥而逝。泛泛柏舟，载浮载滞。微啸清风，鼓楫容裔。放棹投竿，优游卒岁。（其一）
>
> 藻泛兰池，和声激朗。操缦清商，游心大象。倾昧修身，惠音遗响。钟期不存，我志谁赏。（其三）
>
> 敛弦散思，游钓九渊。重流千仞，或饵者悬。猗与庄老，栖迟永年。实惟龙化，荡志浩然。（其四）

---

[1] [宋]范晞文：《对床夜语》，见戴明扬：《嵇康集校注》，人民文学出版社 1962 年版，第 16 页。

[2] [南朝梁]萧统编，[唐]李善注：《文选》，上海古籍出版社 1986 年版，第 1129 页。

[3] 《淮南子·原道训》：“夫任耳目以听视者，劳形而不明，以知虑为治者，苦心而无功。”

山水游赏本是竹林名士的所好，《晋书·嵇康传》载："康尝采药游山泽，会其得意，忽焉忘反。""得意"二字值得玩味，玄机的体悟在山水优游中自然而然地获得。自然和玄理成为诗歌主客架构的两造，山水风景不再是引发诗人世俗情感的触媒，而成为体道、悟道的契机。

刘师培论汉魏文学变迁时言："建武以还，士民秉礼。迨及建安，渐尚通侻；侻则侈陈哀乐，通则渐藻玄思。"〔1〕"侈陈哀乐"和"渐藻玄思"相对而并存，刘氏此言描述了当时诗坛之实际，我们正可以从中发现玄言诗紧接缘情诗大兴的玄机，即玄思的目的在于缓解过于浓烈的情感。除上引嵇康《四言诗》对玄学境界的描摹外，在"诗杂仙心"(《文心雕龙·明诗》)的正始时期，大多数玄言诗的创作以吟咏玄理与抒写哀乐并陈交织为结撰特征，糅入其中的玄理，毋宁说是诗人通过与现实际遇的对比作出的人生选择。玄学人生观的介入，使诗人的精神得到片刻之冷静，暂时之安慰。〔2〕时至"溺乎玄风"(《文心雕龙·明诗》)的东晋，"散怀""去累"则成为诗歌所要表达的主题：

> 代谢鳞次，忽焉以周。欣此暮春，和气载柔。咏彼舞雩，异世同流。乃携齐契，散怀一丘。(王羲之《兰亭诗六首》〔3〕其一)
>
> 四眺华林茂，俯仰晴川涣。激水流芳醪，豁尔累心散。遐想逸民轨，遗音良可玩。古人咏舞雩，今也同斯叹。(袁峤之《兰亭诗二首》其二)

此二首是著名的东晋兰亭诗会中的佳作。三月三日，恰是春条敷荣、阳光明媚的大好时节，王羲之诗歌的开头亦敏锐地捕捉到这一时序变化："代谢鳞次，忽

---

〔1〕 刘师培：《中国中古文学史讲义》，上海古籍出版社2000年版，第7页。刘氏此论还引发对玄言诗源流的重新审视，王钟陵即据此判断建安已见玄言诗兴起的最早踪迹，比如"天地无穷极，阴阳转相因。人居一世间，忽若风吹尘"(曹植《薤露行》)已经具有明显的哲思意味。我们认为，自觉以玄言理句入诗应作为判断玄言诗的当然标准，而此自觉在玄学勃兴的情况下方可实现。建安诗歌继承《古诗十九首》的美学，已表现出注重个体、当下等玄学品格，称其为"渐藻玄思"自有道理。但此时并未发展起理论形态的玄学，况且，诸如上引诗句，侧重于对时序变迁的表达，尚不能等同于较为严格的玄言，所以，玄言诗的起源还应推迟到正始之际。

〔2〕 这在阮籍的《咏怀诗》中表现尤为明显，间或出现的玄言句并不构成诗歌的结撰主题，深沉浓郁的忧生之嗟是阮籍诗歌的主要风格。即使灰心养志，诗人也很痛心地发现，"始得忘我难"(《咏怀诗八十二首》其七十)，遗身去情的境界并不容易达到。此一状况持续至西晋玄言诗的创作中，谈玄与抒情平分秋色，玄理的体悟多由一个现实的人生事件引发，表现于文体，则是西晋的玄言诗多可归于送别、赠答、应制等诗类。杂入其中的玄理，或为对现实的抽象，或为对友人的劝诫与称赏，或为个人企羡老庄人生观的表达，除个别应制诗中以玄风赞美命题者外，基本的功用是将老庄玄理作为缓解现实苦闷的安慰剂，以暂时清醒的达观缓解情感。在太康缘情诗的绝对优势下，理对情的突围举步维艰。

〔3〕 按：逯钦立录王羲之诗作《兰亭诗二首》，其实包括一首四言诗和五首五言诗，组诗后附"逯按"可作说明，故改之，下同。

焉以周。""忽焉"二字表现出的不经意以及突然而来的惊讶,使得诗人与喜春、伤春的敏感多情传统拉开距离,时节的变化被视为自然规律,诗人甚至感受到春天柔和的气息扑面而来。袁峤之在明快的景物描写后,亦未引向缘情传统叹逝生情的模式,反而转出散怀、去累的主题。"春"的季节感被王羲之定义为"欣",此欣不同于陆机"喜柔条于芳春"所体现的生命意识,而遥遥回应着孔子对"暮春者,春服既成,冠者五六人,童子六七人,浴乎沂,风乎舞雩,咏而归"(《论语·先进》)的赞叹。袁峤之亦把此次兰亭诗会的创作与隐士遗音和舞雩之咏等量齐观。但细考之,兰亭诗会与孔子的舞雩之咏有着本质的差别。曾点对此一暮春之游的描绘缘于孔子让诸位门生各言其志,而孔子的嘉许,是因为曾点提供的此一图景恰符合其追求的道德之境,比德的思维方式将"志"与"游"联系起来,虚拟的"游"构成类比之一端,其着意处在"志"。兰亭诗人却将注意力转移到当下之"游"上,把曾点的想象变为现实,在自然美景中切身体验"一觞一咏"(王羲之《三月三日兰亭诗序》)的乐趣,浓厚的道德感被庄子式自然主义的逍遥取代。良辰、美景、赏心、乐事四者俱并[1],庄玄境界的体悟使人胸怀开涤,情累尽除,摆脱时序变迁的历史感,超越达志成仁的道德感,"当其欣于所遇,暂得于己,快然自足,曾不知老之将至"(王羲之《三月三日兰亭诗序》),才是兰亭诗人欣欣然之所在。

东晋的咏秋玄言诗亦表现出相类似的变化,悲秋的时序感被玄理的体悟置换与升华。我们在第七章曾着重分析缘情诗的代表张载的《七哀诗》、玄言诗的代表孙绰的《秋日诗》在结撰技术和审美经验上的重大差异,前者处处强调时序的变迁以及因此产生的悲伤,在强烈的时序感之主导下,张载提供了一连串的秋景意象,却无意于勾勒一幅生动有序的秋色图,它们依其标示时间的功能被组合在一起,与诗人的心境相吻合——"哀人易感伤,触物增悲心",自然的一极与情感的一极相辅相成,构成张载咏秋诗的程式架构。相较于此,孙绰《秋日诗》秋景意象的组合方式和表达主题却发生了变化,情感削弱甚至消失,景与情的结构模式被景与理取代。其重点转移到对秋景的描绘上,以空间方位的切换为视角,由外至内、从大到小地刻画出诗人的眼见之景。小尾郊一称此诗为"写景性"的,并以抒情和描写分别张载和孙绰的咏秋诗,颇具慧眼。[2] 当然此一描写性的获得端赖玄理之导引,对自然之观将诗歌导向体悟玄理,而玄思则淡化了悲秋的气息。诗人远离市朝,垂钓林野,与自然为友,因此获得满足。"抚菌悲先落,攀松羡后凋",对朝菌和青松生命之短长生出"悲"和"羡"的反应,正是诗人与自然息息相通、感同身受

[1] 谢灵运《拟魏太子邺中集诗》序曰:"天下良辰、美景、赏心、乐事,四者难并。"

[2] (日)小尾郊一:《中国文学中所表现的自然与自然观》,邵毅平译,上海古籍出版社 1991 年版,第 60—61 页。

之体现。张载为人生无常而流泪，孙绰却以“抚”和“攀”这两个主体动作将重点转移到其与自然物之间的亲密关系上来，于是，直达濠上之乐的庄学境界，最终将时序感放逐。

散怀、忘情，得益于理之获得，东晋的玄言诗人将去情累与悟理直接联系起来：

遥望至人玄堂，心与罔象俱忘。（庾阐《游仙诗十首》其七）

邈矣达度，唯道是杖。形有未泰，神无不畅。（卢谌《赠刘琨诗》）

即心既尽，触族自虚。（郗超《答傅郎诗》）

醇醪淬虑，微言洗心。（谢安《与王胡之诗》）

亹亹玄思得，濯濯情累除。（许询《农里诗》）

神散宇宙内，形浪濠梁津。寄畅须臾欢，尚想味古人。（虞说《兰亭诗》）

谁能无此慨，散之在推理。（王羲之《兰亭诗六首》其六）

散近滞于老庄，揽逍遥之宏维。（湛方生《秋夜诗》）

情理关系本是玄学的一个主题。王弼提出“圣人有情”以反对何晏的“圣人无情”，认为人的自然情感无法去除，但是要顺应自然之理，“应物而无累于物”（何邵《王弼传》）。王弼建议借道体用不分来理顺性情关系，玄言诗人则走得更远，转向二者的对立，欲以理思除去情累[1]：

悠悠大象运，轮转无停际。陶化非吾因，去来非吾制。宗统竟安在，即顺理自泰。有心未能悟，适足缠利害。未若任所遇，逍遥良辰会。（王羲之《兰亭诗六首》其二）

王羲之为时序变迁提供了一个宇宙论的解释：大化流行无止无息。“陶化”二句化用向、郭之独化论，《庄子·则阳》云：“未生不可忌，已死不可徂。”向、郭注曰：“突然自生，制不由我，我不能禁”“忽然自死，吾不能违”。[2] 物自生自化，非人力

---

〔1〕 玄言诗人虽然也以纵情而著称，但在其所处的时代，“忘情”是被称扬的境界，《世说新语·言语》载：“张玄之、顾敷是顾和中外孙，皆少而聪惠，和并知之，而常谓顾胜。亲重偏至，张颇不恢。于时，张年九岁，顾年七岁，和与俱至寺中，见佛般泥洹像，弟子有泣者，有不泣者。和以问二孙。玄谓：‘被亲故泣，不被亲故不泣。’敷曰：‘不然。当由忘情故不泣，不能忘情故泣。’”况且，纵然“一往情深”，此情也是个性本真之流露，异于缘情诗中伤感的悲情。

〔2〕 [清]郭庆藩：《庄子集释》卷八下，王孝鱼点校，中华书局1961年版，第918页。

之可违。万物块然自生、独化相因，故王弼崇无派所设定的“无”之本体当不复存在：“宗统竟安在，即顺理自泰。”此处的“理”指自然之性，“即顺”当为适性安分。王羲之将“顺理”与“缠利害”做了对比，郭象言：“人之有所不得而忧娱在怀，皆物情耳，非理也。”[1]纠结于世俗的利害之中，被物羁绊，因物生感，自然要忧娱在怀，终不能有所体悟而至洒脱，未若任其所遇，任性逍遥。

玄言诗对“理”的探讨，是魏晋玄学思考的继续，并在思想和文学之间建立起紧密的连接，马一浮即评支遁诗云：“义从玄出，而诗兼玄义，遂为理境极致。林公造语近朴，而恬澹冲夷，非深于道者不能至，虽陶、谢何以过此。”[2]以“理境极致”称扬支遁的玄言诗，马氏不仅纠正了视玄言诗为抽象、枯燥说理诗的偏见，更较以“理趣”为之寻求出路的策略棋高一着，他深刻地抓住了玄言诗表达不变之理的本质，玄言诗中的“理”即等同于玄学中的“性”“自然”等范畴，依靠宅心虚阔的玄思和微妙的体悟而获得，为人的生命提供了安顿。所以，“义从玄出，而诗兼玄义”的玄言诗创造的是唯“深于道者”方可达至的“理境”，具有语言虽朴素但“极致”“恬澹冲夷”的品格，迥异于抒情诗的“绮靡”。冲淡汉末魏晋以来的英雄主义悲情，将时序感导向自然，以不变之理为表达主题，取代缘情诗对万变之情的发抒，创获“理境”，由此，玄言诗不仅为诗歌史贡献了新的创作题材，开拓了发展空间。更为重要的是，它改造了缘情诗触物生感的创作模型，物感经验因玄言诗对“情”的放逐而发生了变化，遇物不再生情，而转向对理的体悟，理与物的关联取代情与物的关联成为诗歌审美经验的核心。

二、抑比兴

玄言诗对情的削弱与抽离，使得比兴式的抒情言志失却了赖以存在的根基，在理逐步浸淫诗歌、取代情之地位的同时，玄言诗也渐次放弃《诗经》《离骚》传统的比兴审美经验。《世说新语·文学》篇“简文称许掾”条，刘孝标注引檀道鸾《续晋阳秋》将玄言诗的发展历程和诗体特征描述为：

> 自司马相如、王褒、扬雄诸贤，世尚赋颂，皆体则《诗》《骚》，傍综百家之言。及至建安，而诗章大盛。逮乎西朝之末，潘、陆之徒虽时有质文，而宗归不异也。正始中，王弼、何晏好《庄》《老》玄胜之谈，而世遂贵焉。

---

[1] [清]郭庆藩：《庄子集释》卷三上，王孝鱼点校，中华书局1961年版，第241页。

[2] 马一浮：《支道林诗写本自跋》，见马一浮：《马一浮集》(第二册)，浙江古籍出版社、浙江教育出版社1996年版，第102页。

至过江，佛理尤盛；故郭璞五言始会合道家之言而韵之。询及太原孙绰转相祖尚。又加以三世之辞，而《诗》《骚》之体尽矣。询、绰并为一时文宗，自此作者悉体之。至义熙中，谢混始改。[1]

檀氏说法，其可注意者有二：其一，玄言诗的产生并发展壮大实系玄学与佛教二者合力之结果；其二，玄言诗的出现导致《诗经》《离骚》传统的终结。黄侃申说：

据檀道鸾之说，是东晋玄言之诗，景纯实为之前导，特其才气奇肆，遭逢险艰，故能假玄语以写中情，非夫钞录文句者所可拟况。若孙、许之诗，但陈要妙，情既离乎比兴，体有近于伽陀；徒以风会所趋，仿效日众，览《兰亭集》诗，诸篇共旨，所谓琴瑟专一，谁能听之？达志抒情，将复焉赖？谓之风骚道尽，诚不诬也。[2]

黄先生明确地指出了玄言诗“风骚道尽”的表现——“情既离乎比兴”“达志抒情，将复焉赖”，感情的抒发不再借助于比兴，传统言志抒情几乎断绝。王瑶也称玄言诗“大概都是千篇共旨，远咏老庄；言志缘情之道都尽，讽咏比兴也谈不上，只剩下单纯地叙述哲理了”[3]。不过，称“单纯地叙述哲理”却失之偏颇，既不能涵盖玄言诗的谱系，也不足以为其异质性提供充足的解释。

檀道鸾和黄侃都从诗体革新的角度来理解玄言诗对比兴的背离，黄侃说玄言诗“体有近于伽陀”，陈允吉指出檀氏所论的要旨在于其指出“玄言诗与我国《诗》《骚》以来诗歌传统之歧异，从根本上来说实为一体制问题”[4]。陈氏还提出，佛偈为玄言诗提供了新的诗体形式。但陈氏仅说明二者具有诗体来源的一致性，却未对玄言诗用以组织新诗体的结撰技术作出分析，玄言诗和佛偈只能被视为“依葫芦画瓢”的类比关系，而这一类比的成立，来自于二者的说理性，这又回到了将玄言诗单一化的立场。[5] 再者，正如葛晓音提出的，为了便于接受，佛偈的翻译文

[1] 杨勇：《世说新语校笺》(第一册)，中华书局2006年版，第245页。

[2] 黄侃：《文心雕龙札记》，中国人民大学出版社2004年版，第28页。

[3] 王瑶：《玄言·山水·田园——论东晋诗》，见王瑶：《中古文学史论》，北京大学出版社1986年版，第246页。

[4] 陈允吉：《东晋玄言诗与佛偈》，《复旦学报》(社会科学版)1998年第1期。

[5] 对于玄言诗和佛偈的关系，在陈允吉提出之前，学者也多有论述。刘大杰较早将玄言诗与佛偈联系起来，王瑶《玄言·山水·田园——论东晋诗》亦言：“玄言诗一定要巧陈要妙，像偈语似的说理，才是当时的好诗。”不过他们也仅限于在类比层次上的使用。钟元凯《魏晋玄学与山水文学》(《学术月刊》1984年第3期)首次较为详细地揭示玄言诗和佛偈的关系，认为佛偈为玄言诗提供了形式。

体也必不可免地经历了本土化的过程。[1] 它是否能担当起诗体革新的重任，值得怀疑。

实际上，玄言诗并不是另起炉灶的一个诗类，在《文选》的分类中并无“玄言诗”一目，它是各传统诗类逐步被玄学化的结果。玄言诗的诗体革新是在玄佛的影响下，对各传统诗类的主题以及结撰技术进行扬弃与改造的过程。玄言诗既延承《古诗十九首》以来赋体化的创作路向，又将玄学的论辩特征导入诗歌的创作中，以对话和论辩作为诗歌的组织方法，将比兴彻底边缘化。受此结撰技术的影响，玄言诗中自然和玄理也以散文化的方式被组合起来，而佛教观法的渗入，进一步推动玄言诗景与理的架构摆脱比兴走向直观。

玄学清谈不仅导致玄言诗的产生，也为其提供了诗歌组织的方式。受玄谈方式的影响，玄言诗以自我对话的形式展开：

> 小隐隐陵薮，大隐隐朝市。伯夷窜首阳，老聃伏柱史。昔在太平时，亦有巢居子。今虽盛明世，能无中林士。放神青云外，绝迹穷山里。鹍鸡先晨鸣，哀风迎夜起。凝霜凋朱颜，寒泉伤玉趾。周才信众人，偏智任诸己。推分得天和，矫性失至理。归来安所期，与物齐终始。（王康琚《反招隐诗》）
>
> 真朴运既判，万象森已形。精灵感冥会，变化靡不经。波浪生死徒，弥纶始无名。舍本而逐末，悔吝生有情。胡不绝可欲，反宗归无生。达观均有无，蝉蜕豁朗明。逍遥众妙津，栖凝于玄冥。大慈顺变通，化育曷常停。幽闲自有所，岂与菩萨并。摩诘风微指，权遒多所成。悠悠满天下，孰识秋露情。（康僧渊《代答张君祖诗》）

上录两首诗歌，以铺排玄理为写作主题，但并没有落入平铺直叙的窠臼，反诘和对比将理思逐步导向深入。《反招隐诗》着重于隐逸观的表达，与东晋人推崇“心隐”的风气合拍，王康琚以“适性”解释出处同一的问题，论述极富戏剧性：起首四句采取对比并置的手法，提出陵薮之隐和朝市之隐虽然有大小之别，却无本质差异的观点，隐逸之地不再是判断真隐与否的标准，可处江湖之远，亦可居庙堂之高，蛰居首阳山的伯夷和出任柱下史的老聃，都是成功的隐士。诗歌的中间部分转向大比重描述陵薮之隐，先通过古今对比说明隐逸山林传统的一贯性，继而以三个对句来说明隐居生活的艰辛，与其《招隐诗》中描述的“华条当圜室，翠叶代绮

[1] 葛晓音：《山水方滋，庄老未退——从玄言诗的兴衰看玄风与山水诗的关系》，《学术月刊》1985年第2期。

窗”的美丽山居不同，王康琚此时对隐逸山林并不乐观，他回归《楚辞·招隐士》的传统，将山林恐怖化：隐士不仅饱受物质匮乏、环境恶劣之苦，亦要面对孤独和衰老。泯灭两种隐逸方式之界限的努力在此遭受打击，与隐居山林的艰苦相比，我们不难联想到朝市之隐的优越性，称其为“大”当不无道理。不过，虽然如此，诗人却能以宽容的态度对待主体的选择：“周才信众人，偏智任诸己。推分得天和，矫性失至理。”人的天性本来不同，不要局限于自我，承认此一分别，顺从个人的本性，方能得到至理，与天和谐。〔1〕 这正是向秀、郭象《庄子注》所言的道理：“夫庄子之大意，在乎逍遥游放，无为而自得，故极大小之致以明性分之适。达观之士，宜要其会归而遗其所寄，不足事事曲与生说。”〔2〕因此，诗歌的结尾提出：“归来安所期，与物齐终始。”同不要苛求朝市之人遁迹山林一样，林中士也无须放弃初衷，回归本不属于自己的尘世，留待山林之中，与万物齐一，才是适合自己的选择。似乎有两种不同的声音控制了《反招隐诗》的发展：一是淮南小山《招隐士》试图通过将山林恐怖化以达到招还隐士的目的；二是郭象的独化、适性的观点，即使诗人意识到不必招还隐士，也为朝市之隐的合理性提供了说明。正是赖于这两种声音的此起彼伏，“反招隐”的主题得以清晰的呈显。

康僧渊《代答张君祖诗》有一个创作背景：张君祖(即张翼)是东晋成帝、穆帝时名士，作《赠沙门竺法頵诗三首》，嘲讽竺法頵远还西山的小乘之行，提倡大乘佛法的渡生思想，认为修道重在治心。竺法頵没有直接回复，康僧渊作此诗代为答之。康在诗序中言“虽栖守殊途，标寄玄同”，反对张翼态度分明的价值判断，认为大乘、小乘虽有差别，但追求相同，本质上仍是相通的。诗歌转入具体论述，以大乘佛法的思想为主，兼具玄理。因针对明确的对象而发，所以论辩的意味更浓，一面是对张翼舍本求末的批判，一面通过反诘和设问的自我论辩导引理思发展。诗歌中多用“胡不”“曷常”“岂与”“孰识”等表否定的反问词，将思辨引向层层否定并步步深入。同样的用法亦可见于其他的玄言诗作，如王徽之《兰亭诗二首》其二：“先师有冥藏，安用羁世罗。未若保冲真，齐契箕山阿。”反问词起到了勾连诗歌内容、推进诗歌发展的作用。

论辩本是玄谈的方式，典型的如嵇康的《声无哀乐论》，论述玄理采用与“假想

---

〔1〕 李善解释“周才信众人，偏智任诸己”为“以出仕为周才，隐居为偏智”([南朝梁]萧统编，[唐]李善注：《文选》，上海古籍出版社 1986 年版，第 692 页)，如果联系对两种隐逸方式的大小之分和对隐遁山林艰苦生活的描写，此种解释也可以讲得通，但需加以界定，“出仕”当指朝隐，“隐居”特指陵薮之隐。但是，如此一来，势必要将“推分得天和，矫性失至理”两句分别与朝隐和林隐挂钩，那么，诗歌的结尾将无法解释。所以，从王康琚强调适性的观点出发，将其解释为达观之人不局限于自我，承认个人之差别，当比较接近本诗的主旨。

〔2〕 [清]郭庆藩：《庄子集释》(第一册)，中华书局 1961 年版，第 3 页。

敌”一问一答的对话形式。《世说新语》中收录了许多相互辩驳的精彩案例，对清谈的过程也有记载：“支道林、许掾诸人共在会稽王斋头。支为法师，许为都讲。支通一义，四坐莫不厌心；许送一难，众人莫不抃舞。但共嗟咏二家之美，不辩其理之所在。”[1]可见，不论是谈玄还是论佛，辩难和反诘是受时人欢迎的清谈方式。“因谈余气，流成文体”（刘勰《文心雕龙》），玄言诗的写作不免也受到这一传统的影响。相当一部分的玄言诗依托“赠答”诗类，在两晋尤为明显，而且东晋的赠答玄言将重点从赞美玄风转移到描述体道过程或探讨义理上，如上引康僧渊的《代答张君祖诗》，孙绰、许询、王羲之、谢安等具有代表性的玄言诗人相互间都有铺陈玄理和相互论辩的赠答诗作。另外，东晋玄言诗人创作以明确主题为中心的组诗，如：陶渊明的《形影神三首》[2]，设置形、影、神三个角色，展开形神关系和天地人生的哲学讨论；杨羲的《十月十五日右英夫人说诗令疏四首》对形神关系的探讨，亦借四位真人的相互辩难展开，《云林与众真吟诗十一首》则是有待、无待二者之辩。

赠答诗为谈玄提供了便利的诗体条件，组诗实为论辩风气的催生物。在单首诗歌的结撰中，相互间的交流转化为自我对话和自我论辩。否定性的反问词增多，并出现在联结诗歌内容的关键环节。就句式而言，则多用表达相反意义的对偶句，诗歌的推进即在肯定与否定的自我辩难中展开，理思的逐步深入构成诗歌的线索。另外，如支遁的《咏怀诗》中，亦兼有“顶真格”手法的运用，回环往复和自问自答，导引理思的步步深入。

值得注意的是，玄言诗自我论辩的组织方法与赋的影响密切相关。《古诗十九首》将赋的结撰特点——淋漓畅豁的铺排引入诗歌创作，开启了诗歌赋体化的路向。玄言诗中对玄理的放肆铺排，整齐对偶句的运用，正是赋的结撰技术向诗歌渗透的体现。而在玄风牵引下，论辩的组织策略，是对诗歌赋体化路向的延承和深化：对比既保留了赋骈偶化的句式特征，也为诗歌增添了张力；反诘的运用将铺排以逐层深入的方式组织起来，避免了赋体化所可能导致的平铺直叙，诗歌被更为紧密地编织成一个相互联系、推荡有致的整体。

玄言诗对话和论辩的组织方式，严重冲击了比兴审美经验。比兴诗思以联想为基本特征，对话则具有直接、自然的品格，诗歌的各部分彼此平等、相互对立，却又相互依存。如果说玄理对情的抑制削弱了比兴式抒情言志的根基，使比兴的抒情策略丧失了存在的必要性，那么赋体化和玄学论辩则以诗体革新的形式，将比

---

〔1〕 杨勇：《世说新语校笺》（第一册），中华书局 2006 年版，第 207 页。

〔2〕 逯钦立认为《形影神三首》“实为三章”，若逯说确实，则可进一步证明《形影神三首》各首之间密切的对话关系。逯钦立：《先秦汉魏晋南北朝诗》（中册），中华书局 1983 年版，第 989 页。

兴的诗思方式弱化在散文化的整体结构中。

> 彭蠡纪三江，庐岳主众阜。白沙净川路，青松蔚岩首。此水何时流，此山何时有。人运互推迁，兹器独长久。悠悠宇宙中，古今迭先后。（湛方生《帆入南湖诗》）

此诗已感觉不到抒情气息，景物描写逼真，冷静严肃的人生思考是诗歌表达的主题。王钟陵评曰："此诗对理思的表达是同所咏的对象浑融在一起的，因了这种浑融，他的庐岳之咏具有一种远意。"[1]二者的浑融，一则来自于诗人的刻画之功，淡化了景物的起兴意，使山水获得大化流行不息的自然意；二则得益于诗歌散文化的组织结构。景句部分一句写山，一句写水，颇类于《古诗十九首》的铺排手法，交错复沓，且对偶整齐。问句的设置既延续了对山水景物的铺排，又加强了玄思意味，使诗歌自然而然地从写景过渡到悟理。泛舟彭蠡，江水川流不息，仰观庐山，树木青葱依旧，观赏与体悟自然之际，人事的思考接踵而至，人运之短暂与自然物之长久形成鲜明的反差，自然和人事之间以对比而非比兴的关系被组织在一起。

湛方生的《帆入南湖诗》代表了观物遣理式玄言诗的典型。这类诗歌以景与理为基本架构模式，抒写自然山水中的玄理体悟，在玄言诗的目录中占有很大的比例。与传统兴诗写景兴情、以景喻情，置景与情二分的程式架构相比，玄言诗的自然景物和玄理都被编织在玄思的脉络之中，形成散文化的整体效果；而玄思所指之哲理又将诗人引向当下之直观。

> 三春启群品，寄畅在所因。仰望碧天际，俯磐绿水滨。寥朗无厓观，寓目理自陈。大矣造化功，万殊莫不均。群籁虽参差，适我无非新。（王羲之《兰亭诗六首》其三）
>
> 崇岩吐清气，幽岫栖神迹。希声奏群籁，响出山溜滴。有客独冥游，径然忘所适。挥手抚云门，灵关安足辟。流心叩玄扃，感至理弗隔。孰是腾九霄，不奋冲天翮。妙同趣自均，一悟超三益。（慧远《庐山东林杂诗》）

上录两首诗歌分别是兰亭游和庐山游的创获，描写在山水游览中体玄悟道。王羲之的《兰亭诗六首》其三并未着意于具体景物的精雕细琢，但却处处强调对自

---

〔1〕 王钟陵：《玄言诗研究》，《中国社会科学》1988年第5期。

然的观赏态度，并揭示了观景时理之获得的方式——“寓目理自陈”，即《庄子·田子方》中所言的“目击而道存”，寓目观景，直观悟道，从景到理，并没有被比兴式的联想阻隔，孙嗣《兰亭诗》讲“望岩怀逸许，临流想奇庄”也正是这个道理。诗歌结尾以人与自然之亲和取消了万物之差别：“群籁虽参差，适我无非新。”人与自然之间被定义为相适的关系，并且每一次接触，都给诗人带来新鲜的感受，这正与“未若任所遇，逍遥良辰会”所言之境界相符合，逍遥得于与万物每一次的猝然相遇之际，传统兴诗中人与自然的比类关系在直观悟道的体验中不复存在。

慧远的《庐山东林杂诗》则较为细致地刻画了山水风景，两句写形，两句拟声，声色兼备，动静相宜，并指出了游客的存在，表明此一游览活动的真实性：诗人置身庐山之中，感受其云腾雾绕的神韵，聆听清脆的声响，领悟自然之妙趣。慧远以“感至理弗隔”来说明景与理的关系，感即是身临其境地对山水景物的直接感知，其结果是触到理之所在，与王羲之的“寓目理自陈”相同，从景到理是一个“不隔”的直观过程。慧远把理之获得称为“悟”，更多的是佛学的心理成分，他体悟到的亦是同物之理，也是道家修养的最高境界，甚至超越儒家“三益”[1]之人伦关怀。

同物之理以及“寓目理自陈”“感至理弗隔”的观物体道方式，说明真理就在人对自然之观的行为当中，对自然之观即等同于对永恒真理之体悟，庾友《兰亭诗》称：“驰心域表，寥寥远迈。理感则一，冥然玄会。”因为观和悟被理解为统一的活动，悟理直接就与山水之净化人心融为一体。

寂坐挹虚恬，运目情四豁。（庾阐《衡山诗》）
神随空无散，炁与庆云消。（杨羲《辛玄子赠诗三首》其一）
散以玄风，涤以清川。（孙绰《答许询诗》）

运目观物与体玄悟道处在同一的自然语境之中，二者之合力放逐了情感。恰如桓玄所言，“理不孤湛，影比有津”（《登荆山》），山水景物和玄理并不是相互独立的两个东西，而是同一活动过程中的产物，理与影（即景）比邻而存。

玄言诗对景与理关系的探讨和组织，在同时代的玄言赋中亦有体现。孙绰《游天台山赋》结尾精彩地描述了从游览到玄理之获得的过程：

于是游览既周，体静心闲。害马已去，世事都捐。投刃皆虚，目牛无全。凝思幽岩，朗咏长川。……挹以玄玉之膏，嗽以华池之泉，散以象外之说，畅以无生之篇。悟遣有之不尽，觉涉无之有间。泯色空以合迹，忽

〔1〕《论语·季氏》云：“益者三友，损者三友。友直，友谅，友多闻，益也。”

即有而得玄。释二名之同出，消一无于三幡。恣语乐以终日，等寂默于不言。浑万象以冥观，兀同体于自然。

此赋的开头将自然称为“妙有”，山水游览能使人“体静心闲”“世事都捐”，从而投身于自然。不过，孙绰发现，仅靠山水游览的“遣有”并不能达到对“无”的体验，李善注“悟遣有之不尽，觉涉无之有间”曰：“言道、释二典，皆以无为宗。今悟有为非而遣之，遣之而不尽，觉无为是而涉之，涉之而有间，言皆滞于有也。”[1]因此，孙绰提出“泯色空以合迹，忽即有而得玄”的解决办法，泯灭色与空之间的界限，不滞于有，从有体无。由此体认到，有与无并不存在本质的差别，它们只不过是同出一源的不同名称，色、空、观三幡，最终将同归于无。庄子式的自然主义和佛教的空有观共同构成山水玄言赋的审美经验，孙绰既希望最终与自然为一，又要求借助佛教将自然看空，“浑万象以冥观，兀同体于自然”，佛学观和悟的心理元素成功地渗透进逍遥游的审美体验之中。

即色为空，即有得玄，是玄佛统一的境界。支遁“即色论”曰：“夫色之性也，不自有色；色不自有，虽色而空，故曰：‘色即为空，色复异空。’”[2]色即现象，没有自性，所以为空。色空关系被定义为“色即为空，色复异空”，从体用关系上来讲，色是空的现象。不过，支氏并未将自然彻底看空，僧肇讥讽即色宗“直语色不自色，未领色之非色也”（《肇论·不真空论第二》），是说支遁虽然承认即色为空，但却未明了色是“假有”，因此才为空。其逍遥义称“物物而不物于物”，正是庄玄一派的看法。玄佛统一的观法为玄言诗的创作输送了自然观的基础，它将玄言诗景与理的关联提升到哲学的高度。玄言诗的景与理，即可等同于有与无、色与空，它们泯然合迹，同出一源，统一而不可分。玄言诗人直接面对自然，不需要调用比喻，更不用假自然物以起兴，“夫崖谷之间，会物无主，应不以情而开兴”（庐山诸道人《游石门诗序》）。在寓目观景之际直接进入对道的体悟，于是，比兴所依托的景与情的对待也就不必要了，物感经验的直感被玄言诗改造为直观。

三、尚自然

在以抒情言志为目的的《诗经》《离骚》传统中，自然往往为比兴所用，并未成为独立的审美对象。感时缘情的诗歌，取消了物我关系中联想、象征的成分，发展起对物的直感经验，但自然仍被强大的时序感所控制。玄言诗抑缘情、反比兴，它

---

〔1〕［南朝梁］萧统编，［唐］李善注：《文选》，上海古籍出版社1986年版，第500页。

〔2〕杨勇：《世说新语校笺》（第一册），中华书局2006年版，第201页。

所建立起的直观态度及其景与理不可分的微妙关系，使得自然愈益被重视。玄言诗领袖孙绰有名言："此子神情都不关山水，而能作文?"[1]此语极为重要。尚自然本是玄学的一贯精神，魏晋人物品藻以美的自然来比类风姿特秀的时代名流，鉴赏自然的能力被视为当时文人必备的精神素质。孙绰所指的"文"，当指江左的主流文学，即"诗必柱下之旨归，赋乃漆园之义疏"(《文心雕龙·时序》)的玄言诗赋。

孙绰指出了玄言诗和自然山水的必然关联。玄言诗的创作，多发生在山水的优游之中，其历史上三次大的诗歌集会——三月三日兰亭集游、慧远僧团的庐山游和庐山诸道人的石门游，均催生出最高水平的诗作；嵇康、庾阐、湛方生等人的玄言诗，造化神秀之自然是其诞生地。马一浮驳相沿已久之山水与玄言对立论：

> 刘彦和乃谓"庄老告退，山水方滋"，殊非解人语。自来义味玄言，无不寄之山水。如逸少、林公、渊明、康乐，故当把手共行。知此意者，可与言诗、可与论书法矣。[2]

对玄言诗来讲，山水并不是可有可无的，其千变万化恰对应着理的不变，而不变之理恰恰在山水之中悟得。清人沈曾植也说：

> 元嘉关如何通法，但将右军兰亭诗与康乐山水诗，打并一气读。刘彦和言："庄老告退，而山水方滋。"意存轩轾，此二语便堕齐、梁人身分。须知以来书意笔色三语判之，山水即是色，庄老即是意；色即是境，意即是智；色即是事，意即是理；笔则空、假、中三谛之中，亦即遍计、依他、圆成三性之圆成实性也。[3]

沈氏也建议将王羲之与谢灵运一起读，并从玄言诗的构成上讨论山水于玄言的重要性。沈氏引入佛教的语汇，判山水为色、境、事，庄老为意、智、理，两两相

---

〔1〕 杨勇：《世说新语校笺》(第一册)，中华书局2006年版，第423页。

〔2〕 马一浮：《兰亭集诗写本自跋》，见马一浮：《马一浮集》(第二册)，浙江古籍出版社、浙江教育出版社1996年版，第101页。

〔3〕 [清]沈曾植：《与金甸丞太守论诗书》，见王元化：《学术集林》卷三，上海远东出版社1995年版，第116页。

即，以此批驳刘勰“庄老告退，而山水方滋”之说。[1] 这里，尤其要重视“境”一词，山水是境，理即融于其中。

因此，玄言诗人积极投身于自然界的山林水泽，在优美的风景中流连忘返乃理所必然，《世说新语》和正史提供了大量有关玄言诗人赏爱自然并身体力行登临山林水泽的例子，正是玄言诗人将崇尚自然付诸实践、推向高潮，孙统“凡我仰希，期山期水”（《兰亭诗二首》其一）之言道出了魏晋文人的心声。玄言诗人性喜自然山水，处处强调其可“游”的品格：

(一)盘于游田，其乐只且。（嵇康《四言赠兄秀才入军诗十八首》其十）

(二)今我欣斯游，愠情亦暂畅。（桓伟《兰亭诗》）

(三)佳宾既臻，相与游盘。（袁峤之《兰亭诗二首》其一）

(四)驾言兴时游，逍遥映通津。（王凝之《兰亭诗二首》其二）

(五)今我斯游，神怡心静。（王肃之《兰亭诗二首》其一）

(六)嘉会欣时游，豁尔畅心神。（王肃之《兰亭诗二首》其二）

(七)登山采药，集岩水之娱。（支遁《八关斋诗三首》序）

(八)有客独冥游，径然忘所适。（慧远《庐山东林杂诗》）

(九)超游罕神遇，妙善自玄同。（王乔之《奉和慧远游庐山诗》）

(十)因咏山水，遂杖锡而游。（庐山诸道人《游石门诗序》）

第一条嵇康回忆与兄嵇喜同处的快乐，游玩是其二人所津津乐道的消遣。第二至第六条是参加兰亭集会的诗人们对此次集会目的和功效的揭示。三月三日春禊本以祭祀为目的，其后逐渐发展为具有游戏性质的活动，宴集和吟诗是其重头戏。王羲之《三月三日兰亭诗序》谈了此次集游的目的：“仰观宇宙之大，俯察品类之盛，所以游目骋怀，足以极视听之娱，信可乐也。”兰亭诗人显然对“游”之目的

[1] 王瑶、葛晓音也对刘勰“庄老告退，而山水方滋”进行了修正性的解读。王瑶说，在山水诗中“‘老庄’其实并没有告退，而是用山水乔装的姿态又出现了”（王瑶：《中古文学史论》，北京大学出版社 1986 年版，第 252 页）。葛晓音将“庄老”理解为玄风而非玄言诗，认为它们仍然存在于山水诗中，所以，葛接受饶宗颐先生的建议，提出“山水方滋，庄老未退”的说法（葛晓音：《山水方滋，庄老未退——从玄言诗的兴衰看玄风与山水诗的关系》，《学术月刊》1985 年第 2 期。文中标明，题目乃饶先生提供）。王瑶和葛晓音的批判与修正是以山水诗中仍然留有玄理为出发点的，这使得他们对玄言诗的风格和诗歌史意义判断仍有保留。葛晓音特别提出，玄言诗仍然是山水诗发展的一股阻力，其后来发表的《东晋玄学自然观向山水审美观的转化——兼论支遁注〈逍遥游〉新义》（《中国社会科学》1991 年第 1 期）一文，肯定了玄言诗于山水诗发展的催化剂作用，并认为玄言诗所发现的自然美有诸多新意，但仍然认为“如果没有这帖催化剂，山水诗也会循着原有的轨迹逐渐发展而臻于独立的”。

极端清醒与称赏，并且，游山玩水带来的散怀、去累也被他们大加歌颂。第七条是支遁对其隐士式生活内容的总结，登山采药的求仙活动，被支遁游戏化，娱乐成了他的目的。第八、九条是慧远、王乔之、张野同游庐山时的诗作，慧远讲求宗不顺化，否定自然大化，但对于被其视为佛教圣地的庐山，游的热情却有增无减。第十条，庐山诸道人在其《游石门诗序》中强调此次登山游览的真实性，其游的动机也从兰亭诗人的“借山水”发展到“咏山水”。

曹魏邺下文人集团的西园宴游，西晋文人以石崇为首的金谷游，也以相聚游玩的方式排遣时代悲情。不过，其游玩的范围尚局限于人工园林，而且，他们虽然体会到游玩的愉悦，但其调适精神的目的并未完全实现，诗中仍充溢着感伤的情调。王粲《杂诗》“日暮游西园，冀写忧思情”，将“游”和“忧思”并举；陈琳在出游之际，不免发出“骋哉日月逝，年命将西倾。建功不及时，钟鼎何所铭”(《游览诗》)的感慨；潘岳《金谷集诗作》在一连串的景物铺陈后，依然转向“春荣谁不慕，岁寒良烛希”的时序之叹。玄言诗人“屡借山水，以化其郁结”(孙绰《三月三日兰亭诗序》)，将活动场所拓展到原生态的山林水泽，不仅散怀之目的得以实现，而且对投身自然的娱乐性和游戏性有更强烈的自觉。

在轻松快意的游山玩水之中，易于培养起赏玩与观看风景的态度。《世说新语·任诞》第二十三则载：“刘尹云：‘孙承公狂士，每至一处，赏玩累日；或回至半路却返。’”[1]庾阐《观石鼓诗》云“手澡春泉洁，目玩阳葩鲜”，谢灵运的诗歌中，“赏”“玩”频繁出现。小尾郊一曾详细考辨“赏”字在六朝的用法和字义沿革，总结出其由“赏赐”转为“赏识”并进而转为“赏玩”“鉴赏”等意，以证明六朝时人们建立起对自然的鉴赏性态度。[2] 小川环树指出，“玩”字既含有欣赏的意思，也有对风景凝视的态度，“而这种态度可以说是引发出六朝叙景诗的”。[3] 确实，在玄言诗中，表示观看的词汇也逐渐增多，见于“肆眺崇阿，寓目高林”(谢万《兰亭诗二首》其一)，“登高眺遐荒，极望无崖崿”(卢谌《时兴诗》)，“四眺华林茂，俯仰晴川涣”(袁峤之《兰亭诗二首》其二)等诗句中。庾阐的《衡山诗》：

北眺衡山首，南睨五领末。寂坐挹虚恬，运目情四豁。翔虬凌九霄，陆鳞困濡沫。未体江湖悠，安识南溟阔。

---

〔1〕 杨勇：《世说新语校笺》(第三册)，中华书局2006版，第675页。

〔2〕 (日)小尾郊一：《中国文学中所表现的自然和自然观》，邵毅平译，上海古籍出版社1991年版，第323—343页。

〔3〕 (日)小川环树：《论中国诗》，谭汝谦、陈志诚、梁国豪译，贵州人民出版社2009年版，第18页。

观看山水之美被突出强调。“眺”“睨”，首二句两个表示视觉动作的词呈现出“运目”这一观的方式，配合观览的方位词凸显了此次活动的真实性。在谢灵运的山水诗中，诸如“望”“瞻”“眺”等词出现的频次更高，并且比东晋玄言诗人的俯仰观物方式来得细致与具体。

不过，以“鉴赏性态度”来概括魏晋文学中的自然观，解释山水诗的生成原因是不够的，庾阐“运目情四豁”的动态游观是与“寂坐挹虚恬”的静态体悟密切配合的。在玄佛世界观的影响下，玄言诗中的自然走向虚化，玄理引导下的“直观”态度，还要求以“玄心”映照自然，孙绰《太尉庾亮碑》言：“公雅好所托，常在尘垢之外；虽柔心应世，蠖屈其迹，而方寸湛然，固以玄对山水。”[1]“玄对”是一种玄学态度，脱离“尘垢之外”，且“方寸湛然”。以这样的一颗心观照山水，或许更能体会到自然美之所在。庾阐即感叹“晨漱水玉心玄，故能灵化自然”(《游仙诗十首》其六)，这一虚灵化的自然，与主体的虚静之心，也有了更多沟通的可能。在与自然的多次亲密接触中，玩物和玄对的态度，为玄言诗人打开了审美空间，自然界的声光色彩被捕捉，被予以精心刻画，表现山水美成为玄言诗的一大创获。

命驾观奇逸，径骛造灵山。朝济清溪岸，夕憩五龙泉。鸣石含潜响，雷骇震九天。妙化非不有，莫知神自然。翔霄拂翠领，绿涧漱岩间。手澡春泉洁，目玩阳葩鲜。(庾阐《观石鼓诗》)

心结湘川渚，目散冲霄外。清泉吐翠流，渌醽漂素濑。悠想盼长川，轻澜渺如带。(庾阐《三月三日诗》)

寓目观景和亲和自然是庾阐山水玄言诗的品格，范文澜称庾阐为最早的山水诗人[2]，言之不虚。《观石鼓诗》一边“手澡春泉”，与自然亲密接触；一边“目玩阳葩”，欣赏山水景色。“鸣石含潜响，雷骇震九天”“翔霄拂翠领，绿涧漱岩间”，一组声音意象的对比，一幅充满动感、色彩鲜明的山水画，简洁明快地传达出石鼓山的娱人美景。庾阐将石鼓比作奇逸、灵山，尚未脱游仙诗的痕迹，不过，此仙境、山林合二为一的石鼓之景，不正是诗人玄心观照下的“灵化”自然么？鸣石和震雷各依其性或浅唱或高歌，恰是“吹万不同，而使其自已也”(《庄子・齐物论》)之天籁的真实写照，所以才有“妙化非不有，莫知神自然”的体悟，翔云轻拂山顶，岩上绿泉奔流，恰为灵动飘逸万趣同一之自然的生动注脚。造访灵山，寓目观景，使得诗人领略到妙化自然美之所在，而有了“妙有”和“神自然”的体认，景物方有可能真正

---

〔1〕 杨勇：《世说新语校笺》(第三册)，中华书局2006年版，第562页。
〔2〕 范文澜：《文心雕龙注》(上册)，人民文学出版社1978年版，第92页。

成为"目玩"的对象活泼呈现，诗人将自己融入其中便有了依据与可能。

《三月三日诗》以"目散"的方式搜寻其"心结"的湘川美景，"清泉吐翠流，渌醽漂素濑"句是诗人的目光在游移观察时暂时停留的一个收获："吐"字传达出泉水汩汩流淌的动态，"翠"字则刻画出绿树芳草相映成碧的色彩；渌醽是一种青绿色的美酒，在此比喻"翠流"，荡漾起洁白的浪花，再度强化了泉水的色彩动态之美。不过，诗人的视野并未局限于此，目散冲霄之外延伸了方外之思，着意于想的悠远观看，又使其领略到"轻澜渺如带"的神韵。从句法和构成程式上看，此句与谢朓的写景名句"余霞散成绮，澄江静如练"(《晚登三山还望京邑》)有异曲同工之妙，不过游移式的观物方式和方外之思为庾阐眼中的风景增添了几分轻淡、玄远的意味，造就了二者不同的审美品格。

孙绰的《兰亭诗二首》其二，模山范水的成分有所增加，并更为细致地刻画山水美景：

> 流风拂枉渚，停云荫九皋。莺语吟修竹，游鳞戏澜涛。携笔落云藻，微言剖纤毫。时珍岂不甘，忘味在闻韶。

《世说新语》载，孙绰以文才著称，虽不以风度名，但颇具"作文"的技巧。《兰亭诗二首》其一首四句一气呵成，铺排景物，句式统一，对偶整齐，尤其是鱼鸟对举之意象，一写声响，一拟动作，俯仰观物，视觉与听觉并举，呈现出自然万物的勃勃生机。在缘情诗中，风和云往往与感伤的情绪相联结。[1] 而在游山玩水、体玄悟道的散怀心态下，诗人充分发挥其描写才能，刻画出微风轻拂湾渚、云彩映照水泽的恬淡春景。

庾阐和兰亭诗人眼中的自然，更多的带有向、郭玄学和《世说新语》时代的气息，将自然看作流动不息的"大化"，视其为妙有；俯仰观察配合散点式的观物方式，视点游移，无拘无束，目光所及之处，猝然发现山水的美；风格上追求简约、秀美。山光水色，云淡风轻，鸢飞鱼跃……生动活泼的自然与人颇多几分亲和，呼应着陶渊明诗歌中的自然主义特质。而支遁的佛理玄言诗，则以一种较为有章可循的方法描摹自然，并赋予自然以新的品格：

> 靖一潜蓬庐，愔愔咏初九。广漠排林筱，流飙洒隙牖。从容遐想逸，采药登祟阜。崎岖升千寻，萧条临万亩。望山乐荣松，瞻泽哀素柳。解

---

〔1〕(日)小川环树：《风与云——感伤文学的起源》，见(日)小川环树：《风与云——中国诗文论集》，周先民译，中华书局2005年版，第1—24页。

带长陵岐，婆娑清川右。冷风解烦怀，寒泉濯温手。寥寥神气畅，钦若盘春薮。达度冥三才，恍惚丧神偶。游观同隐丘，愧无连化肘。（《八关斋诗三首》其三）

晞阳熙春圃，悠缅叹时往。感物思所托，萧条逸韵上。尚想天台峻，仿佛严阶仰。冷风洒兰林，管濑奏清响。霄崖育灵蔼，神蔬含润长。丹沙映翠濑，芳芝曜五爽。苕苕重岫深，寥寥石室朗。中有寻化士，外身解世网。抱朴镇有心，挥玄拂无想。隗隗形崖颓，冏冏神宇敞。宛转元造化，缥瞥邻大象。愿投若人踪，高步振策杖。（《咏怀诗五首》其三）

《八关斋诗三首》其三写支遁在与诸道士、僧人斋毕离别后，独自登山采药游玩时的所见所思，支遁在组诗序中交代了此一创作背景，还总结了自己日常活动的主要内容："静拱虚房，悟外身之真；登山采药，集岩水之娱。""靖一潜蓬庐，愔愔咏初九。广漠排林筱，流飙洒隙牖"四句是对"虚房悟真"的描绘：诗人在茅庐中潜心修炼，处所虽然简陋，但却与自然毫无隔阂，茅庐向周遭广阔的竹林敞开，林间流动的风透过窗缝洒入虚房，"广漠"句既可以视为支遁体玄悟道所处的环境，亦可理解为诗人得道之后所体会到的与自然和合之境界，不妨说，正是因为了悟，才真切地把握到自然的声色动静。

诗歌中间部分叙述登山采药时所看到的山中风景和诗人心态变化。支遁将这一过程称为"游观"，与庾阐、兰亭诗人无拘无束的观物方式不同，支遁以其行踪组织景物描写。他特别注重对主体动作的强调，连用"登""升""临""望""瞻"等一系列动词将沿途所见之景串联起来，崎岖山路、萧条林海、婆娑素柳等，逐一映入诗人的眼帘。同时，观景还配合着诗人心态的变化，乐松、哀柳之对比，证明时序感仍然作用于诗人敏感的内心，不过随即被游览活动和冷风、寒泉化解，并在理悟中走向畅神。另外，支遁还开辟了更为广阔的领域，得益于其集隐士和僧人于一体的身份，他把审美视野拓展到崇阜、陵岐等"更为蛮荒亦更为寥廓的山林世界"[1]，为其笔下的自然增添了清峻、幽险之色彩。

《咏怀诗五首》其三，支遁将"感物"与"萧条"并置，时序之叹并未成为诗歌的结撰主题，使其与"坎壈咏怀"式的抒情诗区别开来。诗歌增加了大比重的景物描写，景句以电影式的镜头从虚到实、由远至近依次推进，并辅以悠扬的山水清音。跟随诗人穿过吹动起阵阵冷风的兰林，透过山崖间朦胧的雾霭，惊喜地发现神蔬含润、丹沙映翠、芳芝闪耀的清新景象；重岫幽深与石室寥朗所造成的视觉落差再度展现诗人调用镜头的能力，在层层穿越苕苕重岫后，寥寥石室终于向我们敞开，

〔1〕 萧驰：《佛法与诗境》，中华书局2005年版，第30页。

最终，寻得幽人之所在。

沈曾植评支遁诗云“模范山水，固以华妙绝伦”[1]，支遁对自然界的声光色彩变化极为敏锐，又是长于铺排描绘的高手，喜用叠词，善用对比，对仗严谨，辞藻华丽，刻画细致。《四月八日赞佛诗》对释迦诞生之时情景的描绘，《咏禅思道人诗》对孙长乐坐禅之地的刻画，足证其描写能力。沈氏还说：“康乐总山水庄老之大成，开其先支道林。”[2]支遁玄佛修养所培养起的直观能力，为谢灵运的诗歌创作提供了自然观基础；游山玩水时所采用的体物方式，被大谢吸收并推进；支遁还为描写技巧之发展提供了典范，谢灵运山水诗精美景句之创造，这些技术手段已是不可或缺之条件。

值得注意的是，在上录玄言诗的景句描写中，多以动词嵌入中间，翻检其他的玄言诗，以动词连结两个相互关联之名词的方式组织景句甚为普遍。古人有重五言诗第三字的说法，宋江西诗派潘大临云：“七言诗第五字要响……五言诗第三字要响，如‘圆荷浮小叶，细麦落轻花’之‘浮’字与‘落’字乃响字也。所谓响者，致力处也。”[3]玄言诗人在诗句的关键之处炼一动词，想必是为了凸显自然山水千变万化的动态之美：在玄佛世界观下，自然被视为活泼、生动的现象。王羲之言“悠悠大象运，轮转无停际”（《兰亭诗二首》其二），孙绰道“浩浩元化，五运迭送”（《与庾冰诗》），康僧渊讲“大慈顺变通，化育曷常停”（《代答张君祖诗》），湛方生说“水无暂停流”（《还都帆诗》），庐山诸沙弥《观化决疑诗》对自然的体悟以及陶渊明诗歌中多次出现的“化”字，均说明在玄言诗人的眼中，自然以变动不居的形式存在，其中的山山水水所体现的是顺应此一法则的生命运动。来看孙统的《兰亭诗二首》其二：

> 地主观山水，仰寻幽人踪。回沼激中逵，疏竹间修桐。因流转轻觞，冷风飘落松。时禽吟长涧，万籁吹连峰。

孙统的《兰亭诗二首》其一讲到“茫茫大造，万化齐轨”，万物按照统一的大化轨迹运转，是玄学自然观的表达，上录第二首则呈现了自然界林林总总各得其所、生机盎然的图景，在接连展开的景物描写中，孙统全部采用动词联结名词的技巧来组织景句。“回沼激中逵”“冷风飘落松”，诗人所关注的是动态的自然和自然的

---

〔1〕［清］沈曾植：《海日楼札丛·海日楼题跋》，辽宁教育出版社 1998 年版，第 365 页。

〔2〕［清］沈曾植：《与金甸丞太守论诗书》，见王元化主编：《学术集林》卷三，上海远东出版社 1995 年版，第 116—117 页。

〔3〕［宋］魏庆之：《诗人玉屑》卷六，上海古籍出版社 1978 年版，第 140 页。

运动;“疏竹间修桐”着一“间”字,将并列的景物组织起来,突出疏竹、修桐相映成趣的动态;“时禽吟长涧,万籁吹连峰”加入声音意象,鸟鸣声在长涧之中回响,风吹过连绵不绝的山峰,春回大地,万物复苏,传达出大自然生生不息的动感。

从描写技巧上来看,在景句中炼一生动形象的动词,更有助于贴切地刻画景物,营造出逼真的效果。我们看到,在孙统的《兰亭诗二首》其二中,动词至少起了三个方面的作用:第一,对动态景物本身的刻画;第二,连接两个并列意象,强化视觉感受;第三,赋予景物以动感。这三种用法在玄言诗的景句中屡见不鲜,并且往往相互交织,为描摹景物提供了方便。例如,王玄之《兰亭诗》的“松竹挺岩崖,幽涧激清流”,着意于松竹和山涧流水姿态的刻画;谢安《兰亭诗二首》其二的“薄云罗阳景,微风翼轻航”,以“罗”和“翼”这一对动词来传阳春新景云淡风轻之神,流云飞翔、微风轻拂的动态俱在,且颇富拟人化的生动效果;谢尚《赠王彪之诗》的“长杨荫清沼,游鱼戏绿波”,谢万《兰亭诗二首》其二的“碧林辉英翠,红葩擢新茎。翔禽抚翰游,腾鳞跃清泠”,王彬之《兰亭诗二首》其二的“鲜葩映林薄,游鳞戏清渠”,强调飞鸟、游鱼的活泼动态,并注重景物之间的对比和联系,呈现出自然界清新、明媚之质感。

刘勰对刘宋、齐、梁时代人们追求形似、描述逼真的美学潮流作过一个权威之评,但他却没有注意到,此一重体物描写之风尚的形成,得力于玄言诗人的开路之功。正是他们将“情”和比兴淡化,转而追求寓目之美。体玄悟道一旦被置入直观,就培养起对自然之声音、光线和色彩的敏感。玄言诗人所依托的玄学自然观基础,以及在与自然山水的亲密接触中所培养起的玩物与玄对态度,在山水优游中多次进行的文学实践,又促使其把握景物的能力提升。直观自然和模山范水,玄言诗所贡献的自然审美经验和描写技巧,构成山水、田园诗诞生的基础和条件,并规定了中国山水诗类特有的品格。陶渊明、谢灵运在玄言诗的潮流中创造出田园诗、山水诗这两大久负盛名的诗类,乃玄言诗发展之必然。

四、玄言诗诗学意义再定位

宗白华先生曾经把汉末魏晋六朝称为“世说新语时代”,他说:“汉末魏晋六朝是中国政治上最混乱、社会上最苦痛的时代,然而却是精神史上极自由、极解放,最富于智慧、最浓于热情的一个时代。因此也就是最富有艺术精神的一个时代。”[1]它以自然美和人格美的同时发现为标志,晋人所持“人格的唯美主义”和

---

〔1〕 宗白华:《论〈世说新语〉和晋人的美》,见宗白华:《美学散步》,上海人民出版社 1981 年版,第 209 页。

激赏山水的艺术心灵之形成，为中国美学翻开了新的一页。这一时代正好是玄言诗从萌生到大盛的时期。玄言诗和《世说新语》运用着共同的语言，有着同样的追求，并且有着共同的主角。《世说新语》英雄谱上，列的正是玄言诗人的名字，他们是创造这一光辉灿烂"世说新语时代"的主角。

《世说新语》呈现了玄言诗人的生活方式和言谈风度，而玄言诗则是魏晋文人将他们的所思所想落脚于诗歌实践的结果。玄言诗以玄佛的世界观消释抒情文学中弥漫的时代悲情，抑制住缘情诗中时序感所带来的强大抒情冲动，并通过赋体化和玄学论辩的诗体革新将比兴边缘化，以玄佛统一的观法实现对比兴审美经验的扬弃和物感经验的改造，从而使得唯美主义和激赏山水的热情在诗歌中得以实现，为中国诗学贡献了观赏和玄对自然的态度以及模山范水的技巧。

玄言诗在诗歌创作的领域，实现了"世说新语时代"的开创性意义，它不是诗歌史上负面性极为突出的诗体，相反，玄言诗构成中古诗学革命的关键环节。汉末魏晋六朝，五言诗逐渐成长起来，《古诗十九首》注重当下，以物感消解比兴，不过却充满了浓郁的迁逝之悲；建安、太康的诗歌，继续《古诗十九首》对生命苦短的慨叹，以及由此生发的建功立业而不得的英雄主义悲情，创作出辉煌一时的缘情文学。在悲情的笼罩下，抒情文学难以发展起对于自然山水的体物能力和描写技巧，玄言诗的抑缘情、反比兴、尚自然突破了抒情文学的局限，对自然的新观法和描写的进步为田园、山水诗的诞生打开了空间。陶渊明继承玄言诗的对话风格，直观自然，亲和自然。谢灵运的山水玄言诗，一方面将玄言诗在山水中对玄理的体悟扩展到对佛理的证悟上；另一方面，模山范水的创作目的获得强化，理和物在渐游、顿悟的活动中达成统一。陶渊明、谢灵运作为田园、山水诗的开山之祖，其身份从来没有疑问，同样不应有疑问的是，正是玄言诗对抒情传统的大力扭转，引导他们成为田园、山水诗之大功臣。

第二节　陶渊明的田园诗：自然主义与散文化

由晋入宋，古代诗坛出现了两位影响以后诗歌甚巨之伟大诗人——陶渊明和谢灵运。一方面，当时发议论的玄言诗风头正劲，两位诗人不约而同地被大自然所吸引，为之迷醉，他们新创诗体，以田园诗和山水诗扭转、推翻了玄言诗的一统天下；另一方面，面对佛教的有力渗透和诱惑，他们又取颇不相同的态度，陶氏拒绝之而复归于庄，谢氏则推波助澜而迎候之。[1] 由此，他们面对自然的态度产生了巨大的分裂，作为相近文体之新诗体的田园诗和山水诗，其美学品格却大相径庭。前者是道玄品格的，因为向自然回归，为纯然之静；后者是佛教品格的，起初因为躁动不安而游山玩水，最终获得动中之解悟。具有象征意义的是，二人曾经有见面过从的机会，但却从未相遇。其中不免埋伏着严重的分歧，也是诗学史上极其有趣的事情。

陶渊明，公元四五世纪的大诗人。他的诗歌有两大特点，一是自然主义，二是散文化，而且两者结合在一起，非常紧密，难分难解。自然主义是指他的对于自然之归属感，它是一种哲学思考，即超越生死、时序的对于当下、即刻、目前之田园生活的首肯和陶醉。回归自然，与田园合一，此一定位大有助于他克服生命短促无常之恐惧，欣然与自然亲和，获得人生安全感，创造出乌托邦式的“桃花源”——他成功地复兴了庄子人与自然合一的传统。

散文化是一种诗体革新，田园诗沿承《古诗十九首》的赋体化走向，同时也为玄言诗的风尚所牵引。难得的是，陶渊明以对隐居的田园生活白描的方式改造了玄言诗的说理方式，同时使诗思进一步脱离比兴而走向直观，从而形成了田园诗这样一个诗类或亚诗类，这是他的独创。朱自清《陶诗的深度》云：“他用散文化的笔调，却能不像‘道德论’而合乎自然，才是特长。这与他的哲学一致。像‘结庐在人境，而无车马喧’‘人生归有道，衣食固其端。孰是都不营，而以求自安’。都是从前诗里不曾有过的句法；虽然他是并不讲什么句法的。”[2]“散文化”，朱先生说得透辟极了，不过，当时正是玄言诗大盛的时期，陶渊明有些诗极为难读，就是借助注解，还是难读，看来不能不说它是玄言诗，也绝非“合乎自然”。他的诗风似乎并不受时人欢迎，理所当然地，他总是被写入隐逸传之中，且不以诗名。

以下依时序感、酒和鸟、散文化(玄言)三类主题细析之。

一、时序感

不妨说，时序感是理解陶诗的一把钥匙。我们若是读《陶渊明集》，可以感觉到他的诗歌之基本主题与《古诗十九首》何其相似，其中渗透着同样强烈的时序感，以及珍惜今朝的观念。不过，变化还是在陶诗中发生了，《楚辞》式惜春悲秋的

---

〔1〕《莲社高贤传》记：“远法师与诸贤结莲社，以书招渊明，渊明曰：‘若许饮则往。’许之，遂造焉；忽攒眉而去。”

〔2〕朱自清：《朱自清古典文学论文集》(下)，上海古籍出版社 1981 年版，第 571 页。

情感抒发业已极为少见[1],《古诗十九首》岌岌不可终日的躁动和不安感也几近消退,这种差异缘于他的一个重大抉择:如果说时序感往往可以展开或分裂为自然和历史(时政)两极,那么他的归隐选择正是把时序感从历史(时政)脱开,而种植到田园即自然之中去了。在田园中安身立命,使其具有了注目当下的现实性和主动选择的人格性,不再是政治斗争的失意者,亦不复为挣扎于俗世的游子,这在玄学中叫顺化或归化。朱熹说:"晋宋人物,虽曰尚清高,然个个要官职,这边一面清谈,那边一面招权纳货。陶渊明真个能不要,此所以高于晋宋人物。"[2]朱说大致是不错的。

《九日闲居并序》:

> 余闲居,爱重九之名。秋菊盈园,而持醪靡由,空服九华,寄怀于言。
> 世短意常多,斯人乐久生。
> 日月依辰至,举俗爱其名。
> 露凄暄风息,气澈天象明。
> 往燕无遗影,来雁有余声。
> 酒能祛百虑,菊解制颓龄。
> 如何蓬庐士,空视时运倾!
> 尘爵耻虚罍,寒华徒自荣。
> 敛襟独闲谣,缅焉起深情。
> 栖迟固多娱,淹留岂无成。

这是一首谈论人生长久的诗。重九是一个节气,为世俗所重。而陶诗反其意,曰"日月依辰至,举俗爱其名",陶澍注云:

> 汤注:"魏文帝《九日与钟繇书》云:'九为阳数,而日月并应,俗嘉其名,以为宜于长久。'"澍按:诗意盖言俗以重九取义长久,而爱其名。其实日月自依辰至,言其有常期也。语可破惑。[3]

九月九日,为日月运行交会的一个点,即诗中之"辰"。此"辰"为一常期,不以

[1] 《楚辞》的惜春悲秋情感,《杂诗》(十一)差可近似:"我行未云远,回顾惨风凉。春燕应节起,高飞拂尘梁。边雁悲无所,代谢归北乡。离鹍鸣清池,涉暑经秋霜。愁人难为辞,遥遥春夜长。"

[2] [宋]朱熹:《朱子语类》(第三册),王星贤点校,中华书局1986年版,第874页。

[3] 杨勇:《陶渊明集校笺》,上海古籍出版社2007年版,第55页。

人的意志为转移，这就是时序概念的本义或自然义，它形成古人之时序感。以为重九谐“长久”的意思，是世俗对虚名之所好，正所谓“世短意常多，斯人乐久生”，与前引《古诗十九首》的名句“人生不满百，常怀千岁忧”同意。不过《古诗十九首》是消极地说，此诗则是积极地说。可见陶公面对人生要更积极一些。接下来两个写景的对句，秋高气爽之下，“往燕”之“无”、“来雁”之“有”，正标志着时节的移易。虽然“秋菊盈园”，却是“持醪靡由，空服九华”，没有酒，但不妨以之“祛百虑”，有菊，也正可以之“制颓龄”。因此，身为潦倒的“蓬庐士”，却不能白白地看着时光流逝！后六句正是表达了尽管不必因重九而“乐久生”，却不妨在重九之日积极地享受当下之生活，而非一味悲观。

再读这首《游斜川并序》：

辛酉正月五日，天气澄和，风物闲美，与二三邻曲，同游斜川。临长流，望曾城，鲂鲤跃鳞于将夕，水鸥乘和以翻飞。彼南阜者，名实旧矣，不复乃为嗟叹；若夫曾城，傍无依接，独秀中皋，遥想灵山，有爱嘉名。欣对不足，率尔赋诗。悲日月之遂往，悼吾年之不留。各疏年纪乡里，以记其时日。

开岁倏五十，吾生行归休。
念之动中怀，及辰为兹游。
气和天惟澄，班坐依远流。
弱湍驰文鲂，闲谷矫鸣鸥。
迥泽散游目，缅然睇曾丘。
虽微九重秀，顾瞻无匹俦。
提壶接宾侣，引满更献酬。
未知从今去，当复如此不？
中觞纵遥情，忘彼千载忧。
且极今朝乐，明日非所求。

此诗逯钦立考证是陶渊明五十岁时所作，抒写晚年心境。[1] 辛酉正月五日，是一个好日子，“天气澄和，风物闲美”，于是“与二三邻曲，同游斜川”。在如此良辰美景之中，却发出“悲日月之遂往，悼吾年之不留”之慨。本诗后四句，说的恰是《古诗十九首》那种对当下的关怀。黄文焕云：“曰‘中觞’，酒趣深远，初觞之情矜

〔1〕 逯钦立：《陶渊明事迹诗文系年》，见[东晋]陶渊明著，逯钦立校注：《陶渊明集》，中华书局1979年版，第281页。

持，未能纵也。席至半而为中觞之候，酒渐以多，情渐以纵矣。一切近俗之怀，杳然丧矣。近者丧，则遥者出矣。"[1]黄氏把"遥情"和"近俗之怀"两种情感作了区分，是极有见地的。所谓"千载忧"正是"近俗之怀"，因此所谓"纵遥情"之"遥"，恰非去想"千载"之久远（包含已逝而"不留"之"吾年"及"明日"以后的"未知从今去"），而是目前可"极"之"今朝乐"，此乐正与当下之饮酒、与那一日"天气澄和，风物闲美"之自然景观相联系。《九日闲居并序》说"尘爵耻虚罍，寒华徒自荣"，固然在无酒可饮的无奈之下"空视时运倾"，但却不妨"敛襟独闲谣，缅焉起深情"，此"起深情"正是《游斜川并序》的"纵遥情"。它同样并非"千载"之思，恰恰相反，"栖迟固多娱，淹留岂无成"，在田园隐居中得着快乐，并不像《九辩》那样发"时亹亹而过中兮，蹇淹留而无成"的悲叹，而是达观、安分、满足。从"深情"和"遥情"，正可以发现陶氏诗歌所抒之情究竟是什么情感。

以下这一首《诸人共游周家墓柏下》也是同一题意：

> 今日天气佳，清吹与鸣弹。感彼柏下人，安得不为欢。清歌散新声，绿酒开芳颜。未知明日事，余襟良以殚。

此诗虽是咏丘墓，却以"游"字点题，蒋薰云："通首言游乐，只第三句一点周墓，何等活动简便……"[2]邱嘉穗云："此诗翻尽丘墓生悲旧案，末二句益见素位之乐，虽曾点胸襟，不过尔尔。"[3]末二句谓，明天的事不可预知，也不想知，我心中想说的话实在都说完了。换言之，只有当下的快乐而已。此乐未必为"素位之乐""曾点胸襟"，倒十足像庄子妻死鼓盆而歌的口吻。请读下一首：

> 日月不肯迟，四时相催迫。寒风拂枯条，落叶掩长陌。弱质与运颓，玄鬓早已白。素标插人头，前途渐就窄。家为逆旅舍，我如当去客。去去欲何之？南山有旧宅。（《杂诗》其七）

这一首诗前半部分充溢着紧迫而强烈的时空迅迈之动态，《杂诗》十二首大多如此：

---

〔1〕［明］黄文焕：《陶诗析义》卷三，见北京大学中文系文学史教研室教师、五六级四班同学编：《陶渊明诗文汇评》，中华书局 1961 年版，第 61—62 页。

〔2〕［清］蒋薰：《评〈陶渊明诗集〉》卷二，见北京大学中文系文学史教研室教师、五六级四班同学编：《陶渊明诗文汇评》，中华书局 1961 年版，第 71 页。

〔3〕［清］邱嘉穗：《东山草堂陶诗笺》卷二，见北京大学中文系文学史教研室教师、五六级四班同学编：《陶渊明诗文汇评》，中华书局 1961 年版，第 72 页。

遥遥从羁役，一心处两端。掩泪泛东逝，顺流追时迁。日没星与昴，势翳西山巅。……（《杂诗》其九）

闲居执荡志，时驶不可稽。驱役无停息，轩裳逝东崖。沈阴拟薰麝，寒气激我怀。……（《杂诗》其十）

《杂诗》其七后四句开始转势，由动荡转为静安。把家视为旅馆，而人好比过客[1]，这里或许有着佛教的影响，不过他实在是无处可去，最终还是返回南山旧宅了。这意味着佛教终没有把他转变到看空的立场，南山有旧宅，正是他终老的托身之所，即所谓"托体同山阿"（《拟挽歌辞》）。《自祭文》有云"将辞逆旅之馆，永归于本宅"，亦叶落归根而安详之意。

时序感还表现为历史兴废在自然阔大背景中的渺小，《拟古》其四云：

迢迢百尺楼，分明望四荒。暮作归云宅，朝为飞鸟堂。山河满目中，平原独茫茫。古时功名士，慷慨争此场。一旦百岁后，相与还北邙。松柏为人伐，高坟互低昂。颓基无遗主，游魂在何方。荣华诚足贵，亦复可怜伤。

这一首诗看似以登废楼远望起兴，其实正是用的《古诗十九首》笔法，一气铺排而下，为赋体。陈祚明就看到了这一点，他说："'归云''飞鸟'，便是无恒，一旦百年，汉家何属，可解者都独以是耳。然'山河满目'二语何其悲，泪为之下矣。句法全似《十九首》。"[2]"山河满目中"以下景观正是登高楼所见，恰如上引《古诗十九首》中《西北有高楼》《明月皎夜光》诸篇的笔法。这样一种整体感所表现的历史兴废，看似波澜壮阔，其结穴却是"一旦百岁后，相与还北邙。松柏为人伐，高坟互低昂"。热闹过后，互相攻伐者竟然都归于一处——北邙，松柏不再是坚定的守卫和尊荣的象征，坟墓即使高耸，也只是看上去互有低昂罢了，一切终归于平静。自然战胜了历史，这并非想象中的景观，而是陶氏以及无数古人的真实所见。此一阔大的自然观法，视历史兴废为小波小浪，是庄子和玄学的气度。

自然亦并非总是那么可亲，更多的或许是灾变，《怨诗楚调示庞主簿邓治中》写道：

---

[1] 潘岳《怀旧赋》："今九载而一来，空馆阒其无人。"傅咸《萤火赋》："潜空馆之寂寂兮，意遥遥而靡宁。""空馆"意象颇可玩味，它应该是魏晋时的思想。是否受到佛教的影响，疑不能明。

[2] [清]陈祚明：《采菽堂古诗选》卷十三，见北京大学中文系文学史教研室教师、五六级四班同学编：《陶渊明诗文汇评》，中华书局1961年版，第231—232页。

> 天道幽且远，鬼神茫昧然。结发念善事，僶俛六九年。弱冠逢世阻，始室丧其偏。炎火屡焚如，螟蜮恣中田。风雨纵横至，收敛不盈廛。夏日长抱饥，寒夜无被眠。造夕思鸡鸣，及晨愿乌迁。在己何怨天，离忧凄目前。吁嗟身后名，于我若浮烟。慷慨独悲歌，钟期信为贤。

本诗作于诗人 54 岁，他对大半生的坎坷生涯作了回顾。诗题为“怨诗楚调”，作意极明，不过并不把怨情发向“天道”和“鬼神”，他以为那都是靠不住的，所以云其“幽且远”“茫昧然”。生活之苦，他视之“在己”，那是自己的选择，不必怨天。只是遭遇了灾祸，往往当下之境凄凉一片，这是对“目前”的关注。后四句即笔锋一转，道即便是“身后名”，亦“若浮烟”。悲歌吟诗，只能期待像钟子期这样的知音了。这首诗从天道、鬼神，伴随一生的自然灾害写到身后名及知音，其联想之思路非常奇怪，细究其作意，大概是把天道、鬼神及其灾变和身后名归为不可知、不可求的一类，因此不妨把目光集中到“目前”。这正是陶诗中时序感的核心。

具有极强时序感之诗人，苦恼、焦虑于生命的快速迁逝，可能作出如下三种选择。其一，四时之变迁不以人的意志为转移，时间是异己的伟力，诗人之弱小与自然之伟大，构成一极锐利、强烈之对比，诗人由此而产生无依之孤独感，屈原即是在此孤独感和政治生命已告终结的绝望之下而选择自沉。其二，时序的无情运转及其不可知的长度导致诗人对身前即历史和身后即名声产生不信任感，此种不信任感引导诗人把自己的生存定位于当下、目前，上述孤独感进一步发展为自身被边缘化的感受，《古诗十九首》的作者群即是因此边缘化的境地而选择游戏当下而非屈原式的自裁。《古诗十九首》作者群此种相异于屈原的选择正是基于玄学“独化”理论的人文背景，在此观念引导下，人们更为注重个体当下的境遇。其三，延续着《古诗十九首》作者群的边缘化感受，将游戏当下、目前调整为把时序感植入田园以获取当下、目前的满足感和稳定感。于是，陶氏在体认到自然之异己而外，更体认到自然之可亲，不妨说，即便是自然灾变之无情，也可以把它视为自然可亲的一部分，因为它带给陶氏的危险感要远弱于政治上边缘化所赋予的不安甚至恐惧。换言之，自然之可亲为人的生之安全感。此种安全感因为基于自然之田园，在陶氏以后，甚为文人群体所渴慕。此种选择其实来自庄子自然主义传统的复兴。

上述三种选择，屈原的自沉方式后世文人中几乎无以为继，而《古诗十九首》作者群和陶渊明的两种选择却极为后人赏识。而且，这两类诗人都需要知音来认可他们的选择。《青青河畔草》中“作者”对“楼上女”的观看关系中所蕴含的体贴之意，以及《西北有高楼》中“作者”对素不相识、今后也不可能相识的“歌女”更为激烈的欲与之比翼高飞的想象，无不表达了在边缘化的孤独境地之中，对知音的渴求。回过头来看陶诗中对钟子期这样的知音的首肯和激赏，应该是可以理解的了。《拟古》其八云：

> 少时壮且厉，抚剑独行游。谁言行游近？张掖至幽州。饥食首阳薇，渴饮易水流。不见相知人，惟见古时丘。路边两高坟，伯牙与庄周。此士难再得，吾行欲何求！

陶渊明总是需要两个人，一个是知音即俞伯牙、钟子期们，一个是庄子。正是庄子的自然主义导引着他归向田园，而他作出这一选择固然义无反顾，却还是渴望有知音来欣赏之，以解除孤独感。他的不少诗篇以不同形式写了对话，尤其是对饮酒场面的描写，其实都表达了对知音的渴求。以下我们讲到陶诗的散文化时还会在更高的哲学层面涉及此点。

二、酒和鸟

萧统《陶渊明集序》云："有疑陶渊明诗，篇篇有酒，吾观其意不在酒，亦寄酒为迹者也。"这是运用比兴解诗法，把他往政治上挂了。这样解，或许有一定道理，不过我在此不再采取此一分析思路。陶氏《挽歌诗》其一称自己"但恨在世时，饮酒不得足"，《饮酒》其三批评别人"有酒不肯饮，但顾世间名"，《晋故征西大将军长史孟府君传》记陶渊明外祖父孟嘉与桓温的对话："温常问君：'酒有何好，而卿嗜之？'君笑而答曰：'明公便不得酒中趣尔！'"看来陶氏颇得其外祖父遗风。那么，饮酒是一种什么性质的行为？我们可以看到两种互相联系着的对立，其一为酒与名的对立。《晋书・张翰传》："使我有身后名，不如即时一杯酒。"前引曹操《短歌行》："对酒当歌，人生几何？譬如朝露，去日苦多。慨当以慷，忧思难忘。何以解忧，惟有杜康。"《古诗十九首》说："斗酒相娱乐，聊厚不为薄。"（《青青陵上柏》）可见，饮酒是与人的长远声名相对的当下行为，它的价值在此"即时"，这当然是一种价值观。其二为酒与情的对立。[1] 如"泛此忘忧物，远我遗世情"（《饮酒》其七），"止酒情无喜"（《止酒诗》），故而借酒消忧、寄酒为迹，无非是因为过去已然过去和将来未可寄托，转而注目于饮酒之当下。饮酒能使人无名而忘情。此欲忘之"情"正是世俗的"千载忧"，而非"深情""遥情"。换言之，饮酒是把一定长度之人生及其死后之一切（所有生命长度）暂时忘却而凝聚于"即时"之一刻的价值转换行为。因为生命"即时"之一刻被肯定，生命之长时段及其延续死后之声名即被否定，永

---

〔1〕 参看逯钦立：《〈形影神〉诗与东晋之佛道思想》，见逯钦立：《汉魏六朝文学论集》，陕西人民出版社 1984 年版，第 218—246 页。

恒的只是刹那，传统尤其是儒家的时间意识及其价值观之倒转就此完成。《古诗十九首》的及时行乐变成了饮酒，行为方式变了，但其珍视人生当下一刻的价值观没有变。此一承载着生命价值的时间意识，难道不是玄学“独化”论价值观的体现吗？陶渊明诗中时时存在着现实与历史的对峙，现实意味着当下、目前，对它的强调就是意在消解已然发生的过去，不管它有多么悠久、多么厚重。在饮酒对酌的当下，一切政治事件、社会运动、历史过程都如其发生一般快速地一晃而过，时间之流逝在当下几乎停顿了，或者只是极其缓慢地运行于目前。如此看来，酒是时序感的镇静剂，因此虽标为《饮酒》却不妨碍诗中并不写酒：

> 结庐在人境，而无车马喧。问君何能尔，心远地自偏。采菊东篱下，悠然见南山。山气日夕佳，飞鸟相与还。此中有真意，欲辨已忘言。(《饮酒》其五)

这首诗写在“心远地自偏”的“人境”，采菊东篱，悠然见山，傍晚的山中之气，以及众鸟相约归家之欢，正是陶氏所陶醉的田园之乐，它是避世的，却又是人间的。末言“此中有真意，欲辨已忘言”，既是远绍庄子的玄学态度，也是醉酒之言。此或许就是其外祖所谓之“酒中趣”，或他自己所云之“酒中有深味”(《饮酒》其十四)。

> 秋菊有佳色，裛露掇其英。泛此忘忧物，远我遗世情。一觞虽独进，杯尽壶自倾。日入群动息，归鸟趋林鸣。啸傲东轩下，聊复得此生。(《饮酒》其七)

避世之态度，自然之回归，却是一真实的“人境”，陶诗之“篇篇有酒”，其意义在此。

值得注意的是，《饮酒》诗中很多写到鸟，其五、其七是如此，其四亦是：

> 栖栖失群鸟，日暮犹独飞。徘徊无定止，夜夜声转悲。厉响思清远，去来何依依。因值孤生松，敛翮遥来归。劲风无荣木，此荫独不衰。托身已得所，千载不相违。(《饮酒》其四)

失群之鸟徘徊无宁，欲寻一托身之所，看中一株“孤生松”，它有不衰之荫，远远地飞来，终于安居于上。此“失群鸟”即陶公自况，此“孤生松”即田园。它给予鸟以安全感，所以竟能抵抗强大的时序感而欲与之“千载不相违”。换言之，此一“千载不相违”绝不同于“千载忧”，它固然予人(鸟)以自然伟力强大的依托和安全感，却是没有时序感中之历史感的。

> 万族各有托，孤云独无依。暧暧空中灭，何时见余晖。朝霞开宿雾，众鸟相与飞。迟迟出林翮，未夕复来归。量力守故辙，岂不寒与饥？知音苟不存，已矣何所悲。（《咏贫士》其一）

此诗十二句，首四句写无依之孤云，中四句写朝出夕归之众鸟，末四句写“量力守故辙”而知音不存之贫士。云、鸟和人，处于一个自然的类比语境。

逯钦立论《饮酒》其四时这样谈陶诗中之鸟：

> 渊明于归鸟之起兴，实别有领会之妙也。窃谓鱼鸟之生，为最富自然情趣者，而鸟为尤显。夫日出而作，日入而息，推极言之，鸟与我同。鸟归以前，东啄西饮，役于物之时也，役于物故微劳。及归而后，趋林欢鸣，遂其性之时也，遂其性故称情。微劳无惜生之苦，称情则自然而得其生，故鸟之自然无为而最足表现其天趣者，殆俱在日夕之时。既物我相同，人之能挹取自然之奇趣者，亦惟此时。则山气之所以日夕始佳，晚林相鸣之归鸟始乐，固为人类直觉之作用使然，要亦知此直觉之所以有此作用，即合乎自然之哲理也。[1]

逯氏此论，实为至当。他并非意在强调陶氏以归鸟起兴，而是要发明其“别有领会之妙”，即《饮酒》诗中所云之“此中有真意，欲辨已忘言”，其中仿佛有些真切感受到的意趣，却难以细辨，也不妨忘言。那就是，在人类直觉作用之下，“山气日夕佳，飞鸟相与还”“日入群动息，归鸟趋林鸣”之境，都饱含着自然之哲理。因为此一直觉是针对着鸟的群居这一自然现象而来，所以陶氏其实还是运用着比类思维。只是此归鸟之描写乍看似为一比喻，其实陶氏已经悄悄使之向赋体转换了。此种向赋体的转换意味着对自然物之观察更为细致和直接，更少依赖于比兴的联想作用。[2]

看这一首《己酉岁九月九日》如何写蝉：

> 靡靡秋已夕，凄凄风露交。蔓草不复荣，园木空自凋。清气澄余滓，杳然天界高。哀蝉无留响，丛雁鸣云霄。万化相寻异，人生岂不劳。从

---

〔1〕 逯钦立：《汉魏六朝文学论集》，陕西人民出版社1984年版，第241页。

〔2〕 请比较、体会陶渊明的散文《桃花源记》所描写的没有历史的自然乌托邦。

古皆有没，念之中心焦。何以称我情，浊酒且自陶。千载非所知，聊以永今朝。

此诗“哀蝉无留响”一句是写蝉的名句，“留”字被赞为“静察物理之言”[1]。邱嘉穗评此诗云：

此诗亦赋而兴也，以草木凋落，蝉去雁来，引起人生皆有没意，似说得甚可悲。末四句忽以素位不愿外意掉转，大有神力。章法之妙，与《咏贫士》次首同。[2]

邱氏的“赋而兴”一语和前引逯氏言归鸟起兴而别有深意，意思是一样的，都已看到或感觉到了兴法已经为赋体所取代。

他还有一组《归鸟》四首：

翼翼归鸟，晨去于林。远之八表，近憩云岑。和风弗洽，翻翮求心。顾侍相鸣，景庇清阴。（其一）

翼翼归鸟，载翔载飞。虽不怀游，见林情依。遇云颉颃，相鸣而归。遐路诚悠，性爱无遗。（其二）

翼翼归鸟，相林徘徊。岂思天路，欣及旧栖。虽无昔侣，众声每谐。日夕气清，悠然其怀。（其三）

翼翼归鸟，戢羽寒条。游不旷林，宿则森标。晨风清兴，好音时交。矰缴奚施，已卷安劳！（其四）

吴师道评曰：“《归鸟》四章，一章和风，二章接清阴句下，三章日夕气清，四章寒条，具四时意。”[3]虽未必具四时意，不过吴氏此评还是看出四章的安排是依循时序的。这就意味着此诗并非单纯的比体。沃仪仲评曰：“总见当世无可错足，不如倦飞知还之为得。‘已卷安劳’，是全篇心事。四章凭空起义，如海市蜃楼，以比

---

〔1〕［清］吴瞻泰辑《陶诗汇注》卷三引王棠语，见北京大学中文系文学史教研室教师、五六级四班同学编：《陶渊明诗文汇评》，中华书局1961年版，第144页。

〔2〕［清］邱嘉穗：《东山草堂陶诗笺》卷三，见北京大学中文系文学史教研室教师、五六级四班同学编：《陶渊明诗文汇评》，中华书局1961年版，第144页。

〔3〕［元］吴师道：《吴礼部诗话》，见北京大学中文系文学史教研室教师、五六级四班同学编：《陶渊明诗文汇评》，中华书局1961年版，第28页。

体为赋体。”[1]沃氏“以比体为赋体”一语可谓是搔着痒处。无论是邱氏的“赋而兴”，还是沃氏的“以比体为赋体”，都指出了向赋体的转换，此一转换联系陶氏其他咏鸟的篇章当可看得更清楚。

如果说饮酒是当下的行为，那么《饮酒》诗中经常出现的鸟也必同为时序感中自然一极的证物。换言之，田园、酒和鸟，以及人，是自然的同一个家族组成，此中的人即类比着鸟的意象，为一“鸟倦飞而知还”(《归去来兮辞》)的归鸟形象。陶氏以自然为乐：

> 少学琴书，偶爱闲静。开卷有得，便欣然忘食。见林木交荫，时鸟变声，亦复欢然有喜。常言五六月中，北窗下卧，遇凉风暂至，自谓是羲皇上人。(《与子俨等疏》)

此一段描述中的赋体即散文化倾向是非常清楚的。不妨说，田园之自然乐趣需要借助散文化的方式来比类式地直接面对，而比兴却更宜于导向历史感或道德义理，这正是陶氏所极力摒去的。

当然，我们还可以提供三个旁证。其一，上引“山气日夕佳，飞鸟相与还”，“日入群动息，归鸟趋林鸣”，“哀蝉无留响”，“已卷安劳”的《归鸟》组诗，正可以和谢灵运的名句“池塘生春草，园柳变鸣禽”(《登池上楼》)同看，谢诗此句出于对自然节候变迁的敏锐直感，绝非比兴，于是，就又回到时序感上来了。可以想象，陶诗也必然与谢诗相仿佛，即便是“望云惭高鸟，临水愧游鱼”(《始作镇军参军经曲阿作》)这样运用比喻的诗句，也同样是观察自然的结果，它固然是比类看，却也是注目当下的同情地看，而非比兴的套语或抽象的联想。

其二，陶诗所描写的人与自然亲和关系在同时代的《世说新语》中亦多有反映：

> 简文入华林园，顾谓左右曰：“会心处，不必在远。翳然林水，便自有濠、濮间想也。觉鸟兽禽鱼，自来亲人。”(《世说新语·言语》)

这里的动物亲人，难道是比兴？当然不是，那是庄子的境界，它表达了人与鸟兽禽鱼天然的亲和关系。请注意，这标志着相异于比兴思维的道德指向复兴了庄子传统，无论是陶渊明还是谢灵运，都必须把他们放到这一时代潮流当中来看。

---

〔1〕［明］黄文焕：《陶诗析义》卷一引，见北京大学中文系文学史教研室教师、五六级四班同学编：《陶渊明诗文汇评》，中华书局1961年版，第29页。

其三，王羲之《兰亭序》曰：

夫人之相与，俯仰一世，或取诸怀抱，晤言一室之内，或因寄所托，放浪形骸之外。虽趣舍万殊，静躁不同，当其欣于所遇，暂得于己，快然自足，不知老之将至。

王氏“欣于所遇，暂得于己，快然自足”诸语可以辨析出如下几层意思：快欣的对象为偶然“所遇”；于“己”仅是“暂得”而已，并非占有；但已然极其满足。在此境遇之中，自己（人）与自然（“所遇”）为亲和关系，同于简文所云“会心处，不必在远”“觉鸟兽禽鱼，自来亲人”；正因为是偶遇，便无暇展开比兴联想，而是欣然对之直接细察，同情地看，因此就有陶氏的“山气日夕佳，飞鸟相与还”，谢氏的“池塘生春草，园柳变鸣禽”。这样的观察是“快然自足”的，即当下、目前的。这正是时序感所要求的观法。

三、散文化

散文化即赋体化和玄言诗倾向。就诗体特征来说，陶诗的散文化是极为奥妙的：一方面，玄思强化了诗体的对话特征（前已述，玄学论辩往往以对话的方式展开）；另一方面，玄思所得之哲理则将他的诗思引向对于当下之直观。于是，散文化与直观结合起来驱散了比兴之联想作用。

请读《庚戌岁九月中于西田获早稻》：

人生归有道，衣食固其端。孰是都不营，而以求自安。开春理常业，岁功聊可观。晨出肆微勤，日入负耒还。山中饶霜露，风气亦先寒。田家岂不苦？弗获辞此难。四体诚乃疲，庶无异患干。盥濯息檐下，斗酒散襟颜。遥遥沮溺心，千载乃相关。但愿常如此，躬耕非所叹。

邱嘉穗评此诗曰：

陶公诗多转势，或数句一转，或一句一转，所以为佳。余最爱“田家岂不苦”四句，逐句作转，其他推类求之，靡篇不有，此萧统所谓“抑扬爽朗，莫之与京”也。他人不知文字之妙全在曲折，而顾为平铺直叙之章，非赘则复矣。[1]

散文化或赋体化，可能导致平铺直叙，陶诗好在没有落入此窠臼，他在铺张的同时以转势作推进，使诗歌平淡之中作波澜起伏，看似单调却实为丰腴，此一特点构成了陶诗结构上的优势。细究之，它其实是《古诗十九首》赋体化倾向的延续和发展。在此一走向中，歌谣的复沓手法被完全放弃，比兴也进一步弱化并融入诗歌散文化整体结构。赋体的铺张平推结构本来并不适合诗歌，在陶诗中，铺张因转势而起波澜，用典因口语而添生气，进一步走向了散文化。这不免是受了玄言诗的影响。

陶诗明显有玄言诗倾向，请读《连雨独饮》：

运生会归尽，终古谓之然。世间有松乔，于今定何间。故老赠余酒，乃言饮得仙。试酌百情远，重觞忽忘天。天岂去此哉，任真无所先。云鹤有奇翼，八表须臾还。自我抱兹独，僶俛四十年。形骸久已化，心在复何言。

这首诗论饮酒并非泛泛，讲出了一个他四十年所悟得之高深道理。它为一个玄学主题，就是“任真无所先”，马墣《陶诗本义》云：

《五月旦作和戴主簿》一首以“居常待其尽”一句为结穴，此篇以“任真无所先”一句为结穴，渊明一生大本领，此二句可以尽之。若合二句为一联，则更妙矣。题曰《连雨独饮》，起处遥遥以独饮之故见其远意，曰：人与万物生于天地之运行，必有归尽处，而不能长生，终古皆如此言而不爽者也。世有松乔能不速尽，然不过少缓耳，于今安在哉！而故老赠余以酒，乃曰：“饮之可以得仙。”夫仙亦非能不尽者，而得之则有其所乐，我试饮之，果百情为之顿远。夫人之不并于天，以有百情于胸也。苟去其百情并天而忘之，是即天矣。天岂远乎此哉？百情去则无所先矣。无所先而后真性见。真性者，天也，故曰：“任真无所先。”则任天也。而酒之功乃能至于如此，我安得而不饮？然独饮而已，莫与之同也。虽然，吾见云鹤之飞，须臾穷于八表，恐彼自有奇翼，非我之所能同。我惟抱我兹独得之情，已僶俛四十年而不知改。吾之形骸久已变化，将归尽矣，惟心则

〔1〕［清］邱嘉穗：《东山草堂陶诗笺》卷三，见北京大学中文系文学史教研室教师、五六级四班同学编：《陶渊明诗文汇评》，中华书局1961年版，第147页。

> 未变；则所言者皆我心，吾心之外，更复何言！故不得不云尔尔也。若云鹤，则非余所敢知矣。[1]

这一大段话，专门写来解释此诗，仅是文字表浅的复述罢了，没有新的意思出来（读者自可比较前引吴淇大段评《古诗十九首》文之新意迭出），无非就是把"任真无所先"一句用文言解释为去百情而任天罢了。不过这一大段文字提醒我们，这首诗若不借助于注解，很难读懂。为什么？因为它缺乏形象，就像"平典似《道德论》"（钟嵘《诗品序》）的玄言诗。唯三、四句"松乔"和十一、十二句"云鹤"为形象，但两者没有内在联系。"运生""归尽""终古""忘天""任真无所先""自我抱兹独"，以及"形骸"与"心"的对举，这些词语都是玄言，非反复琢磨才能大致了解，但还是难以深会。幸好，陶公中间插入"故老赠余酒"一段戏剧性情节，否则，这首诗难免落入玄言诗的窠臼。但马墣对此诗论饮酒意义的四句诗"故老赠余酒，乃言饮得仙。试酌百情远，重觞忽忘天"重视不足。是什么能使他远百情而忽忘天呢？正是饮酒，而非对玄理的思考。如果说，玄思所难解的"结"，端赖饮酒而"解"，那么饮酒就可以通玄理。再进一步说，如果这首诗还不能算是玄言诗，那也仅仅是因为它写到了酒。

再来读《五月旦作和戴主簿》一首：

> 虚舟纵逸棹，回复遂无穷。发岁始俯仰，星纪奄将中。明两萃时物，北林荣且丰。神渊写时雨，晨色奏景风。既来孰不去，人理固不终。居常待其尽，曲肱岂伤冲？迁化或夷险，肆志无窊隆。既事如已高，何必升华嵩。

这就是一首典型的玄言诗，没有注释是读不了的。逯钦立《陶渊明事迹诗文系年》把它和陶氏著名的《形影神三首》诗归在同一年，即义熙九年（413年），陶渊明时年四十九岁。这一年，发生了中国历史上一些重要的文化事件。庐山慧远结莲社宣扬佛教，作《沙门不敬王者论》《形尽神不灭论》和《万佛影铭》等，产生很大影响。

《沙门不敬王者论》为佛教徒对王室不行礼敬找到一个理论根据：佛教徒不必顺化。在儒道传统的天人合一的世界观模型之下，自然（天）的大化（气）流行是两家思想的根本所在，道德教化的必要性其实也是基于大化的实存和享受生命，而佛教则是要从根本上否定自然、生命和时空的真实性。《沙门不敬王者论》云：

---

〔1〕［清］马墣：《陶诗本义》卷二，见北京大学中文系文学史教研室教师、五六级四班同学编：《陶渊明诗文汇评》，中华书局1961年版，第83页。

有情于化，感物而动，动必以情，故其生不绝。其生不绝，则其化弥广而形弥积，情弥滞而累弥深。其为患也，焉可胜言哉？是故经称："泥洹不变，以化尽为宅；三界流动，以罪苦为场。化尽则因缘永息，流动则受苦无穷。"[1]

佛教以为，人的形躯是生命之桎梏，情感为生命之累赘，对此二端越是执着，人的罪孽就越沉重。慧远的不顺化，是对大化（自然）和教化（伦理）的双重否定。这样，儒道两家的人生而有情、感物而动的生命哲学就受到了根本的怀疑和冲击。看破的结果，是否定自然之造化，否定有情之生命，以达涅槃之境："不以情累其生，则生可灭；不以生累其神，则神可冥。冥神绝境，故谓之泥洹。"[2]涅槃（"泥洹"）是对人生烦恼的超越，它不死也不生，没有情感和欲望，是一种高度智慧的生存境界，是人的真实和本质。这个东西最精，它的传递是看不见的，"情数相感，其化无端，因缘密构，潜相传写"[3]，它就是不会随粗的"形"而灭的"神"。[4] 以下讨论陶氏《形影神三首》时即将慧远此论作为对比。

《形影神》诗序：

贵贱贤愚，莫不营营以惜生，斯甚惑焉；故极陈形影之苦，言神辨自然以释之。好事君子，共取其心焉。

《形赠影》：

天地长不没，山川无改时。草木得常理，霜露荣悴之。谓人最灵智，独复不如兹。适见在世中，奄去靡归期。奚觉无一人，亲识岂相思！但余平生物，举目情凄洏。我无腾化术，必尔不复疑。愿君取吾言，得酒莫苟辞。

"形"指人的肉体，"影"指人的精神。诗中"形"对"影"说，天地永远不会沉没，山川亦不会改变时序，即使是草木也因霜露而荣枯循环，虽说人是天地人三才中最有灵智的，却并不如这些自然物，死了就永远没有了。若是没有白日升天、长生

---

〔1〕［晋］慧远：《沙门不敬王者论》，见［晋］慧远：《庐山慧远大师文集》，九州出版社2014年版，第6页。
〔2〕［晋］慧远：《沙门不敬王者论》，见［晋］慧远：《庐山慧远大师文集》，九州出版社2014年版，第6页。
〔3〕［晋］慧远：《沙门不敬王者论》，见［晋］慧远：《庐山慧远大师文集》，九州出版社2014年版，第10页。
〔4〕参看拙著《禅宗美学》，北京大学出版社2006年版，第48—54页。

世上的腾化之术，那么且放弃长生之念，喝酒吧！

《影答形》：

> 存生不可言，卫生每苦拙。诚愿游昆华，邈然兹道绝。与子相遇来，未尝异悲悦。憩荫若暂乖，止日终不别。此同既难常，黯尔俱时灭。身没名亦尽，念之五情热。立善有遗爱，胡为不自竭？酒云能消忧，方此讵不劣！

此诗为“影”回答“形”上所赠诗。“形”与“影”是什么关系呢？两者相随不分，只有当立于树荫之下才偶尔乖离。既然两者不能分开，那么如果身体没有了，名声也即随之而亡。想到这一层，不免让人焦虑。再设若：存生不可能做到，那能否通过立善的行为把爱及其名声传给后世呢？汪洪度曰：“《形赠影》乃挥杯劝影之言，《影答形》言饮酒不如立善之为正，皆从无可奈何中各想一消遣之法，设两造以待神为之释也。”〔1〕

《神释》：

> 大钧无私力，万物自森著。人为三才中，岂不以我故！与君虽异物，生而相依附。结托既喜同，安得不相语！三皇大圣人，今复在何处？彭祖爱永年，欲留不得住。老少同一死，贤愚无复数。日醉或能忘，将非促龄具！立善常所欣，谁当为汝誉？甚念伤吾生，正宜委运去。纵浪大化中，不喜亦不惧。应尽便须尽，无复独多虑。

“神”把前两诗的主题均予以否定，世界是个什么结构呢？“大钧无私力，万物自森著”，这就是强大到无以复加的时序感，世间万物包括天、地、人和形、神、影都在其中随时而运作，它们形成“异物”而“相依附”的关系〔2〕。在此结构中，“神”的建议是：无须多想，不喜不惧，纵浪大化。还是归结到时序感上来了。须注意的是，此一“大钧无私力，万物自森著”的时序感却没有道德的含义，完全是玄学的自然义。

现在不妨对比着看慧远如何论“神”和“物感”以及“情”：

---

〔1〕［清］吴瞻泰：《陶诗汇注》卷二引，见北京大学中文系文学史教研室教师、五六级四班同学编：《陶渊明诗文汇评》，中华书局 1961 年版，第 36 页。

〔2〕 玄学家郭象的“独化说”正是把唇齿之间解释为不同的个体相异而相依的关系。玄学认为，这种关系构成了世界的基本秩序。

> 神也者，圆应无生，妙尽无名，感物而动，假数而行。感物而非物，故物化而不灭；假数而非数，故数尽而不穷。有情则可以物感，有识则可以数求。数有精粗，故其性各异。智有明暗，故其照不同。推此而论，则知化以情感，神以化传。情为化之母，神为情之根。情有会物之道，神有冥移之功。[1]

在慧远看来，神的运行非常玄妙，它无生、无名，虽然“感物而动”，却不随物化，“假数而行”，却不随数尽。因为人有情，才可以感大化之流行，而神则借着化而传递无穷，所以说神是“情之根”。神固然随着大化变迁而在自然物上传递，却并不像情感物那样看得到其生灭，它只是“冥移”罢了。只有这个“冥移”的东西才不为情和生所累，才是根本绝境，它就是涅槃，于是，形尽而神不灭。

以慧远的说法比照陶氏《形神影三首》和《五月旦作和戴主簿》所讲随大化而尽的道理，显然，陶诗为针对慧远而发，是与佛教徒的论战。既然是讲玄理，则把它判为玄言诗，当是合适的，当然它有为而发，比一般空洞的玄言诗要积极得多。

这三首诗的主题是论形、神、影三者关系，杨勇云：“此诗要旨，俱见诗序；而以形神设喻，殆当时士流风尚。如桓谭《新论·形神》，沈约《形神论》等是。”[2]就如玄学家讨论有与无、名教与自然、言与意、声无哀乐等主题一样，往往采用论难方法，确为时代风气使然。

因此，《形影神三首》构成一组玄学对话。形、神、影为对话的主体，其中论到天、地、人构成宇宙的三个大分类，人为天地之中，只有它在不时考量自身与自然即天地的关系，这个考量的主体就是“神”(我)，“与君虽异物，生而相依附”，意思是说“我”(神)虽与形、影为异物，但三者之间却是互相依存的关系，因此，互相是可以相语的。不妨说，在宇宙或世界即陶氏所谓无私的“大均”“大化”或“自然”中，“万物”都是在一种散文化的对话结构中互相依存，“委运”也好，“纵浪”也好，其主导因素就是不以人的意志为转移的时序。换言之，世界的存在真相即是一种随时的散文式对话，这或许就构成了陶诗散文化或赋体化的哲学背景。可见，陶渊明其实是非常深地浸淫于玄言诗，他的诗歌的散文化，正是和他的玄学思考紧密相连的。

同样值得注意的是，《形影神三首》还论到了对饮酒的不同态度。“形”积极地看酒，劝说“影”“得酒莫苟辞”，“影”则消极地看酒，说：“立善有遗爱，胡为不自竭？酒云能消忧，方此讵不劣！”在酒与名之间彷徨，既喜酒能消忧，又怕饮酒坏了名

---

〔1〕［晋］慧远：《沙门不敬王者论》，见［晋］慧远：《庐山慧远大师文集》，九州出版社2014年版，第9页。

〔2〕杨勇：《陶渊明集校笺》，上海古籍出版社2007年版，第46页。

声。"神"则针对"影"的顾虑,进一步劝解道:"日醉或能忘,将非促龄具!立善常所欣,谁当为汝誉?"[1]酒可忘情,不必担心折寿,即便做了善事,后人也未必称誉。"神"看酒比"形"更积极。这更深刻地说明,饮酒在陶是一当下之行为,具有道家自然观的价值取向,并支持了他诗歌的散文化走向。

朱自清在萧望卿著《陶渊明批评》一书的序中说:

> 陶渊明的创获是在五言诗,本书说,"到他手里,才是更广泛的将日常生活诗化",又说他"用比较接近说话的语言",是很得要领的。陶诗显然接受了玄言诗的影响。玄言诗虽然抄袭《老》《庄》,落了套头,但用的似乎正是"比较接近说话的语言"。因为只有"比较接近说话的语言",才比较的尽意而入玄;骈俪的词句是不能如此直截了当的。那时固然是骈俪时代,然而未尝不重"接近说话的语言"。《世说新语》那部名著便是这种语言的纪录。这样看陶渊明用这种语言来作诗,也就不是奇迹了。他之所以超过玄言诗,却在他摆脱那些《老》《庄》的套头,而将自己日常生活化入诗里。[2]

陶诗运用"比较接近说话的语言"来抒写的主题展开为两个方向。其一,玄言,有些诗很难懂,就是玄言诗,这是消极的,但玄言平添其哲思深度,并助推其散文化走向,是积极的;其二,邻居友朋谈论,此类谈论的展开之所即其语境往往是田园。如果说两类都是散文化的走向,那么正是第二类冲淡了第一类的"平典"奥深倾向。

上文说到,陶渊明为解除孤独感,非常需要知音,因此他的诗里很多写到友朋往来,有时直接以对话方式出现。为说明陶氏如何驱逐孤独感,不妨先来体会一下他的孤独:

> 白日沦西阿,素月出东岭。遥遥万里辉,荡荡空中景。风来入房户,夜中枕席冷。气变悟时易,不眠知夕永。欲言无予和,挥杯劝孤影。日月掷人去,有志不获骋。念此怀悲凄,终晓不能静。(《杂诗八首》其二)

这诗正是写的时序感之下"失群鸟"的形象。"欲言无予和,挥杯劝孤影。日

---

〔1〕 嵇康《答难养生论》:"聘享嘉会,则肴馔旨酒。……味之者口爽,服之者短祚。"见戴明扬:《嵇康集校注》,人民文学出版社 1962 年版,第 184 页。

〔2〕 朱自清:《朱自清古典文学论文集》(上),上海古籍出版社 1981 年版,第 90 页。

月掷人去，有志不获骋"，如此孤独影单，深怀悲凄，永夜不寐，长此以往，人就不免陷于深重的危机感之中。因此，他要作出"结庐在人境"的选择，在此"心远地自偏"的"人境"，一种从未有过的人际交流得以展开。钟惺云："陶公山水朋友诗文之乐，即从田园耕凿中一段忧勤讨出，不别作一副旷达之语，所以为真旷达也。"[1]诚为的论。

他的诗写与邻居谈论农事，典型的有：

时复墟曲中，披草共来往。相见无杂言，但道桑麻长。（《归园田居五首》其二）

昔欲居南村，非为卜其宅。闻多素心人，乐与数晨夕。怀此颇有年，今日从兹役。敝庐何必广，取足蔽床席。邻曲时时来，抗言谈在昔。奇文共欣赏，疑义相与析。（《移居二首》其一）

春秋多佳日，登高赋新诗。过门更相呼，有酒斟酌之。农务各自归，闲暇辄相思。相思则披衣，言笑无厌时。此理将不胜，无为忽去兹。衣食当须纪，力耕不吾欺。（《移居二首》其二）

这些友朋是"素心人"，劳作之暇碰见，寒暄起来，"相见无杂言，但道桑麻长"，话题集中于农务，这是古代文人诗歌中首次出现的。农事之余，不免相思，过门而呼，相聚在一起，就要饮酒赋诗，"乐与数晨夕""言笑无厌时"，快乐无比。这种田园中的友朋交流，贯彻了"衣食当须纪，力耕不吾欺"的共同信条，互相关爱，没有任何功利意图，却拥有绝对的人际安全感。

有的诗是对话体，在对话中陶氏表达了坚定的归隐田园之志。

清晨闻叩门，倒裳往自开。问子为谁欤？田父有好怀。壶浆远见候，疑我与时乖。褴缕茅檐下，未足为高栖。一世皆尚同，愿君汩其泥。深感父老言，禀气寡所谐。纡辔诚可学，违己讵非迷。且共欢此饮，吾驾不可回。（《饮酒》其九）

久去山泽游，浪莽林野娱。试携子侄辈，披榛步荒墟。徘徊丘陇间，依依昔人居。井灶有遗处，桑竹残朽株。借问采薪者，此人皆焉如？薪者向我言，死殁无复余。一世异朝市，此语真不虚！人生似幻化，终当归空无。（《归园田居五首》其四）

---

〔1〕［明］钟伯敬、［明］谭元春评选：《古诗归》卷九，见北京大学中文系文学史教研室教师、五六级四班同学编：《陶渊明诗文汇评》，中华书局1961年版，第149页。

这两首是典型的对话体。前一首是好心的"田父"来劝他另择高栖，而他则明示归隐之志——"吾驾不可回"，后一首是诗人与采薪者讨论死亡的无可逃避。还有准对话体的，如：

故人赏我趣，挈壶相与至。班荆坐松下，数斟已复醉。父老杂乱言，觞酌失行次。不觉知有我，安知物为贵。悠悠迷所留，酒中有深味。（《饮酒》其十四）

饥来驱我去，不知竟何之。行行至斯里，叩门拙言辞。主人解余意，遗赠岂虚来。谈谐终日夕，觞至辄倾杯。情欣新知欢，言咏遂赋诗。感子漂母惠，愧我非韩才。衔戢知何谢，冥报以相贻。（《乞食》）

从这两诗可以见出，其实饮酒在陶氏是一种交流行为，对话正是在饮酒的语境中展开。

《拟古》其三也是对话体，不过较为隐蔽罢了：

仲春遘时雨，始雷发东隅。众蛰各潜骇，草木纵横舒。翩翩新来燕，双双入我庐。先巢故尚在，相将还旧居。自从分别来，门庭日荒芜。我心固匪石，君情定何如？

新来燕"双双入我庐"，"我"为屋主人，"先巢"在"我庐"，然"还旧居"者却是燕子。此燕子曾经与主人"分别"，回来却看到"门庭日荒芜"，因此主人问燕子："我心固匪石，君情定何如？"此诗旧说寄托不肯背弃之义，深求之固无不可，不过把它读作一篇对话亦是别有滋味。

当然，赠答诗也是意在展开对话，如下面两首。

《答庞参军并序》：

三复来贶，欲罢不能。自尔邻曲，冬春再交。款然良对，忽成旧游。俗谚云"数面成亲旧"，况情过此者乎？人事好乖，便当语离。杨公所叹，岂惟常悲。吾抱疾多年，不复为文，本既不丰，复老病继之；辄依《周礼》往复之义，且为别后相思之资。

相知何必旧，倾盖定前言。
有客赏我趣，每每顾林园。
谈谐无俗调，所说圣人篇。

或有数斗酒，闲饮自欢然。
我实幽居士，无复东西缘。
物新人惟旧，弱毫多所宣。
情通万里外，形迹滞江山。
君其爱体素，来会在何年？

邱嘉穗评云："此篇足见陶公善与人交处，'谈谐'数语既敬且和，'情通万里外'数语，又期以从要不忘之谊。序中所谓'依《周礼》往复之义'者，岂虚语哉！"〔1〕温汝能评云："与人款接，往往于赠答之什，自有一种深挚不可忘处，此古人所以不可企也。"〔2〕

《与殷晋安别并序》：

殷先作安南府长史掾，因居浔阳，后作太尉参军，移家东下，作此以赠。

游好非少长，一遇尽殷勤。
信宿酬清话，益复知为亲。
去岁家南里，薄作少时邻。
负杖肆游从，淹留忘宵晨。
语默自殊势，亦知当乖分。
未谓事已及，兴言在兹春。
飘飘西来风，悠悠东去云。
山川千里外，言笑难为因。
良才不隐世，江湖多贱贫。
脱有经过便，念来存故人。

殷景仁先为晋臣，后又仕宋，但陶诗却不加劝讽。吴菘云："深情厚道，绝无讥讽意。'良才不隐世'，并不以殷之出为卑；'江湖多贱贫'，亦不以己之处为高。各行其志，正应'语默自殊势'句，真所谓'肆志无污隆'也。"〔3〕陶氏的这种处世方式，

〔1〕［清］邱嘉穗：《东山草堂陶诗笺》卷二，见北京大学中文系文学史教研室教师、五六级四班同学编：《陶渊明诗文汇评》，中华书局1961年版，第77页。

〔2〕［清］温汝能：《陶诗汇评》卷二，见北京大学中文系文学史教研室教师、五六级四班同学编：《陶渊明诗文汇评》，中华书局1961年版，第77页。

〔3〕［清］吴菘：《论陶》，见北京大学中文系文学史教研室教师、五六级四班同学编：《陶渊明诗文汇评》，中华书局1961年版，第100—101页。

恰是魏晋风度，即嵇康所谓“各遂其志”的意思，也完全合符玄学“独化”论的原理。不妨说，人各有志，“但使愿无违”，亦是一种对话的态度。正是这种态度，赋予陶诗以极高的诗学境界。此一境界是散文式的，田园化的，旷达、通脱的。基于此种理解，我们再来读他著名的《归园田居五首》其三，当可有更深一层的体会。

种豆南山下，草盛豆苗稀。晨兴理荒秽，带月荷锄归。道狭草木长，夕露沾我衣。衣沾不足惜，但使愿无违。

把时序感种植到田园之中，超脱政治、历史，正是他的志向之所在。他与自然为邻，亲自从事劳作，饮酒赋诗，不过却不再调用比兴来高扬道德人格。自然就是自己生存的家园，逍遥优游于此，一切亲切无比，创作主体只需执持一种“欲辨已忘言”的玄学态度和“但使愿无违”的平和心情。既无须在诗中汲汲于抒情，也不必刻意表现自我，他与自然全然为一。他的基本世界观或生活态度可以说就是散文化，它展开一种平等的对话关系，就如著名玄学家郭象说的唇齿相依，虽然两者互相依赖，不可或缺，但彼此间却没有因果联系。然而，传统的比兴却是讲因果的，它总是有一个指向，或是道德，或是其他。

于是，我们终于寻得一位钟情于田园、散文化的大诗人。

第三节　谢灵运的山水诗：直观与审美游戏

如果说，缘情诗的主客架构是情与景，意在发抒情，那么玄言诗的主客架构就是理与景，意在以理抑情，并置理入景。对玄言诗而言，情感不再占有主位，而理与景的微妙关系，又有可能引导一种以新的观法为背景之诗思出现，此一变化极为重要。

缘情说的倡始人是陆机，他所欲缘之情乃以悲情为主，太康诗歌中主客的基本架构就是情与景，“诗缘情”则为诗歌作了一个文体的定位。此一文体定位在接下来的玄言诗中却发生某种转向，诗人欲“借山水以化其郁结”，基本架构转为景与理，情则被消极地对待。

东晋玄学家孙绰是玄言诗的代表诗人，他论诗亦提出了“物感”和“触兴”的观念：

情因所习而迁移，物触所遇而兴感。……闲步于林野，则辽落之志兴。……屡借山水以化其郁结，永一日之足，当百年之溢。以暮春之始，

> 禊于南涧之滨，高岭千寻，长湖万顷，隆屈澄汪之势，可为壮矣。乃席芳草，镜清流，览卉木，观鱼鸟，具物同荣，资生咸畅。于是和以醇醪，齐以达观，决然兀矣，焉复觉鹏鷃之二物哉。（《三月三日兰亭诗序》）[1]

这里所谓的"物感"和"触兴"，针对着人之"所遇"。人心中因自身境遇而积聚之情感为"所遇"，因与外物相触而兴发为"感"，此情因景而感发出来就叫作"借山水以化其郁结"。"物感"和"触兴"，两词同意。

不过，在玄言诗人孙绰那里，与其说描写山水意在抒情，还不如说是反抒情，因为他说得很清楚，那是要"化郁结"而"齐以达观"。所化之"郁结"固然可以理解为上引陆机"悲情触物感，沉思郁缠绵"等意思，然其措意倒是不在"悲"而在"玄"；所谓"齐以达观"，即"具物同荣，资生咸畅"式的玄学境界。孙绰在《太尉庾亮碑》中赞道："公雅好所托，常在尘垢之外。虽柔心应世，蠖屈其迹，而方寸湛然，固以玄对山水。"[2]"尘垢之外"的"柔心"，"蠖屈其迹"，"方寸湛然"，这样的一颗心，为"玄"心，正是它在面对山水，所以叫"玄对"。"玄对"是一种玄学态度，并非简单的缘情，毋宁说是反缘情。

玄言诗在中古诗学史上起了个大作用，就是给缘情诗学沉重一击，抽去比兴的梯子，逼着情感撤退。从技术上说，玄学态度下的诗歌其主客架构是玄（理）与景（物），而非情与景（物）。"散怀"式的抒情只是发生于被视为大化的自然山水之语境，而与比兴脱开干系。此时，诗体就非传统诗骚式的了，比兴传统被中止。然而，玄言诗"情既离乎比兴"的撤退正好给山水诗腾出道路——谢灵运登场了。

一、物感经验的变迁

谢灵运（385—433 年），生卒年略晚于陶渊明，通常把他们视为同期的诗人。可以想见，他的诗歌创作背景大体同于陶，即以时序感为主的物感经验，受玄言诗、赋体还有佛教的影响，等等。但是，陶谢之间有两点区别非常重要。

其一，陶氏诗其质直如"田家语"（钟嵘《诗品》），在当时问津者颇少，人们更看重他的隐士品格。钟嵘称其为"隐逸诗人之宗"，仅归之为中品，刘勰则干脆不提。而谢氏就大不同了，沈约《宋书·谢灵运传》记谢诗广为时人传诵的盛况："每有一诗至都邑，贵贱莫不竞写，宿昔之间，士庶皆遍，远近钦慕，名动京师。"其实陶、谢正处在玄言诗百年流风渐渐消息之时，陶氏的田园诗默默无闻，而谢氏却担当了

---

〔1〕［唐］欧阳询等：《艺文类聚》卷四，上海古籍出版社 1982 年版，第 71—72 页。

〔2〕［晋］孙绰：《太尉庾亮碑》，见余嘉锡：《世说新语笺疏》，上海古籍出版社 1993 年版，第 512 页。

牵引玄风从而使玄言诗转到山水诗的先锋。《宋书·谢灵运传》记:“灵运既东还,与族弟惠连、东海何长瑜、颍川荀雍、太山羊璇之,以文章赏会,共为山泽之游,时人谓之四友。”他的《登临海峤初发强中作与从弟惠连见羊何共和之》称“欲抑一生欢,并奔千里游”,《文选》李善注此句曰“言远别已为抑欢,千里逾加离思”,但李氏又引《列子》公孙朝语“欲尽一生之欢,穷当年之乐”。如果本句出于公孙朝语意,那么李氏把“抑欢”注为“远别”就错了,而公孙朝语的本意是,要把握当下,穷尽一生的欢乐[1],也就是及时行乐的意思。不过谢客把及时行乐意落实在山水的“千里游”,正与陶潜把此意落实在田园生活相仿佛。可见谢灵运游山玩水的意志之坚定、热情之高涨。正因为此,谢氏山水诗的美学在中国中古美学史上有着特殊的地位。谢灵运的模山范水,不再借助于传统比兴诗思的联想和想象,而是凭直接感知创作山水诗,一套新的创作规则于是珠胎暗结。了解这套规则并探明其产生的背景,对于把握中古诗歌运动在六朝的转向至关重要。

其二,更值得注意的是他们与佛教的关系。

谢灵运是一位感物情深的圣手,甚至不妨说正是他把“物感”的美学推向了高峰。他作有《感时赋》,其序云“逝物之感,有生所同。颓年致悲,时惧其速”,这就是其基调为悲情之时序感。此时序感并非从人心直接发出,而是“相物类以迨已”(《感时赋》),“迨”即及,《伤己赋》云“始春芳而羡物,终岁徂而感己”,就是说,正因为观察到众多物类不免随时而逝的结局,才引发自己亦不免之悲情。他的诗作随处体现此强烈的时序意识或生命迁逝感,请读其两首早期的岁暮诗:

> 殷忧不能寐,苦此夜难颓。明月照积雪,朔风劲且哀。运往无淹物,年逝觉已催。(《岁暮》)
>
> 草草眷物徂,契契矜岁殚。楚艳起行戚,吴趋绝归欢。修带缓旧裳,素鬓改朱颜。晚暮悲独坐,鸣鶗歇春兰。(《彭城宫中直感岁暮》)

这两首写岁暮之感,并非山水诗,“物”随“运”而徂而逝,并不随人意稍作淹留,而只是觉得年岁“催”人,但歌舞只是“起行戚”“绝归欢”,于是就有殷忧和独悲,即使是“明月照积雪,朔风劲且哀”这样爽健的写景名句,也渗透着哀情。这样一种经验,完全应和着自然的变迁,正所谓“鼻感改朔气,眼伤变节荣”(《悲哉行》)、“节往戚不浅,感来念已深”(《晚出西射堂》)。类似的诗句还有许多,如“览物起悲绪,顾己识忧

---

〔1〕《列子·杨朱》原文:“为欲尽一生之欢,穷当年之乐,唯患腹溢而不得恣口之饮,力惫而不得肆情于色,不遑忧名声之丑,性命之危也。”见杨伯峻:《列子集释》,中华书局1979年版,第226页。又,李运富编注《谢灵运集》注:“抑:犹尽。”

端”(《长歌行》)、“含情易为盈，遇物难可歇”(《邻里相送至方山》)、“感节良已深，怀古徒役思”(《初往新安至桐庐口》)、“遭物悼迁斥，存期得要妙”(《七里濑》)、“非徒不弭忘，览物情弥遒”(《郡东山望溟海诗》)、“即事怨睽携，感物方凄戚”(《南楼中望所迟客》)、“千念集日夜，万感盈朝昏”(《入彭蠡湖口》)等。

奇怪的是，他于“感物”中作出一种努力，由“逐物”而“轻物”“忽物”“舍物”“赏物”“玩物”……使抒情成分渐淡：“束发怀耿介，逐物遂推迁”(《过始宁墅》)、“虑淡物自轻，意惬理无违”(《石壁精舍还湖中作》)(“一悟得意”“一悟理”)、“矜名道不足，适已物可忽”(《游赤石进帆海》)，他甚至说“感深操不固，质弱易版缠”(《还旧园作见颜范二中书》)[1]，“感深”无非为外物所摇动，因而人的志节操守不稳固，不如“遗情舍尘物，贞观丘壑美”(《述祖德诗二首》其二)，于是，“物”由功利的对象而转为审美的对象，但是人们并不如他这般懂得“赏物”，不由感叹“表灵物莫赏，蕴真谁为传”(《登江中孤屿》)，“妙物莫为赏”(《石门岩上宿》)，所“赏”虽然还称为“物”，其实却已经转为“景”，成为“观”的对象，甚而至于说“天下良辰、美景、赏心、乐事，四者难并”(《拟魏太子邺中集诗八首》小序)，自称“弄波不辍手，玩景岂停目”(《初发入南城》)。这里体现的过程是：逐物—轻物—赏物或玩物。显然，自然山水已经成为他审美经验的直接而单纯的对象。

谢灵运诗文中出现的“玩”字还有：《山居赋》的“玩水弄石”“细趣密玩”，《初往新安至桐庐口》的“景夕群物清，对玩咸可喜”。小川环树说：

> 这“对玩”两字是表示诗人的态度、熟视风景的态度。小尾郊一博士曾注意到谢灵运的诗文里屡次出现的“赏心”一语，详细论析“赏”的字义沿革，证明由赏赐之义，转而为赏扬、赏识之义，再转为赏玩、欣赏之义。小尾氏所引《世说新语》的赏玩一语，也即是欣赏山水之景(自然美)的意思：“刘尹云：孙承公狂士，每至一处，赏玩累日，或回至半路却返，(《世说》任诞篇)注，中兴书曰，承公……性好山水，……名埠胜川，靡不历览。”晋张载(景阳)的诗里，有“玩万物”一语：“《杂诗》(十首之三)云：金风扇素节，丹霞启阴期。腾云似涌烟，密雨如散丝。寒花发黄采，秋草含绿滋。闲居玩万物，离群恋所思。……”(《文选》卷二九)这里，张载所看着的是“万物”，而“玩”字，固然含有欣赏的意思，我想强调一下，这儿也有对风景凝视的态度，而这种态度可说是引发出六朝叙景诗的。[2]

---

〔1〕 请比较前引“节往戚不浅，感来念已深”(《晚出西射堂》)句。

〔2〕 (日)小川环树：《论中国诗》，谭汝谦、陈志诚、梁国豪译，贵州人民出版社2009年版，第17—18页。

陆云《赠郑曼季诗四首·高冈》(四章之四)也云:“幽居玩物,顾景自颐。”两句对看,“玩物”明显是把玩的意思。闾丘冲《答赵景猷诗(十一章)》有“俯玩琁濑,仰看琼华”,庾阐《观石鼓诗》有“手澡春泉洁,目玩阳葩鲜”,诸“玩”字都具游戏自然之品格。

郑毓瑜《观看与存有:试论六朝由人伦品鉴至于山水诗的寓目美学观》[1]一文也对这一点作了颇具现代意义的精彩深研与发挥,她通过对谢灵运诗中一部分代表性写景句的分析,揭示出大谢山水诗是以自己切实的目见身历,对山水景观从声、色、形、光、影,动态与静态,深度与厚度等各个方面进行了生动逼真的描绘,从而表现出“占据实际空间而不只是平面图版的具体山水”,并将其称为“没有情意感动的景观”。以她评大谢《石壁精舍还湖中作》诗为例(诗见下):

> 种种这些目见身历就足以让人愉悦自在,不假外求。所谓“虑淡物自轻,意惬理无违”,“理”犹本性、本真、正表明安处真实本然的世界,则对身外之物可以无所计营。因此谢灵运说“寄言摄生客,试用此道推”,并毋须深求是有意假借山水观览喻指归隐避世或齐物玄游;他只是现身说法,认为排除了情志念虑的纠葛之后——比如“昏旦变气候”并不必要去感时叹逝、忧独怀远,而直接投身在天地宇宙,让风光物色在我身目间流荡出入,就可以织综出实存安处的美丽新境。[2]

这里,“不假外求”“无所计营”“毋须深求……喻指……”和“排除了情志念虑”诸语值得重视。下面一段话更具重要性:

> 就情景是否交融这一方面来说,我们认为谢诗中出现似乎没有情意感动的景观,其实正是因为对视看身观有崭新、深入的体验,使得寓目物色不容被重塑、改造,而做出最真实本然的展现;至于诗篇末尾的“兴情”“悟理”……又很可能只是观见体验的类推引申,而情理概念的落居陪衬客位,正说明了寓目之美观、蕴真之实景的优先地位。当然,把这样的山水诗,放在传统以情为主而取物拟喻的情景观念底下加以检验,难免格格不入,无法合契了。[3]

---

〔1〕 郑文刊于台湾逢甲大学中文系所编:《中国文学理论与批评论文集》,新文丰出版公司1995年版。另请参看拙文《作为审美游戏的谢灵运山水诗——兼评郑毓瑜和萧驰对大谢山水诗的读解》,见滕守尧主编:《美学》(第二卷),南京出版社2008年版,第107—121页。

〔2〕 郑毓瑜:《观看与存有:试论六朝由人伦品鉴至于山水诗的寓目美学观》,见台湾逢甲大学中文系所编:《中国文学理论与批评论文集》,新文丰出版公司1995年版,第269页。

〔3〕 同上书,第271页。

上引诗中的"清晖能娱人""愉悦偃东扉"不过是"虑淡""意惬"而并非抒情，这首诗正所谓"没有情意感动的景观"，因此郑氏提出不能把这样的诗归入"传统以情为主而取物拟喻的情景观念底下加以检验"，是极有见地的。如果此说可以成立，那么大谢山水诗就必然脱离言志、缘情的古诗传统而走上一条新的道路，郑氏称之为"寓目之美观、蕴真之实景"[1]，并且现于其山水诗而有一"崭新自我"："由人与山水共同完成的寓目实存——由于我的投注表现了真山实水；而在山水的本质结构中有我的中心席位。"[2]

不过，如果说谢氏并非"有意假借山水观览喻指归隐避世或齐物玄游"，那么"虑淡物自轻，意惬理无违"，所谓诗篇末尾的"悟理"之"理"，真的犹如本性、本真，"正表明安处真实本然的世界，则对身外之物可以无所计营"吗？而"至于诗篇末尾的'兴情''悟理'……又很可能只是观见体验的类推引申，而情理概念的落居陪衬客位，正说明了寓目之美观、蕴真之实景的优先地位"一语，又矛盾地将情理概念视为"观见体验的类推引申"而"落居陪衬客位"。谢诗中的"理"，到底是本性、本真、真实本然，还是类推引申、陪衬的客位？而那个"崭新自我"固然与"情"脱了干系，但与"理"竟然是没有关联的吗？此一问难，必须将它们放到谢灵运那个时代的背景中去，才会有正解。显然，谢诗中多次出现的那个"理"，还是值得深究的。它暗示着，谢诗中所描写的自然山水景观，并不是纯然客观的，而是在某种观法中呈现的。那么，郑氏有没有可能被刘勰"如印之印泥"说所误导了？

谢氏明确说自然是美的，仅《山居赋》中就有：山水"呈美表趣"，"物之偕美"，"寓目之美观"，"伤美物之遂化，怨浮龄之如借"，等等。在此"寓目之美观"之境，由于有了真实而非想象的游山玩水经验，物感经验中情感因时序而兴发的两位一体之"感时"和"缘情"，在大谢山水诗中发生了分裂和转向。从"感时"一方面看，缘于自然物象变化的时序感得到加强而非削弱，在游观中培养起对山水之声色变幻的高度敏感，恰是体现在对时空相值之点的具体而准确的把握上。从"缘情"这一方面看，借助于联想式想象而获得动力之抒情冲动即起兴或物感被游山玩水之过程冲淡。"感"的具体化和强化与"情"的虚化和弱化，恰恰重叠在作为山水诗创作的出发点之上，这正是大谢上文所涉诸"鼻感""览物"或"感节"经验不废而反获强化的道理。本来，时序之感是作为人生之痛和天人之际等功利价值的承载体的，现在却转换为游山玩水中"弄波"和"玩景"的声色之感以及"虑淡""物轻"和

---

〔1〕 查谢诗，"景"字大多为光线的意思，唯"天下良辰、美景、赏心、乐事，四者难并"（《拟魏太子邺中集诗八首》小序）之"美景"指美丽的景致，和"风景"有相合之处。请参看（日）小川环树：《论中国诗》，谭汝谦、陈志诚、梁国豪译，贵州人民出版社2009年版，第6—7页。所以郑氏此"实景"其实是"实境"。

〔2〕 郑毓瑜：《观看与存有：试论六朝由人伦品鉴至于山水诗的寓目美学观》，见台湾逢甲大学中文系所编：《中国文学理论与批评论文集》，新文丰出版公司1995年版，第270页。

"意惬"的脱离俗世的觉悟,成为并不单纯的游戏。谢诗中作为空间的自然山水呈现为线性时间(时序)点上微妙的声色变幻,恰恰是在这一时空交汇之点,他才可能臻于"物我同忘,有无一观"之境,感物终于脱离缘情而转向了游戏,新的审美经验于此诞生,这是他作为其时伟大诗人的力量所在。

二、在自然中顿悟的理境

那么,这种寓目游观审美活动的成因是什么呢?可能有两个原因。首先,游山玩水所养成的寓目身观活动本身的游戏性质把他从抒情目的转移开去。正如孙康宜所评说的:

> 如果说在传统诗歌中,"描写"纯然被看作为"抒情"服务之背景的话,那么现在它已成为界说诗歌的基本要素。"描写"的模式不再是装饰或辅助了,它第一次在诗里获得了正统的地位。[1]

这里,孙氏是从文体角度来看,意味着模山范水的诗歌创作在谢灵运时已经是正统了。细究之下,模山范水所要求的"呈美表趣",其实近于现象主义。或许,谢诗还有更重要的思想背景?于是,我们不妨把目光转向佛教自然观和顿悟观法的影响,谢客会不会在游山玩水和模山范水中证悟佛理?

这就要论到他与陶渊明相区别的第二点,即他为佛教进入中国的重要推动者。慧远立白莲社,书信邀陶渊明入社,陶提出许饮酒就去,但是去了以后他却"忽攒眉而去",看来他和佛教确乎没有缘分。而谢灵运就大不同了,他主动要求入社,慧远以他"心乱"而不许(《莲社高贤传》)。虽然如此,但并不妨碍谢氏成为元嘉时代的佛学巨子。[2] 谢氏后来写了不少宣传和研究佛教的文章,如著名的《辨宗论》《佛影铭》《庐山慧远法师诔》《金刚般若经注》等,还大力推动《大般涅盘经》的翻译,并在关于人的觉悟即顿悟与渐悟的讨论中产生广泛而深刻的影响。有鉴于此,考虑佛教对他的山水诗创作的影响是一门紧要的功课,他的山水诗之新的美学品格或许孕育此中。

慧远的佛教理论,求宗不顺化是重要的一条。它是说宗是不变的涅槃,而自然大化却是不停变化、流动无穷的,天地之道,功尽于运化,但它比之独绝之教、不变之宗,还是要低,因此,不变的要高于变化的。这样,其实就宣告了物感经验背

---

〔1〕 (美)孙康宜:《抒情与描写:六朝诗歌概论》,钟振振译,上海三联书店 2006 年版,第 52 页。

〔2〕 参看汤用彤:《汉魏两晋南北朝佛教史》(下册),中华书局 1983 年版,第 297 页。

后的自然主义世界观的终结。自然主义终结以后，取代它的是什么呢？那就是现象主义（至少在诗歌领域），它将自然大化视为空相，即空观所对之相，空从它得到确证。

《文心雕龙·明诗》说：

> 宋初文咏，体有因革，庄老告退，而山水方滋。俪采百字之偶，争价一句之奇，情必极貌以写物，辞必穷力而追新，此近世之所竞也。[1]

这里"庄老告退，而山水方滋"一语影响极大。它认定，山水诗起来，一定是在庄老玄学撤退以后。此论几乎成为中古诗学史的定谳。然而，清人沈曾植欲做翻案文章，他说："康乐总山水庄老之大成，开其先支道林。"[2]看来，深研谢诗，支道林或为一关键。

支遁为当时佛教六家七宗中即色宗的代表人物。《世说新语·文学》注引《妙观章》云"夫色之性也，不自有色。色不自有，虽色而空，故曰'色即为空，色复异空'"[3]。色即现象，为因缘合成，没有自性，僧肇评即色宗"直语色不自色，未领色之非色也"，是说支遁并不明了一切色都是"假有"，因此才是空。换言之，因缘合成者即色，因此而空，但支遁并不愿直言色为假有。或许，此正是支遁在玄佛之间作的折中，如果自然现象（儒道所称的"大化"或佛教所称的"一切色"）都为假有，那么中国人的生存之地就被连底端掉了，这种思维很难让国人接受。确乎，支氏对色的看法，重因缘合成而不言假有，是极有代表性的。

尽管支氏即色义看空的意图非常明确，然而他自己的人生哲学却未必是真正看空的。且观支氏之逍遥义：

> 夫逍遥者，明至人之心也。……至人乘天正而高兴，游无穷于放浪，物物而不物于物，则遥然不我得。玄感不为，不疾而速，则逍然靡不适。此所以为逍遥也。[4]

此处"物物而不物于物"一说，仍范围于庄子一派。这种逍遥，也并非看空的

---

〔1〕 范文澜：《文心雕龙注》（上册），人民文学出版社1958年版，第67页。

〔2〕 [清]沈曾植：《与金甸丞太守论诗书》，见王元化主编：《学术集林》卷三，上海远东出版社1995年版，第116—117页。

〔3〕 杨勇：《世说新语校筏》（第一册），中华书局2006年版，第201页。

〔4〕 《世说新语·文学》注引《逍遥论》，见杨勇：《世说新语校笺》（第一册），中华书局2006年版，第201页。

自由。支氏逍遥义，与向、郭之学相近，而即色义，与向、郭之学相近而大异。支氏虽然着重论述了色空之关系，然而将自然或色视为因缘合成而讳言假有的观念，却依然是彻底看空的一道难越的门槛。[1] 请读下面这首诗：

> 端坐邻孤影，眇罔玄思劬。偃蹇收神辔，领略综名书。涉《老》咍双玄，披《庄》玩太初。咏发清风集，触思皆恬愉。俯欣质文蔚，仰悲二匠徂。萧萧柱下迥，寂寂蒙邑虚。廓矣千载事，消液归空无。无矣复何伤，万殊归一途。道会贵冥想，罔象掇玄珠。怅快浊水际，几忘映清渠。反鉴归澄漠，容与含道符。心与理理密，形与物物疏。萧索人事去，独与神明居。(《咏怀诗五首》其二)

本诗基本依玄学的思路，为一首玄言诗。但值得注意的是"心与理理密，形与物物疏"两句，把理字和物字叠用，说明他对理和物的关系思之甚深：心与理密而形与物疏，以臻神明之境。上引《逍遥论》"物物而不物于物"之境，是逍遥之境，不过他又将之贯通于般若之理，《大小品对比要钞序》说：

> 夫般若波罗蜜者，众妙之渊府，群智之玄宗，神王之所由，如来之照功。其为经也，至无空豁，廓然无物者也。无物于物，故能齐于物；无智于智，故能运于智。是故夷三脱于重玄，齐万物于空同，明诸佛之始有，尽群灵之本无，登十住之妙阶，趣无生之径路。[2]

这是针对形而言的。而理则有所不同，是针对心的：

> 理非乎变，变非乎理；教非乎体，体非乎教。故千变万化，莫非理外。神何动哉，以之不动，故应变无穷。……质明则神朗，触理则玄畅。[3]

理是不变的，此乃万法之本、诸法实相，而只有触着这个理才能使人心玄畅："夫至人也，览通群妙，凝神玄冥，灵虚响应，感通无方。"[4]主体的心处于"凝神玄冥"的神秘状态，把世界万物看空，以之来"虚灵回应，感通无方"地触及那实相，于

---

〔1〕 参看吕澄：《中国佛学源流略讲》，中华书局 1979 年版，第 50—51 页。

〔2〕 [南朝梁]释僧祐：《出三藏记集》卷八，中华书局 1995 年版，第 298 页。

〔3〕 同上书，第 300 页。

〔4〕 同上书，第 299 页。

是乎，不变之理取代万变之情成为体悟而非发抒的对象。这样，“即色游玄”就成为玄佛统一的审美活动，因为它在理与情、静与动，或者干脆说是在本体与现象之间游走，甚至比缘情还要更微妙多变。马一浮评支遁诗云：“义从玄出，而诗兼玄义，遂为理境极致。林公造语近朴，而恬澹冲夷，非深于道者不能至，虽陶、谢何以过此。”[1]这里，恬澹冲夷、甚深、极致之“理境”一义，我们不要把它轻易放过。马一浮还说：

> 刘彦和乃谓“庄老告退，山水方滋”，殊非解人语。自来义味玄言，无不寄之山水。如逸少、林公、渊明、康乐，故当把手共行。知此意者，可与言诗、可与论书法矣。[2]

对玄言诗来讲，山水并不是可有可无的，山水的千变万化正对应着理的不变，因此变化并不在理之外，玄佛的道理就是在山水中获得悟解。这是一种新的观法，它是针对着审美主体即“心”的。也正是在这种对自然的微妙的观法中，从支遁开始，色与空的对举为中国人的审美心理和审美经验开辟了新的领域。色的观念渐渐地起来，与物（外物，指人的生理和名利欲求的对象）和自然（化）的观念互相渗透而平分秋色，玄与佛渐趋合流，成为晋人审美经验的新对象和新境界。这就是所谓的即色游玄。支氏的观色法，引导了对自然的现象主义观法，这是即色论的美学意义。

玄言诗之创始人、山水诗之引路人孙绰的《游天台山赋》就表现出这一特色。赋题一“游”字，这是庄子的传统，其中云“太虚辽阔而无阂，运自然之妙有，融而为川渎，结而为山阜”，将自然称为“妙有”，也是玄学一路。赋的结尾则云：

> 于是游览既周，体静心闲。害马已去，世事都捐。投刃皆虚，目无全牛。凝思幽岩，朗咏长川。……挹以玄玉之膏，嗽以华池之泉，散以象外之说，畅以无生之篇。悟遣有之不尽，觉涉无之有间。泯色空以合迹，忽即有而得玄。释二名之同出，消一无于三幡。恣语乐以终日，等寂默于不言。浑万象以冥观，兀同体于自然。

〔1〕 马一浮：《兰亭集支道林诗写本自跋》，见马一浮：《马一浮集》（第二册），浙江古籍出版社、浙江教育出版社1996年版，第102页。

〔2〕 马一浮：《兰亭集支道林诗写本自跋》，见马一浮：《马一浮集》（第二册），浙江古籍出版社、浙江教育出版社1996年版，第101页。

山水造化之中的游览可以使人“体静心闲”，当然是“妙有”了。但是同时又有一种觉悟起来：如果终究未能把“有”彻底排遣，那么对“无”的体认也就有所不足了。于是就要将色与空的界限泯灭，从“有”以得“玄”。这个“玄”是妙道，是玄学与佛学统一的境界。于是真正了解，有与无只是起于一源的两种名称罢了，色、空、观（三幡）也可以归一于无。因此，孙绰既要求借助于佛学来将自然看空，“浑万象以冥观”，也要求自己能最终如庄子般与自然为一，“投刃皆虚”，“兀同体于自然”。赋中还说：“非夫遗世玩道，绝粒茹芝者，乌能轻举而宅之？”天台山为神仙或得道者的居所，游天台山则是“玩道”，联系谢灵运诗的“弄波”和“玩景”，细味之，下此一“玩”字是否意味着游赏山水即是玩道？从中我们可以看到，庄子式的审美经验仍然占据主要地位，但般若学的空有观念却已经成功地渗入了“游”自然的审美经验之中了。换句话说，逍遥游的审美经验已经更多地注入了观和悟的佛学心理成分。玄佛统一的观法之下，无与空是一个东西，物与色也是一个东西，理与景则趋向于同体，理与情却愈来愈走向对立。于是，物转向虚化，自然或大化也更宜以“色”这样的词来描述。自然就是一种现象，它表现为并不纯粹的直观。这是一种准现象学的观法，它从哲学上看就是一个玄佛合流的理境。现在我们可以明白，此“理境”从方法上运用观，在目的上指向悟，用现代哲学术语表述就是现象，它并非一个抽象而是直观，因为它是玄佛得道者把玩中的山水。这种现象主义的观法，对理解谢灵运山水诗是十分重要的。〔1〕

谢诗的基本模式，是描述作者在大自然中的游历过程及其感悟。黄节曰：“大抵康乐之诗，首多叙事，继言景物，而结之以情理，故末语多感伤。”〔2〕论者大多同意谢诗有此叙事、言景和抒发情理之三段结构。确实，他的诗开始发生变化，人们所熟悉的比兴联想模式不见了，结构变得复杂起来，既要在游览中观物，又欲借观物以悟理，两者水乳交融的境界很难达到，读来自然就难有浑然一体之感，似乎可以轻松地将其三段结构识别出来。不过，这或许是皮相之见。其实，谢诗之结构是高度统一的，关键是从什么角度去看。对于谢氏山水诗的结构，王夫之就赞其“能取势”：

> 唯谢康乐为能取势，宛转屈伸，以求尽其意，意已尽则止，殆无剩语；夭矫连蜷，烟云缭绕，乃真龙，非画龙也。〔3〕

---

〔1〕 请参看拙著《禅宗美学》第一章第二节“玄学接引下的般若学”，北京大学出版社 2006 年版，第 43—63 页。

〔2〕 黄节：《读诗三札记》，见萧涤非：《乐府诗词论薮》，齐鲁书社 1985 年版，第 365 页。

〔3〕 [清]王夫之：《姜斋诗话》，见[清]王夫之等：《清诗话》（上册），上海古籍出版社 1978 年版，第 8 页。

大谢山水诗总是呈现为一个游山玩水或游观的过程，其结构是动态的，诗思的展开充盈着动力，它的基本品格是动静结合。当然，船山是从“取势”即动态的角度言，而我们则更多地关注“动”究竟如何转到“静”，或者“静”如何终结“动”。这可能是大谢山水诗极微妙之所在。以下试作诠解。

下面五首诗俱作于谢氏归隐始宁时期，我们按其前后排列，扣住其中“赏心”“同”“悟”“理”等若干词语进行分析。

> 四城有顿踬，三世无极已。浮欢昧眼前，沉照贯终始。壮龄缓前期，颓年迫暮齿。挥霍梦幻顷，飘忽风电起。良缘迨未谢，时逝不可俟。敬拟灵鹫山，尚想祇洹轨。绝溜飞庭前，高林映窗里。禅室栖空观，讲宇析妙理。（《石壁立招提精舍》）
>
> 昏旦变气候，山水含清晖。清晖能娱人，游子憺忘归。出谷日尚早，入舟阳已微。林壑敛暝色，云霞收夕霏。芰荷迭映蔚，蒲稗相因依。披拂趋南径，愉悦偃东扉。虑澹物自轻，意惬理无违。寄言摄生客，试用此道推。（《石壁精舍还湖中作》）

这两首均与佛教有关，他修了招提精舍，要在此中参禅析理。前一首诗解释了谢客为什么要向佛，诗中言，是因为人生如梦，一晃而过，让人惊心，所谓“颓年迫暮齿”“良缘迨未谢，时逝不可俟”，要抓住最后的时机向觉悟之境攀缘，这就指向了诗末所说的佛教之“空观”和“妙理”。

后一首是他的名诗。在此，前一首中那种生命无多的紧迫感消失了，代之以从石壁精舍还湖中的游山玩水之动态。此诗着力描写傍晚气候山色的微妙变化。在黄昏时节，谢氏看到了什么呢？“林壑敛暝色，云霞收夕霏”，就是在此色彩光影的变幻之中，忘归的他恬静安适（憺），一路迤逦走来，“芰荷迭映蔚，蒲稗相因依。披拂趋南径，愉悦偃东扉”，最后他总结道：只要物虑淡漠了，眼前之物就变得轻松可玩，而心情惬意无比，那就不会违“理”。因此要对养生者说，且依此道推定人生之理吧。因为此诗写他正从招提精舍返回居所，我们当会考虑到前一首诗“禅室栖空观，讲宇析妙理”的佛教语境，似乎是这样：当他领悟了“空观”和“妙理”之后[1]，就能够摆脱人生如梦的焦虑，转而平静、专注地把玩黄昏山水中清晖之娱人变幻。这样，我们亦要推定，两诗中的“理”字是同一个意思，即佛理，或空观。正是此一空观，使他获得一种新的观法，得以从黄昏的自然山水观察到“林壑敛暝

〔1〕 谢灵运《山居赋》有云：“法音晨听，放生夕归。研书赏理，敷文奏怀。”请注意，此处“理”可“赏”，“赏心”其实就是“赏理”。

色,云霞收夕霏”的娱人美景。

> 樵隐俱在山,由来事不同。不同非一事,养疴亦园中。中园屏氛杂,清旷招远风。卜室倚北阜,启扉面南江。激涧代汲井,插槿当列墉。群木既罗户,众山亦当窗。靡迤趋下田,迢递瞰高峰。寡欲不期劳,即事罕人功。唯开蒋生径,永怀求羊踪。赏心不可忘,妙善冀能同。(《田南树园激流植援》)

此诗最后一句值得注意。此处的“赏心”并非指知音友朋,而是指隐居在山中的快乐。“妙善冀能同”一句典出《庄子·寓言》:“颜成子游谓东郭子綦曰:‘自吾闻子之言,一年而野,二年而从,三年而通,四年而物,五年而来,六年而鬼入,七年而天成,八年而不知死,不知生,九年而大妙。’”郭象注云:“妙,善也。善恶同,故无往而不冥。此言久闻道,知天籁之自然,将忽然自忘,则秽累日去以至于尽耳。”[1]“九年而大妙”,是得道的最高境界,郭象指妙为善,又说“善恶同,故无往而不冥”,因此,“妙善冀能同”的意思就是希望能达到知天籁、同善恶、自忘的境界,秽累日去。简言之,即最高的修养就是同物,此同物之理其实就是空观,如此,就有赏心之乐。

> 朝旦发阳崖,景落憩阴峰。舍舟眺回渚,停策倚茂松。侧径既窈窕,环洲亦玲珑。俯视乔木杪,仰聆大壑淙。石横水分流,林密蹊绝踪。解作竟何感,升长皆丰容。初篁苞绿箨,新蒲含紫茸。海鸥戏春岸,天鸡弄和风。抚化心无厌,览物眷弥重。不惜去人远,但恨莫与同。孤游非情叹,赏废理谁通?(《于南山往北山经湖中瞻眺》)

“抚化心无厌”句中之“心”正是前一首“赏心”之“心”,而全诗描写“于南山往北山经湖中瞻眺”之过程,诗人对舟、渚、策、松、径、洲、乔木杪、大壑淙等自然山水及物所作舍、眺、停、倚、俯视、仰聆,这一系列动作即是“抚化”,亦是下一句“览物眷弥重”的“览物”。接下来说“不惜去人远,但恨莫与同”,无非是言欲“与同”者为“化”和“物”即自然,所以“不惜去人远”。再接着说“孤游非情叹”,正是欲“去人远”而不必叹惋孤独,最后一句“赏废理谁通”,赏废之理无非是同善恶罢了,这个道理又有谁人理解呢?本诗要关注“同”“赏废”“心”和“理”几个词,它们正是前两首诗诗意的延伸。

---

〔1〕[清]郭庆藩:《庄子集释》卷九上,王孝鱼点校,中华书局1961年版,第956—957页。

猿鸣诚知曙，谷幽光未显。岩下云方合，花上露犹泫。逶迤傍隈隩，迢递陟陉岘。过涧既厉急，登栈亦陵缅。川渚屡径复，乘流玩回转。蘋萍泛沉深，菰蒲冒清浅。企石挹飞泉，攀林摘叶卷。想见山阿人，薜萝若在眼。握兰勤徒结，折麻心莫展。情用赏为美，事昧竟谁辨。观此遗物虑，一悟得所遣。（《从斤竹涧越岭溪行》）

此诗呈现为一个游览式结构，起首四句感物而不抒情，时序先定，"猿鸣"知曙，"谷幽"无光，目及"岩下云""花上露"，然后"逶迤傍""迢递陟""既厉急""亦陵缅""屡径复""玩回转"，展开游山玩水的历程，这是一个动态的渐进的过程。偶尔静下来，则顿见"蘋萍泛沉深，菰蒲冒清浅"，游观却并未终止，继而"企石挹飞泉，攀林摘叶卷"。

"摘叶卷"的动作可能使他忆及某人某事，但香草赠人之想却不免"勤徒结"而"心莫展"，"赏"心即是"美"，此中的奥妙（事理）已难分辨。此六句好似抒情，固然在"想"，却无法使所思所想明朗，也并非对佛之法身的观想，却是借山水游观之"势"以六句的节奏自然抑之，结果是使他静念或"清旷"。终结全诗的是"观此遗物虑，一悟得所遣"，船山称为"一结"即动态之"势"的终结，值得细考。

这一首诗的最后四句，是说理。叶笑雪《谢灵运诗选》这样解："末尾两句，说在静观佳景时，可以排除物虑，只须在这个基础上提高一步，便可达到向、郭所说的'无所不遣'的境界了。又把清晨出游的现实的我（诗人），导往玄气细蕴的玄学之途。"[1]孙康宜意见大致相同："从强烈的抒情转向一种使个人感情客观化的哲理性结尾"，"是典型的道家态度"。她分析道："对谢灵运来说，山水原本是用来放纵感情的，然而其诗写到最后却远远避开，不再让自己充当抒情主体。这是因为他在更多的情况下，是用酷似道家的语言来作诗歌结尾。"[2]联系上面的讨论，孙氏"山水用来放纵感情"的断语似乎下得过急：难道不正是山水"使个人感情客观化"吗？为什么要"远远避开"呢？"酷似道家的语言"的"哲理性结尾"之表述则把情与理武断地判为两截，即诗的前面大半是"山水用来放纵感情"，后面几句结束语则是"哲理性结尾"，这样，全诗就不构成一个整体，当然更不用说发现其内在的动态了。何况，她虽然在本句的注中提到谢氏也有一些诗的结尾用佛家语言来陈说，但还是对此注意不足。不错，玄言诗所依托的道家态度确实会终结缘情，不过，此诗的结句却可以另有解释。

皎然云：

---

〔1〕 叶笑雪：《谢灵运诗选》，古典文学出版社 1957 年版，第 95 页。

〔2〕 （美）孙康宜：《抒情与描写：六朝诗歌概论》，钟振振译，上海三联书店 2006 年版，第 81—82 页。

康乐公早岁能文,性颖神彻。及通内典,心地更精,故所作诗,发皆造极。得非空王之道助邪?[1]

"空王之道"定然助谢,但究竟如何助,皎然似乎没说清楚。我们可以试作一探索。

吴淇云:

陶谢齐名,于理各有所见。谢见得深,陶见得实。[2]

吴氏所云之理,究竟为何?何以谢比陶见得深?

方东树云:

看来康乐全得力一部《庄》理。其于此书,用功甚深,兼熟郭注。……观康乐之所言,即其所润《涅盘经》也,故当非余人所及。[3]

方氏此说似乎矛盾,一则云谢诗全得力于《庄子》及其郭象注,一则又云谢诗受惠于他所润色过的《涅盘经》,其过人处在此。然观其所有评谢之语,没有具体讲到佛教影响及于其诗的。

沈曾植云:

吾尝谓诗有元祐、元和、元嘉三关……元嘉关如何通法,但将右军兰亭诗与康乐山水诗,打并一气读。刘彦和言:"庄老告退,而山水方滋。"意存轩轾,此二语便堕齐、梁人身分。须知以来书意笔色三语判之,山水即是色,庄老即是意;色即是境,意即是智;色即是事,意即是理;笔则空、假、中三谛之中,亦即遍计、依他、圆成三性之圆成实性也。[4]

沈氏不同意"庄老告退,而山水方滋"之说,并判"山水即是色""色即是境"等等,显然是从佛教入手来论了。

---

〔1〕[唐]皎然著,李壮鹰校注:《诗式校注》,人民文学出版社 2003 年版,第 118 页。

〔2〕[清]吴淇:《六朝选诗定论》,汪俊、黄进德点校,广陵书社 2009 年版,第 348 页。

〔3〕[清]方东树:《昭昧詹言》,汪绍楹校点,人民文学出版社 1961 年版,第 139 页。

〔4〕[清]沈曾植:《与金甸丞太守论诗书》,见王元化主编:《学术集林》卷三,上海远东出版社 1995 年版,第 116 页。

从以上四人对谢诗的评语，当可不同程度地看出佛教对大谢创作的影响。

萧驰《大乘佛教之受容与晋宋山水诗学》一文将“观此遗物虑，一悟得所遣”句与谢的《辨宗论》中“物我同忘，有无一观”相联系，是极有见地的。他说：“在对自然的赏玩之中，由于‘意惬’和‘适己’，也就臻至‘遗物’‘轻物’以至‘物我同忘，有无一观’的境地。”[1]萧氏倾向于将慧远“山水佛教”的“清旷”观想（净土信仰）作为谢灵运诗歌受佛教影响的主要来源，而我则更倾向于从谢氏自己所精通的“物我同忘，有无一观”的顿悟观法（般若空观）入手。

谢客著名的《与诸道人辨宗论》以调和儒释（顿渐）的方式来高扬竺道生的顿悟成佛论。

> 竺道生法师大顿悟云：夫称顿者，明理不可分，悟语照极。以不二之悟，符不分之理。……见解名悟，闻解名信，信解非真，悟发信谢。理数自然，如果就自零。悟不自生，必藉信渐。（慧达《肇论疏》）[2]

这是说，有两种认识的过程，一种是称为信渐的“闻解”，它是一个渐进的过程；另一种是顿悟，在刹那间完成认识过程。道生以为，由于真理是不可分割的整体，因此对本体的把握一定是一下子完成的，而信奉和渐修虽属必需，却并不能由此获得真知。信渐不过是为顿悟作准备，觉悟就像树上的果子，一旦成熟了，它自然就会掉下来。这才是大彻大悟。这种认识方法上的顿悟说呼应着“一切众生，莫不是佛”的“佛性我”的人格理论。既然佛性是常在的人格本体，不觉悟只是因为蒙上了“垢障”，也就不能也不必将佛性由外而内地输入众生成为内在的修养，只有顿悟才可能在瞬间挑破蒙在自身佛性上的“垢障”。

“真理自然”，它是一个“不易之体”，它的光明“湛然常照”（《涅盘经集解》卷一引）。觉悟，就是为这一终极本体所朗照，是对人生烦恼（生死）的超越，发现了永恒的光明（智慧）。如果人与人之间存在着智慧和人格上的差别，那全在于觉悟的水平。依他的见解，任何人都有佛性，因而任何人都可以成佛。而依玄学家的见解，凡人与圣人之间有着一条鸿沟，即便是颜渊也与孔子有一间之隔，不可能成为孔子那样的圣人。

谢灵运作《与诸道人辨宗论》，在当时关于圣人如何可能、是否可学的激烈争论中，支持竺道生的顿悟说。他认为释氏主张圣人“积学能至”，途径是渐悟，孔氏（其实是玄学）则以为圣人不可学不可至，而道生提出去掉前者的渐悟，又去掉后

---

〔1〕 李国章、赵昌平主编：《中华文史论丛》（第七十二辑），上海古籍出版社 2003 年版，第 94—95 页。
〔2〕 （日）藏经书院：《新编卍续藏经》（第一五〇册），新文丰出版公司 1994 年版，第 858 页。

者的不可至(即凡圣鸿沟),那么圣人就是不可学而可至,此为孔释二家的折中。谢氏以为,这样就跨越了凡圣鸿沟,解决了玄学所未能解决的问题。

"辨宗"是求宗,宗即最高的原理,那此"宗"有否影响到他的诗歌呢?且探求一二。"观"和"悟"为论中两个重要观念:"灭累之体,物我同忘,有无壹观。伏累之状,他己异情,空实殊见。殊实空、异己他者,入于滞矣;壹无有、同我物者,出于照也。""……一悟,万滞同尽","一悟得意"。[1] 诗句"观此遗物虑"即是论中"物我同忘,有无壹观","观"即"照"或"鉴";而道生和谢客所主"寂鉴微妙,不容阶级"的"一悟顿了",正是诗句"一悟得所遣"之所本。"观"和"悟"所要解决的正是物我关系和情理关系问题,而此两类关系正是他所面临、所思考的大问题,亦是他要通过山水诗写作或山水游赏过程所要解决的问题。

我们可以看到,"观"和"悟"其实是扣住从"伏累"到"灭累"的过程来表达的。所谓的"累",玄学家已经提出,前引郭象《庄子·寓言》注云"秽累日去以至于尽",就是"观此遗物虑"的"物虑"。所谓的"伏累",就是为分别和差异所苦,叫做"入于滞";而所谓的"灭累",则是一有无、同我物,把分别和差异消灭了,叫做"出于照"。"照"即"一悟顿了",可见从"伏累"到"灭累"的过程,正是从情到理的飞跃。这里,我们看到了从玄到禅的平滑联结。他的《与诸道人辨宗论》举了这样一个例子,来说明情理关系:

> 巫臣谏庄王之日,物赊于己,故理为情先;及纳夏姬之时,己交于物,故情居理上。情理云互,物己相倾,亦中智之率任也。若以谏日为悟,岂容纳时之惑邪?[2]

巫臣,春秋时楚国大夫屈申,曾谏楚庄王和子反娶夏姬,但后来自己却娶了她,两人一起逃到晋国,又谋划晋国与吴国通好,从而威胁楚国。事见《左传·成公二年》。谢氏这里说,当巫臣谏楚庄王和子反娶夏姬时,夏姬的美色(物)与自己的利益离得较远,所以理的考虑优于情的吸引,而当自己娶夏姬之时,她的美色就是自己切身利益之所在,所以情的吸引就战胜了理的考虑。在情与理之间纠缠权衡,无非是中等才智之人率性的表现罢了。如果在当初谏楚庄王和子反时即已经觉悟,那么怎么会有自己迎娶时的迷惑呢?谢氏的真意是说,觉悟即理是永恒的,暂时与真理符合的事虽然可以发生,但并不可靠,就如巫臣故事,一旦面对自己的利益,就证明当初并没有觉悟,所以情感即累,去累必须彻底。

---

〔1〕[南朝宋]谢灵运著,李运富编注:《谢灵运集》,岳麓书社 1999 年版,第 305—332 页。

〔2〕同上书,第 314 页。

在谢氏看来，觉悟是非渐即顿，真理是一个不可分割之整体，要么一时获得，要么一点没有。《与诸道人辨宗论》云："假知者累伏，故理暂为用；用暂在理，不恒其知。真知者照寂，故理常为用；用常在理，故永为真知。"[1]"真知"之"理"为一顿悟的绝对之理，它的性质是恒常，只有掌握了恒常的理，才算是照寂，即掌握了真知的觉悟。而此一觉悟，只能是顿悟。于是，"理不可分"，真理就在人对自然的观的行为之中，而不在自然之外，这样，对自然的观就同体于对永恒之直观，而此直观就在某种程度上具有现象学的意义。谢氏所"赏"的，其实就是这个作为相的自然。"遗情舍尘物，贞观丘壑美"（《述祖德诗》其二），遗落凡情，舍弃俗物，灭累以后，"贞观"山水之"美"，此时"物我同忘，有无一观"，于是，自然就被"观""照""赏"为与不可分之理同体的现象。

> 南州实炎德，桂树凌寒山。铜陵映碧涧，石磴泻红泉。既枉隐沦客，亦栖肥遁贤。险径无测度，天路非术阡。遂登群峰首，邈若升云烟。羽人绝仿佛，丹丘徒空筌。图牒复磨灭，碑版谁闻传？莫辨百世后，安知千载前。且申独往意，乘月弄潺湲。恒充俄顷用，岂为古今然！（《入华子冈是麻源第三谷》）

此诗要关注最后六句："莫辨百世后，安知千载前。且申独往意，乘月弄潺湲。恒充俄顷用，岂为古今然！"是什么意思呢？就是说，不要去分辨和了然"千载前"的古和"百世后"的今（这个"今"其实是"后"），"我"只是"独往"而"乘月弄潺湲"，山水游赏的意义只是在"俄顷"即当前一刻，并不为古今而烦恼。这个短暂的"俄顷"，就是为觉悟所准备的。谢诗所建立起来的对于山水的直观态度，使得传统时序感的基调，即对于时间流逝的恐惧感消失了。这是一个极为重要的变化。我们不能不说，这种时间意识的变化正是玄学和佛教大乘般若空宗所带来的。

钟嵘《诗品》评谢诗"寓目辄书"，宋叶梦得与钟氏持论相同：

> "池塘生春草，园柳变鸣禽。"世多不解此语为工，盖欲以奇求之耳。此语之工，正在无所用意，猝然与景相遇，借以成章，不假绳削，故非常情之所能到。[2]

他诗中的迥秀之句，如"云日相晖映，空水共澄鲜"（《登江中孤屿》）、"白云抱

[1] [南朝宋]谢灵运著，李运富编注：《谢灵运集》，岳麓书社1999年版，第315页。
[2] [宋]叶梦得撰，逯铭昕校注：《石林诗话校注》，人民文学出版社2011年版，第137页。

幽石，绿筱媚清涟”(《过始宁墅》)、“野旷沙岸净，天高秋月明”(《初去郡》)等，都是调动自己的视听感官，对自然的声色作第一次、面对面、细致的审美静观之产物，它是独一无二的、新鲜生动的，因此无须调动比喻，而且往往位于诗的中后段，也没有起兴的作用。

而王国维《人间词话》第 40 条激赏谢灵运的“池塘生春草”以及薛道衡的“空梁落燕泥”，称其妙处唯在不隔。类似评语似乎透露着这样一个消息：中国的诗歌发展到谢灵运，自然的山水景物可以猝然(顿然)间被观照，尽管它还不是纯粹的空观。“池塘生春草，园柳变鸣禽”正发生在“初景革绪风，新阳改故阴”的时序变迁所相值的空间点上，于是时间向空间转换，此时此地，游观转为静观。那是动中之静，上引“蘋萍泛沉深，菰蒲冒清浅”句亦复如此，此景之被捕捉，恰是于“川渚屡径复，乘流玩回转”的动态之中。诗论家所发现的谢诗的游观历程与他自己所要求的悟理得意之间的张力，端赖类似“池塘”之句的突现而顿然得以释放。换言之，渐进游观与悟理得意之间的诗歌结构层面即所谓三段式的紧张，其深蕴即为自然山水中渐游与顿悟之间的观法层面的紧张。

谢诗中“观此遗物虑，一悟得所遣”之类诗句尚有不少，如《石壁精舍还湖中作》的“虑澹物自轻，意惬理无违”、《石门新营所住四面高山回溪石濑茂林修竹》的“感往虑有复，理来情无存”。若是佛教“观”“悟”或“鉴”式的突然觉悟，正是谢客山水诗作旨意之所在，而且，诗中时空相值点上“猝然与景相遇”的静观使他臻于《与诸道人辨宗论》所倡的“物我同忘，有无一观”，那么“一悟得意”也就是自然而然的事了。于是，是否可以尝试推论：谢诗的渐游山水恰好对应着《与诸道人辨宗论》所谓渐悟，而偶然出现的迥秀之句则对应着顿悟，由“渐”到“顿”，游观山水的“千念”“万感”[1]归于“一悟”，那就是“累尽鉴生”，或如诗中所云“观此遗物虑，一悟得所遣”。有了悟，情就淡化了。

联系前引船山论大谢善“取势”，是否可以说这种“取势”运动恰恰印证了从渐游向顿悟的动荡推进？渐进的游观所展开的时间过程，正是他淡忘烦恼或静对人生，一步步走向惬意、快适之过程，或者说在船山所推重的“取势”的时间节奏中，情感于不知不觉中被抑制、淡忘并转向对空间的审美静观式的觉悟。因此，渐游或取势恰恰是为最后出现的直观造势，而非相反。诚然，大谢山水诗中时序意识仍然强而有力地运转着，然而此时序已然转化成了山水中的游观甚或游戏的过程，不妨说，他正是借助于此转化了的时序来淡化抒情冲动。可见，谢氏的诗思已经在某种程度上从时间优先的比兴和缘情的传统中转移出来了。

---

〔1〕［南朝宋］谢灵运：《入彭蠡湖口》，见［南朝宋］谢灵运著，李运富编注：《谢灵运集》，岳麓书社 1999 年版，第 104 页。

谢客对大乘佛教的深研及喜好，熏染了他对山水的直观。从诗学史的发展看，大谢成功地改造了物感，使之脱离缘情，直观之悟优先于联想之兴，其中已然渗透着佛教般若直观的观法。“谢灵运有一种要从自然抽身或保持距离（不再亲和），以便更真切地在刹那间对之作直观的冲动”〔1〕，通过寓目身观的渐游式的“取势”而获直观顿悟的觉悟，时间与空间，渐与顿，情与悟，物与我，有与无，终于在山水游赏的审美游戏中统一为“猝然”之观。因此，不妨将其山水诗中之隐身的“我”定义为：游山玩水的审美游戏者。

中国诗歌史上陶谢并称，二人分别开创了田园诗和山水诗的传统。发生于田园与山水中的诗歌运动，它的目的不再是简单的抒情，而是在于更直接地感知自然和体认自我。陶氏把自然视作家园，他的生命融于自然节候，两者浑然一体，而谢氏却把自然作为游观的对象，在游览的过程中为某一灵妙景观所摄住，驻足静观。谢诗中诗思与景物之间存在某种紧张，赖迥秀之句消弭之。陶氏心目中的田园是实的，而谢氏心目中的山水却是虚的。在前者，亲和自然即是悟；在后者，悟在亲和自然之后，亲和是悟的条件，却不是悟本身。前者为纯粹的自然主义，后者则在自然主义之外更添上一重意象主义的意味。这就是陶诗意象中之可亲的田园与谢诗意象中之可观（悟）的山水之区别所在。而且，从陶的田园到谢的山水，物感经验终于透进一层，不仅感知因素（声色）开始重于抒情因素（性情），而且相应地，亲和自然也开始向感悟自然转化。古代诗人的感性经验不期然地走到了质变的前夜。

从诗歌运动的角度看，古代美学相联系着的两大传统，即比兴的抒情主义传统和庄子的自然主义传统在陶谢手中渐渐告退，为意境的登场让出舞台。谢灵运山水诗是诗歌意境运动的伟大开端，他把游山玩水提升到审美静观的水平，他的创作表现出脱离庄子式自然主义的冲动，而王维的山水小诗则创造了最早的意境，在观法上达到了纯粹看与纯粹听，这导致了庄子以来强大的亲和自然传统的彻底退场。

三、赋体的影响

需要强调的是，关于谢诗的“取势”，还可以从他运用赋体的角度来谈。把谢诗作叙事、言景和抒发情理之三段体解，其实正是运用了赋体的读法。不过在诗学史上往往更重视谢诗向律诗的发展，而忽略赋体之影响，如陆时雍就说：

---

〔1〕 请参看拙文《纯粹看与纯粹听：论王维山水小诗的意境美学及其禅学、诗学史背景》，《文艺理论研究》2005年第5期。

诗至于宋,古之终而律之始也。体制一变,便觉声色俱开。谢康乐鬼斧默运,其梓庆之鐻乎?颜延年代大匠斫而伤其手也。寸草茎,能争三春色秀,乃知天然之趣远矣。……谢康乐诗,佳处有字句可见,不免硁硁以出之,所以古道渐亡。康乐神工巧铸,不知有对偶之烦。[1]

陆氏所谓标志着"古之终而律之始"的"声色俱开"之"体制一变",难道仅仅是因为"佳处有字句可见"和对偶吗?[2]

提出谢诗三段体的黄节就朝另一个方向想了,他说:

汉魏以前,叙事写景之诗甚少,以有赋故也。至六朝,则渐以赋体施之于诗,故言情而外,叙事写景兼备,此其风,实自康乐开之。[3]

孙康宜也看到了这一点,并把对偶的使用联系到了赋:

赋中平行并置的作法想必为六朝的诗人们提供了灵感的资源,使他们得以在诗这种文体中发展出一种新的描写模式。的确,我们可以证明,在六朝时期,有一种倾向正滋长着,即诗、赋两种文体相互交叉影响。证据之一,便是这一时期的诗人和文学批评家们往往用同一套术语去评论这两种文体。……西晋诗人陆机所作出的关于诗、赋之间最初的经典性区别——"诗缘情""赋体物"——现在已经过时。刘勰开始宣称,诗、赋这两种文体都必须具有"体物"的特质,而这种特质早先被认为是赋所独有的。[4]

就是陆时雍所看重的对偶,黄节也发现了其"极变化处":

康乐诗,对偶特多,然句意有极变化处。自表面观之,上下两句,似

---

〔1〕[明]陆时雍:《诗镜总论》,见丁福保辑:《历代诗话续编》(下册),中华书局1983年版,第1406—1407页。"鐻"误为"鑢"。

〔2〕参看朱光潜,《诗论》第十一章"中国诗何以走上'律'的路(上):赋对于诗的影响"、第十二章"中国诗何以走上'律'的路(下):声律的研究何以特盛于齐梁以后"。他提出赋对于诗的三点影响:第一,意义的排偶,赋先于诗;第二,声音的对仗,赋也先于诗;第三,在律诗方面和在赋方面一样,意义的排偶也先于声音的对仗。见朱光潜:《朱光潜全集》(第三卷),安徽教育出版社1987年版,第204—209页。另请参看(日)小川环树《论中国诗》第一章"风景的意义",他说"赋可说是六朝诗的原型"。

〔3〕黄节:《读诗三札记》,见萧涤非:《乐府诗词论薮》,齐鲁书社1985年版,第368页。

〔4〕(美)孙康宜:《抒情与描写:六朝诗歌概论》,钟振振译,上海三联书店2006年版,第75—76页。

> 为对立，然细察其意，则实有先后宾主之分，如云："积疴谢生虑，寡欲罕所阙。"寡欲，直是"谢生虑"之一种方法，故下句乃上句之注脚。又如："企石挹飞泉，攀林摘叶卷。"亦是一意。盖言摘叶以挹泉也。至如"俯濯石下潭，仰看条上猿"，则写景命意，尤奇绝。前人多误以二句为对峙……不知康乐此语，句法虽相袭，而意实不一。盖所谓"俯濯"，乃指猿影言，非康乐自濯也。此句虽在上，而其主格乃在下句，康乐当系先见潭底之影而后仰视耳。若此之类，非细参，便易抹杀前人好处。又康乐诗有"拙疾相倚薄"及"聚散成分离"二语，"拙疾"须分开讲，"聚散"则非对文。犹言由聚而散，乃理之常，分离方是说事实。[1]

黄先生所说的"极变化处"，是说对偶并非对立，而是有先后主宾之序，对偶的上句与下句互相之间发生着勾连，此正意味着，谢诗中对偶句单独取出来欣赏固然极佳，而把它置入整首诗的动态中去体会，才是正道。

以下以同是写于景平元年(423年)秋的一首诗《初去郡》和一首赋《归途赋》为例作一比较。两篇作品的写作基于同一个原因，即辞去永嘉太守："郡有名山水，灵运素所爱好，出守既不得志，遂肆意游遨，遍历诸县，动逾旬朔。理人听讼，不复关怀。所至辄为诗咏，以致其意。在郡一周，称疾去职……"(《宋书·谢灵运传》)

《归途赋》有序，称"量分告退，反身草泽"，赋的前半又云"褫簪带于穷城，反巾褐于空谷"，"穷城"即指永嘉。赋的主体则写道：

> 于是舟人告办，伫楫在川。观鸟候风，望景测圆。背海向溪，乘潮傍山。凄凄送归，愍愍告旋。时旻秋之杪节，天既高而物衰。云上腾而雁翔，霜下沦而草腓。舍阴漠之旧浦，去阳景之芳蕤。林承风而飘落，水鉴月而含辉。发青田之枉渚，逗白岸之空亭。路威夷而诡状，山侧背而异形。停余舟而淹留，搜缙云之遗迹。漾百里之清潭，见千仞之孤石。历古今而长在，经盛衰而不易。

此一部分就相当于三段体写景之中段，它的写作方法是铺张。

《初去郡》前半部分列举彭薛、贡公等古人归隐事迹，说自己"恭承古人意，促装反柴荆""负心二十载，于今废将迎"，就要实现心愿，归隐了，后半部分则对返回途中所历之景展开铺叙式的描写：

[1] 黄节：《读诗三札记》，见萧涤非：《乐府诗词论数》，齐鲁书社1985年版，第373页。

理棹遄还期,遵渚骛修坰。溯溪终水涉,登岭始山行。野旷沙岸净,天高秋月明。憩石挹飞泉,攀林搴落英。战胜臞者肥,鉴止流归停。即是羲唐化,获我击壤情。

显然,这一段正是《归途赋》那一大段铺张写景的精缩。其中出现了名句"野旷沙岸净,天高秋月明",后面四句又是带有说理的结尾。

这一比较,恰可证明黄节所说的"以赋体施之于诗,故言情而外,叙事写景兼备",谢灵运可谓开风气之先。同时也证明了陆时雍所说的"诗至于宋,古之终而律之始也。体制一变,便觉声色俱开"的体制之变,亦是由相对简约的古体诗向赋体的铺张写法转移所导引的。更证明了借助于铺叙手法,谢客之诗思已然可以不经比兴而获得完美、充分之展开,而其现象学意味亦在某种程度上得力于赋体的冷静漠然与悟理的形而上品格两相结合。此外,陶渊明诗和谢灵运诗都得益于赋,看来并非偶然。

第四节　声色大开与比兴经验之退却

刘勰《文心雕龙·明诗》曰:

宋初文咏,体有因革,庄老告退,而山水方滋。俪采百字之偶,争价一句之奇,情必极貌以写物,辞必穷力而追新,此近世之所竟也。[1]

《文心雕龙·物色》说:

自近代以来,文贵形似。窥情风景之上,钻貌草木之中。吟咏所发,志惟深远;体物为妙,功在密附。故巧言切状,如印之印泥,不加雕削,而曲写毫芥。故能瞻言而见貌,即字而知时也。[2]

在刘勰看来,宋初开启了描摹声色之路,自宋代至齐梁,注重体物、追求形似的美学开始占主导地位。当然,因为刘勰秉承缘情文学观,对重形似之审美经验颇有微词。

---

〔1〕 范文澜:《文心雕龙注》(上册),人民文学出版社 1958 年版,第 67 页。
〔2〕 同上书,第 694 页。

清代学者沈德潜亦注意到诗坛上的这一重要变化，较之于刘勰，他的评价更为肯定，《说诗晬语》曰：

> 诗至于宋，性情渐隐，声色大开，诗运一转关也。[1]

“性情渐隐，声色大开”，是对宋代诗坛的客观描述，“诗运转关”则是对这种客观变化的价值判断，由性情转入声色，中国诗歌美学翻开了新的一页。

其实，我们分析，声色大开的局面由玄言诗所发动的诗体革命启引，经由陶渊明、谢灵运两位大诗人的创造，最终成为占主导地位的潮流。

玄言诗以理思消释、放逐抒情主体浓烈的情感，为时序感提供了新的化解方式，遇“物”不再生情，而转向对“理”的体悟。情感的削弱和退场抽去了比兴式抒情言志的根基，从《诗经》《离骚》传统发展而来的缘情诗触物生感的创作模式亦被弃用。赋体化和玄学论辩成为玄言诗常用的结撰手法。佛教观法的渗入，引导玄言诗景与理的架构摆脱比兴走向直观。玄对山水的态度使得自然获得了独立的品格，玄言诗人开启赏爱自然的传统。摆脱了抒情的羁绊，原生态的山林水泽愈益成为审美对象，描写技巧随之获得进步，为田园、山水诗的诞生准备了条件。

陶渊明继承玄言诗的对话风格，复兴庄子传统，直观自然，亲和自然，贡献了对后世影响甚深的田园诗类。他的诗把时序感种植到田园之中，超脱了政治、历史，自然主义为其基本主题。自然就是自己生存的家园，他与田园为邻，从事劳作，饮酒赋诗。陶公作诗执持一种“欲辨已忘言”的玄学态度和“但使愿无违”的个体追求，既无须在诗中汲汲于抒情，也不必刻意表现自我，且不再调用比兴来高扬道德人格。

谢灵运的山水诗，模山范水的创作目的获得强化，理和物在渐游、顿悟的活动中达成统一。他的山水诗预示了一个新的诗歌传统。

第一，玄言诗的“借山水以化其郁结”“以玄对山水”模式中止了悠长的比兴传统和刚兴起不久的太康缘情潮流，使物感经验由情与物的关联转向了理与物的关联，从而为山水诗打开了发展空间。值得注意的是，山水诗并非抒情传统的延续和发展。

第二，谢灵运的山水诗把物感经验从抒情目的转移到了模山范水的描写，把玩之中，自然山水已经成为他审美经验的直接而单纯的对象，直观经验和审美游戏两相结合，不同于比兴的诗歌原则开始形成。

第三，佛教的顿悟观法规定了谢诗的基本结构。如果说，游戏并不单纯，玄言

---

〔1〕［清］沈德潜：《说诗晬语》，霍松林校注，人民文学出版社1979年版，第203页。

诗就是在山水中悟解玄理，那么，谢的山水诗正是欲在游山玩水的亲身经历和模山范水的诗歌创作中证悟佛理。随着顿悟的获得，时序感以及比兴诗法所依托的时间之流被中止了。

第四，赋体的铺叙手法为顿悟观法提供了强大的诗歌结撰技术基础，作为手段的铺叙正构成了一个模山范水时间的渐进过程，而顿悟也于不经意间得于其中。

第五，谢灵运山水诗中止了缘情传统，抑制了比兴经验，直观因素在诗歌结撰中发挥了重要作用，建立在对景的观感之上的理悟的经验构成了诗歌核心，通向意境之门于是得以打开。

玄言诗在南朝被边缘化，陶渊明亦未在此一时期获得他本应该有的声望，但谢灵运的影响却广泛而持久，后起的鲍照、谢朓等南朝诗坛上赫赫有名的诗人，无不以谢灵运的山水诗为榜样。虽然他们的诗风各自不同，但大谢的体物和直观之影响却无处不在，在他们的诗歌实践中，不论是言志寄托的政治道德比兴，还是情景组织的联想式比兴，均被摈除于核心结撰技术之外。

而自齐梁开始，形式主义美学萌生并逐步发展开来，作为诗歌内容的情感远远屈居于形式之下，自然，以比兴来抒情的策略也在形式主义大潮中难以扎根生长。如果说陶渊明、谢灵运开启了意境之门，齐梁诗学则对中国诗歌的律化道路贡献卓著。中古诗歌的境化和律化两条道路之最终结果和最高成就，分别是王维的山水小诗和杜甫的七律，我们看到，这两大诗歌典范，前者是纯粹直观的意境美学，后者以形式化冲动范导抒情，其审美取向和结撰技术均不用比兴。

于是，我们看到，从缘情诗开始，活的比兴经验在诗歌中逐渐丧失其主导地位，又经玄言诗的强势扭转，山水、田园诗的经验创新，比兴悄然隐退甚至销声匿迹。因此，自齐梁时，比兴解释学的研究复兴并日渐繁盛，形成了中国诗学史上强大的比兴解释传统。自然，后世的比兴也只能在解释学意义上进行创新，却不能主导中国诗歌审美经验的创作技术的走向，比兴之魅力不再。

参考文献

一、古籍

[1] [汉]班固撰,[唐]颜师古注:《汉书》,中华书局2000年版。
[2] [汉]司马迁:《史记》,中华书局1959年版。
[3] [魏]何晏注,[南朝梁]皇侃疏:《论语集解义疏》,《丛书集成初编》本,商务印书馆1937年版。
[4] [晋]陈寿撰,[宋]裴松之注:《三国志》,中华书局2000年版。
[5] [晋]崔豹:《古今注》,《四部丛刊》本,台湾"商务印书馆"1996年版。
[6] [晋]郭璞注,[宋]邢昺疏:《尔雅注疏》,北京大学出版社1999年版。
[7] [南朝宋]范晔撰,[唐]李贤等注:《后汉书》,中华书局1965年版。
[8] [南朝梁]沈约:《宋书》,中华书局1974年版。
[9] [南朝梁]释僧祐:《弘明集》,上海古籍出版社1991年版。
[10] [南朝梁]释僧祐:《出三藏记集》,中华书局1995年版。
[11] [南朝梁]萧子显:《南齐书》,中华书局2000年版。
[12] [南朝梁]萧统编,[唐]李善注:《文选》,上海古籍出版社1986年版。
[13] [南朝陈]徐陵编,[清]吴兆宜笺注、程琰删补:《玉台新咏笺注》(全二册),中华书局1985年版。
[14] [唐]房玄龄:《晋书》,中华书局1974年版。
[15] [唐]孔颖达:《春秋左传正义》,北京大学出版社2000年版。
[16] [唐]孔颖达:《毛诗正义》,北京大学出版社2000年版。
[17] [唐]孔颖达:《尚书正义》,北京大学出版社2000年版。
[18] [唐]孔颖达:《周易正义》,北京大学出版社1999年版。
[19] [唐]欧阳询等:《艺文类聚》,上海古籍出版社1982年版。

[20] [唐]瞿昙悉达:《开元占经》,中央编译出版社 2006 年版。
[21] [唐]芮挺章:《国秀集》,《影印文渊阁四库全书》1332 册,台湾“商务印书馆”1986 年版。
[22] [唐]元稹:《元稹集》,中华书局 1982 年版。
[23] [宋]程颢、程颐:《二程集》,中华书局 1981 年版。
[24] [宋]郭茂倩:《乐府诗集》,中华书局 1979 年版。
[25] [宋]洪兴祖:《楚辞补注》,中华书局 1983 年版。
[26] [宋]罗大经:《鹤林玉露》,中华书局 1983 年版。
[27] [宋]苏轼:《东坡易传》,吉林文史出版社 2002 年版。
[28] [宋]魏庆之:《诗人玉屑》,上海古籍出版社 1978 年版。
[29] [宋]朱熹:《诗集传》,中华书局 1958 年版。
[30] [宋]朱熹:《四书章句集注》,中华书局 1983 年版。
[31] [宋]朱熹:《周易本义》,中华书局 2009 年版。
[32] [宋]朱熹:《朱子语类》,中华书局 1986 年版。
[33] [明]胡应麟:《诗薮》,上海古籍出版社 1979 年版。
[34] [明]黄宗羲:《明文海》,中华书局 1987 年版。
[35] [明]陆时雍:《诗镜》,河北大学出版社 2010 年版。
[36] [明]谢榛、[清]王夫之:《四溟诗话 姜斋诗话》,人民文学出版社 1961 年版。
[37] [明]谢榛:《四溟诗话》,《丛书集成初编》本,商务印书馆 1936 年版。
[38] [清]陈祚明:《采菽堂古诗选》(全二册),上海古籍出版社 2008 年版。
[39] [清]段玉裁:《说文解字注》,上海古籍出版社 1981 年版。
[40] [清]方东树:《昭昧詹言》,人民文学出版社 1961 年版。
[41] [清]方玉润:《诗经原始》,中华书局 1986 年版。
[42] [清]郭庆藩:《庄子集释》(全四册),中华书局 1961 年版。
[43] [清]何文焕:《历代诗话》,中华书局 1981 年版。
[44] [清]纪昀:《纪晓岚文集》(全三册),河北教育出版社 1995 年版。
[45] [清]李道平:《周易集解纂疏》,中华书局 1994 年版。
[46] [清]刘熙载:《艺概》,上海古籍出版社 1978 年版。
[47] [清]马瑞辰:《毛诗传笺通释》,中华书局 1989 年版。
[48] [清]皮锡瑞:《经学通论》,中华书局 1954 年版。
[49] [清]阮元校刻:《十三经注疏》(全二册),中华书局 1980 年版。
[50] [清]沈曾植:《海日楼札丛・海日楼题跋》,辽宁教育出版社 1998 年版。
[51] [清]沈曾植:《与金甸丞太守论诗书》,见王元化主编:《学术集林》卷三,上海远东出版社 1995 年版。

[52] [清]沈德潜:《古诗源》,中华书局 1963 年版。
[53] [清]孙诒让:《周礼正义》,中华书局 1987 年版。
[54] [清]王夫之:《古诗评选》,河北大学出版社 2008 年版。
[55] [清]王夫之:《周易外传》,中华书局 1977 年版。
[56] [清]王夫之等:《清诗话》(全二册),上海古籍出版社 1978 年版。
[57] [清]王士禛:《带经堂诗话》,人民文学出版社 1963 年版。
[58] [清]王先谦:《诗三家义集疏》(全二册),中华书局 1987 年版。
[59] [清]王先谦:《荀子集解》,中华书局 1988 年版。
[60] [清]魏源:《魏源全集》,岳麓书社 2004 年版。
[61] [清]吴淇:《六朝选诗定论》,广陵书社 2009 年版。
[62] [清]严可均:《全晋文》,商务印书馆 1999 年版。
[63] [清]严可均:《全三国文》,商务印书馆 1999 年版。
[64] [清]严可均:《全上古三代文 全秦文》,商务印书馆 1999 年版。
[65] [清]严可均:《全宋文》,商务印书馆 1999 年版。
[66] [清]杨伦:《杜诗镜铨》,上海古籍出版社 1980 年版。
[67] [清]叶燮:《原诗》,人民文学出版社 1979 年版。
[68] [清]永瑢等:《四库全书总目》,中华书局 1965 年版。
[69] [清]朱彝尊:《曝书亭集》(全三册),台湾世界书局 1989 年版。

二、论著

[1] (美)艾兰:《龟之谜:商代神话、祭祀、艺术和宇宙观研究》,汪涛译,四川人民出版社 1992 年版。
[2] (美)艾兰、汪涛、范毓周主编:《中国古代思维模式与阴阳五行说探源》,江苏古籍出版社 1998 年版。
[3] (美)艾兰编:《水之道与德之端:中国早期哲学思想的本喻》,张海晏译,上海人民出版社 2002 年版。
[4] (美)艾兰:《早期中国历史思想与文化》,杨民等译,辽宁教育出版社 1999 年版。
[5] (瑞士)埃米尔·施塔格尔:《诗学的基本概念》,胡其鼎译,中国社会科学出版社 1992 年版。
[6] (日)白川静:《中国古代民俗》,王巍译,春风文艺出版社 1991 年版。
[7] (日)白川静:《诗经的世界》(增订版),杜正胜译,东大图书股份有限公司 2009 年版。

[8]（日）白川静：《金文的世界：殷周社会史》，温天河、蔡哲茂合译，联经出版事业公司1989年版。

[9] 北京大学中文系文学史教研室、五六级四班同学编：《陶渊明诗文汇译》，中华书局1961年版。

[10] 北京大学中国文学史教研室选注：《魏晋南北朝文学史参考资料》（全二册），中华书局1962年版。

[11]（美）本杰明·史华兹：《古代中国的思想世界》，程钢译，江苏人民出版社2004年版。

[12] 蔡英俊：《比兴、物色与情景交融》，大安出版社1986年版。

[13] 曹旭：《诗品集注》，上海古籍出版社1994年版。

[14] 常玉芝：《商代周祭制度》，中国社会科学出版社1987年版。

[15] 晁福林：《夏商西周的社会变迁》，北京师范大学出版社1996年版。

[16] 陈伯君：《阮籍集校注》，中华书局1987年版。

[17] 陈昌明：《缘情文学观》，台湾书店1999年版。

[18] 陈梦家：《殷虚卜辞综述》，中华书局1988年版。

[19] 陈庆元：《中古文学论稿》，天津人民出版社1992年版。

[20] 陈鼓应、赵建伟：《周易今注今译》，商务印书馆2005年版。

[21] 陈世骧：《陈世骧文存》，辽宁教育出版社1998年版。

[22] 陈寅恪：《金明馆丛稿二编》，生活·读书·新知三联书店2001年版。

[23] 程俊英、蒋见元：《诗经注析》（全二册），中华书局1991年版。

[24] 程千帆：《文论十笺》，武汉大学出版社2008年版。

[25] 戴明扬：《嵇康集校注》，人民文学出版社1962年版。

[26]（日）岛邦男：《殷墟卜辞研究》，濮茅左、顾伟良译，上海古籍出版社2006年版。

[27] 丁福保辑：《历代诗话续编》（全三册），中华书局1983年版。

[28] 丁山：《商周史料考证》，中华书局1988年版。

[29] 范文澜：《文心雕龙注》（全二册），人民文学出版社1958年版。

[30] 冯友兰：《中国哲学史》，华东师范大学出版社2005年版。

[31] 冯友兰：《中国哲学史新编》，人民出版社2007年版。

[32] 冯契：《中国古代哲学的逻辑发展》，上海人民出版社1983年版。

[33] 傅刚：《魏晋南北朝诗歌史论》，吉林文史出版社1995年版。

[34]（日）高岛谦一：《问"鼎"》，见中华书局编辑部等编：《古文字研究》第九辑，中华书局1984年版。

[35] 高亨：《诗经今注》，上海古籍出版社1980年版。

[36] 高亨:《周易杂论》,齐鲁书社 1979 年版。
[37] 高亨:《周易大传今注》,齐鲁书社 1998 年版。
[38] 高亨:《周易古经今注》,中华书局 1984 年版。
[39] 高亨:《文史述林》,中华书局 1980 年版。
[40] 高友工:《中国美典与文学研究论集》,生活·读书·新知三联书店 2008 年版。
[41] (法)葛兰言:《古代中国的节庆与歌谣》,赵丙祥、张宏明译,广西师范大学出版社 2005 年版。
[42] 葛晓音:《八代诗史》,中华书局 2007 年版。
[43] (日)沟口雄三:《中国的思想》,赵士林译,中国社会科学出版社 1995 年版。
[44] 顾颉刚:《古史辨》(第三册),上海古籍出版社 1982 年版。
[45] 郭伯恭:《魏晋诗歌概论》,商务印书馆 1936 年版。
[46] 郭沫若:《郭沫若全集·考古编》,科学出版社 2002 年版。
[47] 郭沫若:《金文丛考》,人民出版社 1954 年版。
[48] 郭沫若:《中国古代社会研究:外二种》,河北教育出版社 2000 年版。
[49] 郭沫若:《卜辞通纂》,科学出版社 1983 年版。
[50] 郭沫若:《商周古文字类纂》,文物出版社 1991 年版。
[51] 韩格平等:《全魏晋赋校注》,吉林文史出版社 2008 年版。
[52] (美)郝大维、安乐哲:《汉哲学思维的文化探源》,施忠连译,江苏人民出版社 1999 年版。
[53] 河北师范学院中文系古典文学教研组编:《三曹资料汇编》,中华书局 1980 年版。
[54] 何国平:《山水诗前史:从〈古诗十九首〉到玄言诗审美经验的变迁》,暨南大学出版社 2011 年版。
[55] 何宁:《淮南子集释》,中华书局 1998 年版。
[56] 洪湛侯:《诗经学史》,中华书局 2002 年版。
[57] 胡大雷:《中古诗人抒情方式的演进》,中华书局 2003 年版。
[58] 胡厚宣:《重论"余一人"问题》,见四川大学历史系古文字研究室编:《古文字研究》第六辑,中华书局 1981 年版。
[59] 胡厚宣:《甲骨文商族鸟图腾的遗迹》,见中国科学院历史研究所编:《历史论丛》第一辑,中华书局 1964 年版。
[60] 胡厚宣:《甲骨文与殷商史》,上海古籍出版社 1983 年版。
[61] 胡厚宣:《甲骨学商史论丛初集》,上海书店 1989 年版。
[62] 胡念贻:《论赋比兴》,见《文学评论》编辑部编:《文学评论丛刊》第一辑,中国

社会科学出版社 1978 年版。
[63] 胡适:《白话文学史》,百花文艺出版社 2002 年版。
[64] 黄节:《曹子建诗注(外三种)》,中华书局 2008 年版。
[65] 黄节:《汉魏乐府风笺》,中华书局 2008 年版。
[66] 黄寿祺、张善文:《周易译注》(全二册),上海古籍出版社 2007 年版。
[67] 黄侃:《文心雕龙札记》,上海古籍出版社 2000 年版。
[68] (日)吉川幸次郎:《中国诗史》,章培恒等译,安徽文艺出版社 1986 年版。
[69] 荆门市博物馆:《郭店楚墓竹简》,文物出版社 1998 年版。
[70] 蒋凡、郁沅:《中国古代文论教程》,中国书籍出版社 1994 年版。
[71] (法)桀溺:《论〈古诗十九首〉》,洪放、钱林森译,见钱林森编:《法国汉学家论中国文学:古典诗词》,外语教学与研究出版社 2007 年版。
[72] 康正果:《风骚与艳情》,上海文艺出版社 2001 年版。
[73] 李镜池:《周易通义》,中华书局 1981 年版。
[74] 李镜池:《周易探源》,中华书局 1978 年版。
[75] 李健:《比兴思维研究:对中国古代一种艺术思维方式的美学考察》,安徽教育出版社 2003 年版。
[76] 李零:《上博楚简三篇校读记》,中国人民大学出版社 2007 年版。
[77] (英)李约瑟:《中国古代科学思想史》,陈立夫等译,江西人民出版社 1999 年版。
[78] 李泽厚:《美的历程》,中国社会科学出版社 1984 年版。
[79] 梁启超:《中国之美文及其历史》,东方出版社 1996 年版。
[80] 林庚、冯沅君主编:《中国历代诗歌选》(上编一),人民文学出版社 1964 年版。
[81] (日)铃木虎雄:《中国诗论史》,许总译,广西人民出版社 1989 年版。
[82] 刘大杰:《中国文学发展史》,复旦大学出版社 2006 年版。
[83] 刘晶雯:《朱自清中国文学批评研究讲义》,天津古籍出版社 2004 年版。
[84] 刘师培:《刘师培全集》,中共中央党校出版社 1997 年版。
[85] 刘师培:《中国中古文学史讲义》,上海古籍出版社 2000 年版。
[86] 刘永济:《屈赋音注详解》,上海古籍出版社 1983 年版。
[87] 刘运好:《陆士衡文集校注》(全二册),凤凰出版社 2007 年版。
[88] 刘运好:《陆士龙文集校注》(全二册),凤凰出版社 2007 年版。
[89] 楼宇烈:《王弼集校释》(全二册),中华书局 1980 年版。
[90] 陆侃如、冯沅君:《中国诗史》,作家出版社 1956 年版。
[91] 逯铭昕:《石林诗话校注》,人民文学出版社 2011 年版。
[92] 逯钦立:《陶渊明集》,中华书局 1979 年版。

[93] 逯钦立:《汉魏六朝文学论集》,陕西人民出版社 1984 年版。
[94] 逯钦立:《先秦汉魏晋南北朝诗》,中华书局 1983 年版。
[95] 黎锦熙:《修辞学比兴篇》,商务印书馆 1936 年版。
[96] 罗根泽:《罗根泽古典文学论文集》,上海古籍出版社 2009 年版。
[97] 罗根泽:《中国文学批评史》,上海书店出版社 2003 年版。
[98] 罗振玉:《殷虚书契考释》,中华书局 2006 年版。
[99] 罗仲鼎:《阮籍咏怀诗译解》,南京大学出版社 1999 年版。
[100] 罗宗强:《魏晋南北朝文学思想史》,中华书局 1996 年版。
[101] 吕正惠:《抒情传统与政治现实》,大安出版社 1989 年版。
[102] 马一浮:《马一浮集》,浙江古籍出版社 1996 年版。
[103] 马承源:《上海博物馆藏战国楚竹书》,上海古籍出版社 2001 年版。
[104] 马茂元:《古诗十九首探索》,见朱自清、马茂元:《朱自清、马茂元说古诗十九首》,上海古籍出版社 1991 年版。
[105] 马茂元:《古诗十九首初探》,陕西人民出版社 1981 年版。
[106] 马茂元:《唐诗选》,上海古籍出版社 1999 年版。
[107] 莫砺锋:《神女之探寻——英美学者论中国古典诗歌》,上海古籍出版社 1994 年版。
[108] 敏泽:《中国文学理论批评史》,人民文学出版社 1981 年版。
[109] (美)牟复礼:《中国思想之渊源》,王立刚译,北京大学出版社 2009 年版。
[110] 牟宗三:《才性与玄理》,广西师范大学出版社 2006 年版。
[111] 裴斐:《诗缘情辨》,四川文艺出版社 1986 年版。
[112] 屈万里:《殷墟文字甲编考释》,联经出版事业公司 1984 年版。
[113] 钱志熙:《魏晋诗歌艺术原论》,北京大学出版社 2005 年版。
[114] 钱锺书:《管锥编》(第一、二册),生活·读书·新知三联书店 2000 年版。
[115] 瞿蜕园、朱金城:《李白集校注》(下册),上海古籍出版社 1980 年版。
[116] 饶宗颐:《殷代贞卜人物通考》,香港大学出版社 1959 年版。
[117] 容庚:《金文编》,中华书局 1985 年版。
[118] 隋树森:《古诗十九首集释》,中华书局 1955 年版。
[119] (美)孙康宜:《抒情与描写:六朝诗歌概论》,钟振振译,上海三联书店 2006 年版。
[120] 孙明君:《三曹与中国诗史》,清华大学出版社 1999 年版。
[121] (英)约翰·托兰德:《泛神论要义》,陈启伟译,商务印书馆 1997 年版。
[122] 汤一介、胡仲平:《魏晋玄学研究》,湖北教育出版社 2008 年版。
[123] 汤用彤:《汉魏两晋南北朝佛教史》,中华书局 1983 年版。

[124] 汤用彤:《魏晋玄学论稿》,上海古籍出版社 2001 年版。
[125] 王国维:《王国维遗书》,上海古籍书店 1983 年版。
[126] 王国维:《观堂集林(外二种)》,河北教育出版社 2003 年版。
[127] 王国维:《人间词话》,上海古籍出版社 1998 年版。
[128] (美)王靖献:《钟与鼓:〈诗经〉的套语及其创作方式》,谢濂译,四川人民出版社 1990 年版。
[129] 王克让:《河岳英灵集注》,巴蜀书社 2006 年版。
[130] 王利器:《文镜秘府论校注》,中国社会科学出版社 1983 年版。
[131] 王利器:《颜氏家训集解》(增补本),中华书局 1993 年版。
[132] 王玫:《建安文学接受史论》,上海古籍出版社 2005 年版。
[133] 王叔岷:《陶渊明诗笺证稿》,中华书局 2007 年版。
[134] 王小盾:《诗六义原始》,见王小盾编:《扬州大学中国文化研究所集刊》第一辑,江苏古籍出版社 1998 年版。
[135] 王小盾:《原始信仰和中国古神》,上海古籍出版社 1989 年版。
[136] 王瑶:《中古文学史论》,北京大学出版社 1986 年版。
[137] 王运熙、顾易生:《中国文学批评史》(上册),上海古籍出版社 1985 年版。
[138] 王钟陵:《中国中古诗歌史》,人民出版社 2005 年版。
[139] 魏宏灿:《曹丕集校注》,安徽大学出版社 2009 年版。
[140] 闻一多:《闻一多全集》,湖北人民出版社 1993 年版。
[141] 吴小如等:《汉魏六朝诗鉴赏辞典》,上海辞书出版社 1992 年版。
[142] (日)小川环树:《风与云:中国诗文论集》,周先民译,中华书局 2005 年版。
[143] (日)小川环树:《论中国诗》,谭汝谦、陈志诚、梁国豪译,贵州人民出版社 2009 年版。
[144] 萧涤非:《汉魏六朝乐府文学史》,人民文学出版社 1984 年版。
[145] 萧驰:《佛法与诗境》,中华书局 2005 年版。
[146] (日)小尾郊一:《中国文学中所表现的自然与自然观》,邵毅平译,上海古籍出版社 1991 年版。
[147] (美)夏含夷:《古史异观》,上海古籍出版社 2005 年版。
[148] 徐复观:《中国艺术精神》,华东师范大学出版社 2001 年版。
[149] 徐复观:《中国文学精神》,上海书店出版社 2006 年版。
[150] 徐公持:《魏晋文学史》,人民文学出版社 1999 年版。
[151] 徐元诰:《国语集解》,中华书局 2002 年版。
[152] 徐锡台:《周原甲骨文综述》,三秦出版社 1987 年版。
[153] 许倬云:《西周史》,生活·读书·新知三联书店 1994 年版。

[154] 杨伯峻:《春秋左传注》(全四册),中华书局 1981 年版。
[155] 杨伯峻:《论语今译》,中华书局 1980 年版。
[156] 杨伯峻:《孟子译注》(全二册),中华书局 1960 年版。
[157] 杨伯峻:《列子集释》,中华书局 1979 年版。
[158] 杨树达:《积微居金文说》,科学出版社 1959 年版。
[159] 杨树达:《积微居小学述林》,上海古籍出版社 1983 年版。
[160] 杨勇:《世说新语校笺》(全四册),中华书局 2006 年版。
[161] 叶嘉莹:《汉魏六朝诗讲录》,河北教育出版社 2000 年版。
[162] 叶嘉莹:《迦陵论诗丛稿》,河北教育出版社 1997 年版。
[163] 叶舒宪:《诗经的文化阐释——中国诗歌的发生研究》,湖北人民出版社 1997 年版。
[164] (美)叶维廉:《中国诗学》,人民文学出版社 2006 年版。
[165] 游国恩:《游国恩学术论文集》,中华书局 1989 年版。
[166] 余嘉锡:《世说新语笺疏》,上海古籍出版社 1993 年版。
[167] 余冠英:《汉魏六朝诗论丛》,中华书局 1962 年版。
[168] 余冠英:《三曹诗选》,人民文学出版社 1956 年版。
[169] 于省吾:《甲骨文字诂林》,中华书局 1996 年版。
[170] 于省吾:《甲骨文字释林》,中华书局 2009 年版。
[171] 乐黛云、叶朗、倪培耕主编:《世界诗学大辞典》,春风文艺出版社 1993 年版。
[172] 詹安泰:《离骚笺疏》,湖北人民出版社 1981 年版。
[173] (美)张光直:《青铜挥麈》,上海文艺出版社 2000 年版。
[174] (美)张光直:《中国青铜时代》,生活·读书·新知三联书店 1983 年版。
[175] (美)张光直:《中国青铜时代二集》,生活·读书·新知三联书店 1990 年版。
[176] (美)张光直:《考古人类学随笔》,联经出版事业公司 1995 年版。
[177] (美)张光直:《古代中国考古学》,印群译,辽宁教育出版社 2002 年版。
[178] (美)张光直:《商文明》,张良仁、岳红彬、丁晓雷译,辽宁教育出版社 2002 年版。
[179] (美)张光直:《美术、神话与祭祀》,郭净译,辽宁教育出版社 2002 年版。
[180] 张宏:《秦汉魏晋游仙诗的渊源流变论略》,宗教文化出版社 2009 年版。
[181] 张节末:《比兴神话》,见徐中玉、郭豫适主编:《中国文论的方与圆——古代文学理论研究》第三十一辑,华东师范大学出版社 2010 年版。
[182] 张少康、刘三富:《中国文学理论批评发展史》,北京大学出版社 1995 年版。
[183] 张少康:《文赋集释》,人民文学出版社 2002 年版。
[184] 张亚新:《汉魏六朝诗:走向顶峰之路》,广西师范大学出版社 1999 年版。

[185] 张秉权:《殷虚文字丙编考释》,“中研院”历史语言研究所 1957 年版。
[186] 赵沛霖:《兴的源起:历史积淀与诗歌艺术》,中国社会科学出版社 1987 年版。
[187] 赵幼文:《曹植集校注》,人民文学出版社 1998 年版。
[188] 郑毓瑜:《性别与家国:汉晋辞赋的楚骚论述》,上海三联书店 2006 年版。
[189] 周策纵:《古巫医与“六诗”考——中国浪漫文学探源》,上海古籍出版社 2009 年版。
[190] 周来祥:《中国美学主潮》,山东大学出版社 1992 年版。
[191] 周来祥:《中国审美文化通史·魏晋南北朝卷》,安徽教育出版社 2007 年版。
[192] 周英雄:《结构主义与中国文学》,东大图书股份有限公司 1983 年版。
[193] 周振甫:《诗品译注》,江苏教育出版社 2006 年版。
[194] 朱东润:《中国文学批评史大纲》,上海古籍出版社 2001 年版。
[195] 朱自清:《朱自清全集》,江苏教育出版社 1990 年版。
[196] 朱自清:《朱自清古典文学论文集》(全二册),上海古籍出版社 1981 年版。
[197] 朱自清:《古诗十九首释》,见朱自清、马茂元《朱自清、马茂元说古诗十九首》,上海古籍出版社 1999 年版。
[198] 朱自清:《诗言志辨》,广西师范大学出版社 2004 年版。
[199] 宗白华:《美学散步》,上海人民出版社 1981 年版。
[200] 詹安泰:《离骚笺疏》,湖北人民出版社 1981 年版。

三、论文

[1] 陈允吉:《东晋玄言诗与佛偈》,《复旦学报》(社会科学版)1998 年第 1 期。
[2] 陈伯海:《释“缘情绮靡”:兼论传统杂文学体制中的文学性标志》,《社会科学战线》2004 年第 6 期。
[3] 陈良运:《“诗缘情”诗学意义新识》,《文艺理论研究》1990 年第 4 期。
[4] 陈梦家:《古文字中之商周祭祀》,《燕京学报》1936 年第 19 期。
[5] 陈梦家:《商代的神话与巫术》,《燕京学报》1936 年第 20 期。
[6] 戴伟华:《论五言诗的起源:从“诗言志”、“诗缘情”的差异说起》,《中国社会科学》2005 年第 6 期。
[7] 傅道彬:《〈周易〉的诗体结构形式与诗性智慧》,《文学评论》2010 年第 2 期。
[8] 葛晓音:《山水方滋,庄老未退——从玄言诗的兴衰看玄风与山水诗的关系》,《学术月刊》1985 年第 2 期。
[9] You-Gong Gao, The nineteen old poems and the aesthetics of self-reflection,

Willard J. Peterson, Andrew H. Plaks, Ying-shih Yu(eds.), The Power of Culture: Studies in Chinese Cultural History, Hong Kong: The Chinese University Press, 1994.

[10] 洪树华:《20世纪"诗缘情"阐释之述评》,《社会科学研究》2004年第4期。

[11] 黄梅:《对具体语境下"诗缘情"的解读:细读陆机〈文赋〉》,《江汉论坛》2006年第9期。

[12] (日)吉川幸次郎:《推移的悲哀:古诗十九首的主题》(上、下),郑清茂译,《中外文学》1977年第4、5期。

[13] 刘翔飞:《古诗中形象描写的演变》,《台大中文学报》1989年第3期。

[14] 鲁洪生:《从赋比兴产生的时代背景看其本义》,《中国社会科学》1993年第3期。

[15] 潘啸龙:《〈诗经〉抒情人称研究》,《安徽师范大学学报》(人文社会科学版)2002年第3期。

[16] 钱志熙:《魏晋"杂诗"》,《文史知识》1996年第2期。

[17] 钱志熙:《论魏晋南北朝乐府体五言的文体演变——兼论其与徒诗五言体之间文体上的分合关系》,《中山大学学报》(社会科学版)2009年第3期。

[18] 王晓敏:《〈易〉之"象"与〈诗〉之"比兴"》,《重庆师范大学学报》(哲学社会科学版)2007年第4期。

[19] 王钟陵:《玄言诗研究》,《中国社会科学》1988年第5期。

[20] 萧驰:《"书写声音"中的群与我、情与感:〈古诗十九首〉诗学质性与诗史地位的再检讨》,《中国文哲研究集刊》2007年第30期。

[21] 萧驰:《论阮籍〈咏怀〉对抒情传统时观之再造》,《清华学报》2008年第4期。

[22] 熊永谦:《曹操〈短歌行〉"慨当以慷"辨析》,《贵州大学学报》1990年第2期。

[23] 尹云霞:《中国古代诗文"缘情"理论与实践简疏》,《文教资料》2008年第10期。

[24] 曾守正:《战国时期"诗言志"的双重观念:以荀子"诗"的经典化与个人化为研究进路》,《东亚人文学》2002年第2辑。

[25] 曾守正:《中国"诗言志"与"诗缘情"的文学思想:以汉代诗歌为考察对象》,《淡江人文社会学刊》2002年第10期。

[26] 赵敏俐:《论班固的咏史诗和文人五言诗的发展成熟问题:兼谈当代五言诗研究中流行的一种错误观点》,《北方论丛》1994年第1期。

[27] 赵敏俐:《20世纪汉代诗歌研究综述》,《文学遗产》2002年第1期。

[28] 詹福瑞、侯贵满:《"诗缘情"辨义》,《河北大学学报》(哲学社会科学版)1998年第2期。

[29] 张静:《“物色”:一个彰显中国抒情传统发展的理论概念》,《台大文史哲学报》2007 年第 67 期。

[30] 郑毓瑜:《身体时气感与汉魏“抒情”诗:汉魏文学与〈楚辞〉、〈月令〉的关系》,《汉学研究》2004 年第 2 期。

[31] 周汝昌:《陆机〈文赋〉“缘情绮靡”说的意义》,《文史哲》1963 年第 2 期。

后 记

“比兴”，是中国诗学和美学的一个结构性概念，其重要性自不待言，不过，它一向是有些问题在里面的。为数不少的诗学史专家倾向把它作为贯通诗史甚至是造作通史的基本概念，我则不以为然。

固然，本书没有难懂之处，不过我还是提示一下阅读法门为好。一个就是“并置”。它是说，两样东西一个虚一个实，互相之间本来没有因果关系，却被并排放在了一起，让我们不假思索地以为，似乎世界本来就是这样关联和组织起来的。显然，两样东西之间有一个未知的联系法则。其背后作为文化和哲学基底的是归类以及比类思维。此一思维展开于天人之际，具有广阔而深邃之文化品格。外国人因为文化上的差异，对此往往异常警觉，而我们自己则日用而不知，不免轻忽过去。基于“比类思维”的“并置”，这个问题十二分地吸引着我，本书力求将之揣摩、拿捏得清楚、准确，以呈示给学界同仁。

将并置概念施之于诗学或美学，我不是第一个，不过，把它作为诗学基底的概念比较成规模地运用，是这本小书设计上的用心之处。我以为，比或兴就是基于并置的或大或小的结构变形。

打开本书的另一个法门，是我以为比兴对于中古以前的诗学史并非一个线性的渐进发展的核心概念。它只是一个占有某些诗学史段落的、定义在不断变化的重要概念，它的内涵甚至很难捉摸和界定。通过本书，读者们可以看到比兴之萌发、成形、变异和衰落的轨迹。换言之，我断然不敢也不会拿比兴概念来结构一个诗学史，旁人若有相当法力，要这样做，成功也并非易事。要之，若是比兴亦不足以牵起一个中国诗史，那么，就很难有别的概念具有这个结构力了。

本研究曾经获得国家教育部常规课题的资助，我的两位博士生赵琼琼和王莹作为课题组成员，对本书有相当大的贡献。在杭州市哲学社会科学规划办公室决定将其作为规划重大课题予以出版资助以后，我的学生王莹、曲刚、张妍、赵琼琼、单剩平、张强、张硕、吴璧群、陆颖、丁诗薇、卢忠敏、李燕、路璐、李自然、姜志鹏、胡城婷和段廷军等帮我核对了所有注释、引文，完善了参考文献。当然，杭州市社科规划办把本书列入“杭州学人文库”使其得以面对读者，功莫大焉。

因为本书议题对于中国诗学和美学的重要性，就书里说的那些基本意见，读者诸公可能赞同也可能推倒，或者干脆骑墙，不过，会有相当多的学界同仁心生好奇，想要批读这本小书，是可以预料到的。我是个慢热型的研究者，看着别人纷纷起高楼，绝不会眼红耳热，自己偶尔把玩小小的学术架构，就像下围棋时陷入长考，一时参透了，则不免对盘面敝帚自珍起来。这本《比兴美学》将和我的《禅宗美学》一般，经得起时间的考验，甚至成为我新的代表作，莫非不应当有此等定力和耐心！

最后，还要特别对浙江大学出版社编校中心杨利军主任、本书责任编辑陈翩为书稿的出版付出的辛苦表示感谢。尤其是陈翩编辑，她的语感之佳、文献功底之深，让我叹为观止。我猜，她莫非深契于本书的思理与行文？她是在即将生产之时、本书已出三校样的当口接手本书编辑的，竟然帮我找出了十几个疑难问题。我的行文，有时为了改变读者的阅读习惯，会故意拗一下，让读者产生不适，这些我颇为得意的用语习惯，经她调停，居然更为清通可读。我的老朋友，杭州市社会科学院副院长周膺先生对本书保持着持久的关心，在此也要书上一笔。

2020 年 5 月 18 日

于绍兴会稽山香炉峰下